Mathematische Exkursionen

Gödel, Escher und andere Spiele

von
Prof. Dr. Manfred Dobrowolski

Oldenbourg Verlag München

Prof. Dr. Manfred Dobrowolski ist seit 1995 Inhaber des Lehrstuhls für Angewandte Mathematik an der Universität Würzburg. Nach der Habilitation im Fach Mathematik an der Universität Bonn war er von 1984 bis 1986 Professor an der Universität der Bundeswehr in München und von 1986 bis 1995 Professor an der Universität Erlangen. Professor Dobrowolskis Arbeitsgebiete sind die Theorie und Numerik partieller Differentialgleichungen.

Bibliografische Information der Deutschen Nationalbibliothek

Die Deutsche Nationalbibliothek verzeichnet diese Publikation in der Deutschen Nationalbibliografie; detaillierte bibliografische Daten sind im Internet über <http://dnb.d-nb.de> abrufbar.

© 2010 Oldenbourg Wissenschaftsverlag GmbH
Rosenheimer Straße 145, D-81671 München
Telefon: (089) 45051-0
oldenbourg.de

Lektorat: Kathrin Mönch
Herstellung: Anna Grosser
Coverentwurf: Kochan & Partner, München
Gedruckt auf säure- und chlorfreiem Papier
Gesamtherstellung: Grafik + Druck, München

ISBN 978-3-486-58909-2

Vorwort

Das vorliegende Buch ist aus der Veranstaltungsreihe „Mathematik am Samstag" entstanden, die ich seit einigen Jahren an der Universität Würzburg für Mathematik-Interessierte abhalte. Der Teilnehmerkreis setzt sich aus Schülern, Studenten, Lehrern und sonstigen Personen zusammen. Die Teilnehmerzahlen lassen auf die Popularität der behandelten Themen schließen und zeigen klare Präferenzen: „Escher", „Chaos und Fraktale", „Wie löst man Mathematik-Aufgaben?", und zwar in dieser Reihenfolge. Ich habe mir in allen Veranstaltungen vorgenommen, neben dem visuellen Aspekt auch die zugrunde liegende Mathematik zu erläutern. Vor allem beim mittleren Thema besteht dann die Gefahr, die Teilnehmer zu überfordern.

Besonders wünsche ich mir, dass die Leser einen Zugang zur Mathematik des 20. Jahrhunderts bekommen. Gerade hier finden wir viele frische Ideen jenseits der Schulmathematik, die das heutige Weltbild mitprägen. Neben „Chaos und Fraktale" gehören dazu sicherlich die strategische Spieltheorie sowie die mathematische Logik und Berechenbarkeit.

Bei Veranstaltungen, in denen die Teilnehmer ganz unterschiedliche Voraussetzungen mitbringen, sind natürlich Themen gefragt, die sich ohne großen Vorlauf erklären lassen. Sie stammen daher zu einem guten Teil aus der diskreten Mathematik, die heute eher in der Informatik als in der Mathematik gepflegt wird. Neben der bereits erwähnten „Logik und Berechenbarkeit" gehören die Kapitel über Graphen und Polyeder sowie über die kombinatorische Spieltheorie in diesen Bereich.

Als direkte Fortsetzungen der Schulmathematik sind eigentlich nur die Kapitel über Algebra und Zahlentheorie sowie über Stochastik zu sehen, aber auch hier hoffe ich, den Themen interessante und ungewöhnliche Aspekte abgewonnen zu haben.

Normalerweise dient das Vorwort dazu, sich für das Buch zu rechtfertigen. Ich rechtfertige mich für die Auswahl der Themen, die in der Tat subjektiv gefärbt ist. Um ehrlich zu sein, habe ich das Buch geschrieben, das ich als junger Mann gerne gelesen hätte.

Besonders danken möchte ich meiner Kollegin Frau Huberta Lausch, die mir vor allem bei der Abfassung des Kapitels über Algebra und Zahlentheorie sehr geholfen und ausgiebig Korrektur gelesen hat. Ferner danke ich dem Oldenbourg Wissenschaftsverlag für die Bereitschaft, dieses Buch zu publizieren.

Würzburg   Manfred Dobrowolski

Inhaltsverzeichnis

1   Der Anfang ist leicht

1.1   Etwas Logik

Wir nennen eine Formel oder einen Satz der Alltagssprache eine *Aussage*, wenn sie wahr oder falsch sein kann. Die Formeln $2 = 3$, $2 \le 4$, $5 \ne 5$ sind Beispiele für Aussagen, wenn auch nicht in jedem Fall für richtige. Solche Aussagen lassen sich kombinieren, die wichtigste ist die *Implikation* wie etwa

$$\text{„Wenn es regnet, dann ist die Straße nass“.} \tag{1.1}$$

In der Mathematik heißt der Wenn-Teil Voraussetzung, der Dann-Teil Behauptung.

Die Bewertung von Implikationen als wahr oder falsch weicht in der mathematischen Logik von der Alltagslogik ab. Betrachten wir als erstes Beispiel die Aussage

$$\text{„Wenn Albert Einstein den Nobelpreis nicht bekommen hätte,} \tag{1.2}$$
$$\text{dann wäre er an Hänschen Klein verliehen worden“.}$$

Schon der Konjunktiv macht deutlich, dass dieser Satz sich sprachlich stark von (1.1) unterscheidet. Ich hatte in mehreren Veranstaltungen die Teilnehmer gefragt, ob sie diesen Satz für wahr oder falsch halten. Nach einer anfänglichen Irritation war in allen Fällen die überwältigende Mehrheit für das Urteil „falsch“.

Im nächsten Beispiel nehmen wir an, dass für einen Preis nur zwei heiße Kandidaten E und K in Frage kommen. Nachdem E den Preis erhalten hat, wird die Aussage

$$\text{„Wenn } E \text{ den Preis nicht bekommen hätte,} \tag{1.3}$$
$$\text{dann wäre er an } K \text{ verliehen worden“.}$$

wohl mehrheitlich als wahr angesehen. Beide Aussagen (1.2) und (1.3) sind von der Form „$A \Rightarrow B$“, wobei sowohl A als auch B falsch sind. Die Bewertung solcher Implikationen durch die Alltagslogik hängt also vom Kontext ab. Eine mit der Alltagslogik völlig konforme Definition der Wahrheit einer Implikation kann es daher in der mathematischen Logik nicht geben. Sie definiert die Wahrheit der Implikation durch die Wahrheitstafel

A\B	w	f
w	w	f
f	w	w

.

Eine Implikation ist daher immer wahr, wenn die Voraussetzung falsch ist. Damit sind beide Aussagen (1.2) und (1.3) wahr. Einerseits sorgt die Definition durch die Wahrheitstafel für klare Verhältnisse, andererseits wird nun Satz (1.2) gegen die Intuition für wahr erklärt. Zweifellos sorgt das enge Korsett der mathematischen Logik für die aus ganzem Herzen kommende Abneigung vieler Menschen gegenüber der Mathematik.[1]

Der obigen Wahrheitstafel am nächsten kommt in der Alltagslogik der Satz (1.1). Dieser muss auch dann richtig sein, wenn es nicht regnet. Für diesen Fall wird aber auch nichts behauptet.

Ein mathematischer Beweis besteht aus einer Folge von Aussagen, die entweder von vornherein als richtig angesehen werden oder aus der folgenden Schlussregel, dem sogenannten modus ponens, abgeleitet werden können:

„Wenn es regnet, dann ist die Straße nass"	$A \Rightarrow B$
„Es regnet"	A
„Die Straße ist nass"	B

Die linke Seite gibt ein Beispiel für diese Regel. Weder „Wenn es regnet, ist die Straße nass" noch „Es regnet" reichen für sich genommen aus, damit man auf eine nasse Straße schließen kann. Also: Hat man einen wahren Satz der Form „Wenn ..., dann ..." und ist auch der Satz wahr, der im Wenn-Teil steht, so ist auch der Satz im Dann-Teil wahr.

Für das folgende Beispiel nehmen wir an, dass es unter den Menschen nur Lügner gibt, die immer lügen, und Wahrheitssprecher, die immer die Wahrheit sagen. Eine *Antinomie* ist eine (scheinbare) Aussage, bei der jede Zuweisung eines Wahrheitswertes zu einem Widerspruch führt. Die bekannte *Antinomie des Epimenides*[2] lautet:

„Ein Kreter sagt, dass alle Kreter lügen".   (1.4)

Wäre der Satz wahr, so wäre auch der Sprecher des Satzes ein Lügner und der Satz damit falsch. Wäre er falsch, so wäre der Sprecher ein Wahrheitssprecher und der Satz damit wahr. Dieses Argument wurde über die Jahrhunderte von zahlreichen Philosophen wiederholt und erst spät wurde bemerkt, dass gar keine Antinomie vorliegt, sondern nur eine völlige Unkenntnis über die Verneinung von Aussagen. Jede Aussage greift eine Teilmenge des Kosmos der Möglichkeiten heraus. In diesem Fall besteht dieser Kosmos aus vielleicht 3000 Kretern, die jeder ein Lügner oder ein Wahrheitssprecher sein können. Die Aussage, dass alle Kreter lügen, greift dies eine Element heraus, dass alle 3000 Kreter Lügner sind. Die Verneinung dieser Aussage muss alle Elemente des Kosmos umfassen, die im Komplement dieses einen Elements liegen, und das ist natürlich „Es gibt einen Kreter, der nicht lügt". Wir können (1.4) daher so auflösen, dass der Satz „Alle Kreter lügen" falsch und der Sprecher ein Lügner ist. Somit liegt gar keine Antinomie vor. Die Idee hinter der vermeintlichen Antinomie, dass selbstbezügliche Aussagen widersprüchlich sein können, ist aber richtig und kann durch Sätze wie „Ich lüge" oder „Der Satz, den ich jetzt ausspreche, ist falsch" umgesetzt werden.[3]

Auf die gleiche Weise macht man sich klar, dass die Aussage „Es gibt einen Kreter, der die Wahrheit sagt" verneint wird durch „Alle Kreter lügen". Die Negation der Aussage A bezeichnen wir mit $\neg A$. Für den *Quantor* „Für alle" schreiben wir „$\forall$" und für den Quantor „Es gibt" schreiben wir „$\exists$". Sagt $A(x)$ etwas über die Individuen x aus wie eben „x ist ein Lügner", so gelten die Verneinungsregeln

$$\neg(\forall x\, A(x)) = \exists x\, \neg A(x), \quad \neg(\exists x\, A(x) = \forall x\, \neg A(x).$$

Mehr zu dieser in der Mathematik verwendeten *Prädikatenlogik* gibt es in Abschnitt 9.1.

1.2   Natürliche Zahlen und vollständige Induktion

Mit $\mathbb{N}$ bezeichnen wir die Menge der natürlichen Zahlen

$$\mathbb{N} = \{1, 2, 3, \ldots\}.$$

Manche Autoren lassen die natürlichen Zahlen auch mit der Null beginnen, wir schreiben dafür $\mathbb{N}_0 = \{0, 1, 2, \ldots\} = \mathbb{N} \cup \{0\}$.

Wir wollen die folgende Formel für die Summe der ersten n ungeraden Zahlen beweisen

$$(A_n) \qquad\qquad 1 + 3 + 5 + \ldots + (2n - 1) = n^2, \quad n = 1, 2, 3, \ldots.$$

Für $n = 1$ erhalten wir auf der linken Seite 1 und auf der rechten $1^2 = 1$. Überprüfen wir ferner den Fall $n = 2$: Links steht $1 + 3 = 4$ und rechts $2^2 = 4$. Da wir auch den Fall $n = 3$ leicht im Kopf berechnen können, ist die Formel also für $n = 1, 2, 3$ richtig. Ein Physiker wäre mit diesem Argument vielleicht schon zufrieden und würde hieraus kühn auf die Richtigkeit von (A_n) für alle n folgern. Wir nennen dies einen Induktionsschluss, weil eine allgemeine Behauptung durch Nachweis von endlich vielen Fällen aufgestellt wird. Dem Physiker bleibt freilich nichts anderes übrig: Er kann ein von ihm postuliertes Gesetz nur in endlich vielen Fällen experimentell nachweisen, obwohl es in unendlich vielen Fällen gültig sein soll. In der Mathematik muss die Behauptung (A_n) dagegen für jedes n bewiesen werden.

Bei der Überprüfung von (A_n) kann man auf bereits Berechnetes zurückgreifen:

$$1 + 3 + 5 = (1 + 3) + 5 = 4 + 5 = 9 \qquad\qquad (1.5)$$

$$1 + 3 + 5 + 7 = (1 + 3 + 5) + 7 = 9 + 7 = 16$$

$$1 + 3 + 5 + 7 + 9 = (1 + 3 + 5 + 7) + 9 = 16 + 9 = 25$$

Wie wir gleich sehen werden, kann man hieraus einen vollständigen Beweis machen, es fehlt nur noch ein Schema, das diese Rechnung allgemeingültig macht.

Wir können $(A_1), (A_2), \ldots$ mit Hilfe des *Prinzips der vollständigen Induktion* beweisen. Dazu beweist man zwei Dinge:

   (i) (A_1) (=Induktionsanfang oder Induktionsverankerung),

   (ii) $(A_n) \Rightarrow (A_{n+1})$ für alle $n \in \mathbb{N}$ (=Induktionsschritt).

Der „Beweis" von (A_1) ist nichts anderes als dass man nachrechnet, dass (A_1) eine wahre Aussage ist, was wir bereits getan haben. Der zweite Schritt lässt sich so interpretieren: Unter der Voraussetzung, dass wir schon wissen, dass die *Induktionsvoraussetzung* (A_n)

richtig ist, können wir auch die Richtigkeit von (A_{n+1}) nachweisen. Warum ist mit diesen beiden Schritten tatsächlich der Nachweis von (A_n) für jedes $n \in \mathbb{N}$ erfolgt?

Wir betrachten den unendlich langen Zug in Abbildung 1.1. Die Aussage „(A_n) ist richtig" soll in diesem Bild bedeuten „Der Waggon n fährt". Wir nehmen zunächst an, dass die Waggons nicht miteinander gekoppelt sind. Wenn also (A_1) bewiesen ist, so fährt die Lokomotive los – allerdings allein, weil nichts aneinandergekoppelt ist. Haben wir „$(A_1) \Rightarrow (A_2)$" bewiesen, so haben wir die Wahrheit von (A_2) an die Wahrheit von (A_1) gekoppelt: Mit (A_1) wahr, ist auch (A_2) wahr. Fährt die Lokomotive los, so auch Waggon 2. Im Induktionsschritt sind sogar alle Waggons miteinder gekoppelt. Fährt nun die Lokomotive aufgrund der Induktionsverankerung los, so auch der unendlich lange Zug.

Abb. 1.1: *Der Induktionszug*

Nun können wir (A_n) beweisen. (A_1) ist ja richtig. Zum Nachweis von (A_{n+1}) dürfen wir nun (A_n) verwenden. Wir schauen (A_{n+1}) tief in die Augen und kommen dann mit dem gleichen Verfahren wie bei (1.5) auf

$$1 + 3 + \ldots + (2n - 1) + (2(n+1) - 1)$$

$$= \Big(1 + 3 + \ldots + (2n - 1)\Big) + (2(n+1) - 1)$$

$$= n^2 + (2(n+1) - 1)$$

$$= n^2 + 2n + 1 = (n+1)^2.$$

Damit ist (A_{n+1}) bewiesen.

Es sei darauf hingewiesen, dass bei der wahren Implikation „Wenn es regnet, ist die Straße nass" weder etwas über Regen noch über eine nasse Straße ausgesagt wird. Genauso sagt $(A_n) \Rightarrow (A_{n+1})$ für sich alleine genommen weder etwas über (A_n) noch über (A_{n+1}) aus. Nehmen wir aber alles zusammen, so baut sich der Beweis von (A_n) schrittweise auf: (A_1) ist die Induktionsvoraussetzung, dann wird der Induktionsschritt für $n = 1$ angewendet, also ist $(A_1) \Rightarrow (A_2)$ ebenfalls bewiesen, nach dem modus ponens daher auch (A_2). Durch fortgesetzte Anwendung des Induktionsschritts begleitet vom modus ponens erhält man den Beweis von (A_n) für alle n.

Das Prinzip der vollständigen Induktion lässt sich auf vielfältige Weise verallgemeinern. Ist beispielsweise (A_n) eine Aussage, die für alle $n \geq n_0$ definiert ist für ein $n_0 \in \mathbb{N}_0$, so haben wir mit

(i) (A_{n_0}),

(ii) $(A_n) \Rightarrow (A_{n+1})$ für alle $n \geq n_0$, die Aussage (A_n) für alle $n \geq n_0$ bewiesen. In diesem Fall hat die Lokomotive nur einen anderen Namen bekommen, nämlich n_0, an der Struktur des Zuges hat sich nichts geändert.

Mit diesem verallgemeinerten Induktionsprinzip beweisen wir die *Bernoulli-Ungleichung*, die für eine reelle Zahl $a \geq 0$ und für jedes $n \in \mathbb{N}_0$ Folgendes behauptet,

(B_n) $$(1+a)^n \geq 1 + na.$$

In diesem Fall können wir die Induktion mit $n_0 = 0$ verankern, denn $(1+a)^0 = 1$. Für $n \geq 0$ gilt unter Verwendung der Induktionsvoraussetzung (B_n)

$$(1+a)^{n+1} = (1+a)^n (1+a)$$

$$\geq (1+na)(1+a) = 1 + na + a + na^2$$

$$\geq 1 + (n+1)a.$$

Die *Fibonacci-Zahlen* F_n sind definiert durch die Anfangsvorgaben

$$F_0 = 0, \quad F_1 = 1,$$

sowie durch die *Rekursion*

$$F_{n+1} = F_n + F_{n-1} \quad \text{für alle } n \in \mathbb{N}.$$

Wir bekommen die Folge $F_0, F_1, \ldots$ der Fibonacci-Zahlen, indem wir die letzte Formel sukzessive für $n = 1, 2 \ldots$ anwenden. Für $n = 1$ ergibt sich also $F_2 = F_1 + F_0 = 1 + 0 = 1$. Allgemeiner ist jede Fibonacci-Zahl die Summe ihrer beiden Vorgänger. In der Definition haben wir also ein verallgemeinertes Induktionsprinzip kennengelernt: Da jede Fibonacci-Zahl F_{n+1} von ihren beiden Vorgängern F_n, F_{n-1} abhängt, benötigen wir *zwei* „Induktionsanfänge" F_0 und F_1. Damit sind die Fibonacci-Zahlen für alle natürlichen Zahlen definiert und lassen sich, da nur die beiden vorherigen Fibonacci-Zahlen addiert werden müssen, leicht hinschreiben:

$$F_0 = 0, \ F_1 = 1, \ F_2 = 1, \ F_3 = 2, \ F_4 = 3, \ F_5 = 5, \ F_6 = 8, \ F_7 = 13, \ F_8 = 21, \ F_9 = 34.$$

Erfunden hat die Fibonacci-Zahlen der Mathematiker Leonardo von Pisa (ca 1170-1240), der sich Fibonacci nannte. Mit den Fibonacci-Zahlen soll die Kaninchenaufgabe gelöst werden, also wie viele Kaninchen im Laufe einer Zeitspanne aus einem Paar entstehen. Es wird angenommen, das jedes Paar allmonatlich ein neues Paar in die Welt setzt, das wiederum nach *zwei* Monaten ein weiteres Paar produziert. Man nimmt also an, dass die neugeborenen Kaninchen nicht sofort geschlechtsreif sind. Todesfälle werden nicht berücksichtigt. Hat man im ersten Monat ein neugeborenes Paar (N), so im zweiten Monat ein geschlechtsreifes Paar (G) und im dritten Monat 2 Paare, nämlich 1N+1G. Im 4. Monat hat man 3 Paare, nämlich 1N+2G. Bezeichnet man mit F_n die Anzahl der Kaninchenpaare im Monat n, so kommen im Monat $n + 1$ gerade F_{n-1} hinzu:

$$F_{n+1} \qquad = \qquad F_n \qquad + \qquad F_{n-1}$$

$$\text{Paare in } n+1 \qquad \text{Paare in } n \qquad \text{geschlechtsreife Paare in } n$$

Wäre jedes neugeborene Paar sofort geschlechtsreif, so hätte man stattdessen die Rekursion $F_{n+1} = 2F_n$, was eine Verdoppelung der Paare in jedem Monat bedeuten würde. Die Berücksichtigung der Geschlechtsreife führt dagegen zu einem langsameren Wachstum der Population, nämlich

$$\frac{F_6}{F_5} = \frac{8}{5} = 1,6, \quad \frac{F_7}{F_6} = \frac{13}{8} = 1,625, \quad \frac{F_8}{F_7} = \frac{21}{13} = 1,615\ldots,$$

$$\frac{F_9}{F_8} = \frac{34}{21} = 1,619\ldots, \quad \frac{F_{10}}{F_9} = \frac{55}{34} = 1,617\ldots.$$

Das sieht recht geheimnisvoll aus: Die Quotienten scheinen um einen nicht offensichtlichen Wert zu oszillieren, der in der Nähe von $1,618$ liegt.

Nun wollen wir die verwandte Frage diskutieren, für welche positiven Zahlen a die Abschätzung

$$F_n \leq a^n$$

für alle $n \in \mathbb{N}_0$ richtig ist. Um erst einmal die Struktur des Beweises zu verstehen, machen wir es uns einfach und beweisen die Aussagen

(D_n) $\qquad\qquad\qquad\qquad\qquad F_n \leq 2^n$ für alle $n \in \mathbb{N}_0$.

Wir wollen das Induktionsprinzip verwenden, haben aber Schwierigkeiten, weil in $F_{n+1} = F_n + F_{n-1}$ sowohl F_n als auch F_{n-1} vorkommen. Wir zeigen daher

(i) (D_0) *und* (D_1) ($=$ Induktionsanfang),

(ii) $(D_{n-1}), (D_n) \Rightarrow (D_{n+1})$ für alle $n \in \mathbb{N}$ ($=$ Induktionsschritt).

Wir können leicht durchprobieren, dass damit die Behauptung für alle $n \in \mathbb{N}_0$ bewiesen ist. (D_0) und (D_1) sind nach dem ersten Schritt richtig. Zum Beweis von (D_2) setzen wir im zweiten Schritt $n = 1$, und erhalten, da (D_0) und (D_1) richtig sind, die Behauptung (D_2). Für die größeren n geht das ganz genauso.

Der Beweis von (D_0) und (D_1) ist

$$F_0 = 0 \leq 1 = 2^0, \quad F_1 = 1 \leq 2 = 2^1.$$

Zum Nachweis von (D_{n+1}) dürfen wir die Induktionsvoraussetzung

$$F_n \leq 2^n, \quad F_{n-1} \leq 2^{n-1}$$

verwenden. Demnach gilt

$$F_{n+1} = F_n + F_{n-1} \leq 2^n + 2^{n-1} \leq 2 \cdot 2^n = 2^{n+1}. \tag{1.6}$$

Damit ist (D_{n+1}) bewiesen.

Kommen wir nun zur Ausgangsfrage zurück, für welche $a > 0$ die Abschätzung

$$F_n \leq a^n$$

für alle n in $\mathbb{N}_0$ richtig ist. Gleichzeitig soll hier gezeigt werden, dass mit dem Prinzip der vollständigen Induktion nicht nur vermutete Aussagen bewiesen, sondern auch völlig neue Erkenntnisse hergeleitet werden können, wenn man mit dem Prinzip kreativ umgeht. Der Beweis der neuen Aussage läuft genauso wie vorher. Der Induktionsanfang $F_0 \leq a^0$ und $F_1 \leq a$ ist für jedes $a \geq 1$ richtig. Die Hauptschwierigkeit ist der Schritt (1.6), den wir ganz analog durchführen wollen:

$$F_{n+1} = F_n + F_{n-1} \leq a^n + a^{n-1} \overset{!}{\leq} a^{n+1}.$$

Das Ausrufezeichen bedeutet hier, dass wir diejenigen a herausfinden müssen, für die

$$a^n + a^{n-1} \leq a^{n+1}$$

richtig ist. Da $a \geq 1$ wegen des Induktionsanfangs, können wir hier kürzen und erhalten

$$a + 1 \leq a^2 \tag{1.7}$$

und somit

$$a \geq \Phi = \frac{1}{2} + \frac{\sqrt{5}}{2} = 1.618033\ldots,$$

was im Einklang mit den obigen Untersuchungen von F_{n+1}/F_n steht. Die Zahl Φ heißt *goldener Schnitt* und löst folgendes Problem: Gesucht ist das Verhältnis der Seitenlängen a, b eines Rechtecks mit

$$\frac{a}{b} = \frac{a+b}{a} \quad \Leftrightarrow \quad \frac{\text{lange Seite}}{\text{kurze Seite}} = \frac{\text{Summe der Seiten}}{\text{lange Seite}}.$$

Mit $\Phi = a/b$ folgt hieraus $\Phi = 1 + \Phi^{-1}$ und $\Phi^2 = \Phi + 1$, was gerade die mit (1.7) verbundene quadratische Gleichung ist.

1.3   Kombinatorik

Für jede Menge A gilt $\emptyset \subset A$ und $A \subset A$, dies ist Bestandteil der Definition der Teilmenge. Die Menge $A_2 = \{1, 2\}$ besitzt daher die Teilmengen

$$\emptyset, \{1\}, \{2\}, \{1, 2\}.$$

Die *Potenzmenge* $\mathcal{P}(A)$ einer Menge A ist definiert als die Menge aller Teilmengen von A, daher

$$\mathcal{P}(\{1, 2\}) = \{\emptyset, \{1\}, \{2\}, \{1, 2\}\}.$$

Wir wollen die Anzahl der Teilmengen der Menge $A_n = \{1, 2, \ldots, n\}$ bestimmen. Dazu bietet sich vollständige Induktion über n an, allerdings müssen wir erst einmal wissen, *was* wir beweisen sollen – die Induktion sagt uns das ja nicht. Durch Probieren stellen wir zunächst eine Hypothese auf:

$A_1:$ $\emptyset, \{1\}$ 2

$A_2:$ $\emptyset, \{1\}, \{2\}, \{1, 2\}$ 4

$A_3:$ $\emptyset, \{1\}, \{2\}, \{3\}, \{1, 2\}, \{1, 3\}, \{2, 3\}, \{1, 2, 3\}$ 8

Die Vermutung ist also: A_n besitzt 2^n Teilmengen.

Für $n = 1$ ist die Behauptung richtig (=Induktionsanfang). Sei 2^n die Anzahl der Teilmengen von A_n (=Induktionsvoraussetzung). Die Beweisidee bei solchen kombinatorischen Problemen ist die Strukturierung der zu zählenden Objekte nach dem Motto „Teile und Herrsche". Wir zerlegen die Teilmengen von A_{n+1} in zwei Gruppen:

I : Teilmengen, die $n + 1$ nicht enthalten,

II : Teilmengen, die $n + 1$ enthalten.

Gruppe I enthält genau die Teilmengen von A_n, das sind nach Induktionsvoraussetzung 2^n. In den Teilmengen von Gruppe II können wir das Element $n + 1$ weglassen und wir erhalten eine Teilmenge von A_n. Umgekehrt können wir jede Teilmenge von A_n durch Anfügen von $n + 1$ zu einer Teilmenge von Gruppe II machen. Damit enthält auch Gruppe II genau 2^n Teilmengen, zusammen also $2^n + 2^n = 2^{n+1}$, wie zu beweisen war. Wir haben damit gezeigt:

Satz 1.1 *Die Anzahl der Teilmengen einer n-elementigen Menge ist 2^n.*

Eine *Permutation* von $(1, 2, \ldots, n)$ ist eine Umstellung der Zahlen $1, \ldots, n$. Beispielsweise besitzt $(1, 2, 3)$ die Permutationen

$$(1, 2, 3), (1, 3, 2), (2, 1, 3), (2, 3, 1), (3, 1, 2), (3, 2, 1).$$

Für eine Zahl $n \in \mathbb{N}$ ist $n!$ (gesprochen: n Fakultät) definiert durch

$$n! = 1 \cdot 2 \cdots n.$$

Die Fakultäten wachsen sehr schnell in n,

$$3! = 6, \ 4! = 24, \ 5! = 120, \ 6! = 720, \quad 20! = 2.43 \ldots \times 10^{18}.$$

Rein aus praktischen Gründen setzt man $0! = 1$.

Satz 1.2 *Die Anzahl der Permutationen von $(1, 2, \ldots, n)$ ist $n!$.*

Beweis: Man kann das durch vollständige Induktion über n beweisen. Einfacher ist die Überlegung, auf wie viele Arten man die Zahlen $1, 2, \ldots, n$ auf n nummerierte Kästchen verteilen kann. Für die Zahl 1 hat man n Möglichkeiten, für die Zahl 2 $n - 1$, für die letzte Zahl n verbleibt nur noch eine Möglichkeit. $\square$

Für $n \in \mathbb{N}_0$ sind die *Binomialkoeffizienten* folgendermaßen definiert

$$\binom{n}{k} = \frac{n!}{k! \, (n - k)!} \quad \text{für } 0 \leq k \leq n.$$

Dass all diese Werte natürliche Zahlen sind, werden wir später sehen. Wichtig sind im Folgenden die Fälle

$$\binom{n}{0} = \frac{n!}{0! \, n!} = 1, \quad \binom{n}{n} = \frac{n!}{n! \, 0!} = 1. \tag{1.8}$$

Wir beweisen die technische Formel

$$\binom{n}{k-1}+\binom{n}{k}=\binom{n+1}{k},$$

(1.9)

indem wir die linke Seite auf den Hauptnenner bringen,

$$\binom{n}{k-1}+\binom{n}{k}=\frac{n!}{(k-1)!\,(n-k+1)!}+\frac{n!}{k!\,(n-k)!}$$

$$=\frac{n!\,k}{k!\,(n-k+1)!}+\frac{n!(n-k+1)}{k!\,(n-k+1)!}=\frac{(n+1)!}{k!\,(n+1-k)!}=\binom{n+1}{k}.$$

Man interpretiert die Formel (1.9) durch das *Pascalsche Dreieck*:

n=0						1					
n=1					1		1				
n=2				1		2		1			
n=3			1		3		3		1		
n=4		1		4		6		4		1	
n=5	1		5		10		10		5		1

Jede neue Zeile wird rechts und links um 1 ergänzt, was den Werten $\binom{n}{0}$ und $\binom{n}{n}$ in (1.8) entspricht, die übrigen Einträge erhält man aus der Formel (1.9), jeder Eintrag ist die Summe der links und rechts über ihm stehenden Zahlen.

Satz 1.3 *Die Zahl der k-elementigen Teilmengen einer n-elementigen Menge ist* $\binom{n}{k}$.

Beweis: Wir zeigen dies durch vollständige Induktion über n. Für $n=0$ ist die Behauptung richtig, denn die leere Menge enthält nur sich selbst als Teilmenge. Die Behauptung ist auch richtig für $k=0$ und $k=n$, in beiden Fällen haben wir nur eine Teilmenge, die leere Menge bzw. die Menge selbst, was mit den Werten in (1.8) übereinstimmt. Nach dem Prinzip „Teile und Herrsche" strukturieren wir die k-elementigen Teilmengen der Menge $A_{n+1}=\{1,2,\ldots,n+1\}$ in zwei Gruppen :

I : k-elementige Teilmengen, die $n+1$ nicht enthalten,

II : k-elementige Teilmengen, die $n+1$ enthalten.

Gruppe I besteht genau aus den k-elementigen Teilmengen der Menge $A_n=\{1,2,\ldots,n\}$, nach Induktionsvoraussetzung sind das $\binom{n}{k}$.

In den Teilmengen der Gruppe II können wir das Element $n+1$ weglassen und erhalten eine $k-1$-elementige Teilmenge von A_n. Umgekehrt können wir jede $k-1$-elementige

Teilmenge von A_n um das Element $n + 1$ ergänzen und erhalten eine Teilmenge von Gruppe II. Nach Induktionsvoraussetzung ist die Zahl der Teilmengen in Gruppe II gerade $\binom{n}{k-1}$. Für die Gesamtzahl der Teilmengen gilt daher mit (1.9)

$$\text{Gruppe I} + \text{Gruppe II} = \binom{n}{k} + \binom{n}{k-1} = \binom{n+1}{k}.$$

Damit ist der Induktionsbeweis erfolgreich abgeschlossen. □

Beim Lotto „6 aus 49" ist die Wahrscheinlichkeit, alle sechs Zahlen richtig getippt zu haben, gleich der Wahrscheinlichkeit, aus der Gesamtheit der 6-elementigen Teilmengen von $\{1, 2, \ldots, 49\}$ die „richtige" herausgefunden zu haben. Die Zahl der Möglichkeiten ist

$$\binom{49}{6} = \frac{49!}{6! \, 43!} == \frac{49 \cdot (2 \cdot 4 \cdot 6) \cdot 47 \cdot 46 \cdot (3 \cdot 5 \cdot 3) \cdot 44}{1 \cdot 2 \cdot 3 \cdot 4 \cdot 5 \cdot 6} = 49 \cdot 47 \cdot 46 \cdot 3 \cdot 44 = 13\,983\,816.$$

Die Wahrscheinlichkeit für sechs Richtige ist daher ungefähr $1 : 14$ Millionen.

Eine weitere Anwendung der Binomialkoeffizienten ist die *binomische Formel*:

Satz 1.4 *Für $a, b \in \mathbb{R}$ und $n \in \mathbb{N}_0$ gilt*

$$(a + b)^n = \sum_{i=0}^{n} \binom{n}{i} a^{n-i} b^i = a^n + \binom{n}{1} a^{n-1} b + \ldots + \binom{n}{n-1} ab^{n-1} + b^n.$$

Beweis: Wir beweisen die binomische Formel durch Induktion über n. Für $n = 0$ ist sie richtig. Unter der Annahme, dass sie für n richtig ist, folgt

$$(a + b)^{n+1} = (a + b)^n (a + b) = \sum_{i=0}^{n} \binom{n}{i} a^{n-i+1} b^i + \sum_{i=0}^{n} \binom{n}{i} a^{n-i} b^{i+1}.$$

Mit Umnummerierung erhalten wir für den ersten Summanden

$$\sum_{i=0}^{n} \binom{n}{i} a^{n-i+1} b^i = a^{n+1} + \sum_{i=0}^{n-1} \binom{n}{i+1} a^{n-i} b^{i+1},$$

daher

$$(a + b)^{n+1} = a^{n+1} + \sum_{i=0}^{n-1} \left(\binom{n}{i+1} + \binom{n}{i} \right) a^{n-i} b^{i+1} + b^{n+1}.$$

Die Behauptung folgt aus der Additionseigenschaft des Binomialkoeffizienten (1.9). □

1.4   Mächtigkeit von Mengen

Hilberts Hotel hat eine unendliche Zahl von Zimmern, die mit $1, 2, 3, \ldots$ durchnummeriert sind. Eines Abends wünscht ein Gast ein Zimmer, aber alle Zimmer sind belegt; tatsächlich ist Hilberts Hotel immer ausgebucht, denn wo sollten die ganzen Leute sonst hin? Der Portier ist in solchen Belegungsfragen sehr erfahren. Er quartiert den Gast von Zimmer 1 nach Zimmer 2, den Gast von Zimmer 2 nach Zimmer 3 und so fort, jeder Gast bekommt ein Zimmer mit einer um 1 höheren Nummer. Danach wird Zimmer 1 frei und der neue Gast kann aufgenommen werden.

Einige Zeit später kommt ein ganzer Bus mit unendlich vielen Personen, die ebenfalls in Hilberts Hotel übernachten wollen. Auch dies ist für den Portier kein Problem. Er lässt die Neuankömmlinge mit $1, 3, 5, \ldots$ ungeradzahlig durchnummerieren und setzt Gast 1 nach 2, Gast 2 nach 4, Gast 3 nach 6, jeder Gast wird in das Zimmer mit doppelter Zimmernummer gelegt. Danach sind die Zimmer mit ungeradzahliger Nummer frei und die bereits ungeradzahlig durchnummerierten Neuankömmlinge bekommen alle ein freies Zimmer.

Wiederum einige Zeit später kommen unendlich viele Busse mit jeweils unendlich vielen Personen, die alle ein Zimmer benötigen. Nun fühlt der Portier sich überfordert und holt den Besitzer des Hotels, den genialen Mathematiker David Hilbert (1862-1943) zur Hilfe. Hilbert lässt die Neuankömmlinge busweise Aufstellung nehmen:

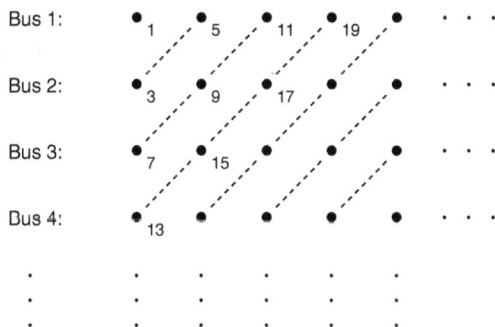

Abb. 1.2: *Das erste Cantorsche Diagonalargument*

Er gibt der Person 1 im ersten Bus die Nummer 1, der Person 1 im zweiten Bus die Nummer 3 und nummeriert von nun an immer die Diagonalen von links unten nach rechts oben. Gleichgültig, an welcher Stelle in welchem Bus eine Person steht, sie wird durch diese Nummerierung erreicht und bekommt eine ungeradzahlige Nummer. Ansonsten werden wie zuvor die ungeradzahligen Zimmer im Hotel geräumt, so dass für jeden Neuankömmling ein Zimmer zur Verfügung steht. Im Unendlichen ist offenbar sehr viel Platz. Dieses Zählverfahren hat sich Hilbert von Georg Cantor (1845-1918) abgeschaut, es heißt *erstes Cantorsches Diagonalargument*.

Eine *Abbildung* f zwischen zwei Mengen M und N ordnet jedem $x \in M$ genau ein $f(x) \in N$ zu. Eine Abbildung heißt *bijektiv* oder 1-1, wenn jedes $y \in N$ Bildpunkt

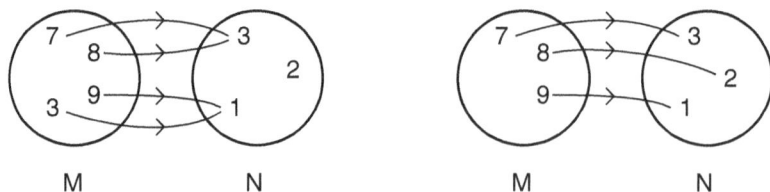

Abb. 1.3: *Verschiedene Abbildungen*

von genau einem $x \in M$ ist. Solche bijektiven Abbildungen lassen sich auch von rechts nach links lesen: Jedes $x \in M$ hat genau einen Partner in N und jedes $y \in N$ hat genau einen Partner in M. Abbildung 1.3 zeigt links eine nicht bijektive, rechts eine bijektive Abbildung. Eine Menge M heißt *endlich*, wenn es eine bijektive Abbildung von M auf eine Menge $A_n = \{1, 2, \ldots, n\}$ gibt. n heißt dann die *Kardinalität* von M und wir schreiben $|M| = n$. Offenbar schießt man hier mit Kanonen auf Spatzen, die Definition besagt nichts anderes, als dass man eine endliche Menge von 1 bis n durchzählen kann.

Wie wir oben am Beispiel von Hilberts Hotel gesehen haben, herrschen bei unendlichen Mengen kompliziertere Verhältnisse, die man nur mit exakten Begriffen begreifen und in den Griff bekommen kann. Eine Menge M heißt *abzählbar unendlich*, wenn es eine bijektive Abbildung zwischen M und den natürlichen Zahlen $\mathbb{N}_0$ gibt. Anschaulich nummeriert eine solche bijektive Abbildung die Elemente von M: Das Element $x \in M$ mit $f(x) = 1$ bekommt die Nummer 1, dasjenige mit $f(x) = 2$ die Nummer 2 und so fort. Von der Vorstellung, dass eine „kleinere" Menge als die natürlichen Zahlen auch beim Zählen kleiner sein muss, muss man sich verabschieden. Zum Beispiel sind die geraden Zahlen ebenfalls abzählbar unendlich, wir geben jeder geraden Zahl $2n$ die Nummer n. Gibt es für eine unendliche Menge keine bijektive Abbildung in die natürlichen Zahlen, so heißt diese Menge *überabzählbar*.

Satz 1.5 *Die abzählbare Vereinigung abzählbar unendlicher Mengen ist abzählbar unendlich.*

Genau das haben wir mit dem ersten Cantorschen Diagonalverfahren bewiesen: Jeder Bus steht für eine abzählbar unendliche Menge und es gibt abzählbar unendlich viele Busse.

Die Menge der ganzen Zahlen sind abzählbar unendlich. Wir können sie ja in die Menge der positiven und der negativen Zahlen sowie der 0 aufteilen, was keine drei abzählbar unendliche Mengen bedeutet. Eine rationale Zahl ist von der Form $\pm m/n$ mit $m \in \mathbb{N}_0$ und $n \in \mathbb{N}$, wobei wegen $1 = 1/1 = 2/2$ jede rationale Zahl in dieser Darstellung unendlich oft vorkommt. Letztes sollte uns nicht weiter stören: Wenn wir die Paare (m, n) für $m, n \in \mathbb{N}$ abzählen können, dann auch die kleinere Menge der positiven rationalen Zahlen. Wir fassen (m, n) als Gitterpunkte der Ebene auf. Dann entsteht exakt die Situation wie in Abbildung 1.2 und das erste Cantorsche Diagonalverfahren schlägt erneut zu. Damit sind die positiven (und schließlich auch alle) rationalen Zahlen abzählbar unendlich:

Satz 1.6 *Die Menge der ganzen und die Menge der rationalen Zahlen sind abzählbar unendlich.*

Die reellen Zahlen sind die unendlichen Dezimalbrüche mit Vorzeichen, also von der Form

$$\pm a, a_1 a_2 a_3 \ldots \quad \text{mit } a \in \mathbb{N}_0 \text{ und } a_i \in \{0, 1, \ldots, 9\}.$$

Satz 1.7 *Die Menge der reellen Zahlen ist überabzählbar.*

Beweis: Wir zeigen, dass bereits die reellen Zahlen im halboffenen Intervall

$$[0, 1) = \{x : 0 \le x < 1\}$$

überabzählbar sind. Mit einem indirekten Beweis nehmen wir an, dass es eine bijektive Abbildung dieses Intervalls in die natürlichen Zahlen gibt, dass man also die reellen Zahlen in der Form $x_1, x_2, \ldots$ durchnummerieren kann,

$$x_1 = 0, \underline{a}_{11} a_{12} a_{13} a_{14} \ldots$$

$$x_2 = 0, a_{21} \underline{a}_{22} a_{23} a_{24} \ldots$$

$$x_3 = 0, a_{31} a_{32} \underline{a}_{33} a_{34} \ldots$$

$$x_4 = 0, a_{41} a_{42} a_{43} \underline{a}_{44} \ldots$$

$$\vdots \qquad \vdots$$

wobei $a_{ij} \in \{0, 1, \ldots, 9\}$. Wie geben nun eine reelle Zahl $y = 0, y_1 y_2 \ldots$ an mit $0 < y < 1$, die in dieser Liste nicht vorkommt, weil sie sich von der i ten Zahl in dieser Liste an der i-ten Stelle unterscheidet. Dazu setzen wir

$$y_1 = \begin{cases} 5 & \text{falls } a_{11} \ne 5 \\ 6 & \text{falls } a_{11} = 5 \end{cases}.$$

Damit ist sichergestellt, dass $y \ne x_1$. Mit dem gleichen Verfahren wählen wir y_2 in Abhängigkeit von a_{22} so, dass $y \ne x_2$. Allgemein verwenden wir die Diagonale in obiger Liste

$$y_i = \begin{cases} 5 & \text{falls } a_{ii} \ne 5 \\ 6 & \text{falls } a_{ii} = 5 \end{cases}.$$

und erreichen so, dass $y \ne x_i$ für alle $i \in \mathbb{N}$. Damit kommt y in dieser Liste nicht vor, was einen Widerspruch zur Annahme bedeutet, das diese Liste die reellen Zahlen im Intervall $[0, 1)$ vollständig darstellt. Man nennt diese Konstruktion das *zweite Cantorsche Diagonalargument*. □

Ganz ähnlich zeigt man den

Satz 1.8 *Die Menge der unendlichen Folgen*

$$a = (a_1, a_2, a_3, \ldots) \quad mit \ a_n \in \{0, 1\}$$

ist überabzählbar.

Beweis: Auch hier nimmt man an, dass man eine nummerierte Liste sämtlicher Folgen in $\{0, 1\}$ hat,

$$a_1 = (\underline{a}_{11}, a_{12} \, a_{13}, \ldots)$$

$$a_2 = (a_{21}, \underline{a}_{22}, a_{23}, \ldots)$$

$$a_3 = (a_{31}, a_{32}, \underline{a}_{33}, \ldots)$$

$$\vdots \qquad \vdots$$

wobei $a_{ij} \in \{0, 1\}$. Wir wählen eine $\{0, 1\}$-Folge $b = (b_1, b_2, b_3, \ldots)$ analog zum Beweis des letzten Satzes,

$$b_i = \begin{cases} 1 & \text{falls } a_{ii} = 0 \\ 0 & \text{falls } a_{ii} = 1 \end{cases}.$$

□

Das letzte wichtige Beispiel einer überabzählbaren Menge ist die Potenzmenge der natürlichen Zahlen. Wir zeigen dies in etwas allgemeinerer Form und definieren dazu: Eine Menge N heißt *mächtiger* als die Menge M, wenn es *keine* Abbildung $f : M \to N$ gibt, so dass es zu jedem $y \in N$ ein $x \in M$ gibt mit $f(x) = y$. Anschaulich bedeutet das, dass es nicht genügend Elemente in M gibt, um jedes Element von N durch eine Abbildung zu erreichen. Wir wiederholen noch, dass die Potenzmenge einer Menge aus den Teilmengen der Menge besteht.

Satz 1.9 *Die Potenzmenge $\mathcal{P}(M)$ einer Menge M ist stets mächtiger als die Menge M selbst.*

Beweis: Sei $f : M \to \mathcal{P}(M)$ eine beliebige Abbildung. Der Wert $f(x)$ ist immer eine Teilmenge von M, so dass wir setzen können

$$A = \{x \in M : x \notin f(x)\} \in \mathcal{P}(M).$$

Wir zeigen, dass A durch f nicht erreicht wird, dass es also kein $x \in M$ gibt mit $f(x) = A$. Angenommen, es gibt so ein $x \in M$ mit $f(x) = A$. Dann gilt wegen der Definition von A, dass

$$x \in A \ \Leftrightarrow \ x \notin f(x),$$

und wegen $f(x) = A$ daher auch

$$x \in A \ \Leftrightarrow \ x \notin A,$$

was einen Widerspruch bedeutet. Diese Schlussweise wird ebenfalls zweites Cantorsches Diagonalargument genannt. Ist nämlich $M = \mathbb{N}$, so können wir jeder Teilmenge N von $\mathbb{N}$ eine $\{0,1\}$-Folge $a = (a_1, a_2, a_3, \ldots)$ zuordnen,

$$a_i = \begin{cases} 1 & \text{falls } i \in \mathbb{N} \\ 0 & \text{falls } i \notin \mathbb{N} \end{cases}.$$

Umgekehrt liefert auf diese Weise jede $\{0,1\}$-Folge eine Teilmenge von $\mathbb{N}$: Genau dann, wenn das i-te Folgenglied eine 1 ist, gehört i zur Teilmenge. Mit dieser Notation stimmt der angegebene Beweis mit dem Beweis des vorigen Satzes überein. $\square$

Durch fortgesetzte Bildung der Potenzmenge $\mathbb{N}, \mathcal{P}(\mathbb{N}), \mathcal{P}(\mathcal{P}(\mathbb{N})), \ldots$ bekommen wir eine Folge von Mengen, in denen nach Satz 1.9 jede Menge mächtiger ist als die vorige.

1.5   Aufgaben

Die den Aufgaben beigefügten Zahlen sollen eine grobe Information über den Schwierigkeitsgrad geben:
1 = trivial, 2 = heminormal, 3 = normal, 4 = doktoral, 5 = suizidal.

1.1 (3) Im Alltag werden Aussagen hauptsächlich zum Austausch von Informationen verwendet. Die natürlichen Sprachen sind aber viel reichhaltiger: Man kann Fragen stellen, Witze erzählen, Befehle erteilen. Vom logischen Standpunkt interessant sind Aussagen (?), die dadurch wahr werden, dass man sie ausspricht. Können Sie solche Aussagen angeben?

1.2 Die nächsten Beispiele zeigen, wie wenig dazu gehört, eine Aussage grundlegend zu verfälschen oder gar ins Gegenteil zu verkehren. Wem werden die folgenden Aussagen zugeschrieben und was hat derjenige tatsächlich gesagt bzw. gemeint?

a) Non scholae sed vitae discimus (Nicht für die Schule, sondern für's Leben lernen wir).

b) Mens sana in corpore sana (Ein gesunder Geist in einem gesunden Körper).

c) Auge um Auge, Zahn um Zahn.

1.3 (3) Ein Zweipersonenspiel heißt „normal", wenn es nach endlich vielen Zügen zu Ende ist. Das „Superspiel" besteht darin, dass der anziehende Spieler ein beliebiges normales Spiel nennt, das dann mit dem anderen Spieler im Anzug gespielt wird. Existiert Superspiel?

Hinweis: Ist Superspiel normal?

1.4 (3) Mit der Frage „Kann Gott einen Stein erschaffen, der so schwer ist, dass er ihn nicht heben kann?" kann man versuchen, einen Theologen zu ärgern. Ist dies wirklich ein Beispiel dafür, dass der Begriff Allmacht in sich widersprüchlich ist?

1.5 (2) Man beweise für $n \in \mathbb{N}$

$$1^2 + 2^2 + 3^2 + \ldots + n^2 = \frac{1}{6}n(n+1)(2n+1).$$

1.6 (2) Zeigen Sie: Für alle natürlichen Zahlen n ist $n^3 - n$ durch 3 teilbar.

1.7 (1) Beweisen Sie für $n \geq 1$ die *verallgemeinerte Bernoulli-Ungleichung*

$$(1 + x_1)(1 + x_2) \cdots (1 + x_n) \geq 1 + x_1 + x_2 + \ldots + x_n \quad \text{für } x_i \geq 0.$$

1.8 (3) Ist für eine reelle Zahl x der Ausdruck $x + x^{-1}$ ganzzahlig, so ist auch $x^n + x^{-n}$ ganzzahlig für alle $n \in \mathbb{N}$.

1.9 (3) Man beweise für $n \in \mathbb{N}$

$$\sum_{k=1}^{2n} \frac{(-1)^{k+1}}{k} = \sum_{k=n+1}^{2n} \frac{1}{k}.$$

1.10 (4) n Autos stehen auf einer Kreislinie. Die Autos besitzen zusammen so viel Benzin, um damit einmal um den Kreis herumzufahren. Zeigen Sie, dass es ein Auto gibt, das den Kreis einmal umrunden kann, wenn es das Benzin der Autos, bei denen es vorbeikommt, mitnehmen darf.

Hinweis: Der Einfachheit halber nehme man an, dass das Umrunden des Kreises eine Entfernungseinheit beträgt und dass man dazu eine Einheit Benzin benötigt. Das Auto i erhält t_i Benzin mit $\sum t_i = 1$.

1.11 (4) In Sikinien sind alle Straßen zwischen je zwei Städten Einbahnstraßen und jedes Paar von Städten ist durch genau eine Einbahnstraße verbunden. Zeigen Sie, dass es eine Stadt gibt, die von jeder anderen Stadt direkt oder über eine weitere Stadt erreicht wird.

1.12 (2) Man zeige:

a) $F_1^2 + F_2^2 + \ldots + F_n^2 = F_n F_{n+1}$.

b) $F_1 + F_2 + \ldots + F_n = F_{n+2} - 1$.

c) $F_1 + F_3 + \ldots + F_{2n+1} = F_{2n+2}, \quad 1 + F_2 + F_4 + \ldots + F_{2n} = F_{2n+1}$.

1.13 (3) (Bundeswettbewerb 1. Runde) Von der Zahlenfolge $a_0, a_1, a_2, \ldots$ ist bekannt

$$a_0 = 0, \ a_1 = 1, \ a_2 = 1 \ \text{und} \ a_{n+2} + a_{n-1} = 2(a_{n+1} + a_n) \ \text{für alle } n \in \mathbb{N}.$$

Es ist zu beweisen, dass alle Glieder dieser Folge Quadratzahlen sind.

1.14 (3) Bestimmen Sie mit Hilfe der Fibonacci-Zahlen die Anzahl f_n der Folgen der Länge n bestehend aus Elementen der Menge $\{0, 1\}$, so dass niemals zwei Nullen hintereinanderstehen. Beispielsweise ist die Folge 10111 erlaubt, die Folge 10011 nicht.

Hinweis: Man unterteile die Menge dieser Folgen in zwei disjunkte Teilmengen, nämlich mit 0 bzw. 1 als letztem Folgenglied.

1.15 (3) Auf wie viele Arten kann ein $(n, 2)$-Rechteck mit $(1, 2)$-Dominosteinen überdeckt werden?

Hinweis: Man löse erst Aufgabe 1.14.

1.16 (3) Man beweise durch Induktion oder interpretiere:

$$\binom{n}{0} + \binom{n+1}{1} + \binom{n+2}{2} + \ldots + \binom{n+r}{r} = \binom{n+r+1}{r}.$$

1.17 (3) (Aus einem kanadischen Wettbewerb) Sei $A_n = \{1, 2, \ldots, n\}$. Man bestimme die Anzahl der verschiedenen Paare (X, Y) mit $X \subset Y \subset A_n$.

Bemerkung: Das lässt sich leicht als Mehrfachsumme mit Hilfe der Binomialkoeffizienten schreiben. Gesucht ist aber ein „einfacher" Ausdruck, der nur aus zwei Zeichen besteht.

1.18 (3) Wir betrachten das folgende Wegesystem:

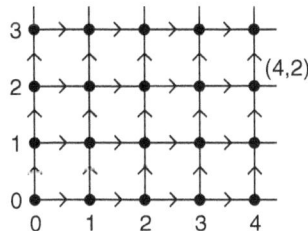

Abb. 1.4: Wie viele Wege gibt es?

Bestimmen Sie $k(m, n)$, das ist die Anzahl der verschiedenen Wege, die jeweils in Pfeilrichtung von $(0, 0)$ zum Punkt (m, n) führen.

1.19 (2) Man zeige, dass die Menge der endlichen Teilmengen von $\mathbb{N}$ abzählbar unendlich ist.

Anmerkungen

[1]Eine Religionslehrerin erklärte mir einmal, dass sie sich im Auto besonders sicher fühle, wenn ein Mathematiker am Steuer sitzt, weil der gar nicht über die Phantasie verfügt, das Auto gegen einen Baum zu fahren. In ähnliche Richtung geht die Vermutung, dass ein Mathematiker

ein besonders logisch denkender Mensch sei, der seine Probleme mit seinen überwältigenden deduktiven Fähigkeiten löst. Liebe Leute, wenn's logisch wär', wär's einfach.

[2]Die Grundlage für diese Antinomie steht im Neuen Testament, Titus 1,12:

> Es hat einer von ihnen gesagt, ihr eigener Prophet: „Die Kreter sind immer Lügner, böse Tiere und faule Bäuche". Dies Zeugnis ist wahr.

Dieses Zitat wurde im 2.Jh. n.Ch. von Clemens von Alexandria dem Kreter Epimenides (6./7.Jh. v.Chr.) zugeschrieben.

[3]Es gibt viele weitere Varianten dieser Antinomie. Sehr schön ist eine Karte, bei der auf beiden Seiten nur der Satz steht „Der Satz auf der anderen Seite ist falsch". Noch schöner ist die Antinomie von Bertrand Russell (1872-1970):

> Ein Edikt der Königin von England besagt, dass der Dorfbarbier genau die Männer rasieren muss, die sich nicht selbst rasieren. Rasiert der Barbier sich selbst?

Der ehemalige Chef der US-Notenbank Alan Greenspan war für seine nebulösen Sätze berüchtigt. Seine Aussagen

> „Ich weiß, dass Sie glauben, Sie wüssten, was ich Ihrer Ansicht nach gesagt habe. Aber ich bin nicht sicher, ob Ihnen klar ist, dass das, was Sie gehört haben, nicht das ist, was ich meine."

oder kürzer, sogar bei einer Anhörung vor dem US-Kongress gefallen,

> „Wenn ich Ihnen über Gebühr klar erscheine, müssen Sie falsch verstanden haben, was ich gesagt habe."

schrammen haarscharf an einer Antinomie vorbei. Der leicht gesteigerte Satz „Wenn Sie glauben, Sie hätten mich verstanden, so irren Sie sich", der zweifellos mit den obigen Sätzen intendiert und nur aus Höflichkeit ungesagt geblieben ist, macht, wenn man ihn auf sich selbst anwendet, die Antinomie perfekt.

2 Graphen und Polyeder

2.1 Graphen und Eulersche Polyederformel

Ein Graph besteht aus einer *Knotenmenge* V (engl. vertex) und einer Kantenmenge E (engl. edge). Anschaulich verbindet eine Kante zwei Knoten, wobei es auf die geometrische Form der Kanten meist nicht ankommt. Zunächst unterscheidet man zwischen *gerichteten* und *ungerichteten* Graphen. In ersteren sind die Kanten geordnete Paare (u, v) von Knoten, u ist der Anfangs- oder Startknoten, v der Endknoten. Man stellt einen solchen Graphen wie in Abb. 2.1 graphisch dar. Beim ungerichteten Graphen ist eine Kante eine zweielementige Teilmenge von V und man schreibt für eine Kante $e = \{u, v\}$. In beiden Definitionen sind *Mehrfachkanten*, dass also zwei Knoten durch mehrere Kanten verbunden werden, nicht darstellbar und daher ausgeschlossen. Im ungerichteten Graphen sind ferner Kanten, Schlaufen genannt, die einen Knoten mit sich selbst verbinden, durch die Definition ebenfalls verboten. Beides wird in der Literatur auch anders gehandhabt.

Abb. 2.1: *Ein gerichteter und ein ungerichteter Graph*

Von nun an behandeln wir nur ungerichtete Graphen ohne Mehrfachkanten und ohne Schlaufen. Ein *Kantenzug* wird definiert durch eine Folge $(e_1, e_2, \ldots, e_n)$ nicht notwendig verschiedener Kanten in E, zu denen eine Folge $(v_1, v_2, \ldots, v_{n+1})$ von Knoten gehört mit $e_i = \{v_i, v_{i+1}\}$ für $i = 1, \ldots, n$. Gilt $v_1 = v_{n+1}$, so heißt der Kantenzug *Zykel*. Sind zusätzlich alle anderen Knoten des Kantenzuges verschieden, so erhalten wir den *Kreis* C_n, der aus n Knoten und n Kanten besteht.

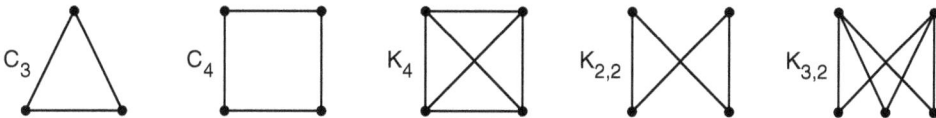

Abb. 2.2: *Beispiele von Kreisen und vollständigen Graphen*

Der Graph mit n Knoten, bei dem je zwei Knoten mit einer Kante verbunden sind, heißt *vollständiger Graph* und wird mit K_n bezeichnet. Jede Kante von K_n entspricht

genau einer zweielementigen Teilmenge der Menge $\{1, 2, \ldots, n\}$, es gibt daher $n(n-1)/2$
Kanten. Ein Graph heißt *bipartit*, wenn die Knotenmenge V in zwei disjunkte Mengen
V_1, V_2 aufgeteilt werden kann, so dass alle Kanten einen Knoten der Menge V_1 mit einem
Knoten der Menge V_2 verbinden. Der vollständige bipartite Graph mit $|V_1| = m$ und
$|V_2| = n$ wird mit $K_{m,n}$ bezeichnet. Da jeder Knoten von V_1 mit jedem Knoten von V_2
verbunden wird, besitzt er mn Kanten. Bipartite Graphen kommen in der Praxis häufig
bei Zuordnungproblemen vor. Das klassische Beispiel ist denn auch das Heiratsproblem:
In einem Dorf stehen m heiratsfähigen Männern n heiratsfähige Frauen gegenüber.
Repräsentiert die Knotenmenge V_1 die Männer und V_2 die Frauen, so wird eine Kante
genau dann gezogen, wenn die beiden sich so weit sympathisch sind, dass sie heiraten
könnten. Der entstehende Graph ist damit bipartit (das Problem stammt eben aus alter
Zeit). Aufgabe des Bürgermeisters ist es, möglichst viele Ehen zwischen sich sympathisch
findenden Partnern zu stiften.

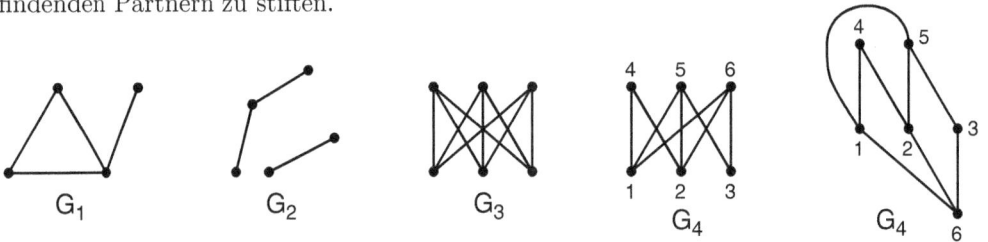

Abb. 2.3: *Beispiele von Graphen*

Ein Graph heißt *zusammenhängend*, wenn je zwei Knoten durch einen Kantenzug miteinander verbunden werden können. Der Graph G_1 in Abbildung 2.3 ist demnach zusammenhängend, der Graph G_2 besteht aus zwei zusammenhängenden Teilgraphen, er
selber ist aber nicht zusammenhängend. Ein Graph G heißt *planar*, wenn er auf der Ebene so gezeichnet werden kann, dass seine Kanten sich nicht überkreuzen. Die Graphen
G_1 und G_2 sind planar, der Graph $G_3 = K_{3,3}$ aber nicht. Man beachte die Definition:
gezeichnet werden *kann*, beim Graphen G_3 scheitern alle Versuche, ihn kreuzungsfrei
unterzubringen.

Entfernen wir eine Kante aus G_3, so erhalten wir beispielsweise den Graphen G_4, der
zunächst nicht sonderlich planar aussieht, aber kreuzungsfrei gezeichnet werden kann.
G_4 ist also planar.

Wir betrachten nun nur noch Graphen, die mindestens einen Knoten besitzen sowie
zusammenhängend und planar sind. Wir setzen

$\quad\quad e=$Anzahl der Knoten (=Ecken),

$\quad\quad k=$Anzahl der Kanten,

$\quad\quad f=$Anzahl der Flächen,

wobei unter den Flächen diejenigen gemeint sind, die vom Graphen eingeschlossen werden plus eins für die äußere Fläche. Der Graph G_1 schließt demnach mit seinem Dreieck
eine Fläche ein; für die Außenfläche zählen wir 1 dazu und erhalten $f = 2$. Für G_1 gilt
ferner $e = 4$ und $k = 4$, daher $e - k + f = 2$. Dieses Ergebnis ist kein Zufall:

Satz 2.1 (Eulersche Polyederformel) *Sei G ein nichtleerer, zusammenhängender,* *planarer Graph mit e Knoten, k Kanten und f Flächen. Dann ist*

$$e - k + f = 2. \tag{2.1}$$

Wie beweist man diese Formel? Dazu überlegt man sich, wie man einen nichtleeren und zusammenhängenden Graphen zeichnen kann. Zunächst zeichnet man einen Knoten. Anschließend kann man den Graphen Stück für Stück mit den beiden folgenden Operationen aufbauen:

a) Man zeichnet einen neuen Knoten ein und verbindet diesen Knoten mit einem vorhandenen Knoten.

b) Man verbindet zwei vorhandene Knoten.

Die nichtleeren zusammenhängenden Graphen besitzen damit eine *induktive* Struktur: Ausgehend vom Graphen, der nur aus einem Knoten besteht, kann man jeden solchen Graphen durch sukzessives Anwenden der Schritte a) und b) erzeugen. Ist der Graph zusätzlich planar, so lassen sich diese Schritte kreuzungsfrei durchführen. Damit lässt sich (2.1) leicht durch Induktion beweisen. Der Induktionsanfang ist der Graph, der nur aus einem Knoten besteht. Für diesen ist $e = 1$, $k = 0$ und $f = 1$, also ist die Formel für diesen Graphen richtig. Sei G ein Graph, für den die Formel ebenfalls richtig ist. Wenden wir auf G den Schritt a) an, so erhöhen wir e und k um 1, f bleibt unverändert. Die Formel bleibt daher auch nach Anwendung dieses Schrittes richtig. Im Fall b) bleibt e unverändert, dagegen erhöhen sich k und f um 1. Also bleibt die Formel auch nach diesem Schritt richtig. Damit ist die Formel vollständig bewiesen.

Als erste Folgerung aus der Eulerschen Polyederformel zeigen wir den

Satz 2.2 *Ein planarer Graph mit $e \geq 3$ Knoten hat höchstens $3e - 6$ Kanten.*

Beweis: Wir fügen dem planaren Graphen so viele Kanten wie möglich unter der Bedingung hinzu, dass er immer noch planar bleibt. Dann ist jede Fläche von genau drei Kanten begrenzt und jede Kante liegt auf dem Rand von genau zwei Flächen. Bei k Kanten sind den Kanten insgesamt $2k$ Flächen benachbart und jede Fläche wird in dieser Rechnung dreimal gezählt, also $2k = 3f$ oder $f = 2k/3$. Wir setzen dies in die Eulersche Polyederformel ein und erhalten $k = 3e - 6$. □

Für den vollständigen Graphen K_5 gilt $e = 5$, $k = 10$, und wegen $10 > 15 - 6$ ist er nicht planar.

Der bipartite Graph $K_{3,3}$ ist ebenfalls nicht planar, wegen $e = 6$, $k = 9$, kann man das nicht aus dem letzten Satz folgern. Als bipartiter Graph enthält $K_{3,3}$ keinen Kreis ungerader Länge. Wäre er planar, so wären die Flächen daher von mindestens vier Kanten begrenzt. Die gleiche Rechnung wie im Beweis von Satz 2.2 liefert daher $2k \geq 4f$, was bei Einsetzen in die Polyederformel $k \leq 2e - 4$ ergibt. Damit ist $K_{3,3}$ nicht planar.

Wie der folgende Satz zeigt, hat man mit K_5 und $K_{3,3}$ sozusagen die Referenzgraphen, die über Planarität eines Graphen entscheiden:

Satz 2.3 (Kuratowski) *Ein Graph ist genau dann planar, wenn er keine Unterteilung eines K_5 oder $K_{3,3}$ enthält.*

Für den aufwändigen Beweis siehe [17].

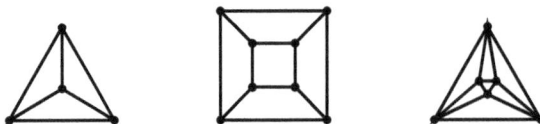

Abb. 2.4: *Graphen von Tetraeder, Würfel und Oktaeder*

Ein *Polyeder* ist ein dreidimensionaler Körper, der durch gerade Seitenflächen begrenzt ist. Diese Seitenflächen treffen sich in geraden Kanten und die Kanten wiederum treffen sich in Punkten. Einen solchen Polyeder können wir in Gedanken in einer Seitenfläche aufschneiden und dann auseinanderziehen. Die Ecken und Kanten entsprechen dann den Knoten und Kanten eines planaren Graphen. Jetzt ist auch klar, warum die Zahl der Knoten mit e bezeichnet wurde, weil sie nämlich der Zahl der Ecken des Polyeders entspricht. Die Außenfläche des planaren Graphen wurde in der Eulerschen Polyederformel mitgezählt, weil sie von der aufgeschnittenen Seitenfläche gebildet wird. Bei den oben angegebenen Beispielen von Tetraeder, Würfel und Oktaeder lässt sich die Polyederformel noch einmal überprüfen.

2.2 Die platonischen Körper

Ein *regulärer Polyeder* oder *platonischer Körper* ist ein Polyeder mit folgenden Eigenschaften:

1. Alle Seitenflächen sind kongruente, regelmäßige n–Ecke.
2. In jeder Ecke münden m Kanten.

Schon im Altertum kannte man 5 reguläre Polyeder:

Bezeichnung	Form der Seitenflächen (n)	m	f	k	e
Tetraeder	Dreiecke	3	4	6	4
Würfel	Quadrate	3	6	12	8
Oktaeder	Dreiecke	4	8	12	6
Dodekaeder	Fünfecke	3	12	30	20
Ikosaeder	Dreiecke	5	20	30	12

Wir beweisen, dass es nur diese 5 regulären Polyeder gibt. An jeder Ecke grenzen genau m Kanten. Da jede Kante zwei Ecken besitzt, besteht zwischen Ecken und Kanten die Beziehung

$$em = 2k \quad \text{oder} \quad k = \frac{em}{2} \tag{2.2}$$

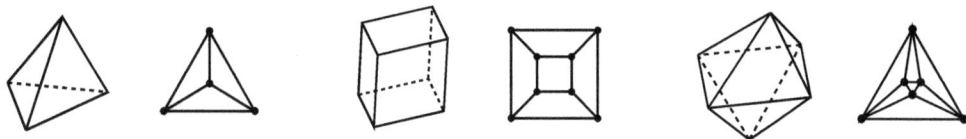

Abb. 2.5: *Tetraeder, Würfel und Oktaeder*

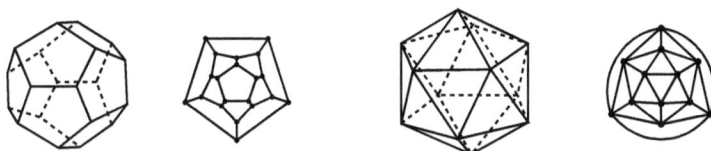

Abb. 2.6: *Dodekaeder und Ikosaeder*

Jede Fläche hat n Begrenzungskanten. Da jede Kante zwei Flächen begrenzt, gilt

$$fn = 2k \quad \text{oder} \quad f = \frac{2k}{n}. \tag{2.3}$$

In die Eulersche Polyederformel

$$e - k + f = 2$$

setzen wir nacheinander die Ausdrücke für f und k ein und erhalten

$$2 = e - k + \frac{2k}{n} = e + k\left(\frac{2}{n} - 1\right) = e + \frac{em}{2}\left(\frac{2}{n} - 1\right)$$

$$= \frac{e}{2n}(2n + 2m - nm).$$

Wegen $2n + 2m - nm = 4 - (n-2)(m-2)$ gilt

$$2 = \frac{e}{2n}\big(4 - (n-2)(m-2)\big). \tag{2.4}$$

Da die linke Seite dieser Gleichung positiv ist, muss auch die rechte positiv sein, insbesondere

$$4 - (n-2)(m-2) > 0 \quad \text{oder} \quad (n-2)(m-2) < 4.$$

Wir erhalten also die folgenden Möglichkeiten:

$$(n, m) = (3, 3), \ (3, 4), \ (3, 5), \ (4, 3), \ (5, 3).$$

Mit diesen Werten gehen wir zurück nach (2.4) und bestimmen daraus e. Mit e erhalten wir k aus (2.2) und schließlich f aus (2.3). Daher

n	m	f	k	e
3	3	4	6	4
3	4	8	12	6
3	5	20	30	12
4	3	6	12	8
5	3	12	30	20

Diese Daten entsprechen genau den bekannten 5 regulären Polyedern.

2.3   Kombinatorische Probleme auf Graphen

Eine Vielzahl von Problemen in Industrie und Gesellschaft kann graphentheoretisch formuliert werden. Bei geometrischen Problemen entsprechen den Knoten Knotenpunkte und den Kanten Verbindungswege. Ein Stadtplan oder eine Landkarte ist, wenn etwas abstrahiert wird, nichts anderes als ein Graph. Ein typisches Problem ist dann, die kürzeste Verbindung zwischen zwei Punkten zu finden. Ein anderes Beispiel ist der Handlungsreisende, der eine Reihe von Städten aufsuchen muss und dazu eine möglichst kurze Rundreise auffinden möchte. Wenn die Verbindungswege noch gar nicht bestehen, ist eine weitere denkbare Aufgabe, alle Knoten miteinander zu verbinden. Dies Problem entsteht beispielsweise bei der Elektrifizierung eines neuen Ortsteils, bei der alle Häuser so miteinander verbunden werden sollen, dass die Kosten minimal werden.

Eine weitere Klasse sind die Zuordnungsprobleme. Man hat eine Anzahl Maschinen, die bestimmte Aufgaben erfüllen oder nicht erfüllen können. Man ordne die Aufgaben den Maschinen so zu, dass möglichst viele Aufgaben erledigt werden können.

Bei vielen Problemen muss man zu *bewerteten Graphen* übergehen, in den meisten Fällen wird jeder Kante eine Zahl zugeordnet, die bei geometrischen Problemen der Entfernung oder den Kosten einer Verbindung entspricht.

Alle kombinatorischen Probleme sind prinzipiell lösbar, weil es immer nur endlich viele Möglichkeiten für die Lösung gibt, die man allesamt durchprobieren kann. Allein die schiere Größe der Probleme macht dies im Allgemeinen unmöglich. Die Frage ist also, ob es für ein Problem einen „schnellen" Algorithmus gibt, der dem wahllosen Herumprobieren überlegen ist. Erst in den letzten Jahrzehnten hat man herausgefunden, dass es „leichte" und „schwere" Probleme gibt (siehe Abschnitt 9.4). Allerdings sieht man die Klassenzugehörigkeit einem Problem nicht immer gleich an.

Die größten Graphen kommen vermutlich nicht in der Natur, sondern in den Köpfen der Physiker vor. Ein quantenmechanischer Zustand wird durch eine Folge von Objekten $(a_1, a_2, \ldots, a_n)$ beschrieben, wobei n vielleicht 1000 ist und die a_i meist aus einer 3-elementigen Menge stammen. Ein solcher Zustand kann als Knoten eines Graphen angesehen werden, die Kanten entsprechen dem Übergang von einem Zustand in einen anderen, der sich nach den Gesetzen der Quantenmechanik vollzieht. Der zugrunde liegende Graph hat bei den hier angegebenen Größen 3^{1000} Knoten, das sind erheblich mehr als es Elementarteilchen im Universum gibt.

Das Eulersche Brückenproblem

Dem berühmten Mathematiker Leonhard Euler (1707-1783) wurde die Frage gestellt, ob es einen Weg im früheren Königsberg (heute Kaliningrad, Russland) gibt, der jede der sieben Brücken des Flusses Pregel genau einmal überquert (vergleiche Abbildung 2.7 links). Dieses Problem lässt sich in einen Graphen überführen, wobei die Brücken durch Kanten und die Festlandsbereiche und Inseln durch Knoten repräsentiert werden, was in Abbildung 2.7 Mitte gezeigt wird. Da der zugehörige Graph Mehrfachkanten besitzt, wollen wir diese in diesem Abschnitt zulassen. Das gleiche Problem kennen wir vom Kinderspiel „Das Haus vom Nikolaus", bei dem eine Figur in einem Zug gezeichnet werden soll (siehe Abbildung 2.7 rechts).

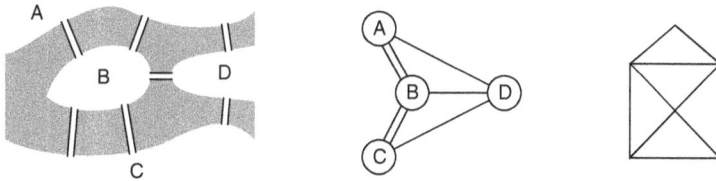

Abb. 2.7: *Die Brücken von Königsberg, zugehöriger Graph und Haus vom Nikolaus*

Ein *Euler-Zykel* in einem Graphen ist ein Zykel, in dem jede Kante des Graphen genau einmal vorkommt. Ein *Euler-Kantenzug* ist ein Kantenzug, in dem jede Kante genau einmal vorkommt. Die Frage ist also, welche Graphen Euler-Zykeln bzw. Euler-Kantenzüge besitzen.

Satz 2.4 *Ein zusammenhängender Graph besitzt genau dann einen Euler-Zykel, wenn von jedem Knoten eine gerade Zahl von Kanten ausgeht.*

Dieser Satz liefert auch ein notwendiges und hinreichendes Kriterium für die Existenz von Euler-Kantenzügen. Zunächst ist ein Euler-Zykel auch ein Euler-Kantenzug. Gibt es einen Euler-Kantenzug, bei dem Anfangsknoten v_a und Endknoten v_b verschieden sind, so fügen wir die Kante $\{v_a, v_e\}$ hinzu und machen den Kantenzug zu einem Euler-Zykel im so ergänzten Graphen. Nach dem letzten Satz müssen daher in jedem Knoten des ergänzten Graphen geradzahlig viele Kanten ausgehen. Daher: Ein zusammenhängender Graph hat genau dann einen Euler-Kantenzug, wenn er einen Euler-Zykel besitzt oder wenn genau zwei Knoten ungeradzahlig viele Nachbarn besitzen. Im Königsberger Brückenproblem ist weder das eine noch das andere der Fall, der zugehörige Graph besitzt also keinen Euler-Kantenzug. Im Haus von Nikolaus ist die letzte Bedingung erfüllt, es lässt sich daher in einem Zug zeichnen.

Nun beweisen wir Satz 2.4. Die Richtung von rechts nach links ist dabei ganz einfach. Wenn es einen Euler-Zykel gibt, so werden durch ihn alle Knoten erreicht, weil der Graph als zusammenhängend vorausgesetzt wurde. Wird ein Knoten durch die Kantenfolge des

Zykels erreicht, so wird dieser Knoten im nächsten Schritt auch wieder verlassen. Damit besitzt jeder Knoten geradzahlig viele Nachbarn.

Die umgekehrte Richtung zeigt man durch einen Algorithmus, mit dem der Euler-Zyklel explizit konstruiert werden kann. Sei $G = (V, E)$. Man startet mit einem beliebigen Knoten, wählt eine beliebige Nachbarkante aus und markiert sie. Man folgt dieser Kante zum nächsten Knoten und wählt dann eine nichtmarkierte Kante aus. Dieses Verfahren wiederholt man, so lange es geht: Unmarkierte Nachbarkante wählen, sie markieren, den zugehörigen Nachbarknoten anfassen. Das Verfahren endet im Anfangsknoten, er ist nämlich der einzige Knoten, der eine ungerade Zahl von unmarkierten Nachbarkanten hat, für alle anderen Knoten gilt: Wo man hineinkommt, kommt man auch wieder heraus. Auf diese Weise erhält man einen Zyklel $Z = (V', E')$, bei dem alle Kanten verschieden sind. Speicher den Zyklel Z ab und setze $G' = (V, E \setminus E')$, was bedeutet, dass man die Kanten von Z einfach löscht. Beginne das gleiche Verfahren in G' wie zuvor in G, aber starte mit einem Knoten in V', der noch Nachbarkanten in G' hat. Dies ist möglich, denn andernfalls wäre G nicht zusammenhängend. Das Verfahren liefert einen Zyklel $Z'' = (V'', E'')$ in G'. Die beiden Zyklel Z', Z'' lassen sich graphisch in Form einer 8 darstellen, sie können daher zu einem Zyklel zusammengefasst werden, den wir wieder Z' nennen. Auf diese Weise setzt man das Verfahren fort, bis alle Kanten abgearbeitet sind.

Kürzeste Wege

Ein *Weg* in einem Graph ist ein Kantenzug, in dem jeder Knoten genau einmal vorkommt. Wir betrachten hier *kantenbewertete Graphen*: Jeder Kante e_i ist ein Wert $w_i \geq 0$ zugeordnet, den man als die Entfernung zwischen den zugehörigen Knoten deuten kann. Die Aufgabe des kürzesten Weges ist dann, zu zwei Knoten den Verbindungsweg $(e_1, \ldots, e_n)$ mit minimalem $\sum_{i=1}^{n} w_i$ zu finden. Wie so oft in der Mathematik löst man besser ein allgemeineres Problem, nämlich: Zu einem Knoten v_a finde die kürzesten Wege zu allen Knoten des Graphen. Der einfachste Algorithmus zur Lösung dieses Problems ist der von Dijkstra, der so einsichtig ist, dass wir ihn nur an einem Beispiel vorstellen werden.

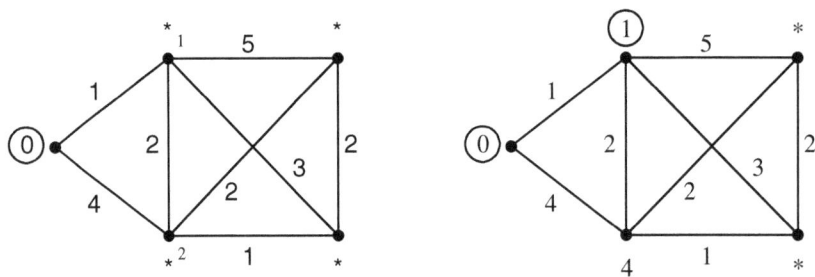

Abb. 2.8: *Die ersten Schritte des Algorithmus von Dijkstra*

In Abbildung 2.8 links ist der Graph mit den Kantenbewertungen angegeben. Gesucht sind alle kürzesten Wege, die vom linken eingerahmten Knoten ausgehen. An jedem Knoten schreibt man eine provisorische Weglänge, die später noch verändert werden kann. Wenn sich ergibt, dass diese Weglänge optimal ist, wird sie eingerahmt. Im Ausgangsgraphen kennen wir eine optimale Weglänge, nämlich 0 für den Weg von v_a nach v_a. Diese wird deshalb eingerahmt. Alle anderen Weglängen sind zunächst unbekannt, die übrigen Knoten werden daher mit einer sehr großen Zahl $*$ versehen, die das Optimum sicher überschätzt.

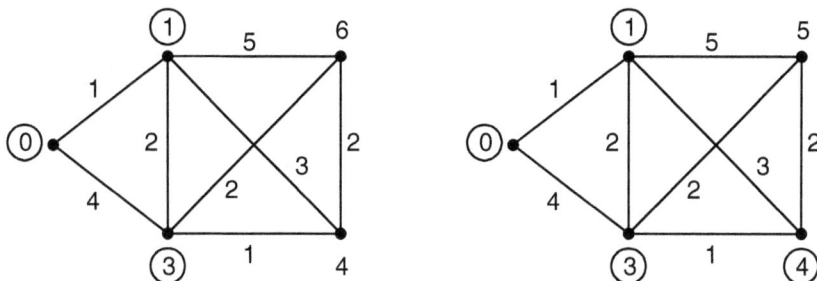

Abb. 2.9: *Fortsetzung des Algorithmus von Dijkstra*

In jedem Schritt des Dijkstra-Algorithmus wird die Zahl der eingerahmten Knoten um 1 erhöht. Dazu betrachtet man alle Kanten, die von eingerahmten zu nicht eingerahmten Knoten führen und bestimmt die zugehörigen Weglängen. Führen mehrere Kanten zu einem Knoten, so wird das Minimum genommen. Anschließend wird der minimale Knoten eingerahmt. In der Ausgangssituation in Abb. 2.8 links führen zwei Kanten zu den Knoten 1 und 2, wir tragen die Weglängen ein und rahmen den Knoten mit der kürzesten Weglänge ein, das ist 1. Offenbar gibt es keinen anderen Weg zum Knoten 1 mit kürzerer Weglänge.

Im nächsten Schritt bestimmen wir die Weglängen zu den Knoten, die zu bereits eingerahmten Knoten benachbart sind, in Knoten 2 nehmen wir das Minimum der beiden dort ankommenden Wege. 2 hat nun die minimale Weglänge 3 und wird daher eingerahmt. Der nächste Schritt bringt schon das Endergebnis.

Kürzestes Netzwerk

Wir stellen uns Häuser vor, die durch eine Stromleitung mit einer Quelle verbunden werden sollen. Die Häuser und die Quelle kann man als Knoten eines Graphen ansehen, eine Kante bedeutet, dass prinzipiell eine Leitung zwischen den Knoten gelegt werden kann. Der Wert der Kante stellt die Kosten zur Verlegung der Leitung dar. Man finde Kanten so, dass jeder Knoten mit jedem Knoten durch einen Kantenzug verbunden ist und dass die Kosten möglichst gering sind. Offenbar fällt diese Aufgabe auch bei der Konstruktion von Verkehrs- und Kommunikationsnetzwerken an.

Wir gehen von einem zusammenhängenden Graphen $G = (V, E)$ mit einer Bewertung $w(e) \geq 0$ der Kante $e \in E$ aus. Gesucht ist eine Kantenmenge $E' \subset E$, so dass der zugehörige Graph $G' = (V, E')$ zusammenhängend und das Gewicht dieser Kantenmenge

$$W(E') = \sum_{e \in E'} w(e)$$

minimal ist. Ein solcher minimaler Graph G' enthält keine Zykel. In diesem Fall könnten wir ja eine beliebige Kante des Zykels entfernen und der Graph bliebe dennoch zusammenhängend. Ein zusammenhängender Graph ohne Zykel heißt *Baum*, ein zusammenhängender Teilgraph $G' = (V, E')$ von $G = (V, E)$ ohne Zykel heißt *spannender Baum* von G. Das Problem des kürzesten Netzwerks wird daher auch als Problem des *minimalen spannenden Baums* bezeichnet.

Einen solchen minimalen spannenden Baum kann man überraschend einfach mit dem *Greedy-Algorithmus* finden. Greedy heißt gierig oder gefräßig. Jeder Leser dürfte den Greedy-Algorithmus beim Kofferpacken verwendet haben. In diesem Fall hat man verschiedene Gegenstände, die man unter der Bedingung in einen Koffer packen möchte, dass sie hineinpassen oder ein vorgegebenes Gewicht nicht überschreiten. Dazu sortiert man die Gegenstände nach Größe (oder nach Gewicht). Beginnend mit dem größten Gegenstand wird der Koffer sukzessive gefüllt. Ein Gegenstand, mit dem das Limit überschritten wird, wird dabei übergangen. Mathematisch können wir das so formulieren, dass wir n Gegenstände mit Gewicht w_i besitzen, von denen wir eine Teilmenge so auswählen sollen, dass sie möglichst groß ist, aber das Gewicht dieser Teilmenge eine vorgegebene Schranke nicht überschreitet. Im Greedy-Algorithmus für dieses Problem sortieren wir die Gewichte absteigend nach Größe in einer Liste und nehmen die einzelnen Elemente in der Liste, sofern wir die Schranke nicht überschreiten. Als konkretes Beispiel betrachten wir drei Gegenstände mit Gewichten $51, 50, 50$ und vorgegebener Schranke 100. Der Greedy-Algorithmus nimmt die 51 und verpasst die Optimallösung, die aus den beiden Gegenständen mit Gewicht 50 besteht[4]. Zu diesem *Rucksack*- oder *Knapsackproblem*, das gemäß der Fragestellung ein Optimierungsproblem ist, gibt es ein zugehöriges *Entscheidungsproblem*: Gegeben eine Zahl n und Gewichte $w_1, \ldots, w_n$ sowie eine Schranke M, ist es dann möglich, eine Teilmenge von $\{1, \ldots, n\}$ so zu wählen, dass das Gewicht dieser Teilmenge genau M beträgt? Man kann dieses Problem lösen, indem man alle Teilmengen von $\{1, \ldots, n\}$ durchgeht und das zugehörige Gewicht bestimmt. Da es 2^n, also exponentiell viele Teilmengen gibt, ist dieser Algorithmus sehr langsam. Seit Jahrzehnten wird gefragt, ob es für dieses oder ähnlich gelagerte Probleme einen Algorithmus gibt, der das Problem in polynomialer Zeit löst, was als $P = NP$-Problem bezeichnet wird (siehe Abschnitt 9.4).

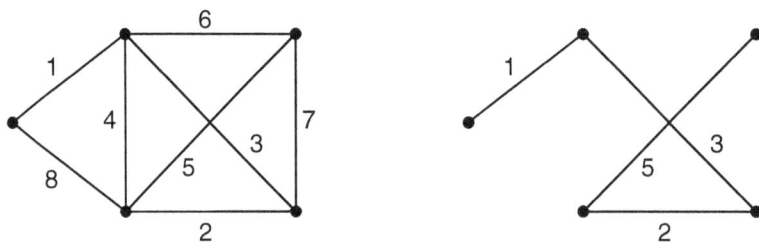

Abb. 2.10: *Beispiel zum Problem des minimalen spannenden Baums*

Das Problem des minimalen spannenden Baums kann dagegen mit dem Greedy-Algorithmus gelöst werden, der in diesem Zusammenhang *Kruskal-Algorithmus* heißt. Die Kanten werden beginnend mit dem niedrigsten Gewicht aufsteigend in einer Liste sortiert. Man setzt $E' = \emptyset$ und baut die Menge E' sukzessive auf, indem die Kanten aus der Liste der Menge E' hinzugefügt werden. Kanten werden übergangen, wenn sie mit den Kanten in E' einen Kreis bilden. In Abbildung 2.10 werden die Kanten mit den Gewichten 1,2,3 genommen. Als Nächstes steht die Kante mit dem Gewicht 4 auf der Liste, die jedoch mit 2 und 3 einen Kreis bildet und daher übergangen wird. Mit der Kante mit Gewicht 5 ist der spannende Baum in Abbildung 2.10 rechts erreicht.

Nun überlegen wir uns, dass der so beschriebene Algorithmus für einen zusammenhängenden Graphen $G = (V, E)$ tatsächlich einen minimalen spannenden Baum liefert. Sei $G' = (V, E')$ der vom Algorithmus erzeugte Graph. Dass G' zusammenhängend ist, sollte anschaulich klar sein. Wenn nämlich eine Kante $\{v_1, v_2\}$ vom Algorithmus verworfen wird, so gibt es immer noch einen Weg von v_1 nach v_2 über den Rest des Zykels, der nach Hinzufügen dieser Kante entstanden wäre. Sei $e \in E'$ die Kante mit minimalem Gewicht und sei $G'' = (V, E'')$ ein minimaler spannender Baum, der die Kante e nicht enthält. Wir fügen die Kante e der Menge E'' hinzu. Es entsteht ein Kreis, aus dem eine beliebige andere Kante als e entfernt werden kann. Der auf diese Weise entstandene Graph ist offenbar ein spannender Baum mit Gewicht nicht größer als das Gewicht der Kantenmenge E''. Damit gibt es einen minimalen spannenden Baum, der die Kante e enthält. Für die anderen Kanten von E' argumentiert man auf die gleiche Weise.

Das Vierfarbenproblem

Kartographen wissen schon lange, dass man die Länder einer jeden Landkarte mit vier Farben so färben kann, dass Länder mit einer gemeinsamen Grenze verschiedene Farben bekommen. Einen Beweis für diese Vierfarbenvermutung hat man allerdings jahrhundertelang vergeblich gesucht.

Wir ordnen einer Landkarte einen Graphen zu, indem wir die Länder als Knoten definieren. Zwei Länder sind durch eine Kante verbunden, wenn sie eine gemeinsame Grenze haben. Offenbar ist der so erhaltene Graph planar und umgekehrt kann zu jedem planaren Graph eine entsprechende Länderkarte gezeichnet werden. Die Vierfarbenvermutung ist damit äquivalent zu: In jedem planaren Graph können die Knoten mit vier Farben so gefärbt werden, dass durch eine Kante verbundene Knoten verschiedene Farben besitzen. Der in den achtziger Jahren durch einen Computer verifizierte Beweis dieser Vermutung hat zu einer regen Diskussion in der mathematischen Gemeinschaft geführt. Kann ein Computerprogramm oder eine viele tausend Seiten umfassende Tabelle ein Beweis sein? Tatsächlich musste der erste Computerbeweis wegen Unvollständigkeit zurückgenommen werden. Das Problem bestand allerdings schon vorher: Bei der Flut mathematischer Veröffentlichungen und dem Publikationsdruck, dem alle Wissenschaftler ausgesetzt sind, bleibt kaum Zeit, die Arbeiten anderer Mathematiker sorgfältig zu lesen und nach Fehlern abzuklopfen.

2.4   Ramsey-Zahlen

Auf einer Party kennen sich je zwei Leute oder sie kennen sich nicht. Zu gegebenen natürlichen Zahlen k, l fragen wir: Wir groß muss die Party mindestens sein, damit es eine Gruppe von k Leuten gibt, die sich kennen, oder eine Gruppe von l Leuten, die sich nicht kennen. Der Satz von Ramsey, den wir später beweisen werden, besagt, dass es solch eine Mindestgröße $R(k,l)$ für jedes k und jedes l gibt. $R(k,l)$ heißt *Ramsey-Zahl*.

Dieses Partyproblem deutet man besser graphentheoretisch. Wie bereits aus Abschnitt 2.1 bekannt besteht der vollständige Graph K_n aus der Knotenmenge $M_n = \{1, \ldots, n\}$ und allen zweielementigen Teilmengen als Kanten. Bei einer *Rot-Grün-Färbung* des K_n ordnen wir jeder Kante eine Farbe rot oder grün zu.

Das Party-Problem ist damit äquivalent zu folgendem Problem. Bestimme eine Zahl $R = R(k,l)$, so dass der vollständige Graph K_R bei jeder Rot-Grün-Färbung einen Graphen K_k enthält, der nur aus roten Kanten besteht oder einen Graphen K_l mit ausschließlich grünen Kanten. Die Farben stehen also für die Beziehungen „sich kennen" oder „sich nicht kennen" im Partyproblem.

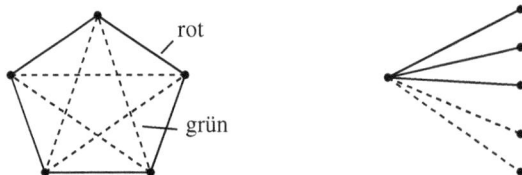

Abb. 2.11: *Zur Bestimmung von $R(3,3)$*

Nun wollen wir $R(3,3)$ bestimmen. Klar, dass K_3 oder K_4 dafür nicht ausreichen. Aber wie ist es mit K_5? Wir ordnen die Punkte als Fünfeck an und färben das Fünfeck probeweise rot. Würden wir irgendeine weitere Kante rot färben, so würde ein roter K_3 entstehen. Daher werden die anderen Kanten alle grün gefärbt, was nicht zu einem grünen K_3 führt, daher $K(3,3) > 5$. Wir zeigen nun, dass $K(3,3) = 6$. Wir nehmen einen beliebigen Knoten des K_6 heraus. Dieser hat 5 Nachbarknoten. Von den zugehörigen 5 Kanten müssen 3 von einer Farbe sein, sagen wir rot (Abbildung 2.11 rechts). Sind zwei dieser Nachbarknoten mit einer roten Kante verbunden, so entsteht ein roter K_3. Sind die Nachbarknoten aber alle mit grünen Kanten verbunden, so erhalten wir einen grünen K_3. Gleichgültig wie die Färbung ist, wir können immer einen roten oder einen grünen K_3 bekommen.

Einfach zu bestimmen sind noch die Werte $R(k,2) = R(2,k) = k$. Denn entweder sind die Kanten des K_k alle von einer Farbe, oder eine Kante ist von der anderen Farbe.

Satz 2.5 *Für alle $k,l \in \mathbb{N}$ existiert $R(k,l)$ und genügt für $k,l \geq 2$ der Abschätzung*

$$R(k,l) \leq \binom{k+l-2}{k-1}.$$

Beweis: Wir zeigen dies durch vollständige Induktion über $k + l$. Im Induktionsschritt wollen wir annehmen, dass $k,l > 2$. Als Induktionsanfang nehmen wir daher $R(k,2) = R(2,k) = k$, was im Einklang mit der Behauptung ist, denn $k = R(k,2) = \binom{k}{1} = k$.

Sei also $k, l > 2$ und sei die Behauptung für niedrigere k, l richtig (=Induktionsvoraussetzung), was Folgendes bedeutet:

(i) Für $n_1 = \dbinom{(k-1) + l - 2}{(k-1) - 1}$ enthält K_{n_1} bei jeder beliebigen Färbung einen roten K_{k-1} oder einen grünen K_l.

(ii) Für $n_2 = \dbinom{k + (l-1) - 2}{k - 1}$ enthält K_{n_2} bei jeder beliebigen Färbung einen roten K_k oder einen grünen K_{l-1}.

Sei also $n = \dbinom{k + l - 2}{k - 1}$ und K_n mit einer beliebigen Färbung vorgegeben. Sei v ein beliebiger Knoten von K_n. Dieser hat $n - 1$ Nachbarkanten. Nach (1.3) gilt dann

$$n - 1 = \binom{k + l - 2}{k - 1} - 1 = \binom{k + l - 3}{k - 1} + \binom{k + l - 3}{k - 2} - 1$$

$$> \binom{k + (l-1) - 2}{k - 1} - 1 + \binom{(k-1) + l - 2}{(k-1) - 1} - 1$$

$$= (n_1 - 1) + (n_2 - 1).$$

Damit hat v n_1 rote Nachbarkanten oder n_2 grüne Nachbarkanten. Im ersten Fall betrachten wir den von den zugehörigen n_1 Knoten aufgespannten K_{n_1}. Nach Induktionsvoraussetzung (i) enthält dieser einen roten K_{k-1} oder einen grünen K_l. Im zweiten Fall sind wir fertig, im ersten Fall nehmen wir zu dem roten K_{k-1} noch den Knoten v mit den n_1 roten Kanten zu K_{n_1} hinzu, so dass der auf diese Weise ergänzte Graph einen roten K_k enthält. Der andere Fall, dass v n_2 grüne Nachbarkanten besitzt, wird ganz analog behandelt. ☐

Die folgende Tabelle listet nahezu alle Ramsey-Zahlen auf, die man kennt:

k, l	3	4	5	6
3	6	9	15	18
4	9	18	25	?
5	15	25	?	?

Nun kommen wir zum allgemeinen Satz von Ramsey. Wir betrachten wieder die Menge $M_n = \{1, 2, \ldots, n\}$. Sei P_r, $r \geq 1$, die Menge der r-elementigen Teilmengen von M_n.

Diese r-elementigen Teilmengen werden nun mit s Farben gefärbt. Es gilt also

$$P_r = T_1 \cup T_2 \cup \ldots \cup T_s$$

mit disjunkten Mengen T_i. Weiter seien $k_1, \ldots, k_s \geq r$ natürliche Zahlen.

Satz 2.6 (Ramsey 1928) *Es gibt eine Zahl $R(k_1, \ldots, k_s; r)$, so dass für alle $n \geq R$ Folgendes gilt: Es gibt ein i mit $1 \leq i \leq s$ und eine k_i-Teilmenge von M_n, deren r-elementige Teilmengen alle in T_i liegen.*

Für $r = 1$ bedeutet der Satz, dass wir jedes Element von M_n mit einer von s Farben färben. Um sicher zu sein, für ein i k_i Elemente der Farbe i zu haben, muss also

$$n \geq R(k_1, \ldots, k_s; 1) = k_1 + k_2 + \ldots + k_s - s + 1$$

sein. Dies ist das Schubfachprinzip, die Ramsey-Theorie daher eine Verallgemeinerung des Schubfachprinzips. Für $r = 2$ und $s = 2$ bekommen wir die Ramsey-Zahlen $R(k, l) = R(k, l; 2)$.

Der folgende Satz war historisch gesehen der erste Satz der Ramsey-Theorie.

Satz 2.7 (Schur 1916) *Sei $r \in \mathbb{N}$. Dann gibt es eine Zahl $N(r)$ so, dass für alle $n \geq N(r)$ gilt: Färben wir die Zahlen von 1 bis n mit r Farben, so gibt es $x, y, z \in \{1, \ldots, n\}$ von gleicher Farbe mit $x + y = z$.*

Beweis: Die Zahl $N(r) = R(3, 3, \ldots, 3; 2)$ leistet das Gewünschte. Diese Zahl garantiert, dass wir aus einem mit r Farben gefärbten Graphen K_N ein Dreieck gleicher Farbe herausziehen können. Sei $n \geq N(r)$. Wir ordnen den Zahlen von 1 bis n den Graphen K_n zu. Die Kante $\{i, j\}$ färben wir mit der Farbe von $|i - j|$. Es gibt dann $i < j < k$, so dass $j - i$, $k - i$ und $k - j$ die gleiche Farbe besitzen. Wir setzen daher $x = j - i$, $y = k - j$, $z = k - i$, daher $x + y = z$. $\square$

2.5   Aufgaben

2.1 (1) Die Zahl der Kanten, die vom Knoten v ausgehen, heißt *Grad* von v, geschrieben $d(v)$. Man zeige: (L. Euler) Die Anzahl der Knoten mit ungeradem Grad ist gerade.

2.2 (2) a) Die Zahlen $1, 2, 3, 4, 5, 6$ sollen so den Kanten eines Tetraeders zugeordnet werden, dass in jeder Ecke gilt, dass die Summe der in die Ecke einlaufenden Kanten konstant ist. Ist dies überhaupt möglich?

b) Die gleiche Aufgabe wie a), aber mit den Zahlen $1, 2, 3, 4, 5, 7$.

2.3 (2) Die folgenden Fragen sollen in Abhängigkeit der Zahl der Knoten n eines Graphen beantwortet werden. Dabei sind keine Schlaufen oder Mehrfachkanten erlaubt.

a) Ein Graph heißt *kreisfrei*, wenn er keinen Kreis enthält. Wie viele Kanten besitzt ein kreisfreier zusammenhängender Graph?

b) Ein Graph heißt *zweifach zusammenhängend*, wenn er nach Entfernen einer beliebigen Kante immer noch zusammenhängend ist. Wie viele Kanten muss ein zweifach zusammenhängender Graph mindestens haben?

2.4 (3) (Bundeswettbewerb 1. Runde) Die Oberfläche eines Fußballs setzt sich aus schwarzen Fünfecken und weißen Sechsecken zusammen. An die Seiten eines jeden Fünfecks grenzen lauter Sechsecke, während an die Seiten eines jeden Sechseck abwechselnd Fünfecke und Sechsecke grenzen.

Man bestimme aus diesen Angaben über den Fußball die Anzahl seiner Fünfecke und seiner Sechsecke.

2.5 (3) (Bundeswettbewerb 1. Runde) Zwischen 20 Städten bestehen 172 direkte Flugverbindungen, die jeweils in beide Richtungen benutzbar sind. Keine zwei von ihnen verbinden dieselben beiden Städte.

Man weise nach, dass man von jeder Stadt in jede Stadt fliegen kann, ohne dabei mehr als einmal umzusteigen.

2.6 (4) (Bundeswettbewerb 1. Runde) In Sikinien, wo es nur endlich viele Städte gibt, gehen von jeder Stadt drei Straßen aus, von denen jede wieder in eine sikinische Stadt führt; andere Straßen gibt es nicht. Ein Tourist startet in der Stadt A und fährt nach folgender Regel: Er wählt in der nächsten Stadt die linke Straße der Gabelung, in der übernächsten die rechte Straße, dann wieder die linke und so weiter, immer abwechselnd. Man zeige, dass er schließlich nach A zurückkommt.

2.7 (2) a) Für eine beliebige Unterteilung der Knoten eines kantenbewerteten zusammenhängenden Graphen in zwei Teilmengen gilt: Jeder minimale spannende Baum enthält die Kante mit dem kleinsten Gewicht, die einen Knoten der einen Menge mit einem Knoten der anderen Menge verbindet.

b) Die Kante eines Zykels mit höchstem Gewicht in einem Graphen ist nicht in einem minimalen spannenden Baum enthalten.

2.8 (3) Man entwickle ein Verfahren, das entscheidet, ob ein vorgelegter Graph bipartit ist oder nicht.

Hinweis: Am einfachsten verwendet man einen Algorithmus, der versucht, die Knoten des Graphen mit zwei Farben zu färben.

2.9 (3) Zeigen Sie, dass für die Ramsey-Zahlen $R(k,l)$ gilt

$$R(k,l) \leq R(k-1,l) + R(k,l-1),$$

wobei die Ungleichung strikt ist, wenn beide Zahlen auf der rechten Seite geradzahlig sind.

2.10 (3) Sei $l \geq 2$. Man färbe die Kante $\{i,j\}$ des Graphen K_{3l-4} rot, wenn $|i-j| = 1$ mod 3 und alle anderen Kanten grün. Man zeige, dass dieser Graph keinen roten K_3 und keinen grünen K_l enthält. Damit ist $K(3,l) \geq 3(l-1)$.

2.11 (1) Mit Hilfe der beiden letzten Aufgaben zeige man, dass $R(3,4) = 9$.

Anmerkungen

[4]Dass man mit dem Greedy-Algorithmus wie im angegebenen Beispiel in der Regel mindestens die Hälfte der Kapazitätsschranke erreichen kann, soll hier präzisiert werden. Seien $w_1, \ldots, w_n > 0$ Gewichte und sei $M \in \mathbb{N}$ die Kapazitätsschranke, die nicht überschritten werden darf. $A_n = \{1, 2, \ldots, n\}$ ist die zu den Gewichten gehörende Indexmenge.

Ist $K \subset A_n$, so ist

$$W(K) = \sum_{i \in K} w_i$$

das mit K erzielte Gewicht. Die Optimallösung sei K_{opt} mit $W(K_{\text{opt}}) \leq M$.

Wir untersuchen das Greedy-Verfahren und nehmen dazu an, dass die w_i nach Größe sortiert sind, also $w_1 \geq w_2 \geq \ldots \geq w_n$. Das Greedy-Verfahren geht die Elemente nacheinander durch. Wenn es ein Element nehmen kann, ohne M zu überschreiten, so tut es das auch, andernfalls wird das Element übergangen. Die Liste der Elemente wird also nur einmal durchgegangen.

Satz 2.8 *Sei der Einfachheit halber M geradzahlig, $G \subset A_n$ sei die Greedy-Lösung, $K_{\text{opt}} \subset A_n$ sei eine Optimallösung. Dann gilt: Entweder ist $W(K_{\text{opt}}) \leq M/2$, dann ist $G = K_{\text{opt}}$, oder $W(K_{\text{opt}}) > M/2$, dann ist $W(G) > M/2$.*

Beweis: Sei $W(K_{\text{opt}}) \leq M/2$. Ist $K_{\text{opt}} = A_n$, so ist auch $G = K_{\text{opt}}$. Andernfalls müssen die Elemente nicht in K_{opt} der Bedingung $w_i > M/2$ genügen. Dann ist K_{opt} aber nur optimal, wenn sogar $w_i > M$ gilt, denn andernfalls wäre $K = \{i\}$ besser als K_{opt}. Auch in diesem Fall ist $G = K_{\text{opt}}$.

Sei nun $W(K_{\text{opt}}) > M/2$. Enthält K_{opt} ein Element mit $w_i > M/2$, so nimmt der Greedy dieses oder ein größeres und es ist $W(G) > M/2$. Angenommen, alle Elemente von K erfüllen $w_i \leq M/2$. Wäre in diesem Fall $W(G) \leq M/2$, so kann der Greedy ein beliebiges Element von K_{opt} hinzunehmen, denn G enthält nicht alle Elemente von K_{opt}. Widerspruch zur Konstruktion der Greedy-Lösung! $\square$

3 Algebra und Zahlentheorie

3.1 Grundlegende Sätze der elementaren Zahlentheorie

Mit a, b usw. bezeichnen wir, solange nichts anderes gesagt wird, immer ganze Zahlen. Wir schreiben $a \mid b$, wenn a ein Teiler von b ist, wenn also $b = aq$ für eine ganze Zahl q.

Wir sagen, a ist *kongruent zu b modulo m*, wenn die natürliche Zahl m ein Teiler von $b-a$ ist, und schreiben dafür $a \equiv b \mod m$. Die Zahl m heißt *Modul* der Kongruenz. Die Differenz zweier gerader Zahlen ist gerade, sie sind daher kongruent modulo 2. Ebenso sind zwei ungerade Zahlen kongruent modulo 2, weil ihre Differenz ebenfalls geradzahlig ist. In der westlichen Welt war die Kongruenz seit dem 18. Jahrhundert bekannt, spielte in der Mathematik aber keine Rolle, bis Karl Friedrich Gauß (1777-1855) sie in seinem berühmten und immer noch lesenswerten Werk „Disquisitiones Arithmeticae", das jetzt in einer preiswerten Faksimile-Ausgabe [23] vorliegt, gründlich untersuchte und zu einem schlagkräftigen Hilfsmittel der Zahlentheorie ausbaute. Es darf aber nicht unerwähnt bleiben, dass der chinesische Mathematiker Ch'in Chiu-Shao bereits im 13. Jahrhundert Kongruenzen kannte.

Sind zwei Zahlen kongruent modulo m, so muss die Differenz der beiden Zahlen ein ganzzahliges Vielfaches von m sein, daher

$$a \equiv b \mod m \quad \Leftrightarrow \quad m \mid a - b \quad \Leftrightarrow \quad a = b + qm \text{ für ein } q \in \mathbb{Z}. \quad (3.1)$$

Ist a eine natürliche Zahl, so hinterlässt sie beim Teilen durch m einen Rest in der Menge $\{0, 1, \ldots, m-1\}$. Zwei natürliche Zahlen a, b sind genau dann kongruent modulo m, wenn sie beim Teilen durch m den gleichen Rest besitzen, denn dieser Rest fällt ja in $b-a$ heraus. Dieses Prinzip lässt sich auch auf negative Zahlen ausdehnen, wenn wir m auf den Rest addieren.

Aus (3.1) entnimmt man direkt die Rechenregeln

$$a \equiv b \mod m, \quad c \equiv d \mod m \quad \Rightarrow \quad a \pm c \equiv b \pm d \mod m \text{ und } ac \equiv bd \mod m,$$

insbesondere auch

$$a \equiv b \mod m \quad \Rightarrow \quad a^k \equiv b^k \mod m.$$

Diese Regeln lassen sich folgendermaßen zusammenfassen: Ist $p(x)$ ein Polynom mit ganzzahligen Koeffizienten, so gilt

$$a \equiv b \mod m \Rightarrow p(a) \equiv p(b) \mod m.$$

Beispiel 3.1 Gibt es ein Polynom p mit ganzzahligen Koeffizienten mit $p(7) = 11$ und $p(15) = 13$?

Lösung: Es gilt $7 \equiv 15 \mod 4$, aber $11 \not\equiv 13 \mod 4$. Ein solches Polynom gibt es daher nicht.

Eine natürliche Zahl heißt *Primzahl*, wenn sie genau zwei Teiler hat, nämlich 1 und p. Durch diese Definition ist auch festgelegt, dass 1 keine Primzahl ist, denn diese hat nur den einen Teiler 1.

Bevor wir mit den Kongruenzen fortfahren, benötigen wir einen aus der Schule wohlbekannten Satz über die eindeutige Zerlegung einer natürlichen Zahl in ihre Primfaktoren.

Satz 3.1 (Fundamentalsatz der Arithmetik) *Ist $p_1 = 2$, $p_2 = 3$, $p_3 = 5, \ldots$ die Folge der Primzahlen, so gibt es zu jeder natürlichen Zahl $a > 1$ eindeutige Exponenten $r_1, \ldots, r_k \in \mathbb{N}_0$ mit*

$$a = p_1^{r_1} p_2^{r_2} \ldots p_k^{r_k}, \quad r_k > 0.$$

Der Satz ist vermutlich intuitiv klar, sein Beweis ist aber nicht einfach[5].

Zwei natürliche Zahlen heißen *teilerfremd*, wenn sie nur 1 als gemeinsamen Teiler besitzen.

Vorsicht ist bei der Division in der Kongruenzrelation geboten. Es gilt $m \equiv 2m \mod m$, aber $1 \not\equiv 2 \mod m$. Daher

$$ac \equiv bc \mod m, \ c \text{ und } m \text{ teilerfremd} \ \Rightarrow \ a \equiv b \mod m.$$

Man beweist diese Regel, indem man für $ac \equiv bc \mod m$ die äquivalente Form $m \mid (b - a)c$ betrachtet. Sind m und c teilerfremd, so kommen in den Primfaktorzerlegungen von m und c nur verschiedene Primzahlen vor. Damit muss m ein Teiler von $b - a$ sein.

Ein weitere Anwendung der Primfaktorzerlegung ist der folgende

Satz 3.2 *Die n-te Wurzel einer natürlichen Zahl a ist ganzzahlig oder irrational, also in keinem Fall eine gebrochene rationale Zahl.*

Beweis: Man beweist dies ähnlich wie die Irrationalität von $\sqrt{2}$. Sei

$$\sqrt[n]{a} = \frac{p}{q}.$$

Potenzieren ergibt

$$q^n a = p^n.$$

Wir bezeichnen die Exponenten in den Primfaktorzerlegungen von p, q, a mit p_l, q_l, a_l. Es muss dann gelten

$$nq_l + a_l = np_l \quad \text{für alle } l.$$

Das kann aber nur dann sein, wenn alle Exponenten von a Vielfache von n sind, was bedeutet, dass die n-te Wurzel von a ganzzahlig ist. $\square$

Satz 3.3 (Kleiner Satz von Fermat) *Sei a positiv und p eine Primzahl. Dann gilt*

$$a^p \equiv a \mod p.$$

Ist p kein Teiler von a, folgt hieraus

$$a^{p-1} \equiv 1 \mod p.$$

Beweis: Wir verwenden vollständige Induktion über a. Für $a = 1$ ist $p \mid 1^p - 1$ richtig. Als Induktionsvoraussetzung nehmen wir an, dass die Behauptung für a richtig ist, dass also $p \mid a^p - a$. Wir müssen zeigen, dass

$$p \mid (a+1)^p - (a+1).$$

Mit der binomischen Formel Satz 1.4 erhalten wir

$$(a+1)^p - (a+1) = \sum_{i=0}^{p} \binom{p}{i} a^i - (a+1)$$

$$= a^p + 1 + \sum_{i=1}^{p-1} \binom{p}{i} a^i - (a+1)$$

$$= a^p - a + \sum_{i=1}^{p-1} \binom{p}{i} a^i. \tag{3.2}$$

Auf der rechten Seite ist $a^p - a$ aufgrund der Induktionsvoraussetzung durch p teilbar. Die Binomialkoeffizienten

$$\binom{p}{i} = \frac{p!}{i!(p-i)!}$$

sind ganzzahlig. Ist p eine Primzahl, so kann der Faktor p im Zähler für $i \neq 0$ und $i \neq p$ nicht herausgekürzt werden. Da die Binomialkoeffizienten in (3.2) durch p teilbar sind, ist auch die linke Seite von (3.2) durch p teilbar. $\square$

Beispiel 3.2 Zeigen Sie, dass für jede positive Zahl n gilt $30 \mid n^5 - n$.

Lösung: Die Teilbarkeit durch 5 folgt aus dem Fermatschen Satz. Wegen

$$n^5 - n = (n-1)n(n+1)(n^2+1)$$

ist $n^5 - n$ außerdem durch 2 und durch 3 teilbar, denn beide Zahlen müssen Teiler einer Zahl in der Folge $n-1, n, n+1$ sein.

Aus der Elementarmathematik gut bekannt ist die „Division mit Rest": Sind $n \in \mathbb{N}_0$ und $b \in \mathbb{N}$, so gibt es eindeutig bestimmte Zahlen $m, r \in \mathbb{N}_0$ mit

$$n = mb + r, \quad 0 \leq r < b.$$

Dazu überlegt man sich, dass jede nichtnegative ganze Zahl in genau einem Intervall $[0, b), [b, 2b), \ldots$ liegen muss. Daher sind sowohl m als auch r eindeutig bestimmt.

d heißt *größter gemeinsamer Teiler* von $a \in \mathbb{N}$ und $b \in \mathbb{N}$, wenn $d \mid a, b$ und wenn aus $t \mid a$ und $t \mid b$ folgt, dass $t \mid d$. Wir schreiben dafür $d = ggT(a, b)$. Für teilerfremde Zahlen gilt $ggT(a, b) = 1$. Den größten gemeinsamen Teiler kann man aus den Primfaktorzerlegungen der Zahlen a und b bestimmen, indem man das Produkt der gemeinsamen Primfaktoren bildet. Dieses Verfahren ist allerdings sehr langsam, so dass man besser auf den im Beweis des nächsten Satzes dargestellten *erweiterten Euklidischen Algorithmus* zurückgreift.

Satz 3.4 (Satz vom größten gemeinsamen Teiler, Lemma von Bézout) *Für $a, b \in \mathbb{N}$ existiert genau ein größter gemeinsamer Teiler $d \in \mathbb{N}$. Ferner gibt es Zahlen $\alpha, \beta \in \mathbb{Z}$ mit*

$$d = \alpha a + \beta b.$$

Beweis: Wir dürfen $a > b$ annehmen. Wir wenden fortgesetzte Division mit Rest nach folgendem Schema solange an, bis der Rest 0 entsteht:

$$
\begin{aligned}
a \quad &= b \cdot q_1 + r_1, & 0 &< r_1 < b, \\[1mm]
b \quad &= r_1 \cdot q_2 + r_2, & 0 &< r_2 < r_1, \\[1mm]
r_1 \quad &= r_2 \cdot q_3 + r_3, & 0 &< r_3 < r_2, \\[1mm]
&\ \ \vdots & & \\[1mm]
r_{k-4} &= r_{k-3} \cdot q_{k-2} + r_{k-2}, & 0 &< r_{k-2} < r_{k-3}, \\[1mm]
r_{k-3} &= r_{k-2} \cdot q_{k-1} + r_{k-1}, & 0 &< r_{k-1} < r_{k-2}, \\[1mm]
r_{k-2} &= r_{k-1} \cdot q_k + r_k, & 0 &< r_k < r_{k-1}, \\[1mm]
r_{k-1} &= r_k \cdot q_k. & &
\end{aligned}
$$

Da die Folge der Reste nichtnegativ und streng monoton fallend ist, kommen wir nach endlich vielen Schritten zum Rest 0. Wir zeigen nun, dass die Zahl r_k der größte gemeinsame Teiler von a und b ist. Liest man nämlich die Gleichungen von unten nach oben, so kommt man auf die Beziehungen

$$r_k \mid r_{k-1}, \ r_k \mid r_{k-2}, \ldots \ r_k \mid b, \ r_k \mid a,$$

womit r_k ein gemeinsamer Teiler von b und a ist. Für einen beliebigen gemeinsamen Teiler t von a und b kommt man, wenn man die Gleichungen von oben nach unten liest, auf

$$t \mid r_1, \ t \mid r_2, \ldots, \ t \mid r_k.$$

Damit ist in der Tat $r_k = ggT(a, b)$.

Zum Nachweis von $r_k = \alpha a + \beta b$ gehen wir die obigen Gleichungen nochmals von unten nach oben durch. Aus der vorletzten Gleichung ergibt sich

$$r_k = r_{k-2} - r_{k-1}q_k$$

und mit der darüberstehenden Gleichung folgt

$$r_k = (1 + q_{k-1}q_k)r_{k-2} - q_kr_{k-3}.$$

Auf die gleiche Weise kann man hier r_{k-2} durch eine Kombination von r_{k-4} und r_{k-3} darstellen und verbleibt am Ende mit

$$r_k = \alpha a + \beta b.$$

□

Beispiel 3.3 Das im letzten Beweis dargestellte Verfahren ist deshalb so effektiv, weil sich die r_i in jedem Schritt mindestens halbieren. Für $a = 38$ und $b = 10$ erhält man

$$38 = 10 \cdot 3 + 8$$
$$10 = 8 \cdot 1 + 2$$
$$8 = 2 \cdot 4,$$

also $ggT(38, 10) = 2$. α und β bestimmt man aus

$$2 = 10 - 1 \cdot 8$$
$$= 10 - 1 \cdot (38 - 10 \cdot 3) = 4 \cdot 10 - 1 \cdot 38,$$

also $\alpha = -1$ und $\beta = 4$.

3.2   Stellenwertsysteme und Teilbarkeitsregeln

Unser Dezimalsystem ist ein *Stellenwertsystem*, bei dem die Position einer Ziffer angibt, mit welcher Zehnerpotenz sie multipliziert werden muss. Beispielsweise ist 2036 die Kurzschreibweise für die Zahl $2 \cdot 10^3 + 3 \cdot 10^1 + 6 \cdot 10^0$. Allgemeiner entspricht

$$a_la_{l-1}\ldots a_1a_0 \quad \text{mit } a_i \in \{0, 1 \ldots, 9\},\ a_l > 0, \tag{3.3}$$

der natürlichen Zahl

$$n = a_l \cdot 10^l + a_{l-1} \cdot 10^{l-1} + \ldots + a_1 \cdot 10 + a_0.$$

$q(n) = a_l + \ldots + a_0$ heißt die *Quersumme* von n. Eine bekannte Teilbarkeitsregel besagt, dass eine natürliche Zahl genau dann durch 9 teilbar ist, wenn ihre Quersumme durch 9 teilbar ist. Wir wollen diese Tatsache geringfügig verstärken und beweisen:

Eine Zahl n hat bei der Division durch 9 den gleichen Rest wie ihre Quersumme, oder kurz $n \equiv q(n) \mod 9$. Es gilt $1 \equiv 1 \mod 9$, $10 \equiv 1 \mod 9$, $100 \equiv 1 \mod 9$ oder allgemein $10^i \equiv 1 \mod 9$. Daher $a_i \cdot 10^i \equiv a_i \mod 9$ und nach Summation über diese Kongruenzen

$$a_l \cdot 10^l + \ldots + a_1 \cdot 10 + a_0 \equiv a_l + \ldots + a_1 + a_0 \mod 9.$$

Für eine Zahl $n = a_l a_{l-1} \ldots a_1 a_0$ ist die *Springsumme* oder *alternierende Quersumme* durch

$$s(n) = (-1)^l a_l + (-1)^{l-1} a_{l-1} + \ldots - a_1 + a_0$$

definiert. Hier können wir beweisen:

Eine Zahl n hat bei der Division durch 11 den gleichen Rest wie ihre alternierende Quersumme,

oder präziser $n \equiv s(n) \mod 11$. Ist die alternierende Quersumme negativ, so addieren wir auf den Rest die Zahl 11. $s(n) = -10$ bedeutet den Rest $-10 + 11 = 1$, $s(n) = -9$ den Rest $-9 + 11 = 2$ usw. Die Aussage lässt sich völlig analog zur Aussage über die Teilbarkeit durch 9 beweisen. Es gilt $1 \equiv 1 \mod 11$, $10 \equiv -1 \mod 11$, $100 \equiv 1 \mod 11$ oder allgemein $10^i \equiv (-1)^i \mod 11$, daher

$$a_l \cdot 10^l + \ldots + a_1 \cdot 10 + a_0 \equiv (-1)^l a_l + \ldots - a_1 + a_0 \mod 11.$$

Nun gehen wir zu Stellenwertsystemen mit anderen Grundzahlen über. Mit Hilfe der „Division mit Rest" können wir leicht beweisen:

Satz 3.5 (Satz über die b-adische Zahldarstellung) *Sei $b \geq 2$ eine natürliche Zahl. Dann gibt es zu jedem $n \in \mathbb{N}$ eindeutig bestimmte Zahlen $a_0, a_1, \ldots a_l \in \{0, 1, \ldots, b-1\}$, $a_l \neq 0$, mit*

$$n = a_l \cdot b^l + a_{l-1} \cdot b^{l-1} + \ldots + a_1 \cdot b + a_0.$$

Dafür schreiben wir auch kürzer $n = a_l \ldots a_1 a_{0\,b}$.

Beweis: Der Beweis dieser Aussage gibt uns gleichzeitig ein konstruktives Verfahren zur Bestimmung der „Ziffern" $a_0, \ldots, a_l$. Wir wenden auf n und b die Division mit Rest an und erhalten

$$n = m_1 b + a_0, \quad 0 \leq a_0 < b.$$

Auf m_1 können wir den gleichen Satz anwenden

$$n = (m_2 b + a_1) b + a_0, \quad 0 \leq a_1 < b,$$

und wiederholen dieses Verfahren so lange bis $0 < m_l = a_l < b$. □

Bei Grundzahlen $b > 10$ braucht man zusätzliche Ziffern, wenn man Zahlen in der kompakten Form $a_l \ldots a_1 a_{0\,b}$ schreiben will. Im Hexadezimalsystem $b = 16$ verwendet man neben $0, 1, \ldots, 9$ die Symbole A, B, C, D, E, F für $10, \ldots, 15$.

Beispiel 3.4 Wir wollen 643 im Binärsystem $b = 2$ schreiben und teilen sukzessive durch 2,

$$643 = 321 \cdot 2 + 1, \ 321 = 160 \cdot 2 + 1, \ 160 = 80 \cdot 2, \ 80 = 40 \cdot 2, \ 40 = 20 \cdot 2,$$

$$20 = 10 \cdot 2, \ 10 = 5 \cdot 2, \ 5 = 2 \cdot 2 + 1, \ 2 = 1 \cdot 2,$$

also gilt

$$643_{10} = 1010000011_2.$$

Im täglichen Leben begegnen wir den Relikten alter Zahlsysteme von Kulturen, die längst untergegangen sind. Die Unterteilung in Minuten und Sekunden geht auf das System mit Basis 60 der Babylonier zurück. Die Stückzahlen Dutzend für 12 und Gros für $12 \cdot 12 = 144$ sowie die eigenständigen Namen „elf" und „zwölf" in vielen Sprachen deuten auf eine ehemals rege Verwendung des Zwölfersystems hin. Der Computer rechnet intern im Binärsystem. Da die Binärzahlen bei großen Zahlen sehr lang und unübersichtlich sind, unterteilt man sie in Blöcke und kommt so auf das Oktal- und Hexadezimalsystem mit Basen 8 beziehungsweise 16.

Für b-adische Zahlsysteme gibt es gleichartige Teilbarkeitsregeln wie im Dezimalsystem. Eine Zahl ist genau dann durch b teilbar, wenn ihre letzte Ziffer eine 0 ist. Daraus leitet sich eine weitere einfache Regel ab, die wir im Dezimalsystem von den Ziffern 2 und 5 kennen. Ist m ein Teiler von b, so ist eine Zahl n genau dann durch m teilbar, wenn die letzte Ziffer von n durch m teilbar ist.

Eine Zahl n besitzt bei der Teilung durch $b - 1$ den gleichen Rest wir ihre Quersumme. Man kann dies wie im Dezimalsystem mit Hilfe von Kongruenzen beweisen oder ganz elementar mit

$$a_l a_{l-1} \ldots a_1 a_{0_b} = \big((b - 1) + 1\big) \cdot a_l a_{l-1} \ldots a_{1_b} + a_0 \tag{3.4}$$

$$= (b - 1) \cdot a_l a_{l-1} \ldots a_{1_b} + a_l a_{l-1} \ldots a_{1_b} + a_0.$$

Dieses Verfahren wird mit der mittleren Zahl fortgesetzt, so dass am Ende die Quersumme und eine durch $b - 1$ teilbare Zahl übrig bleibt.

Aus dieser Regel lässt sich eine weitere ableiten: Ist m ein Teiler von $b - 1$, so ist n genau dann durch m teilbar, wenn die Quersumme von n durch m teilbar ist. Im Dezimalsystem wird die Regel für die Teilbarkeit durch 3 auf diese Weise abgeleitet.

Eine Zahl n besitzt bei der Teilung durch $b + 1$ den gleichen Rest wie ihre Springsumme. Ist der Rest der Springsumme negativ, so erhalten wir den positiven Rest, indem wir $b + 1$ addieren. Dies lässt sich wieder mit Kongruenzen oder elementar analog zu (3.4) beweisen.

Die Dezimalschreibweise für reelle Zahlen dürfte wohlbekannt sein. Beispielsweise entspricht $0,10727272\ldots$ der Zahl

$$\frac{1}{10} + \frac{7}{10^3} + \frac{2}{10^4} + \frac{7}{10^5} + \frac{2}{10^6} + \ldots.$$

Allgemeiner haben wir für eine ganze Zahl a und Ziffern $a_n \in \{0, 1, \ldots, 9\}$ die Konvention

$$a, a_1 a_2 a_3 \ldots = a + \sum_{l=1}^{\infty} \frac{a_l}{10^l}.$$

Besonders interessieren wir uns für die Darstellung rationaler Zahlen als Dezimalzahlen, die bekanntlich *periodische Dezimalzahlen* der Form

$$a, a_1 a_2 \ldots a_l \overline{b_1 b_2 \ldots b_k} = a, a_1 a_2 \ldots a_l b_1 b_2 \ldots b_k b_1 b_2 \ldots b_k \ldots$$

sind, wobei auch $k = 0$ oder $l = 0$ zugelassen ist. Der folgende Satz dürfte von der Schule mehr oder weniger bekannt sein.[6]

Satz 3.6 *Seien $m > 1$ und 10 teilerfremd, d.h. m sei weder durch 2 noch durch 5 teilbar. Dann gilt*

$$\frac{1}{m} = 0, \overline{b_1 b_2 \ldots b_k}, \quad k \leq m - 1.$$

$\frac{1}{m}$ *ist damit reinperiodisch mit Periodenlänge $k \leq m - 1$.*

Sei $b \geq 2$. Dann schreiben wir analog zum Dezimalsystem für ganzzahliges a und $a_k \in \{0, 1, \ldots, b - 1\}$

$$a, a_1 a_2 a_3 \ldots_b = a + \sum_{l=1}^{\infty} \frac{a_l}{b^l}.$$

Wir stellen leicht fest, dass alle Schritte des letzten Beweises auch für die b-adische Entwicklung richtig sind, und erhalten den

Satz 3.7 *Seien $m > 1$ und $b \geq 2$ teilerfremd. Dann gilt*

$$\frac{1}{m} = 0, \overline{b_1 b_2 \ldots b_k}_b, \quad k \leq m - 1,$$

$\frac{1}{m}$ *ist damit reinperiodisch mit Periodenlänge $k \leq m - 1$.*

Im Dezimalsystem gibt es nicht nur Teilbarkeitsregeln für 10, 9, 11 und deren Teiler, sondern auch beispielsweise für 4 und 25. Diese Teilbarkeitsregeln beruhen darauf, dass jede Dezimalzahl auch als eine Zahl im Hundertersystem aufgefasst werden kann, z.B.

$$a_4 a_3 a_2 a_1 a_0 = \widehat{a_4} \widehat{a_3 a_2} \widehat{a_1 a_0}.$$

Im angesprochenen Fall der Teilbarkeit durch 4 und 25 wird die Tatsache ausgenützt, dass diese Zahlen Teiler von 100 sind.

Auf die gleiche Weise lässt sich jede b-adische Darstellung einer Zahl auch als eine b^k-adische Darstellung auffassen, indem man die einzelnen Ziffern von rechts nach links in Blöcke der Länge k aufteilt. Die bezüglich dieser Blöcke genommene Quersumme $q_k(n)$ einer natürlichen Zahl $n = a_l \ldots a_{0_b}$ ist dann

$$q_l(n) = a_k a_{k-1} \ldots a_{0_b} + a_{2k} a_{2k-1} \ldots a_{k+1_b} + \ldots.$$

Auf diese Weise gewinnen wir Teilbarkeitsregeln für die Zahlen $b^k - 1$ und deren Teiler. Ganz analog ist die Block-Springsumme $s_k(n)$ definiert

$$s_k(n) = a_k a_{k-1} \ldots a_{0_b} - a_{2k} a_{2k-1} \ldots a_{k+1_b} + \ldots.$$

mit der man Teilbarkeitsregeln für die Zahlen $b^k + 1$ und deren Teiler erhält.

Wir wenden uns nun der Frage zu, ob es für jede Zahl m Teilbarkeitsregeln gibt. Wir können m in Primfaktoren zerlegen und haben für die Potenzen von Primfaktoren, die Teiler von b sind, sofort eine Teilbarkeitsregel mit Hilfe der Teilbarkeit durch b^k. Die Frage reduziert sich also darauf, ob es zu jeder zu b teilerfremden Zahl eine Teilbarkeitsregel der Form $b^k - 1$ oder $b^k + 1$ gibt.

Satz 3.8 *Seien m und $b \geq 2$ teilerfremd.*

(a) Es existiert ein $k \in \mathbb{N}$ und ein $l \in \mathbb{N}$ mit $ml = b^k - 1$.

(b) Ein $k \in \mathbb{N}$ und ein $l \in \mathbb{N}$ mit $ml = b^k + 1$ existiert genau dann, wenn die Periodenlänge der b-adischen Entwicklung von $\frac{1}{m}$ geradzahlig ist.

Beweis: (a) Nach Satz 3.7 gilt

$$\frac{1}{m} = 0, \overline{b_1 b_2 \ldots b_{k_b}}. \tag{3.5}$$

Multiplikation dieser Gleichung mit b verschiebt auf der rechten Seite das Komma um eins nach rechts. Nach Multiplikation mit b^k bekommen wir daher

$$b^k \cdot \frac{1}{m} = b_1 b_2 \ldots b_k, \overline{b_1 b_2 \ldots b_{k_b}},$$

und nach Multiplikation mit m

$$b^k = m \cdot b_1 b_2 \ldots b_{k_b} + m \cdot 0, \overline{b_1 b_2 \ldots b_{k_b}}$$

Nach (3.5) ist der zweite Summand auf der rechten Seite gerade 1. Damit ist $b^k - 1 = m \cdot b_1 b_2 \ldots b_{k_b} = ml$ gezeigt.

(b) ist schwerer zu beweisen und bleibt dem Leser als Übung überlassen. ☐

Halten wir also fest: Es gibt immer eine Teilbarkeitsregel in Form einer Block-Quersumme. Wie der Beweis des letzten Satzes zeigt, findet man das zugehörige k, indem man die Periodenlänge der b-adischen Entwicklung von $\frac{1}{m}$ bestimmt.

Beispiel 3.5 Im Dezimalsystem haben wir wir für 2 und 5 Teilbarkeitsregeln, die sich aus der Teilbarkeitsregel für 10 ableiten, sowie Regeln für 4 und 8, die man aus den Regeln für 100 und 1000 bekommt. Teilbarkeitsregeln für 3 und 9 erhält man aus der Quersumme. Ferner ist $6 = 2 \cdot 3$. Unter den einziffrigen Zahlen ist also nur die 7 ein schwieriger Kandidat. Da wegen $1/7 = 0, \overline{142857}$ die Periodenlänge geradzahlig ist, muss 7 Teiler von $10^k + 1$ für ein k sein. Fündig werden wir für $k = 3$ wegen $7 \cdot 143 = 1001$. Um eine Zahl auf Teilbarkeit zu untersuchen, bilden wir die Block-Springsumme für $k = 3$ und teilen diese durch 7. Für das Beispiel $6'123'551$ bekommen wir $6 - 123 + 551 = 434$, was durch 7 teilbar ist. Damit ist auch die Ausgangszahl durch 7 teilbar.

3.3 Gruppen

In der Menge der ganzen Zahlen $\mathbb{Z} = \{\ldots, -2, -1, 0, 1, 2, \ldots\}$ können wir die übliche Addition „+" ausführen, die zwei ganzen Zahlen x und y ihre Summe $x + y$ zuordnet. Diese zweistellige Operation ist *assoziativ*, es spielt keine Rolle, ob wir in $x+y+z$ zuerst $x + y$ oder $y + z$ bestimmen, das Endergebnis ist davon unabhängig. Für die Null gilt $x + 0 = 0 + x = x$, wir nennen die Null daher *neutrales Element* der Addition. Zu jeder ganzen Zahl x gibt es das *inverse Element* $-x$ mit $x + (-x) = 0$. Diese algebraischen Eigenschaften werden durch den Begriff der Gruppe verallgemeinert.

Eine *Gruppe* besteht aus einer Menge G, einer zweistelligen Operation $\circ$, die zwei Elementen $x, y \in G$ das Element $z = x \circ y \in G$ zuordnet, und einem ausgezeichneten Element $e \in G$, für die die folgenden Axiome erfüllt sind:

(G1) (Assoziativgesetz) Für alle $x, y, z \in G$ gilt

$$(x \circ y) \circ z = x \circ (y \circ z).$$

(G2) (Neutrales Element) Für alle $x \in G$ gilt

$$e \circ x = x \circ e = x.$$

(G3) (Inverses Element) Zu jedem $x \in G$ gibt es ein $x^{-1} \in G$ mit

$$x^{-1} \circ x = x \circ x^{-1} = e.$$

Beginnen wir mit einigen Beispielen für *endliche Gruppen*, wenn also die Grundmenge G eine endliche Menge ist. Das neutrale Element e wird immer gebraucht, die einzige einelementige Gruppe ist daher $G = \{e\}$ mit $e \circ e = e$. Für $G = \{e, x\}$ muss nach (G2) $x \circ e = e \circ x = x$ gelten. Da das Element x auch ein Inverses braucht, müssen wir $x \circ x = e$ setzen, um alle Gruppenaxiome zu erfüllen. Interpretieren können wir diese Gruppe als Spiegelungsgruppe in der Ebene, die aus der Identität und der Spiegelung an einer Geraden besteht. Die Operation $\circ$ ist dabei das Hintereinanderschalten dieser Abbildungen. Die zweimalige Ausführung der Spiegelung ergibt die Identität.

Endliche Gruppen werden durch die *Gruppentafel* dargestellt, die angibt, was bei der Verknüpfung zweier Elemente herauskommt. Der Einfachheit bezeichnen wir die Elemente der Gruppe mit $0, 1, \ldots$, wobei 0 das neutrale Element ist. Wie in Aufgabe 3.5 gezeigt wird, ist die dreielementige Gruppe eindeutig bestimmt. Vierelementige Gruppen gibt es schon mehrere:

$\circ$	0	1	2	3
0	0	1	2	3
1	1	2	3	0
2	2	3	0	1
3	3	0	1	2

$\circ$	0	1	2	3
0	0	1	2	3
1	1	0	3	2
2	2	3	0	1
3	3	2	1	0

(3.6)

Dass für die auf diese Weise festgelegte Operation $\circ$ auch das Assoziativgesetz erfüllt ist, kann man durch eine lange, aber endlich lange Rechnung nachweisen. Wir kommen später darauf zurück.

Aus dem Gruppenaxiom für das inverse Element folgt, dass in jeder Zeile und in jeder Spalte einer Gruppentafel mindestens einmal das neutrale Element vorkommen muss. Was wir in (3.6) sehen, geht aber weit darüber hinaus: In jeder Zeile und in jeder Spalte kommt jedes Gruppenelement genau einmal vor, die Gruppentafeln sind damit *lateinische Quadrate*. Das lässt sich allgemein beweisen, wobei wir den $\circ$ von nun an meist weglassen ($xy = x \circ y$).

Satz 3.9 *Sei $(G, \circ, e)$ eine Gruppe. Dann gilt:*

(a) Das neutrale Element ist eindeutig bestimmt.

(b) Die Gleichungen

$$ax = b \quad und \quad ya = b$$

haben für alle $a, b \in G$ jeweils eindeutige Lösungen. Insbesondere ist das inverse Element als Lösung von $ax = e$ eindeutig bestimmt und die Gruppentafel einer endlichen Gruppe ist stets ein lateinisches Quadrat.

Beweis: (a) Ist e' ein weiteres neutrales Element, so $e = ee' = e'$.

(b) $ax = b$ besitzt die Lösung $x = a^{-1}b$. Angenommen, es gibt noch eine weitere Lösung x' von $ax = b$. Dann folgt $ax = ax'$ und nach Anwendung von a^{-1} von links haben wir $x = x'$. $ya = b$ besitzt die Lösung $y = ba^{-1}$. Die Eindeutigkeit zeigt man wie zuvor.

Sei G eine endliche Gruppe. Da $ax = b$ für jedes b eindeutig lösbar ist, muss in der Zeile der Gruppentafel für das Element a jedes b genau einmal vorkommen. Für die Spalten der Gruppentafel zeigt man das auf die gleiche Weise mit Hilfe der Lösbarkeit von $ya = b$. $\square$

Im Zusammenhang mit diesem Satz sei darauf hingewiesen, dass unsere Axiome für das neutrale und inverse Element redundant sind und man in manchen Büchern stattdessen die Axiome $xe = e$ für das neutrale und $xx^{-1} = e$ für das inverse Element findet. Zusammen mit dem Assoziativgesetz kann man daraus $ex = e$ und $x^{-1}x = e$ auf recht mühsame Weise herleiten.

Nun zeigen wir, dass es für jedes $n \in \mathbb{N}$ eine einfach strukturierte Gruppe mit n Elementen gibt, die in verschiedenen Disziplinen der Mathematik vorkommt. Wir setzen $G = \{0, 1, \ldots, n-1\}$ und definieren die Addition $+_n$, indem wir zwei Zahlen aus G zunächst normal addieren und anschließend ein Vielfaches von n so abziehen, dass das Ergebnis wieder in G liegt. Für $n = 4$ ist die Gruppentafel in (3.6) links zu sehen. Für das Beispiel $3 +_4 2$ bekommen wir bei normaler Addition 5 heraus, was nicht in der Gruppe liegt. Wir ziehen daher 4 ab und erhalten das Ergebnis 1. In diesem Kontext nennt man die Gruppe *Restklassengruppe Modulo n*. Wir können das Gruppenmitglied i als Stellvertreter aller natürlichen Zahlen ansehen, die bei der Division durch n den Rest i hinterlassen. Die Addition $+_n$ ist dann die Addition modulo n. Diese ist assoziativ und *kommutativ*, es gilt auch $x +_n y = y +_n x$. Neutrales Element ist 0, das zu i inverse Element ist $n - i$. Eine andere Interpretation dieser Gruppe ist die *Drehgruppe* der Drehungen um ein Ein- oder Vielfaches von $2\pi/n$. Dazu gehören die Drehungen mit Winkel $2i\pi/n$ für $i = 0, 1, \ldots, n - 1$. Die Gruppenoperation ist das Hintereinanderschalten dieser Drehungen, wobei sich die Drehwinkel genauso addieren wie bei der Restklassengruppe. Die beiden Gruppen haben damit die gleiche Struktur.

Alle bisher aufgeführten Gruppen, auch die in (3.6) rechts, sind *kommutative* oder *abelsche Gruppen*, bei denen die Operation ∘ kommutativ ist, also $xy = yx$ für alle x, y erfüllt ist. Benannt sind sie nach dem norwegischen Mathematiker Niels Henrik Abel (1802-1829), der die Gruppentheorie mitbegründete. In gewisser Weise interessanter und auch häufiger sind die nichtabelschen Gruppen, denen wir uns nun zuwenden wollen.

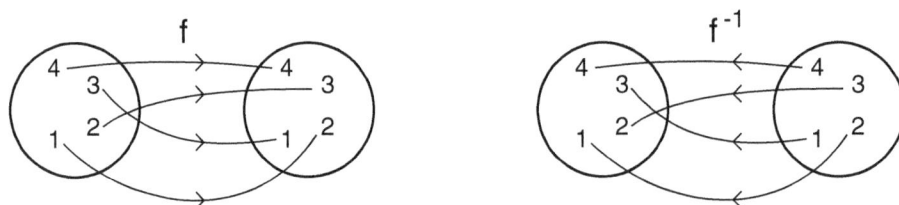

Abb. 3.1: *Eine bijektive Abbildung mit ihrer Inversen*

Sei M eine beliebige Menge. Wie in Abschnitt 1.4 bezeichnen wir eine Abbildung $f : M \to M$ als bijektiv, wenn f je zwei verschiedene Elemente von M auf je zwei verschiedene Elemente von M abbildet und wenn jedes $y \in M$ ein *Urbild* besitzt, es also ein x gibt mit $f(x) = y$. Zwei Abbildungen $f, g : M \to M$ können wir hintereinanderschalten durch $h(x) = f(g(x))$, womit h ebenso M auf sich selbst abbildet. Wir nennen dieses Hintereinanderschalten *Komposition* von f, g und schreiben dafür $h = f \circ g$. Sei G die Menge der bijektiven Abbildungen von M nach M. Wir zeigen, dass G zusammen mit der Komposition und der Identität als neutralem Element eine Gruppe ist. Klar, dass die Identität e mit $e(x) = x$ bijektiv ist und in $e \circ f$ an der Abbildung f nichts ändert. Das inverse Element zu f ist die *Umkehrabbildung* f^{-1}: Ist $f(x) = y$, so definieren wir $f^{-1}(y) = x$. An dieser Stelle wird offenbar die Bijektivität von f ausgenutzt. f ist das inverse Element von f^{-1}, denn es gilt sowohl $f \circ f^{-1} = e$ als auch $f^{-1} \circ f = e$. Man kann sich durch ein Bild leicht klarmachen, dass die Operation ∘ auch assoziativ ist. Damit ist $(G, \circ, e)$ eine Gruppe, *symmetrische Gruppe* genannt und mit $Sym(M)$ bezeichnet, die, wie wir gleich sehen werden, nicht kommutativ ist, wenn M mehr als zwei Elemente enthält.

Ist M endlich, so können wir $M = M_n = \{1, 2, \ldots, n\}$ wählen. Eine bijektive Abbildung von M_n in sich ist eine Permutation der Elemente $\{1, 2, \ldots, n\}$. $Sym(M_n)$ wird auch mit S_n bezeichnet. Nach Satz 1.2 besitzt S_n genau $n!$ Elemente. Wir notieren Permutationen in der Form

$$\begin{pmatrix} 1 \ 2 \ 3 \ 4 \\ 2 \ 3 \ 1 \ 4 \end{pmatrix} \quad \Leftrightarrow \quad p(1) = 2, \ p(2) = 3, \ p(3) = 1, \ p(4) = 4.$$

Die Verknüpfung $p_2 \circ p_1$ bestimmt man mit $p_2(p_1(i))$ für $i = 1, \ldots, n$. Ein Beispiel:

$$p_2 \circ p_1 = \begin{pmatrix} 1\ 2\ 3\ 4 \\ 2\ 3\ 1\ 4 \end{pmatrix} \circ \begin{pmatrix} 1\ 2\ 3\ 4 \\ 1\ 2\ 4\ 3 \end{pmatrix} = \begin{pmatrix} 1\ 2\ 3\ 4 \\ 2\ 3\ 4\ 1 \end{pmatrix}.$$

Zur Erläuterung: $p_1(4) = 3$, $p_2(3) = 1$, also $p_2 \circ p_1(4) = p_2(p_1(4)) = p_2(3) = 1$. Dass bereits die Gruppe S_3 nicht abelsch ist, sieht man so:

$$\begin{pmatrix} 1\ 2\ 3 \\ 1\ 3\ 2 \end{pmatrix} \circ \begin{pmatrix} 1\ 2\ 3 \\ 2\ 1\ 3 \end{pmatrix} = \begin{pmatrix} 1\ 2\ 3 \\ 3\ 1\ 2 \end{pmatrix} \qquad \begin{pmatrix} 1\ 2\ 3 \\ 2\ 1\ 3 \end{pmatrix} \circ \begin{pmatrix} 1\ 2\ 3 \\ 1\ 3\ 2 \end{pmatrix} = \begin{pmatrix} 1\ 2\ 3 \\ 2\ 3\ 1 \end{pmatrix}.$$

Sei $(G, \circ, e)$ eine Gruppe und U eine Teilmenge von G mit den Eigenschaften:

(i) $e \in U$.

(ii) Für alle $a, b \in U$ gilt $a \circ b \in U$.

(iii) Für alle $a \in U$ ist $a^{-1} \in U$.

Dann heißt U *Untergruppe* von G. Da in U das Assoziativgesetz sozusagen von der Gruppe G geerbt wird, ist eine Untergruppe eine Gruppe. Ist umgekehrt $(U, \circ, e)$ mit der auf U eingeschränkten Verknüpfung von G und mit dem neutralen Element $e \in G$ ebenfalls eine Gruppe, so ist U eine Untergruppe von G. Beliebige Durchschnitte von Untergruppen von G sind selbst wieder Untergruppen von G.

$U = \{e\}$ und $U = G$ sind immer Untergruppen einer Gruppe G, man nennt sie die *trivialen Untergruppen*. Weitere Beispiele:

- Die ganzen Zahlen sind mit der üblichen Addition eine Untergruppe der rationalen Zahlen.

- Die Menge der Permutationen von M_n mit $p(1) = 1$ ist eine Untergruppe von S_n, die die gleiche Struktur wie S_{n-1} besitzt.

Satz 3.10 (Satz von Lagrange) *Sei G eine endliche Gruppe. Ist U eine Untergruppe von G, so ist ihre Kardinalität $|U|$ ein Teiler von $|G|$.*

Beweis: Sei U Untergruppe der endlichen Gruppe G. Für jedes $x \in G$ betrachten wir die *Nebenklasse*

$$xU = \{xy : y \in U\}.$$

Ist $xy_1 = xy_2$ für $y_1, y_2 \in U$, so folgt $y_1 = y_2$. Damit sind alle Nebenklassen gleich groß und haben $|U|$ viele Elemente. Haben zwei Nebenklassen x_1U, x_2U ein Element $x_1y_1 = x_2y_2$ gemeinsam, so sind die Nebenklassen gleich wegen

$$x_1U = x_1(y_1U) = (x_1y_1)U = x_2y_2U = x_2U.$$

Wegen $x = xe \in xU$ kommt jedes $x \in G$ in einer Nebenklasse vor. Daher unterteilen die Nebenklassen die Menge G in endlich viele disjunkte Teilmengen mit $|U|$ Elementen, womit $|G|$ ein ganzzahliges Vielfaches von $|U|$ sein muss. $\square$

3.4   Restklassenkörper und der Satz von Wilson

Ein *Körper* ist eine Menge von Objekten, für die zwei Rechenoperationen $+$ und $\cdot$ erklärt sind, mit denen man so rechnen kann wie mit den entsprechenden Operationen für die rationalen oder reellen Zahlen auch. Genauer gibt es ausgezeichnete Elemente 0 und 1 mit $0 \neq 1$, so dass die folgenden Axiome erfüllt sind:

(K1) $(K, +, 0)$ ist abelsche Gruppe.

(K2) $(K \setminus 0, \cdot, 1)$ ist abelsche Gruppe.

(K3) Es gilt das *Distributivgesetz*

$$a \cdot (b + c) = a \cdot b + a \cdot c.$$

Das inverse Element von a bezüglich der Addition schreiben wir als $-a$, das der Multiplikation als a^{-1}. Üblicherweise verwendet man $a - b$ statt $a + (-b)$ und ab statt $a \cdot b$. Weiter gilt die bekannte Regel „Punktrechnung geht vor Strichrechnung".

Hieraus lassen sich alle Rechenregeln ableiten, die wir von den reellen Zahlen kennen:

Satz 3.11 *Sei $(K, +, \cdot, 0, 1)$ ein Körper. Dann gilt:*

(a) Die neutralen Elemente der Addition und der Multiplikation sind eindeutig bestimmt.

(b) Das inverse Element $-a$ der Addition und das inverse Element a^{-1}, $a \neq 0$, der Multiplikation sind eindeutig bestimmt.

(c) Es gilt $a \cdot 0 = 0$, $(-1)a = -a$, $(-a)b = -ab$.

(d) Ist $a \neq 0$, so folgt aus $ab = ac$, dass $b = c$.

(e) Ein Körper ist nullteilerfrei, *d.h. aus $ab = 0$ folgt $a = 0$ oder $b = 0$.*

Beweis: (a) und (b) folgen aus Satz 3.9.

(c) Aus $a0 = a(0 + 0) = a0 + a0$ folgt $a0 = 0$. Aus $0 = 0a = (1 + (-1))a = a + (-1)a$ folgt $(-1)a = -a$. Mit $(-1)a = -a$ folgt $(-a)b = (-1)ab = (-1)(ab) = -ab$.

(d) Dies ist wieder Satz 3.9.

(e) Ist $ab = 0$ und $b \neq 0$, so $a = abb^{-1} = 0b^{-1} = 0$ wegen (c). □

Sei $m > 1$ eine natürliche Zahl. Für jede Zahl a gilt nun $a \equiv 0, 1, \ldots, m - 1 \mod m$. Die Zahlen $0, 1, \ldots, m - 1$ sind damit die möglichen Reste, die bei der Division durch m entstehen können. Wir können diese Zahlen addieren und multiplizieren wie gewöhnliche Zahlen und dem Ergebnis anschließend seinen Rest zuordnen. Auf diese Weise erhalten wir neben der bereits definierten Operation $+_m$ auch eine Operation $\cdot_m$. Für das Beispiel $m = 4$ sind unsere Objekte $0, 1, 2, 3$ und wegen $2 \cdot 3 = 6 \equiv 2 \mod 4$ gilt $2 \cdot_4 3 = 2$. Wir können die Operationen in Tafeln auflisten:

$+_4$	0	1	2	3
0	0	1	2	3
1	1	2	3	0
2	2	3	0	1
3	3	0	1	2

$\cdot_4$	0	1	2	3
0	0	0	0	0
1	0	1	2	3
2	0	2	0	2
3	0	3	2	1

Welche algebraischen Eigenschaften haben die so definierten Operationen? Zunächst ist klar, dass beide Operationen assoziativ und kommutativ sind. Ferner ist 0 neutral bezüglich der Addition. Zu $a \in \{0, 1, \ldots, m-1\}$ ist $m-a$ das inverse Element bezüglich der Addition, denn es gilt $a + (m - a) = m \equiv 0 \mod m$. Damit ist Axiom (K1) erfüllt. Das Distributivgesetz (K3) wird von der Rechnung mit ganzen Zahlen geerbt und ist daher ebenfalls gültig. Bei der Multiplikation ist 1 zwar neutrales Element, wie die Tafel oben rechts zeigt, gibt es für die 2 bei $m = 4$ kein inverses Element. Allgemein ist für zusammengesetztes $m = kl$ die Struktur kein Körper wegen $k \cdot_m l = m \equiv 0 \mod m$, sie ist damit nicht nullteilerfrei. Bei Primzahlen m haben wir dagegen:

Satz 3.12 *Ist p eine Primzahl, so ist die Menge $\{0, 1, \ldots, p-1\}$ zusammen mit den Operationen $+_p$ und $\cdot_p$ ein Körper, der* Restklassenkörper modulo p *genannt und mit* $\mathbb{F}_p$ *bezeichnet wird. Für $a \neq 0$ gilt $-a = m - a$ sowie $a^{-1} \equiv a^{p-2} \mod p$. Genau die Elemente 1 und $p - 1$ sind zu sich selbst invers bezüglich der Multiplikation $\cdot_p$, alle anderen Elemente $\neq 0$ lassen sich zu Paaren a, a', $a \neq a'$ zusammenfassen mit $a \cdot_p a' = 1$.*

Beweis: Nach dem kleinen Satz von Fermat 3.3 gilt $a^{p-1} \equiv 1 \mod p$ für alle $a \in \{1, \ldots p-1\}$. Somit $a \cdot a^{p-2} \equiv 1 \mod p$ und die Restklasse modulo p von a^{p-2} ist das inverse Element von a bezüglich $\cdot_p$.

Aus $a^2 \equiv 1 \mod p$ folgt $(a-1)(a+1) \equiv 0 \mod p$, was genau für $a = 1$ oder $a = p - 1$ erfüllt ist. $\square$

Satz 3.13 (Wilson) *Für jede Primzahl p gilt*
$$(p-2)! \equiv 1 \mod p, \qquad (p-1)! \equiv -1 \mod p.$$

Beweis: Es gilt $(p-2)! = 2 \cdot \ldots \cdot (p-2)$. Nach dem letzten Satz wird dieses Produkt von Paaren mit $aa' \equiv 1 \mod p$ gebildet, daher $(p-2)! \equiv 1 \mod p$. Wir multiplizieren dies mit $p - 1$ und erhalten den zweiten Teil der Behauptung. $\square$

Aufgabe 3.8 zeigt, dass auch die Umkehrung dieses Satzes gilt: Ist $(p-1)! \equiv -1 \mod p$, so ist p eine Primzahl.

3.5 Geheimcodes

dienen dazu, Nachrichten so zu verschlüsseln, dass sie nur vom Empfänger lesbar gemacht werden können. Wir untersuchen zunächst klassische Verschlüsselungen und behandeln dann die moderne RSA-Technik.

Die Substitution

besteht darin, jeden Buchstaben eines Textes durch einen anderen zu ersetzen. Im Folgenden verwenden wir kleine Buchstaben für den zu verschlüsselnden Text (=Klartext) und große Buchstaben für die verschlüsselte Nachricht (=Geheimtext). Verwenden wir die Zuordnung

Klartextalphabet: a b c d e f g h i j k l m n o p q r s t u v w x y z

Geheimtextalphabet: J L P A W I Q B C T R Z Y D S K E G F X H U O N V M

so erhalten wir beispielsweise

Klartext: gehen wir aus?

Geheimtext: QWBWD OCG JHF?

Die Anzahl der auf diese Weise erzeugten Geheimcodes ist gleich der Anzahl der Permutationen der 26 Buchstaben, das sind $26! \sim 4 \cdot 10^{26}$. Obwohl diese Zahl zu groß ist, um alle Möglichkeiten auch mit Hilfe eines Rechners durchzuprobieren, sind solche Codes leicht zu entschlüsseln, wenn nur der Text genügend lang ist. Man macht sich dabei die Tatsache zu Nutze, dass in jeder Sprache die Buchstaben unterschiedlich häufig vorkommen. Im Deutschen gilt für die Häufigkeiten:

Buchstabe	Häufigkeit in %	Buchstabe	Häufigkeit in %
a	6,51	n	9,78
b	1,89	o	2,51
c	3,06	p	0,79
d	5,08	q	0,02
e	17,40	r	7,00
f	1,66	s	7,27
g	3,01	t	6,15
h	4,76	u	4,35
i	7,55	v	0,67
j	0,27	w	1,89
k	1,21	x	0,03
l	3,44	y	0,04
m	2,53	z	1,13

In Aufgabe 3.9 kann man sich selbst an einem auf diese Weise konstruierten Geheimtext versuchen. Neben dem im Deutschen leicht zu identifizierendem e kann man sich an den Wörtern mit drei Buchstaben orientieren: Sie bezeichnen meist einen der Artikel der, die, das, ein.

Vignère-Verschlüsselungen

Bei der Vignère-Verschlüsselung nimmt man für jeden Buchstaben in Abhängigkeit seiner Position im Klartext einen anderen Schlüssel. Man verwendet dazu:

Klar	a b c d e f g h i j k l m n o p q r s t u v w x y z
1	B C D E F G H I J K L M N O P Q R S T U V W X Y Z A
2	C D E F G H I J K L M N O P Q R S T U V W X Y Z A B
3	D E F G H I J K L M N O P Q R S T U V W X Y Z A B C
4	E F G H I J K L M N O P Q R S T U V W X Y Z A B C D
5	F G H I J K L M N O P Q R S T U V W X Y Z A B C D E
6	G H I J K L M N O P Q R S T U V W X Y Z A B C D E F
7	H I J K L M N O P Q R S T U V W X Y Z A B C D E F G
8	I J K L M N O P Q R S T U V W X Y Z A B C D E F G H
9	J K L M N O P Q R S T U V W X Y Z A B C D E F G H I
10	K L M N O P Q R S T U V W X Y Z A B C D E F G H I J
11	L M N O P Q R S T U V W X Y Z A B C D E F G H I J K
12	M N O P Q R S T U V W X Y Z A B C D E F G H I J K L
13	N O P Q R S T U V W X Y Z A B C D E F G H I J K L M
14	O P Q R S T U V W X Y Z A B C D E F G H I J K L M N
15	P Q R S T U V W X Y Z A B C D E F G H I J K L M N O
16	Q R S T U V W X Y Z A B C D E F G H I J K L M N O P
17	R S T U V W X Y Z A B C D E F G H I J K L M N O P Q
18	S T U V W X Y Z A B C D E F G H I J K L M N O P Q R
19	T U V W X Y Z A B C D E F G H I J K L M N O P Q R S
20	U V W X Y Z A B C D E F G H I J K L M N O P Q R S T
21	V W X Y Z A B C D E F G H I J K L M N O P Q R S T U
22	W X Y Z A B C D E F G H I J K L M N O P Q R S T U V
23	X Y Z A B C D E F G H I J K L M N O P Q R S T U V W
24	Y Z A B C D E F G H I J K L M N O P Q R S T U V W X
25	Z A B C D E F G H I J K L M N O P Q R S T U V W X Y
26	A B C D E F G H I J K L M N O P Q R S T U V W X Y Z

Nun wird ein Schlüsselwort vereinbart, beispielsweise LICHT, das wiederholt über den Klartext geschrieben wird.

Schlüsselwort	LICHTLICHTLICHTLICHTL
Klartext	truppenabzugnachosten
Geheimtext	EZWWIPVCISFOEHVSWUAXY

Der erste Buchstabe des Klartexts, „t", wird mit der Zeile des Vigenère-Diagramms verschlüsselt, die mit L beginnt, das ist gerade E. Die Buchstaben des Schlüsselworts geben also immer die Zeile des Diagramms an, mit der der darunterliegende Buchstabe verschlüsselt wird. In unserem Fall bedeutet dies, dass jeder Buchstabe auf 5 verschiedene Arten verschlüsselt wird, eine Häufigkeitsanalyse der Buchstaben ist daher zur Entschlüsselung nicht mehr möglich. Allerdings kann bei kurzen Schlüsselwörtern eine Häufigkeitsanalyse nach Sequenzen vorgenommen werden wie etwa nach dem häufigsten dreibuchstabigen Wort „die". Auch nach Verschlüsselung werden die zugehörigen verschlüsselten Sequenzen immer noch häufig sein und führen somit auf das Schlüsselwort.

Man kann die Vigenère-Verschlüsselung dahingehend verbessern, dass an Stelle eines Schlüsselwortes ein ganzer Text vereinbart wird, beispielsweise ein Abschnitt eines Romans. In diesem Fall muss der Entschlüssler den Text kennen. Eine moderne Version dieser Technik verwendet einen Zufallsgenerator (siehe Abschnitt 5.4) an Stelle eines Textes. Vor der Verschlüsselung müssen daher nur die Daten des Generators festgelegt werden.

Alle diese Verschlüsselungsmethoden eignen sich jedoch nicht für eine moderne Kommunikation zwischen wechselnden Partnern über Handy oder Internet, da zuvor der Schlüssel ausgetauscht werden muss. Dies geschieht unverschlüsselt und kann daher abgehört werden.

Die RSA-Verschlüsselung

beruht auf zwei Sätzen, die mit den uns zur Verfügung stehenden Methoden leicht bewiesen werden können.

Satz 3.14 (Existenz der modularen Inversen) *Sind a und n teilerfremde natürliche Zahlen, so gibt es eine ganze Zahl b mit der Eigenschaft*

$$ab \equiv 1 \mod n.$$

Beweis: Nach dem Satz über den größten gemeinsamen Teiler 3.4 gibt es Zahlen $\alpha, \beta \in \mathbb{Z}$ mit
$$1 = ggT(a,n) = \alpha a + \beta n,$$
also $\alpha a \equiv 1 \mod n$. Die Zahl $b = \alpha$ erfüllt daher die Behauptung. □

Satz 3.15 *Seien p und q zwei verschiedenen Primzahlen und sei a teilerfremd zu pq. Dann gilt*
$$a^{(p-1)(q-1)} \equiv 1 \mod pq.$$

Beweis: Mit a teilerfremd zu q ist auch a^{p-1} teilerfremd zu q. Mit dem kleinen Satz von Fermat 3.3 folgt

$$a^{(p-1)(q-1)} \equiv 1 \mod q \iff a^{(p-1)(q-1)} = kq + 1$$

Auf die gleiche Weise folgt $a^{(p-1)(q-1)} = lp + 1$, daher $kq = lp$. Also ist $kq = lp$ sowohl durch q als auch durch p teilbar. Somit $kq = lp = mqp$ und $a^{(p-1)(q-1)} = mpq + 1$ oder $a^{(p-1)(q-1)} \equiv 1 \mod pq$. □

Die RSA-Verschlüsselung ist asymmetrisch. Wer mir eine verschlüsselte Nachricht senden will, verschlüsselt sie mit einem öffentlichen Schlüssel, den ich beispielsweise im Internet zur Verfügung stelle. Das Entschlüsseln geschieht mit einer geheimen Zahl, die nicht versendet werden muss und auch dem Sender der Nachricht unbekannt ist. Genauer geht man folgendermaßen vor:

- Es werden zwei Primzahlen p und q gewählt und $n = pq$ berechnet.

- Mit einer weiteren frei gewählten Zahl e, die teilerfremd zu $(p-1)(q-1)$ ist, wird d so berechnet, dass

$$ed \equiv 1 \mod (p-1)(q-1) \quad \text{oder} \quad ed = 1 + k(p-1)(q-1).$$

  Dies ist die modulare Inverse aus Satz 3.14. d kann mit Hilfe des erweiterten euklidischen Algorithmus aus Satz 3.4 effektiv berechnet werden.

- Öffentlicher Schlüssel: e und n.

- Privater Schlüssel: d (kann größer als Null gewählt werden).

- p, q und $(p-1)(q-1)$ werden nicht mehr benötigt und sollten sicherheitshalber vernichtet werden.

Nun gibt man die Zahlen n und e öffentlich bekannt. Die „geheime" Zahl d wird nicht bekannt gegeben. Will jemand eine Nachricht $m < n$ an uns senden, so übermittelt er

$$c \equiv m^e \mod n.$$

Die Zahl c wird entschlüsselt durch

$$m' \equiv c^d \mod n.$$

Satz 3.16 (Korrektheit der RSA-Verschlüsselung) *Mit obigem Verschlüsselungsverfahren gilt $m' = m$.*

Beweis: Aus $a \equiv r \mod n$ folgt $a^d \equiv r^d \mod n$. Für $a = m^e$ ergibt das

$$m^e \equiv c \mod n \iff m^{ed} \equiv c^d \equiv m' \mod n.$$

Wir müssen daher zeigen, dass $m^{ed} \equiv m \mod n$ gilt. Nach Definition von e und d ist $ed = 1 + k(p-1)(q-1)$. Daraus folgt

$$m^{ed} = m^{1+k(p-1)(q-1)} \equiv m \cdot m^{k(p-1)(q-1)} \mod n.$$

Wegen $m < n$ gilt $m \equiv m \bmod n$ und wegen Satz 3.15 $m^{k(p-1)(q-1)} \equiv 1 \bmod n$. Bilden wir das Produkt dieser Kongruenzen, so

$$m \cdot m^{k(p-1)(q-1)} \equiv m \cdot 1 \equiv m \quad \bmod n.$$

Somit ergibt sich nach dem Dechiffrieren mit dem privaten Schlüssel tatsächlich wieder m. $\square$

Im Gegensatz zu den in den vorigen Abschnitten beschriebenen Verfahren werden keine Schlüssel ausgetauscht. Jeder kann mir eine verschlüsselte Nachricht senden, wenn er sich die von mir bekannt gegebenen Zahlen n und e verschafft. Das Verfahren ist daher abhörsicher.

Die RSA-Verschlüsselung beruht auf dem Glauben, dass aus den öffentlichen Zahlen n und e der Schlüssel d nicht in vernünftiger Zeit rekonstruiert werden kann, wenn n genügend groß gewählt wurde. In der Tat kann e nur über die Faktoren in $n = pq$ bestimmt werden. Man ist sich ziemlich sicher, dass diese Faktorisierung nicht „schnell" gelingt, siehe Abschnitt 9.4.

Zur Illustration ein kleines Beispiel, das zudem zeigt, dass Ver- und Entschlüsselung relativ schnell bewältigt werden können. Wir wählen $p = 3$, $q = 5$, daher $n = 15$. Ferner gilt $(p-1)(q-1) = 8$. Mit der zu 8 teilerfremd gewählten Zahl $e = 11$ müssen Zahlen d und k bestimmt werden mit

$$11d = 1 + 8k,$$

zum Beispiel $k = 4$ und $d = 3$. Für die Nachricht $m < 15$ muss nun $m^{11} \bmod 15$ bestimmt werden. Dazu wird *nicht* m^{11} gebildet, weil diese Zahl i.A. viel zu groß ist, sondern sukzessive die Zahlen

$$z_0 \equiv m^1 \bmod 15, \quad z_1 \equiv z_0^2 \bmod 15, \quad z_2 \equiv z_1^2 \bmod 15, \ldots,$$

also $z_k \equiv m^{2^k} \bmod 15$. Anschließend schreibt man den Exponenten binär, in diesem Fall $11 = 8 + 2 + 1$, und bildet entsprechend $z \equiv z_3 z_1 z_0 \bmod 15$. Für die Nachricht $m = 3$ erhalten wir $z_0 = 3$, $z_1 = 9$, $z_2 = 6$, $z_3 = 6$, also $z' = 6 \cdot 9 \cdot 3 = 162$ und $c = 12$. Mit dem gleichen Verfahren wird zur Entschlüsselung $z_0 = 12$, $z_1 = 9$ und damit wegen $d = 3 = 2 + 1$ $m' = 12 \cdot 9 = 108$, also $m = 3$.

3.6   Aufgaben

3.1 (3) Zeigen Sie

$$13 \mid a + 4b \Rightarrow 13 \mid 10a + b.$$

3.2 (2) Unter fünf natürlichen Zahlen gibt es drei, deren Summe durch 3 teilbar ist.

3.3 (2) Geben Sie eine Teilbarkeitsregel für die Zahl 13 im Dezimalsystem an.

3.4 (3) Alle Zahlen der Form

$$1007, 10017, 100117, \ldots$$

sind durch 53 teilbar.

3.5 (1) Bestimmen Sie die Gruppentafel für die Gruppe mit drei Elementen und zeigen Sie, dass diese Gruppe abgesehen von den Namen der Gruppenmitglieder eindeutig bestimmt ist.

3.6 (1) Wir fügen den Gruppenaxiomen eines der folgenden Axiome hinzu:

a) Es gibt ein x mit $x \neq e$ und $xx = e$.

b) Es gibt ein x mit $xx \neq e$ und $xxx = e$.

Gibt es Gruppen, in denen eines dieser Axiome gilt?

3.7 (2) Sei G eine Gruppe. $U \subset G$ ist genau dann Untergruppe von G, wenn für alle $x, y \in U$ gilt $xy^{-1} \in U$.

3.8 (2) Zeigen Sie, dass, wenn m ein Teiler von $(m-1)! + 1$ ist, folgt, dass m eine Primzahl ist.

Hinweis: Am besten verwendet man einen indirekten Beweis und nimmt an, dass $m = jk$ gilt.

3.9 (2) Man entschlüssele den folgenden Text:

BT NXVRXGFXT RJUTNX XVRAPBXTXT NBX IBTWXV XBTXV LXTRAPXTPMTN UTN

RAPVBXFXT WXWXTUXFXV NXL GXUAPJXV XJYMR MUI NBX YXBRRWXJUXTAPJX YMTN

NXR HCXTBWGBAPXT QMGMRJXR. NXV HCXTBW RMP NXT VUXAHXT NXV PMTN, MGR

RBX RAPVBXF. NM XVFGXBAPJX XV. UTN RXBTX WXNMTHXT XVRAPVXAHJXT BPT.

RXBTX WGBXNXV YUVNXT RAPYMAP, UTN BPL RAPGCJJXVJXT NBX HTBX. NXV

HCXTBW RAPVBX GMUJ, LMT RCGGX NBX YMPVRMWXV, APMGNMXXV UTN MRJVCGCWXT

PCGXT. NMTT RMWJX XV OU NXT YXBRXT DCT FMFXG: YXV NBXRX RAPVBIJ GXRXT

UTN LBV NXUJXT HMTT -- YMR XV MUAP RXB: XV RCGG BT QUVQUV WXHGXBNXJ

YXVNXT, XBTX WCGNXTX HXJJX UL NXT PMGR JVMWXT UTN MGR NXV NVBJJX BT

LXBTXL VXBAP PXVVRAPXT. NM HMLXT MGGX YXBRXT NXR HCXTBWR PXVFXB; MFXV

RBX YMVXT TBAPJ BLRJMTNX, NBX RAPVBIJ OU GXRXT CNXV NXL HCXTBW OU

RMWXT, YMR RBX FXNXUJXJX. NMVUFXV XVRAPVMH HCXTBW FXGRAPMOOMV TCAP

LXPV, UTN RXBT WXRBAPJ YUVNX FGXBAP. MUAP RXBTX WVCRRXT WXVBXJXT BT

MTWRJ. NM NBX VUIX NXR HCXTBWR UTN RXBTX WVCRRXT FBR OUV HCXTBWBT

NVMTWXT, HML RBX BT NXT IXRJRMMG UTN RMWJX: C HCXTBW, LCXWXRJ NU XYBW

GXFXT. GMRR NBAP DCT NXBTXT WXNMTHXT TBAPJ XVRAPVXAHXT; NU FVMUAPRJ

TBAPJ OU XVFGXBAPXT. BT NXBTXL VXBAP WBFJ XR XBTXT LUTT, BT NXV NXV

WXBRJ NXV PXBGBWXT WCJJXR YCPTJ.

Anmerkungen

[5]Den Beweis des Fundamentalsatzes beginnen wir mit dem

Lemma 3.17 *Ist die Primzahl p kein Teiler von a und b, so ist sie auch kein Teiler des Produkts ab.*

Beweis: Nach Voraussetzung ist $a \equiv \alpha \mod p$ und $b \equiv \beta \mod p$ mit $1 \leq \alpha, \beta < p$. Daher $ab \equiv \alpha\beta \mod p$. Angenommen, p ist ein Teiler von ab, dann ist p aufgrund dieser Rechnung auch ein Teiler von $\alpha\beta$. Durch die Anwendung der Kongruenzen haben wir daher die ursprüngliche Frage reduziert auf Faktoren α, β, die kleiner als p sind. Unter allen Produkten mit $p \,|\, \alpha\beta$, für die $1 \leq \alpha, \beta < p$ gilt, nehmen wir dasjenige mit minimalem β heraus. Es ist $\beta > 1$, denn sonst wäre $\alpha\beta = \alpha < p$, was $p \,|\, \alpha\beta$ ausschließt. Als Primzahl lässt sich p nicht durch β teilen, es gibt daher eine natürliche Zahl m mit

$$m\beta < p < (m+1)\beta.$$

Demnach ist $\beta' = p - m\beta$ eine positive Zahl $< \beta$. Aus $\alpha\beta \equiv 0 \mod p$ folgt auch $m\alpha\beta \equiv 0 \mod p$. Subtrahiert man dies von $\alpha p \equiv 0 \mod p$, so $\alpha(p - m\beta) = \alpha\beta' \equiv 0 \mod p$. Damit ist p auch Teiler von $\alpha\beta'$ mit $\beta' < \beta$. Widerspruch zur Minimalität von β! $\square$

Beweis des Fundamentalsatzes: Wir zeigen zuerst die Existenz der Primfaktorzerlegung. Eine Primzahl lässt sich offenbar in der angegebenen Weise darstellen. Angenommen, es gibt eine zusammengesetzte Zahl, für die es keine Primfaktorzerlegung gibt. Dann gibt es auch eine kleinste solche Zahl a, die sich als Produkt, $a = bc$, $1 < b, c < a$ schreiben lässt. Nach Voraussetzung gibt es Primfaktorzerlegungen von b, c, die dann zu einer Primfaktorzerlegung von a führt.

Nun zur Eindeutigkeit der Primfaktorzerlegung. Angenommen, wir haben für eine Zahl $a > 1$ die Zerlegungen

$$a = p_1^{r_1} p_2^{r_2} \ldots p_k^{r_k} = p_1^{s_1} p_2^{s_2} \ldots p_k^{s_{k'}}$$

Sind zwei Exponenten r_i, s_i verschieden, so können wir beide Seiten durch p_i^k teilen, wobei k das Minimum der Zahlen r_i und s_i ist. Auf beiden Seiten verbleiben Produkte verschiedener Primzahlen. Nach dem letzten Lemma, das man leicht auf mehr als zwei Faktoren ausdehnen kann, ist dies aber unmöglich.

[6]*Beweis von Satz 3.6:* Wäre die Dezimalentwicklung von $\frac{1}{m}$ nichtperiodisch, so hätten wir

$$\frac{1}{m} = 0, a_1 a_2 \ldots a_l, \quad a_l \neq 0,$$

also

$$10^l = a_1 a_2 \ldots a_l \cdot m$$

was wegen $a_l \neq 0$ bedeutet, dass m und 10 nicht teilerfremd sind.

Wir können also von der Darstellung

$$\frac{1}{m} = 0, a_1 a_2 \ldots a_l \overline{b_1 b_2 \ldots b_k}$$

ausgehen mit $k > 0$. Ferner nehmen wir an, dass man den Überstrich nicht weiter nach vorne ziehen kann, dass also $a_l \neq b_k$ erfüllt ist. Es gilt

$$\frac{1}{m} = 10^{-l}(a_1 a_2 \ldots a_l + 0, \overline{b_1 b_2 \ldots b_k}). \tag{3.7}$$

Mit einem bekannten Verfahren folgt

$$10^k \cdot 0,\overline{b_1 b_2 \ldots b_k} = b_1 b_2 \ldots b_k, \overline{b_1 b_2 \ldots b_k},$$

daher nach Subtraktion von $0,\overline{b_1 b_2 \ldots b_k}$ auf beiden Seiten

$$0,\overline{b_1 b_2 \ldots b_k} = \frac{b_1 b_2 \ldots b_k}{10^k - 1},$$

nach (3.7) also

$$\frac{1}{m} = 10^{-l}\left(a_1 a_2 \ldots a_l + \frac{b_1 b_2 \ldots b_k}{10^k - 1}\right).$$

Wir multiplizieren beide Seiten mit m, 10^l und $10^k - 1$ Dann folgt

$$10^{k+l} - 10^l = m\left(a_1 a_2 \ldots a_l \cdot 10^l + (b_1 b_2 \ldots b_k - a_1 a_2 \ldots a_l)\right).$$

Wir wissen bereits, dass $k \geq 1$ erfüllt sein muss, und nehmen an, dass auch $l \geq 1$ gilt. Dann ist die linke Seite durch 10 teilbar, ebenso wie der erste Summand in der Klammer. Wegen $a_l \neq b_k$ ist aber der zweite Summand nicht durch 10 teilbar, also muss m durch 2 oder 5 teilbar sein. Unsere Annahme $l \geq 1$ führt zu einem Widerspruch, also ist $l = 0$ und $\frac{1}{m}$ reinperiodisch.

Wir zeigen für die Periodenlänge $k \leq m-1$, indem wir uns an den Divisionsalgorithmus für $\frac{1}{m}$ erinnern. Bei jedem Schritt des Algorithmus bleibt ein Rest, der eine der Zahlen $1, \ldots, m-1$ sein muss. Spätestens nach $m-1$ Schritten muss sich ein Rest wiederholen und eine neue Periode beginnen.

4 Wie löst man Mathematik-Aufgaben?

In diesem Kapitel werden einige Prinzipien vorgestellt, die bei der Lösung von Aufgaben in Mathematik-Wettbewerben nützlich sind. Auch das dazu erforderliche Wissen wird vermittelt, sofern es über den normalen Schulstoff hinausgeht. Es ist allerdings ein weitverbreiteter Irrtum, dass gute Mathematik-Kenntnisse einen großen Vorteil bei der Lösung dieser Aufgaben bringen, die auf der Schule vernachlässigten Ungleichungen einmal ausgenommen. In Abschnitt 4.4 werden einige fortgeschrittene Methoden zu diesem Thema besprochen für Leser mit Kenntnissen der Infinitesimalrechnung.

4.1 Themen

Mittelwerte und Ungleichungen

Das arithmetische Mittel der Zahlen a und b ist bekanntlich $\frac{a+b}{2}$, das geometrische Mittel zweier nichtnegativer Zahlen ist $\sqrt[2]{ab}$. Weniger bekannt ist vielleicht das harmonische Mittel für $a, b > 0$, nämlich

$$\frac{2}{\frac{1}{a} + \frac{1}{b}} = \frac{2ab}{a+b}.$$

Fährt man in einer Stunde a km/h und anschließend eine weitere Stunde mit Geschwindigkeit b km/h, so wird man für die Durchschnittsgeschwindigkeit das arithmetische Mittel $(a+b)/2$ setzen. Fährt man dagegen ein und dieselbe Strecke s auf dem Hinweg mit Geschwindigkeit a und auf dem Rückweg mit Geschwindigkeit b, dann beträgt die durchschnittliche Geschwindigkeit $v = 2s/t$. Die Fahrzeit t ist die Summe aus der Zeit $t_a = s/a$ für die Hinfahrt und aus der Zeit $t_b = s/b$ für die Rückfahrt. Daher ist

$$\frac{2s}{\frac{s}{a} + \frac{s}{b}} = \frac{2}{\frac{1}{a} + \frac{1}{b}}$$

die Durchschnittsgeschwindigkeit des Fahrzeugs.

Für die so definierten Mittelwerte gelten die Ungleichungen

$$\frac{2ab}{a+b} \leq \sqrt[2]{ab} \leq \frac{a+b}{2}, \tag{4.1}$$

was man leicht nachrechnet.

Man kann diese Ungleichungen auch auf mehr als zwei Zahlen ausdehnen. Seien $x_1, x_1, \ldots, x_n > 0$. Dann definieren wir das *arithmetische Mittel*

$$A(x_1, \ldots, x_n) = \frac{1}{n}(x_1 + \ldots + x_n),$$

das *geometrische Mittel*

$$G(x_1, \ldots, x_n) = \sqrt[n]{x_1 x_2 \cdots x_n}$$

und das *harmonische Mittel*

$$H(x_1, \ldots, x_n) = \frac{n}{\frac{1}{x_2} + \frac{1}{x_2} + \ldots + \frac{1}{x_n}}.$$

Das Wort Mittel soll hier andeuten, dass A, G und H zwischen Minimum und Maximum der Zahlen $x_1, \ldots x_n$ liegen, also

$$\min(x_1, \ldots, x_n) \leq A(x_1, \ldots, x_n), G(x_1, \ldots, x_n), H(x_1, \ldots, x_n) \leq \max(x_1, \ldots, x_n).$$

Satz 4.1 (Ungleichung zwischen den Mitteln) *Für* $x_1, x_1, \ldots, x_n > 0$ *gilt*

$$H(x_1, \ldots, x_n) \leq G(x_1, \ldots, x_n) \leq A(x_1, \ldots, x_n),$$

wobei Gleichheit in beiden Fällen nur auftritt, wenn alle x_i gleich sind.

Beweis: Es gibt eine Vielzahl unterschiedlicher Beweise für diese Ungleichungen (siehe auch Abschnitt 4.4). Wir beweisen $G \leq A$ durch vollständige Induktion über n, allerdings muss dazu die Behauptung noch umformuliert werden.

Alle Mittel sind *homogen* in $x_1, \ldots, x_n$, also

$$M(\lambda x_1, \ldots, \lambda x_n) = \lambda M(x_1, \ldots, x_n) \quad \text{für alle } \lambda \geq 0,$$

wobei M für eines der Mittel G, A oder H steht. Wir brauchen die Behauptung also nur für $x_1, \ldots, x_n$ zu beweisen, für die

$$A(x_1, \ldots, x_n) = 1$$

gilt. Anders ausgedrückt ist zu zeigen

$$x_1 + \ldots + x_n = n \quad \Leftrightarrow \quad x_1 \cdots x_n \leq 1.$$

Ferner wurde behauptet, dass Gleichheit nur auftritt, wenn alle Zahlen gleich sind. In unserem Fall bedeutet dies, dass alle x_i gleich 1 sind. Wir können die Behauptung noch verschärfen, indem wir Folgendes zeigen,

(A_n) $x_1 + \ldots + x_n = n$ und es gibt ein $x_k \neq 1$ $\Leftrightarrow$ $x_1 \cdots x_n < 1$.

(4.1) ist der Induktionsanfang $n = 2$. Sei die Behauptung (A_n) richtig und seien $n + 1$ positive Zahlen $x_0, \ldots, x_n$ gegeben mit

$$x_0 + \ldots + x_n = n + 1.$$

Da es nach Voraussetzung eine Zahl $x_k \neq 1$ gibt, muss es sogar zwei solche Zahlen geben, sagen wir $x_0 < 1$ und $x_1 > 1$, oder $x_0 = 1 - \alpha$, $x_1 = 1 + \beta$ mit positiven Zahlen α, β. Für $x' = x_0 + x_1 - 1$ gilt natürlich $x' + x_2 + \ldots + x_n = n$, nach Induktionsvoraussetzung also

$$x' x_2 \cdots x_n \leq 1.$$

Nun ist aber

$$x_0 x_1 = (1 - \alpha)(1 + \beta) = 1 - \alpha + \beta - \alpha\beta < 1 - \alpha + \beta = x',$$

also auch

$$x_0 x_1 x_2 \cdots x_n < x' x_2 \cdots x_n \leq 1.$$

Damit ist der Induktionsbeweis vollendet.

$H \leq G$ folgt aus dem bereits bewiesenen $1/A \leq 1/G$ mit $1/x_i$ statt x_i. $\square$

Beispiel 4.1 (Internationale Mathematik-Olympiade 1964) Seien a, b, c die Seitenlängen eines Dreiecks. Beweisen Sie, dass

$$a^2(b + c - a) + b^2(c + a - b) + c^2(a + b - c) \leq 3abc. \tag{4.2}$$

Lösung: Da es sich bei a, b, c um Dreiecksseiten handelt, sind die Ausdrücke in den Klammern positiv, weil die Summe zweier Seitenlängen immer größer als die dritte Seite ist. Die Summe der Ausdrücke in den Klammern ist einfach, was uns auf den Gedanken bringt, die Ungleichung für das geometrische und arithmetische Mittel anzuwenden:

$$(b + c - a)(c + a - b) \leq c^2.$$

Wir können dies für die anderen Ausdrücke genauso machen, die jeweils erhaltenen drei Ungleichungen miteinander multiplizieren und anschließend die Wurzel ziehen,

$$(b + c - a)(c + a - b)(a + b - c) \leq abc.$$

Multipliziert man dies und (4.2) aus, so stellt man fest, dass beide Ungleichungen übereinstimmen.

Aus der binomischen Formel $0 \leq (a \pm b)^2 = a^2 + b^2 \pm 2ab$ folgt

$$|ab| \leq \frac{1}{2}a^2 + \frac{1}{2}b^2,$$

was man als *Youngsche Ungleichung* bezeichnet. Ersetzen wir hier a durch $\sqrt{\varepsilon}a$ und b durch $\sqrt{\varepsilon^{-1}}b$, so erhalten wir eine nützliche Ungleichung, nämlich:

Satz 4.2 (Youngsche Ungleichung mit ε) *Für $a, b \in \mathbb{R}$ und $\varepsilon > 0$ gilt*

$$|ab| \leq \frac{\varepsilon}{2}a^2 + \frac{1}{2\varepsilon}b^2.$$

Beispiel 4.2 (Jugoslawische Mathematik-Olympiade 1987) Man zeige für nichtnegative a, b

$$\frac{1}{2}(a+b)^2 + \frac{1}{4}(a+b) \geq a\sqrt{b} + b\sqrt{a}.$$

Lösung: Auf jeden der Terme auf der rechten Seite lässt sich die Youngsche-Ungleichung mit $\varepsilon = 1/2$ und $\varepsilon = 2$ anwenden

$$a\sqrt{b} = \sqrt{a} \cdot \sqrt{a}\sqrt{b} \leq \frac{1}{4}a + ab, \quad a\sqrt{b} \leq a^2 + \frac{1}{4}b,$$

$$b\sqrt{a} = \sqrt{b} \cdot \sqrt{b}\sqrt{a} \leq \frac{1}{4}b + ab, \quad b\sqrt{a} \leq b^2 + \frac{1}{4}a.$$

Nach Summieren über diese vier Ungleichungen und Teilen durch 2 steht das gewünschte Ergebnis da.

In diesem Zusamenhang sei auch auf die verallgemeinerte Youngsche Ungleichung auf Seite 76 hingewiesen, die alternativ wie in Aufgabe 4.4 bewiesen werden kann.

Kommen wir nun zu einer weiteren wichtigen Ungleichung:

Satz 4.3 (Cauchy-Ungleichung) *Für reelle Zahlen $x_1, \ldots, x_n$ und $y_1, \ldots, y_n$ gilt*

$$\Big| \sum_{i=1}^{n} x_i y_i \Big| \leq \Big(\sum_{i=1}^{n} |x_i|^2 \Big)^{1/2} \Big(\sum_{i=1}^{n} |y_i|^2 \Big)^{1/2}.$$

Für Leser, die mit der Vektorrechnung vertraut sind, soll die Cauchy-Ungleichung näher erläutert werden. Sind $x = (x_1, x_2, x_3)$ und $y = (y_1, y_2, y_3)$ Vektoren des dreidimensionalen Raumes, so ist das Skalarprodukt definiert durch

$$(x, y) = \sum_{i=1}^{3} x_i y_i.$$

Für die Länge des Vektors gilt

$$|x| = (x, x)^{1/2} = \Big(\sum_{i=1}^{3} |x_i|^2 \Big)^{1/2}.$$

Die Cauchy-Ungleichung besagt also im Falle $n = 3$

$$|(x, y)| \leq |x|\,|y|. \tag{4.3}$$

Die gleiche Interpretation gilt natürlich auch für Vektoren im $\mathbb{R}^n$, wenn man Skalarprodukt und Länge des Vektors analog durch

$$(x, y) = \sum_{i=1}^{n} x_i y_i, \quad |x| = (x, x)^{1/2} = \Big(\sum_{i=1}^{n} |x_i|^2 \Big)^{1/2}$$

definiert. In der Form (4.3) wollen wir die Ungleichung beweisen. Für $x, y \in \mathbb{R}^n$ gilt für beliebiges $t \in \mathbb{R}$

$$0 \leq |x - ty|^2 = (x - ty, x - ty) = |x|^2 - 2t(x, y) + t^2|y|^2.$$

Für $t = (x, y)/|y|^2$ folgt hieraus

$$0 \leq |x|^2 - \frac{|(x, y)|^2}{|y|^2}$$

und nach Multiplikation mit $|y|^2$ steht die behauptete Ungleichung da.

Beispiel 4.3 Für $a, b, c > 0$ zeige man die Ungleichung

$$abc(a + b + c) \leq a^3b + b^3c + c^3a.$$

Lösung: Am einfachsten ist hier die Anwendung der Cauchy-Ungleichung auf die beiden Vektoren $(a/\sqrt{c}, b/\sqrt{a}, c/\sqrt{b})$ und $(\sqrt{c}, \sqrt{a}, \sqrt{b})$. Damit

$$(a + b + c)^2 = \left(\frac{a}{\sqrt{c}}\sqrt{c} + \frac{b}{\sqrt{a}}\sqrt{a} + \frac{c}{\sqrt{b}}\sqrt{b}\right)^2 \leq \left(\frac{a^2}{c} + \frac{b^2}{a} + \frac{c^2}{b}\right)(c + a + b).$$

Die Behauptung folgt durch Multiplikation mit abc und Teilen durch $c + a + b$.

Eine einfache Folgerung aus der Cauchy-Ungleichung ist

Satz 4.4 (Dreiecksungleichung) *Für reelle Zahlen $x_1, x_2, \ldots, x_n$ und $y_1, y_2, \ldots, y_n$ gilt*

$$\left(\sum_{i=1}^{n} |x_i + y_i|^2\right)^{1/2} \leq \left(\sum_{i=1}^{n} |x_i|^2\right)^{1/2} + \left(\sum_{i=1}^{n} |y_i|^2\right)^{1/2}$$

oder in Vektor-Schreibweise

$$|x + y| \leq |x| + |y|.$$

Beweis: Wir verwenden Vektor-Schreibweise für die Vektoren $x = (x_1, \ldots, x_n)$ und $y = (y_1, \ldots, y_n)$. Aus der Cauchy-Ungleichung folgt

$$|x + y|^2 = (x + y, x + y) = (x, x) + 2(x, y) + (y, y)$$

$$= |x|^2 + 2(x, y) + |y|^2 \leq |x|^2 + 2|x|\,|y| + |y|^2$$

$$= (|x| + |y|)^2.$$

Hier braucht man nur noch die Wurzel zu ziehen. $\square$

Nun kommen wir zur *Umordnungs-Ungleichung* (engl. rearrangement inequality):

Satz 4.5 (Umordnungs-Ungleichung) *Seien $a_1, \ldots, a_n$ und $b_1, \ldots, b_n$ reelle Zahlen mit $a_1 \leq a_2 \leq \ldots \leq a_n$ und $b_1 \leq b_2 \leq \ldots \leq b_n$. Sei ferner $c_1, \ldots, c_n$ eine beliebige Permutation der Zahlen $b_1, \ldots, b_n$. Dann gilt*

$$a_1 b_1 + a_2 b_2 + \ldots + a_n b_n \geq a_1 c_1 + \ldots + a_n c_n \geq a_1 b_n + a_2 b_{n-1} + \ldots + a_n b_1.$$

Anders ausgedrückt: Sei

$$S_n = a_1 c_1 + a_2 c_2 + \ldots + a_n c_n.$$

Dann wir S_n maximal, wenn die c_i (wie die a_i) aufsteigend sortiert sind und minimal, wenn sie entgegengesetzt zu den a_i sortiert sind.

Beweis: Wir nehmen an, dass $c_1 \geq c_2$, $a_1 \leq a_2$, und sehen nach, was passiert, wenn wir c_1 und c_2 vertauschen. Die Veränderung in S_n ist dann

$$a_1 c_2 + a_2 c_1 - a_1 c_1 - a_2 c_2 = (a_1 - a_2)(c_2 - c_1) \geq 0.$$

Auf diese Weise können wir durch sukzessives Vertauschen zweier c_i diese in eine aufsteigende Reihenfolge bringen, ohne S_n zu verkleinern. □

Beispiel 4.4 Man zeige für positive Zahlen a, b, c die Ungleichung

$$\frac{a + b + c}{abc} \leq \frac{1}{a^2} + \frac{1}{b^2} + \frac{1}{c^2}.$$

Lösung: Mit $a' = 1/a$, $b' = 1/b$, $c' = 1/c$ ist die Ungleichung von der Form

$$b'c' + a'c' + a'b' \leq a'a' + b'b' + c'c'$$

und damit ein Spezialfall der Umordnungs-Ungleichung.

Satz 4.6 (Tschebyscheff-Ungleichung) *Seien die Folgen reeller Zahlen $a_1, a_2, \ldots, a_n$ und $b_1, b_2, \ldots, b_n$ beide monoton fallend oder beide monoton steigend. Dann gilt*

$$\frac{a_1 + a_2 + \ldots + a_n}{n} \cdot \frac{b_1 + b_2 + \ldots + b_n}{n} \leq \frac{a_1 b_1 + a_2 b_2 + \ldots + a_n b_n}{n}, \quad (4.4)$$

wobei Gleichheit genau dann auftritt, wenn (mindestens) eine der beiden Folgen konstant ist. Sind die beiden Folgen entgegengesetzt sortiert, also eine monoton steigend, die andere monoton fallend, so gilt (4.4) mit „$\geq$" statt „$\leq$".

Beweis: Man kann diese Ungleichung mit der Umordnungs-Ungleichung beweisen. Einfacher ist es, den Ausdruck $(a_i - a_j)(b_i - b_j) \geq 0$ über alle i, j zu summieren,

$$0 \leq \sum_{i,j=1}^{n} (a_i - a_j)(b_i - b_j) = \sum_{i,j=1}^{n} (a_i b_i + a_j b_j) - \sum_{i,j=1}^{n} (a_i b_j + a_j b_i)$$

$$= 2n \sum_{i=1}^{n} a_i b_i - 2 \left(\sum_{i=1}^{n} a_i \right) \cdot \left(\sum_{i=1}^{n} b_i \right).$$

Teilen durch $2n^2$ liefert die erste Behauptung. Sind die beiden Folgen entgegengesetzt sortiert, so gilt entsprechend $(a_i - a_j)(b_i - b_j) \leq 0$. □

Algebra und Zahlentheorie

Diesem Thema haben wir bereits Kapitel 3 gewidmet. Wir stellen noch einige für Wettbewerbsaufgaben typische Schlussweisen vor.

Eine wichtige Teilbarkeitsaussage

Unzählige Wettbewerbsaufgaben beruhen auf folgenden Formeln:

Satz 4.7 *Es gilt* $a - b \mid a^n - b^n$ *für jede positive Zahl* n *und es gilt* $a + b \mid a^n + b^n$ *für jede ungerade positive Zahl* n.

Beweis: Genauer ist

$$(a - b)(a^{n-1} + a^{n-2}b + \ldots + ab^{n-2} + b^{n-1}) = a^n - b^n.$$

Für ungerades n wenden wir diese Formel auf a und $-b$ an, also $a + b \mid a^n - (-b)^n = a^n + b^n$. □

Wir können $a - b \mid a^n - b^n$ auf der rechten Seite mit ganzen Zahlen multiplizieren und aufaddieren. Damit gilt: Ist p ein Polynom mit ganzzahligen Koeffizienten, so $a - b \mid p(a) - p(b)$.

Beispiel 4.5 Um möglichst große Primzahlen zu konstruieren, geht man vom Ansatz $2^n - 1$ aus. Diese Primzahlen heißen *Mersennesche Primzahlen*, beispielsweise wurde 1963 die 23. gefunden, nämlich $p = 2^{11213} - 1$. Die *Fermatschen Primzahlen* sind von der Form $2^{(2^n)} + 1$. Hiervon sind nur 5 bekannt, nämlich 3, 5, 17, 257, 65637.

In diesem Zusammenhang die Aufgabe: Zeigen Sie, dass $2^n - 1$ nicht prim ist, wenn $n > 2$ gerade ist, und dass $2^n + 1$ nicht prim ist, wenn n einen ungeraden echten Teiler besitzt.

Lösung: Ist $n = 2k$, so gilt $2^2 - 1 \mid (2^2)^k - 1$. Ist $n = kl$ mit k ungerade und $k, l > 1$, so $2^l + 1 \mid (2^l)^k + 1$.

Kongruenzen von Prim- und Quadratzahlen

Oft wird gefragt, ob eine vorgegebene Zahl eine Prim- oder Quadratzahl ist oder nicht. Sehr häufig wird in Wettbewerbsaufgaben verwendet, dass eine Primzahl $p > 3$ nur die Kongruenzen $p \equiv 1, 5 \mod 6$ besitzt, denn bei Resten $0, 2, 3, 4$ ist sie durch 2 oder 3 teilbar. Natürlich kann und soll man solche Überlegungen für jeden Modul anstellen.

Wichtige Kongruenzen von Quadratzahlen sind:

(a) $n^2 \equiv 0, 1 \mod 3$,

(b) $(2n + 1)^2 \equiv 1 \mod 8$,

(c) $p^2 \equiv 1 \mod 24$, falls p eine Primzahl ist.

Ist $n \equiv 1, 2 \mod 3$, so $n^2 \equiv 1 \mod 3$, was (a) beweist. (b) ist Aufgabe 4.5. (c) folgt aus dem zuvor gezeigten $p = 6k \pm 1$ mit $p^2 = 36k^2 \pm 12k + 1$. Ob k nun gerade oder ungerade ist, $36k^2 \pm 12k$ ist immer durch 24 teilbar.

Beispiel 4.6 (Bundeswettbewerb 1. Runde) Eine natürliche Zahl besitzt eine tausend-stellige Darstellung im Dezimalsystem, bei der höchstens eine Ziffer von 5 verschieden ist. Man zeige, dass sie keine Quadratzahl ist.

Lösung: Ist die letzte Ziffer eine 5, so ist die Zahl durch 5 und als Quadratzahl auch durch 25 teilbar. Sie endet daher auf 25 oder 75 und alle übrigen Ziffern müssen Fünfer sein. Für eine Zahl n mit Endziffern xyz gilt $n \equiv xyz \mod 8$. In diesem Fall teilen wir 525 oder 575 durch 8 und stellen fest, dass kein Rest 1 entsteht. Nach (b) kann es sich also nicht um eine Quadratzahl handeln.

Die Endziffern 2,3,7,8 können bei Quadratzahlen nicht auftreten. Ist die Endziffer 1 oder 9, können wir den gleichen Test wie zuvor machen und 551 oder 559 durch 8 teilen. In keinem Fall entsteht Rest 1. 0 als Endziffer kommt nicht in Frage, weil diese Zahl auch durch 100 teilbar wäre. Bei Endziffer 4 müsste die Zahl durch 4 teilbar sein, was nicht der Fall ist. Bei Endziffer 6 ist die Quersumme durch 3 teilbar, als Quadratzahl müsste sie aber auch durch 9 teilbar sein.

Diophantische Gleichungen

sind polynomiale Gleichungen in einer oder mehrerer Variablen, die in ganzen Zahlen zu lösen sind. Das einfachste Untersuchungsmittel sind Teilbarkeitseigenschaften:

Beispiel 4.7 Bestimmen Sie alle ganzzahligen Lösungen a, b der Gleichung

$$a(b+1)^2 = 243b.$$

Lösung: Da $ggT(b+1, b) = 1$, muss $(b+1)^2$ ein Teiler von 243 sein. Wegen $243 = 3^5$ sind die die einzigen quadratischen Teiler von 243 die Zahlen 1, 9 und 81, womit b nur die Werte $0, -2, 2, -4, 8, -10$ annehmen kann. Mit $a = 243b/(b+1)^2$ führt dies zu den Lösungspaaren (a, b)

$$(0,0), \ (-486, -2), \ (54, 2), \ (-108, -4), \ (24, 8), \ (-30, -10).$$

Mit Hilfe von Kongruenzen lässt sich häufig die Unlösbarkeit einer Diophantischen Glei-chung nachweisen:

Beispiel 4.8 Zeigen Sie, dass die Gleichung $a^2 = 3b^2 + 8$ keine ganzzahligen Lösungen besitzt.

Lösung: Seien a, b ganze Zahlen mit $a^2 = 3b^2 + 8$. Dann gilt $a^2 \equiv 2 \mod 3$, was für eine Quadratzahl unmöglich ist.

Ein weiteres Beweismittel ist eine Variante des später noch zu besprechenden Extre-malprinzips. Man nimmt an, dass die vorgegebene Lösung in irgendeinem Sinn minimal ist und zeigt dann, dass es noch „minimalere" Lösungen gibt:

Beispiel 4.9 Bestimmen Sie alle ganzzahligen Lösungen a, b, c, d der Gleichung

$$a^2 + b^2 = 3(c^2 + d^2).$$

Lösung: Die triviale Lösung $a = b = c = d = 0$ ist einfach zu finden. Die nichttrivialen Lösungen können wir in den nichtnegativen ganzen Zahlen suchen. Ferner nehmen wir an, dass $a^2 + b^2$ unter den nichttrivialen Lösungen minimal ist. Die rechte Seite der Gleichung ist durch 3 teilbar. Daraus scheint man keine besondere Information für die linke Seite ziehen zu können. Schreiben wir $a = 3x + k$, $b = 3y + l$ mit $k, l \in \{0, 1, 2\}$, so folgt

$$a^2 + b^2 = 9x + 6kx + k^2 + 9y^2 + 6yl + l^2$$

oder, wenn wir das mit Hilfe von Kongruenzen formulieren,

$$a \equiv k \mod 3, \ b \equiv l \mod 3 \quad \Rightarrow \quad a^2 + b^2 \equiv k^2 + l^2 \mod 3.$$

Überraschenderweise muss $k = l = 0$ sein, damit $a^2 + b^2$ durch 3 teilbar ist. Es gilt also $a = 3x$, $b = 3y$ und damit

$$c^2 + d^2 = 3(x^2 + y^2).$$

Wegen $c^2 + d^2 < a^2 + b^2$ war $a^2 + b^2$ gar nicht minimal, was einen Widerspruch zur Annahme bedeutet. Es gibt daher keine nichttriviale Lösung.

Kombinatorik

Dieses Thema haben wir bereits in Abschnitt 1.3 behandelt und dort die kombinatorischen Grundbegriffe wie Fakultät und Binomialkoeffizient kennengelernt. Die Kombinatorik ist vermutlich die Disziplin der Mathematik-Wettbewerbe, bei der Lernen und Üben am meisten hilft.

Das grundlegende Prinzip „Teile und Herrsche" strukturiert die zu zählenden Objekte:

(a) Summenregel: Ist A eine Menge und sind $A_1, A_2, \ldots, A_k$ paarweise disjunkte Mengen, deren Vereinigung A ergibt, so gilt $|A| = |A_1| + |A_2| + \ldots + |A_k|$.

(b) Produktregel: Besteht die Menge W aus den Worten der Länge k über der Menge A und gibt es n_i Möglichkeiten, den i-ten Buchstaben zu wählen, so ist $|W| = n_1 n_2 \cdots n_k$.

(c) Rekursion: Teile die Objekte in disjunkte Teilmengen und unterteile diese weiter.

(d) Zählen durch Bijektion: Von zwei Mengen A und B sei $|B|$ bekannt. Können wir eine bijektive Abbildung zwischen A und B konstruieren, so gilt $|A| = |B|$.

Beispiel 4.10 $2n$ Spieler spielen ein Tennis-Turnier. Wie viele mögliche Paarungen gibt es für die erste Runde.

1. Lösung: durch Rekursion und Produktregel. Für den Spieler 1 gibt es $2n - 1$ viele Partner. Ist also S_n die Zahl der möglichen Paarungen bei $2n$ Spielern, so gilt die Rekursion

$$S_n = (2n - 1)S_{n-1}, \quad S_1 = 1.$$

Daher

$$S_n = (2n - 1)(2n - 3) \cdots 3 \cdot 1 = \frac{(2n)!}{2^n n!}.$$

2. *Lösung:* Stelle die Paare in Reihenfolge zusammen. Für das erste Paar gibt es $\binom{2n}{2}$

Möglichkeiten, für das zweite $\binom{2n-2}{2}$ und so fort. Da es in der Fragestellung nicht auf die Reihenfolge ankommt, muss noch durch $n!$ geteilt werden. Daher

$$S_n = \frac{1}{n!} \binom{2n}{2} \binom{2n-2}{2} \cdots \binom{2}{2} = \frac{(2n)!}{n!2^n}.$$

Beispiel 4.11 Man zeige, dass die Anzahl der Teilmengen der Menge $A_{2n} = \{1, 2, \ldots, 2n-1, 2n\}$, die gleich viele gerade wie ungerade Zahlen besitzen, $\binom{2n}{n}$ beträgt.

Lösung: durch Bijektion. Sei $B \subset A_{2n}$ eine Teilmenge mit k geraden und k ungeraden Elementen. Wir lassen die k ungeraden Elemente weg und fügen die anderen $n - k$ ungeraden Elemente hinzu, die so erhaltene Teilmenge von A nennen wir B'. B' besitzt n Elemente. Umgekehrt: Ist B' eine beliebige n-elementige Teilmenge von A_{2n}, so lassen wir die ungeraden Elemente weg und ersetzen sie durch die übrigen ungeraden Elemente von A_{2n}. Damit erhalten wir eine bijektive Abbildung zwischen den Teilmengen, die gleich viel gerade wie ungerade Elemente haben, und den n-elementigen Teilmengen. Damit ist $\binom{2n}{n}$ die gesuchte Kardinalität.

4.2 Methoden

Das Prinzip der vollständigen Induktion

haben wir bereits im ersten Kapitel kennengelernt. Hier ein Beispiel für einen nichtoffensichtlichen Induktionsbeweis:

Beispiel 4.12 Die Folge a_n ist definiert durch $a_0 = 9$, $a_{n+1} = 3a_n^4 + 4a_n^3$, für $n > 0$. Zeigen Sie, dass a_{10} mehr als 1000 Neunen in Dezimalschreibweise enthält.

Lösung: Wir bestimmen $a_0 = 9$ und $a_1 = 22599$ und hoffen darauf, dass sich in jedem Schritt die Zahl der Neunen am Ende verdoppelt, a_{10} hätte dann 1024 Neunen. Die zu beweisende Vermutung lautet daher:

$$a_n \text{ endet auf } 2^n \text{ Neunen.}$$

Für $n = 0$ ist die Vermutung jedenfalls richtig. Eine Zahl mit m Neunen am Ende ist von der Form $a \cdot 10^m - 1$. Setzen wir eine solche Zahl in die Iterationsvorschrift ein, erhalten wir

$$3(a \cdot 10^m - 1)^4 + 4(a \cdot 10^m - 1)^3 =$$

$$= 3a^4 10^{4m} - 12a^3 10^{3m} + 18a^2 10^{2m} - 12a 10^m + 3$$

$$+ 4a^3 10^{3m} - 12a^2 10^{2m} + 12a 10^m - 4$$

$$= b \cdot 10^{2m} - 1.$$

Damit haben wir unsere Vermutung bestätigt. Man beachte die für Wettbewerbsaufgaben typische Verschleierungstaktik in der Aufgabenstellung: Statt 1024 werden nur 1000 Neunen verlangt, um $2^{10} = 1024$ zu verdecken.

Das Schubfachprinzip

Ein Mensch hat höchstens 300000 Haare auf dem Kopf. Beweisen Sie, dass es zwei Deutsche gibt, die die gleiche Anzahl von Haaren auf dem Kopf haben. Dies macht man, indem man darauf hinweist, dass es mehr als 300000 Deutsche gibt.

Trotz seiner Einfachheit ist das Schubfachprinzip ein nützliches und manchmal ganz überraschend daherkommendes Hilfsmittel des Mathematikers. Natürlich gibt es keine „Theorie" des Schubfachprinzips. Wir geben einige einfache Beispiele zum Miträtseln.

Beispiel 4.13 Auf einer Party mit n Personen geben sich manche Leute zur Begrüßung die Hand. Beweisen Sie, dass es zwei Personen gibt, die gleich viele Hände geschüttelt haben.

Lösung: Jede Person kann 0 bis $n - 1$ Personen die Hände schütteln, das sind leider zusammen n Möglichkeiten, so dass das Schubfachprinzip nicht angewendet werden kann. Doch nehmen wir einmal an, eine Person hat 0 Personen die Hände geschüttelt. Dann können die anderen Personen nur 0 bis $n - 2$ Personen die Hände geschüttelt haben. Die Zahlen 0 und $n - 1$ kommen also in ein Fach!

Beispiel 4.14 In einer Schublade liegen 60 Socken, die sich nur durch ihre Farbe unterscheiden. 10 Paare sind rot, 10 Paare sind schwarz, 10 Paare sind gelb. Wie viele Socken muss man im verdunkelten Zimmer aus der Schublade ziehen, um sicher ein Paar gleicher Farbe zu bekommen?

Lösung: Natürlich vier, spätestens die vierte muss die gleiche Farbe wie eine der vorher gewählten haben.

Beispiel 4.15 Schreibt man einen Bruch m/n natürlicher Zahlen als Dezimalzahl, so ist diese endlich oder besitzt eine Periode. Man zeige, dass die Länge der Periode nie länger als $n - 1$ ist.

Lösung: Beim schriftlichen Dividieren wird jedes Mal der Rest, der im vorigen Schritt entstanden ist, mit 10 multipliziert und dann erneut durch die Zahl dividiert. Für die Reste gibt es bei einer echt periodischen Zahl nur die Möglichkeiten $1, \ldots, n - 1$. Daher kann die Periode nie länger als $n - 1$ sein.

Beispiel 4.16 Mit folgendem Beispiel kann man schnell der Mittelpunkt einer Party werden: Man lässt sich 10 Zahlen mit Werten von 1 bis 99 geben und behauptet dann, dass man immer zwei vollständig verschiedene Teilmengen dieser Zahlen auswählen kann, deren Zahlen jeweils die gleiche Summe ergeben. Wird beispielsweise 3, 9,14, 21, 26, 35, 42, 59, 63, 76 gewählt, so sind $14 + 63 = 77$ und $35 + 42 = 77$. Wie beweist man das?

Lösung: Eine so gewählte Zahlenmenge kann höchsten die Summe

$$90 + 91 + 92 + \ldots + 99 = 945$$

haben. Es gibt aber (ohne die leere Menge) $2^{10} - 1$ Teilmengen einer 10-elementigen Menge, das sind 1023.

Beispiel 4.17 Aus den Zahlen von 1 bis 200 werden wahllos 101 ausgewählt. Man zeige, dass es immer zwei Zahlen in der ausgewählten Menge gibt, von denen die eine die andere ohne Rest teilt.

Lösung: Wir schreiben jede der Zahlen in der Form $n = 2^r k$ mit $r \geq 0$ und k ungerade, insbesondere kann k auch 1 sein. Für k gibt es, da als höchste Zahl 200 erlaubt war, die Möglichkeiten $1, 3, 5, \ldots, 199$, das sind 100. Unter 101 verschiedenen Zahlen muss es daher zwei geben, die den gleichen k-Wert haben. Von den Zahlen $2^r k$ und $2^s k$ ist die eine durch die andere teilbar.

Das Invarianzprinzip

In einer Aufgabe wird ein Objekt behandelt, das sich ständig ändert, beispielsweise eine Zahlenfolge oder ein Spiel, in dem gezogen wird. Das Invarianzprinzip lässt sich philosophisch so formulieren: In dem, was sich ändert, suche das, was gleich bleibt.

Beispiel 4.18 Sei n eine ungerade natürliche Zahl. Wir schreiben die Zahlen von 1 bis $2n$ auf eine Tafel. In jedem Schritt wischen wir zwei beliebige Zahlen a, b aus und schreiben stattdessen die Zahl $|a - b|$ auf die Tafel. Nach $2n - 1$ Schritten steht nur noch eine Zahl auf der Tafel. Beweisen Sie, dass diese ungerade ist.

Lösung: Die Summe der Zahlen ist $S = 1 + \ldots + 2n = n(2n + 1)$, eine ungerade Zahl. In jedem Schritt wird S um die gerade Zahl $2\min(a, b)$ vermindert. Damit bleibt S in jedem Schritt ungerade, was gerade die Invariante dieses Problems ist.

Beispiel 4.19 Jede der Zahlen $a_1, \ldots, a_n$ sei 1 oder -1. Ferner sei

$$S = a_1 a_2 a_3 a_4 + a_2 a_3 a_4 a_5 + \ldots + a_n a_1 a_2 a_3 = 0.$$

Zeigen Sie, dass n durch 4 teilbar ist.

Lösung: Jedes a_i kommt in vier Summanden vor. Ändern wir das Vorzeichen von a_i, so bleibt S durch 4 teilbar: Haben die 4 Summanden gleiches Vorzeichen, ändert sich S um ± 8, sind die Vorzeichen $3 - 1$ verteilt, ändert sich S um ± 4, und bei $2 - 2$ ändert sich nichts. Die Teilbarkeit von S durch 4 bei Änderung des Vorzeichens eines a_i ist daher eine Invariante dieses Problems. Wir ändern nun sukzessive jedes negative Vorzeichen in ein positives. Dann bleibt S durch 4 teilbar und $S = n$.

Beispiel 4.20 Kann man die Ziffern $0, 1, 2, 3, 4, 5, 6, 7, 8, 9$ zu ein- oder zweistelligen Zahlen so zusammenstellen, dass die Summe dieser Zahlen 100 ergibt? Dabei soll jede Ziffer genau einmal vorkommen. Beispielsweise ist $1 + 2 + 3 + 4 + 5 + 7 + 8 + 9 + 60 = 99$, was natürlich nicht die Aufgabe löst.

Lösung: Addieren wir zwei Zahlen der Form $10a + b$ und $10c + d$, so ist das Ergebnis $10(a + c) + (b + d)$. Hier ist die Summe der Quersummen modulo 9 die Invariante, wie man sich durch eine Fallunterscheidung leicht klarmacht. Die Summe der Ziffern von 1 bis 9 ist 45, also muss jede nach den angegebenen Regeln gebildete Summe durch 9 teilbar sein. Daher ist es nicht möglich, die Zahl 100 auf diese Weise darzustellen.

Beispiel 4.21 Ein Kreis wird in 6 Sektoren unterteilt. In diese Sektoren schreiben wir im Gegenuhrzeigersinn die Zahlen $1, 0, 1, 0, 0, 0$. In jedem Schritt dürfen wir die Zahlen in zwei benachbarten Sektoren um 1 erhöhen. Ist es möglich, auf diese Weise 6 gleiche Zahlen in den Sektoren zu bekommen?

Lösung: Wir nummerieren die 6 Sektoren hintereinander von 1 bis 6. Ist a_i die Zahl im Sektor i, so setze

$$I = a_1 - a_2 + a_3 - a_4 + a_5 - a_6.$$

Erhöhen wir die Zahlen in zwei benachbarten Sektoren, so ändert sich I nicht. In der Ausgangssituation ist $I = 2$. Steht dagegen in jedem Sektor die gleiche Zahl, so ist $I = 0$. Es ist daher nicht möglich, 6 gleiche Zahlen zu erzielen.

Das Extremalprinzip

Ähnlich wie das Invarianzprinzip gehört auch das Extremalprinzip zum Repertoire eines jeden Mathematikers, ohne dass ihm dies zwangsläufig bewusst ist. Das Extremalprinzip lautet andeutungsweise so: Um die Existenz eines Objekts zu beweisen, mache es zum Extremum einer Funktion. Dadurch bekommt das Objekt eine weitere Eigenschaft (nämlich Extremum zu sein) und in manchen Fällen ist es durch diese Zusatzeigenschaft eindeutig bestimmt.

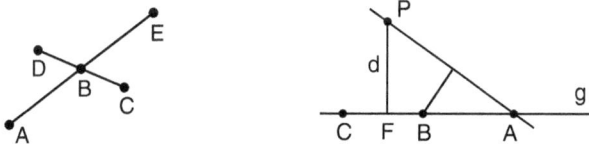

Abb. 4.1: Zu den Beispielen 4.22 und 4.23

Beispiel 4.22 Eine Punktmenge S der Ebene ist dadurch charakterisiert, dass jeder Punkt von S Mittelpunkt einer Strecke mit Endpunkten in S ist. Beweisen Sie, dass S keine endliche Menge sein kann.

Lösung: Angenommen, S wäre eine endliche Menge. Dann gibt es zwei Punkte A und B in S mit maximalem Abstand. Der Punkt B ist Mittelpunkt einer Strecke mit Endpunkten in S, also entweder Mittelpunkt von $\overline{CD}$ oder $\overline{AE}$. In jedem Fall besitzt A zu einem der neuen Punkte einen größeren Abstand als zu B (siehe Abbildung 4.1 links). Dies ist ein Widerspruch zur Maximalität des Abstands von A nach B. Damit kann S keine endliche Menge sein.

Beispiel 4.23 Hier ein Beispiel für ein Problem, das jahrzehntelang offen blieb und mit dem Extremalprinzip in wenigen Zeilen gelöst werden konnte. Es wurde von Sylvester im Jahre 1893 gestellt und erst 1933 gelöst. Der hier angegebene Beweis stammt von L.M. Kelly aus dem Jahre 1948.

Sylvester Problem: Eine endliche Punktmenge S in der Ebene hat die Eigenschaft, dass jede Gerade durch zwei Punkte von S durch einen weiteren Punkt von S läuft. Zeigen Sie, dass alle Punkte von S auf einer Geraden liegen.

Lösung: Angenommen, die Punkte von S liegen nicht alle auf einer Geraden. Sei G die Menge der Geraden, die durch zwei (und damit auch drei) Punkte von S laufen. Da S und G nach Annahme endliche Mengen sind, wird der minimale Abstand zwischen einem Punkt von S und einer Geraden aus G, auf der dieser Punkt nicht liegt, in $P \in S$ und $g \in G$ angenommen. Wie in Abbildung 4.1 rechts sei der Abstand zwischen P und g $d > 0$. Sei F der Fußpunkt des Lotes von P auf g. Auf g liegen mindestens drei Punkte von S, so dass zwei auf einem der durch F definierten Halbstrahlen liegen. Aus dem Bild wird sofort klar dass der Abstand zwischen B und der Geraden $\overline{PA}$ kleiner als d ist. Dies ist ein Widerspruch zur Minimalität von d.

Färben

Die Färbungsmethode wird in der Geometrie bei Problemen angewendet, bei denen ein ebenes oder räumliches Gebiet in Teilgebiete unterteilt wird. Indem man den Teilgebieten Farben zuordnet, kann man die Unterteilung strukturieren. Der Klassiker der Färbungsmethode ist das folgende Schachbrettproblem:

Beispiel 4.24 Von einem 8×8 Schachbrett werden zwei gegenüberliegende Eckfelder entfernt. Man zeige, dass dieses Brett nicht mit 31 Dominosteinen bedeckt werden kann.

Lösung: Man färbt das Schachbrett wie üblich in weiße und schwarze Felder. Da zwei gegenüberliegende Eckfelder die gleiche Farbe besitzen, gibt es von einer Farbe mehr Felder als von der anderen. Jeder Dominostein besetzt aber genau ein weißes und ein schwarzes Feld. Das Schachbrett lässt sich also nicht mit 31 Dominosteinen bedecken.

Eine Variante dieses Problems ist das Überdecken mit Dominosteinen eines $n \times n$-Schachbretts mit ungeradem n.

4.3   Psychologie

Beim Lösen einer Mathematikaufgabe wird man sich zunächst ähnlich verhalten wie bei Aufgaben, die sich sonst im täglichen Leben stellen, nämlich herumprobieren, um das Problem zu verstehen, seinen Einfällen nachgehen und seine Erfahrungen nutzen, indem man sich frühere, ähnlich gelagerte Probleme ins Gedächtnis ruft. Bei mathematischen Problemen wird man zudem versuchen, auf bekannte Sätze zurückzugreifen.

Einer solchen Versuchsphase sollte, wenn sie ohne Erfolg geblieben ist, eine Reflexionsphase folgen, in der die Gründe des Scheiterns der bisherigen Versuche analysiert werden. Die Analyse kann nun zu neuen, möglicherweise verbesserten Lösungsansätzen führen und man bewegt sich fortan in einem Kreislauf des Versuchens und Reflektierens. Irgendwann haben sich alle hier skizzierten Möglichkeiten erschöpft, ohne dass das Problem gelöst wurde, womit es sich relativ zum potentiellen Löser als sehr schwer erweist. Nur über solche Probleme wollen wir hier sprechen.

Albert Einstein hat einmal über seine Entdeckung der Relativitätstheorie gesagt, dass diese nicht über die Logik, sondern nur über die Intuition erfolgt sei. Ich würde hier lieber das Unbewusste als die Intuition setzen, weil man über dieses noch weniger weiß, wenn man einmal ignoriert, was Siegmund Freud darüber gesagt hat. Per definitionem sind wir ja von den Aktivitäten des Unbewussten abgeschnitten und im Grunde wissen wir nichts von seiner Existenz, es sei denn, wir führen Träume oder spontane Gedanken darauf zurück. Beim Lösen mathematischer Probleme zeigt sich das Unbewusste als großer Freund. Legen wir das von uns bearbeitete Problem für einige Tage weg, so kommen neue Ideen, manchmal auch die Lösung, die dann bezeichnenderweise ohne weiteres Nachdenken gefunden wird. Bei Freud wird das Unbewusste eher statisch als Sitz der Triebe gedacht, seine Therapie gegen psychische Störungen will das Unbewusste daher nicht verändern, sondern Teile davon bewusst machen. Für den Problemlöser erscheint dagegen das Unbewusste dynamisch, es gärt unter der Oberfläche und oft wird die zündende Idee irgendwann freigegeben.

Mit seiner Erfahrung stellt der Berufsmathematiker an einer Universität oder an einem Forschungsinstitut schnell fest, wie schwer ein vorgelegtes Problem ist. Er verwendet den Großteil seiner Arbeitszeit auf Probleme, bei denen er sich sicher ist, sie in vernünftiger Zeit lösen zu können. Die schweren Probleme kommen in eine Schublade und werden von Zeit zu Zeit wieder hervorgeholt. Auf diese Weise kann der Forscher immer auf gelöste Probleme verweisen, die an manchen Glückstagen sogar bedeutend sind. Es muss allerdings zugegeben werden, dass sich nicht alle Mathematiker an die beschriebene vernünftige Vorgehensweise halten. So hat Andrew Wiles (*1953) über seinem Beweis der Fermatschen Vermutung mehr als sieben Jahre gebrütet und in dieser Zeit fast nichts publiziert (siehe [58]).

Zur Beantwortung der Frage, wie man seine Kompetenz im Lösen mathematischer Probleme verbessern kann, sollte man sich Sport oder Musik zum Vorbild nehmen. Ein Sportlehrer, der seine Schüler zu erfolgreichen Weitspringern ausbilden will, wird ihnen kaum ein Buch über das Weitspringen in die Hand drücken. Auch die Schönheit der Musik lernt man besser durch ein Instrument als durch ein Buch kennen. Wer dieses Kapitel durcharbeitet oder sich mit den Aufgaben im Buch von Arthur Engel [20] beschäftigt, wird sich deutlich verbessern. Wie weit man damit kommt, zeigen die Länderwertungen der Internationalen Mathematik-Olympiade (IMO), in denen Südkorea (49 Millionen Einwohner), Nordkorea (24 Millionen) und Rumänien (21 Millionen) Deutschland regelmäßig hinter sich lassen. Frankreich, ein Land, in dem die Mathematik einen viel höheren Stellenwert besitzt als bei uns, kam in den letzten 10 Jahren auf Plätze zwischen 24 und 48. Dass die genannten relativ kleinen, mathematisch nahezu traditionslosen Länder so gut abschneiden, liegt an frühzeitiger und intensiver Förderung der Teilnehmer.

Um mathematische Talente besser verstehen und fördern zu können, wäre es wichtig zu wissen, wie das Talent eigentlich entsteht. Wenn es genetisch bedingt wäre, wie oft angenommen wird, müsste es sich auch vererben. Die einzige mir bekannte Mathematiker-Familie sind die Bernoullis, der mindestens zwei Hochkaräter entstammten, nämlich die Brüder Jakob (1655-1705) und Johann (1667-1748). Dem stehen tausende Mathematiker gegenüber, die ihresgleichen auch in der entferntesten Verwandtschaft vergeblich suchen. Andererseits gibt es gewaltige Dynastien von Geschäftsleuten wie etwa die Rothschilds, die Dutzende von Bankiers hervorgebracht haben, einer erfolgreicher als der andere, aber niemand hat je behauptet, dass Geldverdienen genetisch bedingt sei. Offenbar wird hier mit zweierlei Maß gemessen und nach reinem Augenschein darüber geurteilt, ob eine erfolgreiche Tätigkeit durch ein erbliches Talent erklärt werden soll oder nicht. Tatsächlich streben viel mehr Menschen nach finanziellem als nach mathematischem Erfolg, und dennoch ist die Zahl der Menschen, die Reichtum erlangt oder vermehrt haben, recht überschaubar.

Um einige Aspekte der mathematischen Problemlösungskompetenz zu beleuchten, möchte ich sie mit der Kompetenz im Schachspiel vergleichen, weil auch dort neben Erfahrung besondere kognitive Fähigkeiten (aber andere als in der Mathematik) erforderlich sind, die durch Training verbessert werden können. Im Gegensatz zum Mathematiker lassen sich die Leistungen eines Schachspielers präzise und objektiv durch die *Elo-Zahl* messen. Ein Anfänger kommt etwa auf 1200, ein guter Vereinsspieler auf 2000, ein Großmeister auf rund 2600 Punkte, der Weltmeister kann mittlerweile über 2800 Punkte vorweisen. Man hat die durchschnittliche Elo-Zahl eines Großmeisters in Abhängigkeit von seinem Lebensalter bestimmt. Im Alter von 20 Jahren kommt er auf 2400, mit Mitte 30 Jahren erreicht er sein Maximum von durchschnittlich 2650 Punkten. Auffallend ist die lange Zeit von über zehn Jahren, die ein Spieler braucht, um sich von einem hervorragenden Amateur zu einem Welklassespieler zu entwickeln. Die Leistung im Schach ist demnach in hohem Maß von Training und Erfahrung bestimmt. Ab Mitte 30 gehen die Wertungszahlen der Spieler leicht zurück, was bedeutet, dass Training und neue Erfahrungen das Nachlassen der kognitiven Fähigkeiten nicht mehr kompensieren können. Wenn man sich klar macht, dass es einige Mathematiker gibt, die im Alter von 20 Jahren Hervorragendes geleistet haben, dass viele berichten, dass sie mit Mitte 20 ihre beste Zeit hatten und bei einigen im Alter von 30 Jahren das Publizieren zum Stillstand kam, so ist die Struktur ganz ähnlich wie bei den Schachspielern. Die Erfahrung spielt in der Mathematik keine so große Rolle wie beim Schach, seine beste Zeit hat der Mathematiker daher früher und das Nachlassen seiner Fähigkeiten kann er nicht immer in gleichem Maße kompensieren wie ein Schachspieler. Bei Schachspielern ist damit im Durchschnitt, bei Mathematikern in vielen Einzelfällen belegt, dass bereits zwischen Mitte 20 und Mitte 30 ein Prozess einsetzt, durch den ihre kognitiven Fähigkeiten zurückgehen, wobei die individuellen Unterschiede enorm sind. Dieser Prozess beginnt zu früh, um ihn auf die nachlassenden Kräfte des Alters zurückzuführen. Er kann daher auch positiv als ein Reifeschritt gedeutet werden, durch den neue Kompetenzen erworben werden.[7]

Der Pädagoge László Polgár versuchte zu beweisen, dass alle herausragenden menschlichen Begabungen nicht angeboren sind, sondern anerzogen werden können. In einem einzigartigen Experiment unterrichtete er seine drei Töchter selber und trainierte sie sehr früh im Schachspiel. Tochter Judith (*1976) ist mit großem Abstand die beste Schachspielerin aller Zeiten (maximale ELO-Zahl 2735) und auch die Erfolge von

Schwester Zsuzsa (*1969), die Damenweltmeisterin im Schach in den Jahren 1996 bis 1999 gewesen ist, können sich sehen lassen.

4.4 Hilfsmittel aus der Analysis: Konvexität

In diesem Abschnitt ist I immer ein beliebiges, auch unbeschränktes Intervall von $\mathbb{R}$. Die Funktion $f : I \to \mathbb{R}$ heißt *konvex*, wenn für beliebige $x, y \in I$ gilt

$$f(tx + (1 - t)y) \le tf(x) + (1 - t)f(y) \quad \text{für alle } t \in (0, 1).$$

Anschaulich bedeutet Konvexität, dass jede Strecke, die zwei Punkte des Graphen von f verbindet, oberhalb des Graphen verläuft. f heißt *konkav*, wenn $-f$ konvex ist.

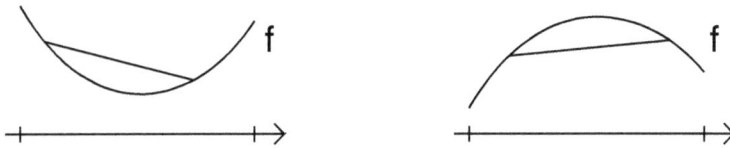

Abb. 4.2: *Eine konvexe und eine konkave Funktion*

Sind $x_1, \ldots, x_k \in I$ und $t_1, \ldots, t_k \in \mathbb{R}$ mit $0 \le t_i \le 1$ und $\sum_i t_i = 1$, so heißt $\sum_i t_i x_i$ *Konvexkombination* der x_i.

Satz 4.8 *Eine Funktion $f : I \to \mathbb{R}$ ist genau dann konvex, wenn für alle Konvexkombinationen $\sum_i t_i x_i$, $x_i \in I$, gilt*

$$f\left(\sum_{i=1}^{k} t_i x_i\right) \le \sum_{i=1}^{k} t_i f(x_i).$$

Beweis: Sei f konvex. Wir verwenden Induktion über $k \ge 2$. Der Induktionsanfang $k = 2$ ist die Definition der Konvexität. Für eine Konvexkombination $z = \sum_{i=1}^{k} t_i x_i$ mit $0 \le t_k < 1$ setze

$$y = \sum_{i=1}^{k-1} \frac{1}{1 - t_k} t_i x_i, \quad z = t_k x_k + (1 - t_k)y,$$

wobei nun y und z Konvexkombinationen $< k$ sind. Aus der Induktionsvoraussetzung folgt daher

$$f\left(\sum_{i=1}^{k} t_i x_i\right) = f\left(t_k x_k + (1 - t_k)y\right)$$

$$\le t_k f(x_k) + (1 - t_k)f\left(\sum_{i=1}^{k-1} t_i x_i\right) \le \sum_{i=1}^{k} t_i f(x_i).$$

□

Mit $C^m(I)$, $m \in \mathbb{N}_0$, bezeichnen wir die Menge der in I m-mal differenzierbaren Funktionen mit stetiger Ableitung $f^{(m)}$.

Satz 4.9 $f \in C^2(I)$ *ist genau dann konvex (konkav), wenn $f''(x) \geq 0$ ($f''(x) \leq 0$) für alle $x \in I$.*

Beweis: Seien $x, y \in I$ mit $x \neq y$. Wir schreiben den Satz von Taylor in der Form

$$f(y) - f(x) - f'(x)(y-x) = \frac{1}{2}f''(\xi)(y-x)^2, \quad \xi \in (x,y).$$

Ist $f'' \geq 0$, so ist die rechte und damit auch die linke Seite positiv. Damit liegt die Tangente durch den Punkt $(x, f(x))$, $T(y) = f(x) + f'(x)(y-x)$, immer unterhalb der Kurve, was die Konvexität von f impliziert.

Ist f konvex, so ist die linke Seite nichtnegativ. Division durch $(y-x)^2$ und Grenzübergang $y \to x$ liefern $f''(x) \geq 0$. □

Der Logarithmus $\ln$ bildet das Intervall $(0, \infty)$ streng monoton und bijektiv auf $\mathbb{R}$ ab. Für positive reelle Zahlen a, b gilt daher

$$a < b \quad \Leftrightarrow \quad \ln a < \ln b. \tag{4.5}$$

Wegen $\ln'(x) = 1/x$ und $\ln''(x) = -1/x^2 < 0$ ist der Logarithmus wegen Satz 4.9 konkav und mit Satz 4.8 gilt für jede Konvexkombination

$$\ln\left(\sum_{i=1}^{k} t_i x_i\right) \geq \sum_{i=1}^{k} t_i \ln(x_i). \tag{4.6}$$

Mit Hilfe des Logarithmus lassen sich viele der im Abschnitt 4.1 behandelten Ungleichungen einzeilig beweisen.

Die *verallgemeinerte Youngsche Ungleichung*

$$ab \leq \frac{1}{p}\varepsilon^p a^p + \frac{1}{q}\varepsilon^{-q}b^q \quad \forall a, b \geq 0, \; \varepsilon > 0,$$

mit $p^{-1} + q^{-1} = 1$, $1 < p, q < \infty$, beweist man für $a, b > 0$ mit (4.5), (4.6)

$$\ln\left(\frac{1}{p}\varepsilon^p a^p + \frac{1}{q}\varepsilon^{-q}b^q\right) \geq \frac{1}{p}\ln(\varepsilon^p a^p) + \frac{1}{q}\ln(\varepsilon^{-q}b^q)$$

$$= p\frac{1}{p}\ln\varepsilon + p\frac{1}{p}\ln(a) - q\frac{1}{q}\ln\varepsilon + q\frac{1}{q}\ln(b)$$

$$= \ln(ab).$$

Die Ungleichung des geometrischen und des arithmetischen Mittels

$$\left(\prod_{i=1}^{n} a_i\right)^{1/n} \leq \frac{1}{n}\sum_{i=1}^{n} a_i, \quad a_i > 0,$$

erhält man ebenfalls aus (4.5), (4.6)

$$\frac{1}{n}\sum_{i=1}^{n}\ln a_i \leq \ln\left(\frac{1}{n}\sum_{i=1}^{n} a_i\right).$$

Seien $\lambda_i > 0$ mit $\sum_{i=1}^{n}\lambda_i = 1$. Dann gilt die folgende *gewichtete Ungleichung des geometrischen und des arithmetischen Mittels*

$$\prod_{i=1}^{n} a_i^{\lambda_i} \leq \sum_{i=1}^{n}\lambda_i a_i, \quad a_i > 0,$$

die genauso wie zuvor bewiesen wird.

4.5   Aufgaben

4.1 (2) Man zeige für alle reellen a

$$a^6 - a^5 + a^4 + a^2 - a + 1 > 0.$$

4.2 (4) Man zeige, dass für $a, b > 0$ mit $a + b = 1$ die Ungleichung

$$\left(a + \frac{1}{a}\right)^2 + \left(b + \frac{1}{b}\right)^2 \geq \frac{25}{2}$$

erfüllt ist.

4.3 (3) (Internationale Mathematik-Olympiade 1975) Seien $x_1 \geq x_2 \geq \ldots \geq x_n > 0$ und $y_1 \geq y_2 \geq \ldots \geq y_n > 0$ reelle Zahlen. Ist $z_1, z_2, \ldots, z_n$ eine Permutation der Zahlen $y_1, y_2, \ldots, y_n$, so gilt

$$\sum_{i=1}^{n}(x_i - y_i)^2 \leq \sum_{i=1}^{n}(x_i - z_i)^2.$$

Eine Permutation ist einfach eine Umstellung der Zahlen, siehe Abschnitt 1.3.

Hinweis: Man beweise die Ungleichung zunächst für $n = 2$, also: Ist $x_1 \geq x_2$ und $y_1 \geq y_2$, so gilt

$$(x_1 - y_1)^2 + (x_2 - y_2)^2 \leq (x_1 - y_2)^2 + (x_2 - y_1)^2.$$

4.4 (3) Diese Aufgabe zeigt eine schöne Anwendung der berüchtigten Kurvendiskussion, ist also nur für Leser geeignet, die mit der Differentialrechnung vertraut sind.

Seien $p, q > 1$ reelle Zahlen mit $\frac{1}{p} + \frac{1}{q} = 1$. Für $a, b \geq 0$ gilt dann die verallgemeinerte Youngsche Ungleichung

$$ab \leq \frac{1}{p}a^p + \frac{1}{q}b^q.$$

Man beweise dies, indem man alles auf die rechte Seite bringt, eine Variable festhält und für die andere eine Kurvendiskussion durchführt.

4.5 (2) „... und ich wenigstens kenne keine voll befriedigende Erklärung dafür, warum jede ungerade Zahl (von 3 ab), mit sich selbst multipliziert, stets ein Vielfaches von 8 mit 1 als Rest ergibt, von anderen ungelösten Rätseln der Zahlentheorie ganz zu schweigen", schreibt der berühmte Erforscher der Kabbala, Erich Bischoff, in seinem Buch „Mystik und Magie der Zahlen" [10]. Ich denke, dem Mann kann geholfen werden.

4.6 (2) Zeigen Sie: Die vorletzte Ziffer von 3^n (im Dezimalsystem geschrieben) ist gerade.

4.7 (3) Sei $p = p_1 p_2 \ldots p_n$ das Produkt der ersten $n > 1$ Primzahlen. Zeigen Sie, dass $p - 1$ keine Quadratzahl ist.

4.8 (3) Zeigen Sie

$$17 \mid 3a + 2b \implies 17 \mid 10a + b.$$

4.9 (3) Bestimmen Sie alle ganzzahligen Lösungen von

$$a) \quad x^2 - 3y^2 = 17, \qquad b) \quad 2xy + 3y^2 = 24.$$

4.10 (2) (Internationale Mathematik-Olympiade 1964) a) Bestimmen Sie alle natürlichen Zahlen n, so dass 7 ein Teiler von $2^n - 1$ ist.

b) Zeigen Sie, dass 7 für keine natürliche Zahl n ein Teiler von $2^n + 1$ ist.

Bemerkung und Hinweis: Die Aufgabe zeigt deutlich, wie sehr die Anforderungen bei den Mathematik-Olympiaden in den letzten Jahren gestiegen sind. Diese Aufgabe kann man leicht lösen, wenn man die in Abschnitt 3.1 aufgestellten Regeln für die Kongruenzen anwendet: Es gilt $2^3 \equiv 1 \mod 7$, woraus sich die entsprechende Kongruenz für $(2^3)^m = 2^{3m}$ sofort ergibt. Die Kongruenzen für 2^{3m+1} und 2^{3m+2} lassen sich ebenfalls sofort aus den Regeln bestimmen.

4.11 (4) (Bundeswettbewerb 2. Runde) Das arithmetischen Mittel und das geometrische Mittel sind definiert durch

$$a_n = A(x_1, \ldots, x_n) = \frac{1}{n}(x_1 + x_2 + \ldots + x_n), \quad g_n = G(x_1, \ldots, x_n) = \sqrt[n]{x_1 x_2 \cdots x_n}.$$

$x_1, x_2, \ldots, x_n$ seien natürliche Zahlen. Mit S_n sei die folgende Behauptung bezeichnet:

$$\text{Ist } \frac{a_n}{g_n} \text{ eine natürliche Zahl, so ist } x_1 = x_2 = \ldots = x_n.$$

a) Man beweise S_2.

b) Man widerlege S_n für alle geraden Zahl $n > 2$.

Hinweis zu a): Da die Wurzel einer natürlichen Zahl entweder eine natürliche Zahl oder irrational ist, muss $\sqrt{x_1 x_2}$ ganzzahlig sein, damit $\frac{a_n}{g_n}$ ganzzahlig ist, also $x_1 = a^2 c$, $x_2 = b^2 c$.

Hinweis zu b): Es ist naheliegend, einen Ansatz der Form $x_2 = x_3 = \ldots = x_n = 1$ zu verfolgen.

4.12 (3) Für $x, y, p \in \mathbb{N}$ betrachten wir die Gleichung

$$\frac{1}{x} + \frac{1}{y} = \frac{1}{p}.$$

Ist p eine Primzahl, so gibt es genau drei Lösungspaare (x, y), wobei wie immer $(x, y) \neq (y, x)$ für $x \neq y$. Für zusammengesetzte Zahlen p gibt es mehr als drei Lösungspaare (x, y).

Hinweis: Am einfachsten schreibt man $x = p + q$, $y = p + r$.

4.13 (3) Die Gleichung in ganzen Zahlen

$$x^2 + y^2 + z^2 = 2xyz$$

hat nur die Lösung $x = y = z = 0$.

4.14 (3) Wie viele Teilmengen der Menge $A_n = \{1, 2, \ldots, n\}$ gibt es, die keine zwei aufeinanderfolgenden Elemente besitzen?

4.15 (3) Wic viclc Folgon $a - (a_1, a_2, \ldots, a_n)$ der Länge n mit $a_i \in \{1, 2, 3, 4, 5\}$ gibt es, die die Bedingung $|a_i - a_{i-1}| = 1$ für $i = 2, 3, \ldots, n$ erfüllen?

4.16 (3) Sei $A_n = \{1, 2, \ldots, n\}$. Wie viele Paare (A, B) nichtleerer Teilmengen A und B von A_n mit $A \cap B$ gibt es? Man beachte, dass $(A, B) \neq (B, A)$ für $A \neq B$.

4.17 (2) (Schubfachprinzip) Die Folge $1, 1, 3, 4, 8, 3, 1, 4$ entsteht dadurch, dass man mit $1, 1$ beginnt und anschließend die beiden letzten Zahlen modulo 10 addiert, man addiert also ganz normal, zieht aber 10 ab, wenn das Ergebnis ≥ 10 ist. Man zeige, dass diese Folge periodisch ist und bestimme die maximal mögliche Periode.

4.18 (2) (Schubfachprinzip) Ein Polyeder ist ein dreidimensionaler Körper, der von geraden Flächen mit geraden Kanten begrenzt ist. Man zeige, dass jeder Polyeder zwei Flächen besitzt, die die gleiche Zahl von Kanten haben.

4.19 (3) (Schubfachprinzip) Ein Arzt, der ein neues Medikament ausprobieren will, gibt einem Patienten die Anweisung, 48 Pillen über 30 Tage einzunehmen. Der Patient muss jeden Tag mindestens eine Pille nehmen, er darf selber entscheiden, an welchen

Tagen er mehr als eine einnimmt. Die Frage ist, für welche Werte k man immer aufeinanderfolgende Tage angeben kann, an denen der Patient insgesamt k Pillen eingenommen hat.

a) Durch ein Gegenbeispiel zeige man, dass für $k = 16, 17, 18$ die Frage zu verneinen ist.

b) Man zeige, dass die Frage für $k = 11$ positiv beantwortet werden kann.

4.20 (3) (Schubfachprinzip) Unter $n + 1$ Zahlen der Menge $\{1, 2, \ldots, 2n\}$ gibt es zwei, die teilerfremd sind.

4.21 (2) (Invarianzprinzip) Auf einer Tafel stehen mehrere Zeichen $+$ und $-$. Wir wischen sukzessive zwei Zeichen weg und ersetzen diese durch ein $+$, falls die beiden Zeichen gleich sind, andernfalls durch ein $-$. Zeigen Sie, dass das letzte Zeichen unabhängig von der Reihenfolge des Wegwischens ist.

4.22 (2) (Invarianzprinzip) Wir betrachten drei Pucks, die ein Dreieck ABC der Ebene bilden. Ein Eishockeyspieler schießt in jedem Schritt einen der Pucks zwischen die beiden anderen so, dass die Verbindungsstrecke der beiden anderen überschritten wird. Kann nach 1001 Schritten wieder das gleiche Dreieck entstehen?

4.23 (3) (Invarianzprinzip) Neun 1×1-Zellen eines 10×10-Schachbretts sind infiziert. In jedem Schritt wird jede Zelle infiziert, die mit mindestens zwei infizierten Zellen eine gemeinsame Kante hat. Können nach einigen Schritten alle 100 Zellen infiziert werden?

4.24 (3) (Invarianzprinzip) Jedes Element einer 25×25 Matrix ist entweder $+1$ oder -1. Sei a_i das Produkt aller Elemente der i-ten Zeile und b_j das Produkt aller Elemente der j-ten Spalte. Zeigen Sie, dass

$$a_1 + b_1 + a_2 + b_2 + \ldots + a_{25} + b_{25} \neq 0.$$

4.25 (3) (Extremalprinzip) $2n + 1$ Personen werden so auf die Ebene gesetzt, dass die Abstände zwischen zwei Personen paarweise verschieden sind. Auf ein Kommando erschießt jede Person den Nachbarn mit geringstem Abstand. Beweisen Sie:

a) Mindestens eine Person überlebt.

b) Keine Person wird von mehr als 5 Kugeln getroffen.

c) Die Schusslinien können sich nicht kreuzen.

d) Die Schusslinien enthalten keinen geschlossenen Polygonzug.

4.26 (3) (Extremalprinzip) In einem Turnier spielt jeder Spieler gegen jeden Spieler genau einmal. Es gibt kein Unentschieden. Nach dem Turnier macht jeder Spieler S eine Liste, die genau die folgenden Spieler enthält:

a) die Spieler, gegen die S gewonnen hat.

und b) die Spieler, die von den Spielern aus a) geschlagen wurden.

Man zeige: Es gibt einen Spieler, dessen Liste die Namen aller anderen Spieler enthält.

4.27 (2) (Färben) Ein Weihnachtsmann beschert jedes Jahr einen Wohnblock, der aus 7 mal 7 Häusern besteht, die wie auf einem Schachbrett angeordnet sind. Dabei besucht er jedes Haus genau einmal und wechselt von einem Haus zum nächsten nur orthogonal, aber nie diagonal. Von beispielsweise c3 aus kann er die Häuser auf c2,d3,c4,b3 betreten. Er hat festgestellt, dass er in all den Jahren nie in das Haus zurückkehren konnte, mit dem er begonnen hat. Können Sie dem Weihnachtsmann helfen?

4.28 (3) (Färben) Ein rechteckiges Zimmer soll mit Fliesen der Form 1×4 und 2×2 gefliest werden. Nachdem das Zimmer erfolgreich gefliest wurde, erweist sich eine Fliese als schadhaft, der Fliesenleger hat aber nur eine Fliese der anderen Art als die schadhafte als Ersatz. Man zeige, dass es nicht möglich ist, das Zimmer ohne die schadhafte, aber mit der Ersatzfliese vollständig neu zu fliesen.

4.29 (4) (Färben) Man zeige, dass ein 10×10 Schachbrett nicht durch 25 1×4-Tetrominos (siehe Abbildung 4.3 links) bedeckt werden kann.

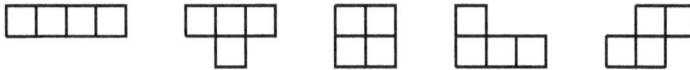

Abb. 4.3: *Die 5 Tetrominos*

4.30 (3) (Färben) Kann man aus den 5 Tetrominos aus Abbildung 4.3 ein Rechteck bilden?

4.31 (2) Unter einer geschlossenen Springertour auf einem $m \times n$-Schachbrett versteht man einen Weg des Springers im Schachspiel, der jedes Feld genau einmal besucht und auf dem Feld endet, mit dem er begonnen hat.

a) Man konstruiere eine geschlossene Springertour auf einem 6×6-Schachbrett.

b) Gibt es auch eine Tour auf einem 7×7-Brett?

Anmerkungen

[7]Tatsächlich stehen alle Kulturen der Urteilsfähigkeit junger Erwachsener skeptisch gegenüber, es sei denn, diese sind von hoher Geburt. Der Essaist Michel de Montaigne schreibt im 16. Jahrhundert in [48] (1. Buch, „Über das Alter"):

> [Der römische Kaiser] Augustus setzte das im älteren Rom vorgeschriebene Pflichtalter um fünf Jahre herab und bestimmte, dass das Alter von 30 Jahren zur Übernahme eines Richteramtes ausreichen sollte. ... Augustus war mit 19 Jahren Weltenrichter gewesen und verlangt, dass einer 30 Jahre alt sein muss, ehe er entscheiden darf, wo eine Dachrinne angebracht werden soll.

Die heutige Zeit unterscheidet sich von der Zeit des Kaisers Augustus nur dahingehend, dass wir keine Verordnungen brauchen, um junge Menschen von verantwortlicher Tätigkeit abzuhalten. Wir haben dafür ein Bildungssystem, aus dem die Besten nach erfolgreicher Promotion mit den erwähnten 30 Jahren entlassen werden. Ich kann Montaigne auch aus heutiger Sicht nur zustimmen, wenn er wenig später schreibt:

> Wenn ich alle schönen menschlichen Leistungen überschaue, ganz gleich auf welchem Gebiet, die mir bekannt geworden sind, möchte ich meinen, ich hätte eine größere Zahl von solchen aufzuzählen, die, in der Vergangenheit und in der Gegenwart, von Menschen unter dreißig Jahren vollbracht worden sind als von Menschen über dreißig.

5   Stochastik

Mit $p(A)$ bezeichnen wir die Wahrscheinlichkeit eines Ereignisses A. $p = 1$ bedeutet, dass das Ereignis sicher eintritt, $p = 0$, dass es niemals eintritt. Es gilt demnach immer $0 \leq p \leq 1$. Werfen wir einen Würfel, so ist $\{1\}$ das Ereignis, dass eine 1 geworfen wird, $\{1, 2, 3, 4, 5, 6\}$ das Ereignis, dass irgendeine Zahl geworfen wird. Es gilt daher $p(\{1, 2, 3, 4, 5, 6\}) = 1$, und, wenn der Würfel in Ordnung ist, $p(\{1\}) = \ldots = p(\{6\}) = \frac{1}{6}$. Allgemeiner berechnen wir Wahrscheinlichkeiten nach der Formel

$$p = \frac{\text{Zahl der günstigen Fälle}}{\text{Zahl der möglichen Fälle}}.$$

Wollen wir beispielsweise bestimmen, wie hoch die Wahrscheinlichkeit ist, dass eine 1 oder eine 4 beim Würfeln fällt, so haben wir 2 günstige und 6 mögliche Fälle, also $p(\{1, 4\}) = \frac{1}{3}$.

Nehmen wir an einem Glücksspiel teil mit den Möglichkeiten $\{1, \ldots, n\}$ mit Wahrscheinlichkeiten p_i, $0 \leq p_i \leq 1$, $\sum_i p_i = 1$, und gewinnen oder verlieren wir $a_i \in \mathbb{R}$ beim Ausgang i, so ist der *Erwartungswert*

$$E = \sum_{i=1}^{n} a_i p_i. \tag{5.1}$$

Beispiel 5.1 Das Glücksspiel ist ein Würfelwurf, wobei jede der Zahlen 1 bis 6 mit einer Wahrscheinlichkeit von jeweils 1/6 gewürfelt wird. Ist der Gewinn die gewürfelte Augenzahl, so ist der Erwartungswert

$$E(X) = \sum_{i=1}^{6} i \cdot \frac{1}{6} = 3{,}5.$$

5.1   Wahrscheinlichkeit und Statistik im Alltag

In den folgenden Beispielen nehmen wir an, dass Jungen und Mädchen mit gleicher Wahrscheinlichkeit geboren werden. Ferner zeigt die Statistik, dass die Geburten von Jungen und Mädchen unabhängig voneinander sind. Ist in einer Familie bereits ein Junge oder Mädchen vorhanden, so ist das Geschlecht des nächsten Kindes davon unabhängig.

Haben Männer mehr Schwestern als Frauen?

Intuitiv würde man vielleicht mit ja antworten, denn wenn eine Frau nach ihren Schwestern gefragt wird, ist sie sozusagen schon „verbraucht" und sie müsste mehr Brüder als

Schwestern haben. Ein kleine Modellrechnung zeigt, dass das nicht stimmt. Wir betrachten Familien mit zwei Kindern und nehmen wie immer an, dass die vier Möglichkeiten FF, FM, MF, MM gleich wahrscheinlich sind. In diesem Fall hat die Hälfte aller Frauen eine Schwester und die andere Hälfte einen Bruder, bei den Männern ist es genauso. Betrachtet man Familien mit mehr Kindern, ändert sich nichts.

Dieses Ergebnis folgt auch direkt aus der oben erwähnten Tatsache, dass Jungen- und Mädchengeburten voneinander unabhängig sind. Nachdem ein Junge bereits da ist, sind bei den späteren Geburten die Geschlechter gleich wahrscheinlich.

Weiteres über Brüdern und Schwestern

Von einem Mann ist bekannt, dass er zwei Kinder hat, darunter eine Tochter. Wie groß ist die Wahrscheinlichkeit, dass das andere Kind ebenfalls weiblich ist?

Hier würde man vielleicht $1/2$ vermuten, aber schauen wir uns die formale Verarbeitung der Situation genauer an. Dass der Mann zwei Kinder hat, gibt uns wieder die vier gleichverteilten Möglichkeiten FF, FM, MF, MM. Da eines seiner Kinder ein Mädchen ist, bleiben nur FF, FM, MF, übrig, die natürlich immer noch gleichverteilt sind. Nach diesen Vorinformationen haben alle diese Möglichkeiten die Wahrscheinlichkeit $1/3$. Die Wahrscheinlichkeit für ein weiteres Mädchen ist daher $1/3$.

Von einem Mann ist bekannt, dass er zwei Kinder hat, wobei das jüngere Kind eine Tochter ist. Wie groß ist die Wahrscheinlichkeit, dass das andere Kind ebenfalls weiblich ist?

In diesem Fall bleiben nur die gleichwahrscheinlichen Situationen FF und FM übrig. Die Wahrscheinlichkeit ist also hier tatsächlich $1/2$, dass das andere Kind ebenfalls weiblich ist.

9 ist wahrscheinlicher als 10

Der große Mathematiker Gottfried Wilhelm Leibniz (1646-1716) hat sich nicht erklären können, warum beim Werfen zweier Würfel die Augenzahl 9 wahrscheinlicher ist als 10, wie ihm passionierte Würfelspieler berichteten.

Für die Zahl 9 gibt es die Kombinationen $(3, 6)$, $(6, 3)$, $(4, 5)$, $(5, 4)$, also eine mehr als bei 10: $(4, 6)$, $(6, 4)$, $(5, 5)$. Er (und viele weitere berühmte Mathematiker und Naturwissenschaftler wie Cardano, Galilei und d'Alembert) hat offenbar nicht bedacht, dass die Grundmenge aus 36 möglichen Ereignissen besteht. Demnach muss ein Wurf mit zwei verschiedenen Augen auch zweifach gezählt werden.

Vorsorge verbessert die Überlebenschancen um 25%

Diese Überschrift geht auf folgende statistische Untersuchung über den Sinn der Vorsorgeuntersuchungen gegen Brustkrebs zurück. Es wurden zwei Gruppen von 10000 Frauen etwa gleichen Alters über einen Zeitraum von 10 Jahren statistisch verfolgt. Nur in der ersten Gruppe gingen die Teilnehmerinnen regelmäßig zur Vorsorge. Nach dieser Zeit waren drei Frauen in der ersten Gruppe an Brustkrebs gestorben, in der zweiten Gruppe waren es vier. Zweifellos hat kein Leser die Schlagzeile so verstanden, auch wenn sie durchaus der Wahrheit entspricht. Verschwiegen wird ein anderes Ergebnis der Statistik, dass nämlich von 10000 Frauen 9999 nicht von den Vorsorgeuntersuchungen profitieren.

Es darf in einem Mathematik-Buch auf gar keinen Fall um die Frage gehen, inwieweit man zu einer Vorsorge-Untersuchung gehen soll oder nicht. Die angegebene Statistik hat bei 20000 untersuchten Frauen sehr viel Geld gekostet, so dass man es vor dem Auftraggeber nicht verantworten konnte, sie gleich in den Müll zu werfen. Offensichtlich waren die untersuchten Frauen zu jung oder der Untersuchungszeitraum zu kurz.

Rücksichtslose Fahrer verursachen die meisten Unfälle

Wer würde dem nicht zustimmen. Hinter dieser Schlagzeile verbirgt sich eine Untersuchung aus den 50er Jahren. Eine Gruppe von 38000 Autofahrern wurde in einem Zeitraum von vier Jahren auf Unfallhäufigkeit beobachtet. 81,5% blieben unfallfrei, 13,5% hatten einen Unfall und 5% mehr als einen. Damit verursachten 5% der Fahrer fast 50% aller Unfälle. Da unterschiedlich viel gefahren wird, ist dieses Ergebnis aus einem stochastischen Modell perfekt erklärbar, in dem allen Fahrern die gleiche Unfallwahrscheinlichkeit zugeteilt wird. Natürlich kann es einen Typ besonders rücksichtsloser Fahrer geben, der erheblich mehr Unfälle verursacht als der Durchschnitt, nur ist diese Statistik kein Beweis für seine Existenz.

5.2 Paradoxien der Wahrscheinlichkeitsrechnung

Das Münzparadoxon

Eine (perfekte) Münze wird so lange geworfen bis KK oder KZ erscheint. Beide Ausgänge dieses Experiments sind gleich wahrscheinlich, denn sobald K geworfen wird, entscheidet der nächste Wurf mit Wahrscheinlichkeit $1/2$ darüber. Anders ausgedrückt kommen in einer zufälligen K, Z-Folge die Muster KK oder KZ mit gleicher Wahrscheinlichkeit als Erstes vor.

Überraschend ist daher, dass man auf das Muster KK länger warten muss als auf das Muster KZ. Um dies nachzuweisen, sei

E_{ges} = Erwartungswert für die Länge der Folge bis einschließlich KK.

E_{ges} ist das arithmetische Mittel der beiden Erwartungswerte

E_K = Erwartungswert für die Länge der Folgen, die mit K beginnen,

E_Z = Erwartungswert für die Länge der Folgen, die mit Z beginnen.

Beginnt die Folge mit K, kommt mit Wahrscheinlichkeit $1/2$ als Nächstes ein K, womit das Muster KK fertiggestellt ist, oder als Nächstes ein Z, so dass der Erwartungswert dieses Ausgangs gerade $1 + E_Z$ beträgt. Insgesamt erhalten wir daher

$$E_K = \frac{1}{2} \cdot 2 + \frac{1}{2}(1 + E_Z) = \frac{3}{2} + \frac{E_Z}{2}.$$

Steht Z am Anfang, so sind die entsprechenden Ausgänge $1 + E_K$ oder $1 + E_Z$, insgesamt daher

$$E_Z = \frac{1 + E_K}{2} + \frac{1 + E_Z}{2} = 1 + \frac{1}{2}(E_K + E_Z).$$

Dieses Gleichungssystem in E_K, E_Z hat die Lösung $E_K = 5$, $E_Z = 7$, daher $E_{ges} = 6$.

Mit gleichen Bezeichnungen untersuchen wir den Erwartungswert für das Auftreten des Musters KZ. Ist K das erste Zeichen und folgt K, so ist der Ausgang $E_K + 1$, kommt dagegen Z als zweites, haben wir 2. Das ergibt die Gleichung $E_K = (1 + E_K)/2 + 1$, also $E_K = 3$. Aus $E_Z = (1 + E_K)/2 + (1 + E_Z)/2$ folgt dann $E_Z = 5$, daher $E_{ges} = 4$.

Der Widerspruch zwischen Wahrscheinlichkeit des ersten Auftretens und Erwartungswert wird noch stärker bei den Mustern $KZKZ$ und $ZKZZ$. Die Wahrscheinlichkeit, dass $KZKZ$ früher eintritt als $ZKZZ$ ist $\frac{9}{14} > \frac{1}{2}$, jedoch ist die durchschnittliche Wurfzahl bis $KZKZ$ 20 und bis $ZKZZ$ 18. Damit tritt das Ereignis, auf das man länger warten muss, häufiger ein.

Von allen Mustern der Länge n haben die reinen Muster (also n-mal K oder n-mal Z) den höchsten Erwartungswert für die Anzahl der Würfe, nämlich $2^{n+1} - 2$. Den niedrigsten Erwartungswert hat das Muster, das aus $n - 1$ K gefolgt von einem Z besteht, nämlich 2^n.

Das Jacoby-Paradox im Backgammon

Als Erstes untersuchen wir, wann ein Spieler eine Verdopplung akzeptieren soll. Spieler S gewinne mit Wahrscheinlichkeit x und verliere mit Wahrscheinlichkeit $1 - x$. In dieser Situation setzt Spieler W den Verdopplerwürfel ein. Akzeptiert S die Verdopplung, so ist sein Erwartungswert $2x + (-2)(1 - x) = 4x - 2$. Andernfalls hat S verloren, sein Erwartungswert ist dann -1. S soll daher die Verdopplung akzeptieren, wenn seine Gewinnaussicht größer als $1/4$ ist.

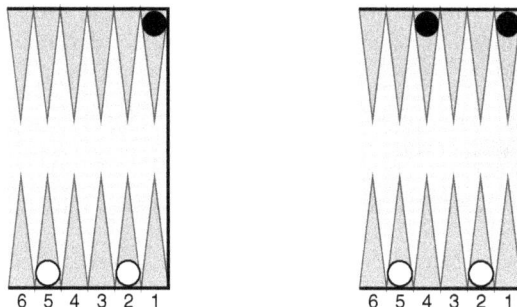

Abb. 5.1: *Endspielpositionen zum Jacoby-Paradox*

In den Backgammon-Positionen in Abbildung 5.1 darf Weiß am Zuge verdoppeln, Schwarz aber nicht. In der linken Position gewinnt Weiß mit den Würfen $2 - 2$, $5 - 2$, $6 - 2$, $3 - 3$, $5 - 3$, $6 - 3$, $4 - 4$, $5 - 4$, $6 - 4$, $5 - 5$, $6 - 5$, $6 - 6$. Da Würfe mit unterschiedlichen Augenzahlen doppelt gezählt werden müssen, ist die Gewinnwahrscheinlichkeit für Weiß $19/36$, der Erwartungswert daher $2/36$. Weiß verdoppelt. Da die Gewinnwahrscheinlichkeit für Schwarz größer als $1/4$ ist, nimmt er an. Der Erwartungswert für Weiß ist dann $4/36 = 1/9$.

In der rechten Position in Abbildung 5.1 steht Weiß besser, da er auch nach einem Fehlwurf noch gewinnen kann. Wir untersuchen zunächst den Fall, dass Weiß nicht verdoppelt. Es gibt die Möglichkeiten:

1) Weiß gewinnt sofort.

2) Weiß greift fehl und Schwarz gewinnt im nächsten Zug.

3) Weiß kommt ein zweites Mal zum Zug.

1) trifft mit Wahrscheinlichkeit 19/36 auf wie zuvor. Mit Wahrscheinlichkeit 17/36 kommt Schwarz zum Zuge und verliert nur mit den Würfen $1-1$, $1-2$, $1-3$, was einer Wahrscheinlichkeit von 5/36 entspricht. Demnach ist die Wahrscheinlichkeit für 2) $(17/36) \cdot (31/36) = 527/1296$. Kommt es mit Wahrscheinlichkeit 85/1296 zu 3), so setzt Weiß den Verdopplerwürfel, Schwarz muss ablehnen, so dass Weiß in 3) immer gewinnt. Der Erwartungswert von Weiß berechnet sich daher zu

$$1 \cdot \frac{19}{36} + (-1) \cdot \frac{527}{1296} + 1 \cdot \frac{85}{1296} = \frac{121}{648} = 0.186\ldots$$

Verdoppelt Weiß dagegen im ersten Zug, so nimmt Schwarz an und verdoppelt seinerseits, wenn Weiß im ersten Zug nicht gewinnt. Weiß muss die Verdopplung ablehnen, weil seine Gewinnaussicht nur noch 5/36 beträgt. Der weiße Erwartungswert ist daher nur $4/36 = 1/9 = 0.111\ldots$ wie in der Position zuvor. In der besseren Stellung kann daher Verdoppeln die schlechtere Alternative sein.

Das Bridge-Paradoxon

Bridge ist ein Stichspiel für vier Personen und wird mit einem französischen Blatt zu 52 Karten gespielt. Es spielen zwei Parteien zu zwei Spielern gegeneinander. Die stärkere Partei I bestimmt in einem komplizierten Verfahren die Trumpffarbe, 13 von 52 Karten sind daher Trümpfe. Wie in jedem Stichspiel ist die Verteilung der gegnerischen Trümpfe für die Partei I von entscheidender Bedeutung. Angenommen, es fehlen Partei I 6 Trümpfe. Dann ist die Wahrscheinlichkeit für eine $3-3$-Verteilung

$$\frac{\binom{6}{3}\binom{20}{10}}{\binom{26}{13}} = \frac{286}{805} \approx \frac{1}{3},$$

für eine $4-2$- oder $2-4$-Verteilung

$$\frac{\binom{6}{2}\binom{20}{11}}{\binom{26}{13}} + \frac{\binom{6}{4}\binom{20}{9}}{\binom{26}{13}} = \frac{78}{161} \approx \frac{1}{2}.$$

Eine etwas ungleiche Verteilung ist also wesentlich wahrscheinlicher als die $3-3$-Verteilung. Nun werden zwei Runden Trumpf gespielt, und wir nehmen an, dass in diesen Runden 8 Trümpfe fallen, was die Anfangsverteilungen $5 - 1$ und $6 - 0$ ausschließt. Es gibt jetzt noch für jeden Spieler 11 Karten mit zusammen 2 Trümpfen für Partei II. Die Wahrscheinlichkeit für eine $1 - 1$-Verteilung ist nun

$$\frac{\binom{2}{1}\binom{20}{10}}{\binom{22}{11}} = \frac{11}{21},$$

für die Verteilungen $2 - 0$ und $0 - 2$ bleiben dann noch $10/21$. Der ursprünglich seltenere Fall $3 - 3$ wird nun zum etwas häufigeren Fall $1 - 1$. Wie ist das zu erklären? Soll Partei I nun davon ausgehen, dass $1 - 1$ jetzt häufiger ist als die ungleiche Verteilung?

Das Paradox hat nichts damit zu tun, dass ursprünglich noch andere Verteilungen vorliegen konnten, denn dadurch wird das Verhältnis zwischen den Verteilungen nicht verändert. Es kann dadurch aufgelöst werden, dass man bestimmt, auf wie viele Weisen in den ersten beiden Runden die Trümpfe ausgespielt werden können. Haben wir zu Anfang eine $3 - 3$-Verteilung, so können beide Partner ihre Trümpfe auf $3 \cdot 2$ verschiedene Arten ausspielen, das sind insgesamt 36 Möglichkeiten. Bei einer $4 - 2$-Verteilung kommen wir dagegen auf $4 \cdot 3 \cdot 2 = 24$ Möglichkeiten. Diese unterschiedlichen Ausspielmöglichkeiten muss man durch $\frac{24}{36} = \frac{2}{3}$ kompensieren. In der Tat sind zwei Drittel von $\frac{11}{21} : \frac{10}{21} = \frac{11}{10}$ genau $\frac{286}{805} : \frac{78}{161} = \frac{11}{15}$.

Das Paradox des zufälligen Schenkens

Zu einer Party nehmen n Personen ein kleines Geschenk mit. Mit einer Tombola werden die n Geschenke wieder auf die Anwesenden zufällig verteilt. Überraschenderweise ist die Wahrscheinlichkeit ziemlich hoch, dass jemand sein eigenes Geschenk wieder zurückbekommt.

Bei zwei Personen ist die Wahrscheinlichkeit, dass beide ihr Geschenk zurückbekommen, genau $1/2$. Wir werden sehen, dass diese für größere n noch ansteigt. Die Zahl der möglichen Fälle ist gerade die Zahl, n Gegenstände auf n Plätze zu verteilen, was den Permutationen einer n-elementigen Menge entspricht. Nach Abschnitt 1.3 ist das $n!$. Als Nächstes überlegen wir uns, wie viele Permutationen $Z(k, n)$ der Menge $A_n = \{1, \ldots, n\}$ es gibt, bei denen *mindestens* k Zahlen auf den richtigen, ihnen zugehörigen Plätzen landen. Diese k Plätze definieren eine k-elementige Teilmenge von A_n, das sind nach Satz 1.3 $\binom{n}{k}$ viele. Für die übrigen $n-k$ Plätze sind beliebige Permutationen möglich.

Die gesuchte Zahl ist daher $\binom{n}{k} (n - k)! = n!/k!$. Die Zahl der Möglichkeiten, dass niemand sein eigenes Geschenk zurückbekommt, ist daher

$$Z(0,n) - Z(1,n) + Z(2,n) - Z(3,n) + \ldots + (-1)^n Z(n,n)$$

$$= \frac{n!}{0!} - \frac{n!}{1!} + \frac{n!}{2!} - \ldots + (-1)^n \frac{n!}{n!}.$$

Teilen wir dies durch $n!$, so erhalten wir die Wahrscheinlichkeit, dass niemand sein eigenes Geschenk zurückbekommt,

$$p_n = \frac{1}{2!} - \frac{1}{3!} + \ldots + (-1)^n \frac{1}{n!},$$

insbesondere $p_3 = 0.333\ldots$, $p_4 = 0.375$. Die p_n konvergieren gegen $1/e = 0.367\ldots$.

Die intransitiven Würfel

Wir betrachten Würfel, die auf ihren Seiten auch andere Zahlen als 1 bis 6 haben dürfen. Wir sagen, der Würfel A *schlägt* den Würfel B, wenn er beim Würfeln mit Wahrscheinlichkeit $p > 1/2$ die höhere Zahl zeigt als B. Man könnte vermuten, dass die Relation „schlägt" transitiv ist: Wenn A B schlägt und B C, so schlägt A auch C. Wir wollen uns hier mit der Konstruktion von Würfeln befassen, bei denen A B, B C und C A schlägt. Bei diesen Würfeln kann Spieler I dem Spieler II vorschlagen, einen Würfel zu wählen. Daraufhin wählt Spieler I einen der verbliebenen Würfel, mit dem er gegen Spieler II gewinnt.

Das Standard-Beispiel sind die *chinesischen Würfel*, bei denen die Augenzahlen auf den Würfeln nicht alle verschieden sind:

Würfel $A : 3, 3, 3, 3, 3, 6,$

Würfel $B : 2, 2, 2, 5, 5, 5,$

Würfel $C : 1, 4, 4, 4, 4, 4.$

Tritt ein Würfel gegen einen anderen an, so gibt es 36 Fälle zu untersuchen. Man rechnet leicht nach, dass A schlägt B, B schlägt C jeweils mit Wahrscheinlichkeit 21/36 und C schlägt A mit Wahrscheinlichkeit 25/36.

Bei den Augen auf einem dieser Würfel könnte es sich auch um die Noten zur Bewertung eines Politikers bei einem Sechstel der Wähler handeln. Wenn nun jeder Wähler nach seiner Präferenz abstimmt, gewinnt Politiker A gegen B, B gegen C und C gegen A. Man kann allgemein zeigen, dass es bei mehr als zwei Kandidaten kein gerechtes Wahlverfahren gibt (siehe auch Aufgabe 5.7b)). Mathematiker haben vorgeschlagen, dass bei der Wahl zwischen n Politikern oder Parteien Präferenzpunkte von $n-1$ bis 0 durch den Wähler vergeben werden. Diese Punkte werden einfach addiert, eine Stichwahl ist überflüssig.

5.3   Glücksspiele

5.3.1   Roulette

Eine Kugel spielt zufällig eine der Zahlen $\{0, 1, \ldots, 35, 36\}$ aus. Die Spieler können zuvor auf gewisse Chancen setzen und erhalten im Falle eines Gewinns ein Vielfaches ihres Einsatzes ausbezahlt. Setzt man beispielsweise auf eine Zahl, so bekommt man das 36fache seines Einsatzes zurück. Die folgende Tabelle gibt nur einen kleinen Teil der möglichen Chancen und der entsprechenden Vielfachen wieder.

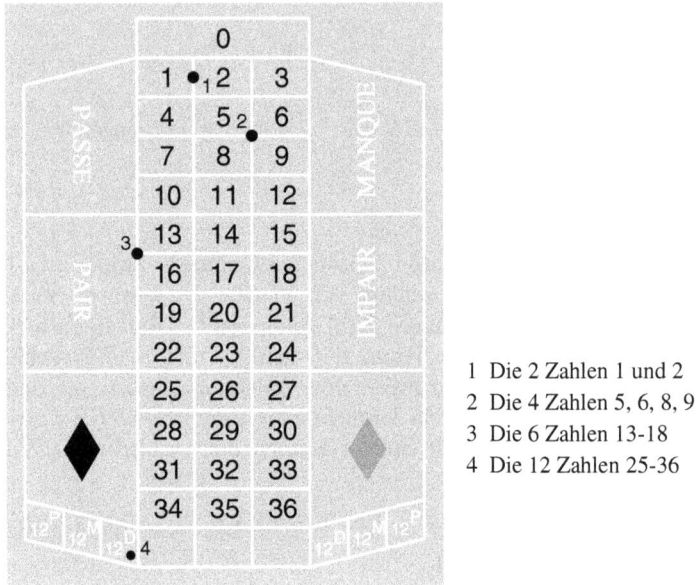

1 Die 2 Zahlen 1 und 2
2 Die 4 Zahlen 5, 6, 8, 9
3 Die 6 Zahlen 13-18
4 Die 12 Zahlen 25-36

Abb. 5.2: *Spielplan beim Roulette*

Chance	Vielfaches
einzelne Zahl	36
2 Zahlen	18
4 Zahlen	9
6 Zahlen	6
ein Dutzend (1-12, 13-24 oder 25-36)	3
eine ungerade Zahl (1,3,...,35)	2
eine gerade Zahl (ohne Null)	2

Setzen wir auf alle einzelne Zahlen, so benötigen wir 37 Chips und erhalten 36, was einen Rücklauf von $\frac{36}{37} = 0.972\ldots$ ergibt. Die Bank gewinnt demnach $\frac{1}{37}$, das sind etwa $2,70\%$. Das Roulette gibt der Bank also einen Vorteil, ist aber immerhin so fair, dass die US-amerikanischen Spielbanken zusätzlich mit einer Doppelnull spielen, die genauso wie die Null des europäischen Roulettes behandelt wird. Auf diese Weise verdoppelt sich der durchschnittliche Gewinn der Bank nahezu.

Wenn man auf eine einfache Chance (gerade, ungerade usw.) gesetzt hat und es erscheint eine Null, so kann man die Hälfte seines Einsatzes zurückverlangen. Damit reduziert sich der durchschnittliche Gewinn der Bank in diesem Fall auf 1, 35% Ansonsten rechnet man leicht nach, dass der oben angegebene durchschnittliche Verlust des Roulette-Spielers bei allen anderen Chancen genauso hoch ist wie beim Setzen einer Zahl.

Bei diesen Vorgaben macht die Mathematik eine klare Aussage: Wenn die 37 Zahlen gleich häufig vorkommen und wenn die gespielten Zahlen voneinander unabhängig sind, so wird man auf die Dauer beim Roulette verlieren. Viele Menschen ruinieren sich beim Roulette, weil sie die zweite Voraussetzung in Zweifel ziehen. Tatsächlich kann die Stochastik die Unabhängigkeit von Ereignissen nicht aus sich selbst heraus beweisen. In diesem Fall hilft eben nur die Empirie: Man wertet die vielen Millionen Zahlen einer Spielbank aus und stellt fest, dass eine gespielte Zahl nichts über die nachfolgenden Zahlen aussagt.

Man kann das Roulette als eine Bank ansehen, bei der ein kleinerer Geldbetrag gegen einen größeren auf Chance eingetauscht wird. Den kleinen durchschnittlichen Gewinn der Bank könnte man dann als Umtauschgebühr ansehen (siehe auch Aufgabe 5.8).

Mitte der 80er Jahre propagierte ein Mann ein unfehlbares Roulette-System, das er für viel Geld verkaufen wollte. Zum Nachweis der Wirksamkeit schlug er der Zeitschrift „Stern" vor, eine Woche lang jeden Tag mit 1000 DM in ein Spielkasino hineinzugehen und mit 1100 DM wieder herauszukommen. Die Mitarbeiter des Stern gingen darauf ein, zu ihrem Glück verlor der Mann am vierten Tag die ganzen 1000 DM. Dass man mit einer Wahrscheinlichkeit von fast 70% die 1000 DM zu 1700 DM aufstocken kann, war den Redakteuren des Stern offenbar nicht bewusst.

5.3.2   Lotto

Beim Lotto „6 aus 49" muss aus der Grundmenge $\{1, 2 \ldots, 49\}$ eine Reihe von 6 verschiedenen Zahlen ausgewählt werden. Von den gesamten Einsätzen einer Ausspielung werden nur 50% ausgezahlt, die übrigen 50% werden hauptsächlich für wohltätige Zwecke verwendet. Die ausgezahlten 50% werden auf die verschiedenen Gewinnstufen (von 3 Richtigen bis 6 Richtigen mit Superzahl) nach einem festen prozentualen Schlüssel aufgeteilt. Innerhalb einer Gewinnstufe teilen sich die Gewinner den für die Gewinnstufe vorgesehenen Betrag. Offenbar lässt sich ähnlich wie beim Roulette die Gleichverteilung aller Sechserreihen nicht aus der Welt schaffen, aber man kann Einfluss auf die Quote nehmen, indem man selten getippte Reihen bevorzugt und dadurch die Zahl der Gewinner klein hält. Eine Analyse der getippten Reihen mit Hilfe der Quoten der letzten Jahre ergibt folgendes Bild: Einerseits werden gerne Geburtstage getippt, was die Zahlen von 1–31, insbesondere die Zahlen von 1–12 bevorzugt, andererseits sind „Strickmuster", also Reihen mit Symmetrien sehr beliebt. Da umfangreiche Tests klar bewiesen haben, dass Menschen nicht in der Lage sind, echt zufällige Reihen zu erzeugen, könnte man daran denken, seine Reihen von einem Zufallsgenerator generieren zu lassen, wobei man Reihen mit vielen Zahlen in den unteren Bereichen unterdrückt. Viele

Lotto-Experten schätzen, dass man mit solchen Methoden seinen Return von 50% auf nahezu 100% erhöhen kann, was aber zu wenig ist, um das Lotto-Spiel zu einer neuen Einnahmequelle zu machen.

5.3.3   Wetten

Im Allgemeinen wettet man auf den Ausgang i der Ereignismenge $M_n = \{1, \ldots, n\}$. Bei einer Fußballwette kann die Ereignismenge aus Sieg oder Niederlage der Heimmannschaft oder unentschieden bestehen ($n=3$). Quoten werden in der Form $1 : a_i$ mit $a_i > 1$ angegeben, was bedeutet, dass man für eine Geldeinheit a_i Einheiten zurückbekommt, wenn man auf den richtigen Ausgang gesetzt hat. Grundsätzlich gibt es zwei Arten von Wetten. Bei der Totalisator-Wette werden zwar unverbindliche Quoten aus den bereits eingegangenen Wetten gestellt, die endgültige Quote wird aber erst am Ende aus allen Wetten bestimmt. Damit treten die Wetter wie beim Lotto gegeneinander an. Bei der Wette mit fester Quote stellt der Buchmacher an Hand eingegangener Wetten verbindliche Quoten fest. Dies ist für den Buchmacher nicht ohne Risiko: Ändern sich die Gewinnaussichten des Favoriten zum Schlechteren (z.B. der plötzliche Ausfall eines Stammspielers beim Fußball), so wird die Quote des Gegners des Favoriten sinken, der Buchmacher kommt aber aus den bereits abgeschlossenen Wetten mit hohen Quoten nicht heraus.

Deckt die Ereignismenge alle möglichen Ausgänge ab, so lässt sich aus den Quoten $1 : a_i$ der durchschnittliche Verlust des Wetters bestimmen. Wir setzen $1/a_i$ auf den Ausgang i und erhalten auf jeden Fall eine Einheit zurück. Damit gibt $\sum 1/a_i - 1$ den Durchschnittsgewinn des Buchmachers an. Bei Sportwetten, die fast immer mit fester Quote gespielt wird, liegt diese Zahl bei $1/10$, bei der Totalisator-Wette im Pferderennen bei $1/6$. Man hat hier eher die Chance, durch geschicktes Wetten Geld zu verdienen als beim Lotto.

Im Gegensatz zum Lotto sind bei einer Wette die möglichen Ausgänge nicht gleichverteilt. Setzt man auf den haushohen Favoriten, wird man häufiger gewinnen, aber nur einen kleinen Betrag. Umgekehrt wird der Gewinn des Außenseiters zu einer hohen Quote führen. Ähnlich wie beim Lotto kann man seine Chancen zu verbessern suchen, indem man nach Anomalien im Verhalten der anderen Spielteilnehmer sucht.

Der Kauf einer Aktie lässt sich auch als Wette ansehen, bei der man seinen Gewinn nicht mit dem Buchmacher teilen muss. Da Aktien hauptsächlich mit dem Markt gehen, den der Käufer nicht beeinflussen kann, soll eine Aktie gefunden werden, die besser läuft als ein Vergleichsindex. Anfang der 90er Jahre wurde in verschiedenen Fachzeitschriften durch Statistiken belegt, dass Aktien mit hoher Dividendenrendite auf Dauer erfolgversprechender sind als andere. Die Ursache dafür ist psychologischer Natur. Solchen Firmen geht es gut und wenn ein Aufschwung einsetzt, geht es ihnen sehr gut und der Kurs steigt etwas an. Andererseits erholen sich viele finanzschwache Firmen im Aufschwung, was für deren Aktienkurs einen dramatischen Zuwachs bedeutet. Und so müssen die Halter von vermeintlich erstklassigen Aktien mit hoher Dividendenrendite mitansehen, dass sie im Aufschwung auf das falsche Pferd gesetzt haben. Dagegen sind im Abschwung Titel mit hoher Dividendenrendite vor allzu großen Kursabschlägen gefeit, weil dadurch die Rendite noch höher ausfallen würde. Kurz und gut: Bei dividendenstarken Aktien sind Gewinnmöglichkeiten und Verlustrisiken begrenzt. Nachdem die Unterbewertung dividendenstarker Aktien allgemein bekannt wurde, änderten institutionelle Anleger und Privatleute diesbezüglich ihr Anlageverhalten. Dividendenstarke Aktien wurden stärker nachgefragt, aus der anfänglichen Anomalie wurde eine sich selbst erfüllende Prophezeiung, die am Ende, nachdem die Kurse dieser Titel gestiegen waren, auch die Anomalie zum Verschwinden brachte.

5.3.4 Black Jack

ist die amerikanische Variante des deutschen Karten-Glücksspiels „17 und 4". In Spielkasinos wird es mit einem oder mehreren Kartenpaketen zu 52 Blatt gespielt. Die Farben der Karten haben keine Bedeutung. Die Karten 2 bis 10 haben für das Spiel den entsprechenden Wert, die Bilder zählen 10 und beim As darf der Spieler es sich aussuchen, ob es 1 oder 11 zählen soll. Ziel des Spiels ist es, durch Ziehen von Karten eine Kartensumme zu erreichen, die möglichst nahe an 21 herankommt.

Auch wenn in einem Spielkasino mehrere Spieler gegen die Bank spielen, ist Black Jack ein Zweipersonenspiel, da für jeden Spieler separat abgerechnet wird. Der Kartengeber, im Folgenden Bank genannt, wird durch einen Angestellten vertreten. Zunächst leistet der Kunde des Spielkasinos, im Folgenden Spieler genannt, einen Einsatz. Daraufhin zieht die Bank vom verdeckten Kartenstapel zwei Karten für den Spieler und eine für sich selbst. Alle Karten werden offen ausgelegt, womit der Spieler seine folgenden Entscheidungen von der Kenntnis der ersten Bankkarte abhängig machen kann. Der Spieler darf nun weitere Karten verlangen (englisch „hit") bis er glaubt, genügend nahe an 21 zu sein und keine weitere Karte mehr wünscht (englisch „stay"). Hat der Spieler mit seiner Kartensumme 21 überschritten, was im Folgenden immer als „Verkaufen" bezeichnet wird, so hat er bereits verloren und sein Einsatz wird sofort eingezogen. Will der Spieler keine Karten mehr, so zieht die Bank weitere Karten für sich. Die Bank ist im Gegensatz zum Spieler nicht frei in ihrer Entscheidung: Solange ihre Kartensumme 16 oder weniger beträgt, *muss* sie ziehen. Liegt dieser Fall nicht vor, so darf sie nicht mehr ziehen. Ein As zählt nur dann als 1, wenn die Summe andernfalls 21 überschritten hätte. Die Bank darf daher mit As,6 nicht mehr ziehen, weil das As als 11 gewertet wird. Zieht die Bank bei As,5 eine 10, so wird das As als 1 gezählt und die Bank muss ein weiteres Mal ziehen. Mit diesen Regeln verläuft das Ziehen der Bank völlig automatisch, insbesondere kann die Bank die Entscheidung weiterzuziehen nicht von der Kartensumme des Spielers abhängig machen.

Danach erfolgt die Abrechnung. Hat die Bank 21 überschritten, so haben die im Spiel verbliebenen Spieler gewonnen. Ansonsten ist die höchste Gewinnstufe der „Black Jack", eine 10 (oder ein Bild) und ein As. Dann folgen die Blattsummen mit 21 oder weniger. Grundsätzlich gewinnt das höherwertige Blatt, während bei gleichwertigen Blättern der Spieler seinen Einsatz behält. Gewinnt der Spieler, so erhält er die Höhe seines Einsatzes als Gewinn. Es gibt aber eine Ausnahme: Wenn der Spieler mit Black Jack gewinnt, so bekommt er den $1\frac{1}{2}$-fachen Einsatz als Gewinn ausbezahlt. Dies gilt aber nicht, wenn die Bank ebenfalls einen Black Jack vorweisen kann; in diesem Fall kann der Spieler wie immer bei Gleichstand seinen Einsatz behalten.

Die Auszahlung benachteiligt den Spieler in genau einem, aber gravierenden Punkt:

Wenn sich sowohl die Bank als auch der Spieler verkauft haben, so verliert der Spieler. Dem Spieler werden daher noch zwei weitere Möglichkeiten gewährt, seine Chancen zu verbessern:

Doppeln Ergeben seine ersten beiden Karten eine Summe von 9,10 oder 11, so darf der Spieler seinen Einsatz verdoppeln. Anschließend darf er jedoch nur noch eine Karte ziehen.

Teilen Weisen die ersten beiden Karten des Spielers den gleichen Wert auf, so darf der Spieler sie in zwei Blätter teilen, wobei er einen Einsatz nachentrichten muss. Er spielt nun mit zwei Blättern weiter und zieht für jedes Blatt getrennt weitere Karten. In diesem Fall zählt jedoch der Black Jack nur wie normale 21 und zu einem geteilten As darf nur noch eine weitere Karte gezogen werden. In manchen Spielkasinos ist mehrfaches Teilen oder Doppeln nach dem Teilen nicht erlaubt.

Des Weiteren kann sich der Spieler gegen einen Black Jack der Bank „versichern", wenn die Bankkarte ein As ist. In diesem Fall legt der Spieler den halben Ersteinsatz auf die „insurance line" und wird mit 2:1 ausbezahlt, wenn die Bank als Nächstes eine 10 (oder ein Bild) zieht und damit einen Black Jack bekommt. Im gegenteiligen Fall geht der Einsatz verloren. In jedem Fall wird das Spiel mit dem Ersteinsatz normal fortgesetzt und ausbezahlt. Da sich diese Versicherung nur lohnt, wenn sich überproportional viele Zehnen im Kartendeck befinden, werden wir sie im Folgenden nicht weiter betrachten.

Fassen wir die Vorteile des Spielers beim Black Jack zusammen:

- Der Spieler gewinnt bei einem Black Jack den $1\frac{1}{2}$-fachen Einsatz.
- Die Bank muss nach einer festgelegten Regel ziehen.
- Der Spieler kennt beim Ziehen die erste Karte der Bank.
- Die Bank darf weder doppeln noch teilen.

Dem steht nur entgegen, dass der Spieler immer verliert, wenn er sich verkauft hat.

Die Strategie des Spielers, bis zu welcher Kartensumme er noch Karten zieht, sollte von der ersten Karte der Bank abhängig gemacht werden. Ohne einer genauen Analyse vorzugreifen, dürfte klar sein, dass eine 10 oder ein As als erste Bankkarte vorteilhaft für die Bank ist, weil sie mit relativ hoher Wahrscheinlichkeit bereits mit der nächsten Karte über 16 kommt und sich nicht verkauft. Der Spieler wird dagegenhalten, indem er bei für die Bank vorteilhaften ersten Karten aggressiver auftritt und beim Ziehen größere Risiken eingeht.

Wir brauchen daher die Wahrscheinlichkeiten für das Endergebnis der Bank in Abhängigkeit von der ersten Bankkarte. In der Stochastik nennt man das die *bedingte Wahrscheinlichkeit*: Gegeben eine erste Bankkarte, wie hoch ist dann die Wahrscheinlichkeit für ein bestimmtes Endergebnis der Bank? Wir nehmen an, dass mit einem Kartendeck von 52 Karten gespielt wird. Die Wahrscheinlichkeiten ändern sich natürlich ein wenig, wenn mit sechs Kartenspielen gespielt wird, wie es in den Spielkasinos häufig der Fall ist. Allerdings werden im Allgemeinen nach einem Spiel die Karten nicht neu gemischt, sondern die bereits gespielten Karten einfach beiseite gelegt und das nächste Spiel mit den verbliebenen Karten bestritten, in denen die Ausgangsverteilung entsprechend gestört ist.

Man gibt sich eine Bankkarte vor und bestimmt sukzessive die Verteilungen nach dem Ziehen einer Karte, bis eines der möglichen Endergebnisse der Bank, nämlich 17, 18, 19, 20, 21, BJ, verkauft, erreicht wird. Dies ist ein mühevolles Geschäft, weil die Zahl der gezogenen Karten recht hoch sein kann. Wir erstellen daher die Tabellen in diesem Abschnitt mit der Monte-Carlo-Methode, bei der die gesuchte Verteilung aus vielen zufällig ausgeteilten Blättern im Computer bestimmt werden. Die folgende Tabelle zeigt die Verteilungen, die nach dem Ziehen der ersten Bankkarte entstehen können.

	2	3	4	5	6	7	8	9	10	As
17	0,1390	0,1303	0,1310	0,1197	0,1670	0,3723	0,1309	0,1219	0,1144	0,1261
18	0,1318	0,1309	0,1142	0,1235	0,1065	0,1386	0,3630	0,1039	0,1129	0,1310
19	0,1318	0,1238	0,1207	0,1169	0,1072	0,0773	0,1294	0,3574	0,1147	0,1295
20	0,1239	0,1233	0,1163	0,1047	0,1007	0,0789	0,0683	0,1223	0,3289	0,1316
21	0,1205	0,1160	0,1151	0,1036	0,0979	0,0730	0,0698	0,0611	0,0365	0,0516
BJ	0.0000	0.0000	0.0000	0.0000	0.0000	0.0000	0.0000	0.0000	0,0784	0,3137
v.	0,3530	0,3756	0,4028	0,4289	0,4208	0,2599	0,2386	0,2334	0,2143	0,1165

Tabelle 1 Wahrscheinlichkeiten für das Ergebnis der Bank in Abhängigkeit von der ersten Bankkarte.

Nun gehen wir zu den Strategien des Spielers über, die darin bestehen, nur bis zu einer bestimmten Kartensumme n noch zu ziehen. Wir nennen diese die „bis n"-Strategie. Die Bank verfolgt also immer eine „bis 16"-Strategie. Aus der obigen Tabelle entnehmen wir, dass die Bank bei niedrigen ersten Karten sich leicht verkauft. Daher ist in diesem Bereich eine defensive Strategie angebracht. Welche Strategie der Spieler anwenden soll, kann direkt aus Tabelle 1 bestimmt werden, sofern man annimmt, dass die Karten beim weiteren Ziehen des Spielers gleichverteilt sind. Mit der Simulation am Computer kommt man zu etwas genaueren Ergebnissen:

	2	3	4	5	6	7	8	9	10	As
normal	12	12	11	11	11	16	16	16	16	16
soft	17	17	17	17	17	17	17	18	18	17
Erw.	0,0660	0,0940	0,1220	0,1535	0,1823	0,1210	0,0439	-0,0480	-0,1778	-0,3391

Tabelle 2 Optimale Strategie des Spielers bei normalen und Softhänden sowie die durchschnittliche Gewinnerwartung bei optimalem Spiel in Abhängigkeit von der ersten Karte der Bank.

Unter einer „Softhand" verstehen wir ein Blatt mit mindestens einem As, das noch mit 11 Punkten gezählt werden kann. Es ist klar, dass man in diesem Fall viel unbesorgter ziehen kann. Interessant sind die Einträge für die Bankkarten 4–6, in denen der Spieler bei normaler Hand nur bis einschließlich 11 eine weitere Karte zieht und das Verkaufen vollständig vermeidet. Wie wir gleich sehen werden, ist die Gewinnerwartung für die

Bank bei optimalem Spiel eher gering. Das Spiel wird dennoch gerne von den Kasinos angeboten, weil ein unbefangener Spieler kaum auf den Gedanken kommen dürfte, bei einer niedrigen Summe wie 12 nicht mehr zu ziehen.

Die Ergebnisse für die Softhand mögen zunächst überraschen. Man muss sich aber vor Augen führen, dass man bis 16 sein Blatt verbessert, wenn man mit einer Softhand noch einmal zieht. Dass man sich bei der erzielten Punktezahl auch verschlechtern kann, ist hier ohne Belang, denn alle Punkte bis einschließlich 16 sind für den Spieler gleich gut oder gleich schlecht.

Die Gewinnerwartung ist für den Spieler nur dann wirklich schlecht, wenn die erste Bankkarte eine 10 oder ein As ist. Da die 10 häufig vorkommt, errechnet sich aus Tabelle 2 ein durchschnittlicher Verlust von -0.0242 – bei optimalem Spiel, versteht sich. Dies ist im Rahmen dessen, was man auch beim Roulette verliert.

Man kann ähnliche Überlegungen für das Doppeln und Teilen anstellen und damit die Gewinnerwartung für den Spieler auf etwa -0,01 verbessern, wobei diese Zahl in Anbetracht der unterschiedlichen Regeln für mehrfaches Doppeln und Teilen etwas variiert. Die Gewinnerwartung ist aber in jedem Fall noch negativ.

Historisch gesehen befinden wir uns nun im Jahre 1961, als eine Arbeit des Mathematikers Edward Thorp die entscheidende Wende in der Black-Jack-Forschung brachte. Ich folge hier der Darstellung [64], ein Buch, das weltweit über eine Million Mal verkauft wurde und immer noch für relativ wenig Geld im Handel erhältlich ist.

Thorp brachte den Gedanken ins Spiel, dass eine gestörte Verteilung der restlichen Karten im Kartenstapel den einen oder anderen Teilnehmer bevorzugen müsse. An dieser Stelle ist die Art des Kartengebens besonders bedeutsam und soll hier näher erläutert werden. In den meisten Spielkasinos wird mit 6 Kartenspielen zu 52 Blatt gespielt, die komplett durcheinander gemischt werden. Dann werden von diesen 312 Karten etwa 80 „abgestochen", also dort eine Marke befestigt. Alle Karten kommen nun in einen Schlitten und werden sukzessive abgezogen. Wird in einem Spiel die Marke erreicht, so wird dieses Spiel noch aus dem Schlitten beendet, für das nächste Spiel wird neu gemischt. Wird nur mit einem Spiel gespielt, so werden etwa 20 Karten abgestochen.

Liegt im Reststapel eine gestörte Verteilung vor, so kann der Spieler darauf reagieren, indem er seinen Einsatz variiert und bei einem für ihn ungünstigen Stand nur den Mindesteinsatz entrichtet. Welche Karten hat nun die Bank gerne im Stapel und welche nicht? Zunächst gibt es gute Gründe zu vermuten, dass die Bank viele 10er und Asse nicht mag:

- Beide Teilnehmer kommen häufiger zu einem Black Jack, was den Spieler bevorzugt, weil er dafür einen höheren Gewinn bekommt.
- Die Gefahr, sich zu verkaufen, wird größer, was der Spieler durch eine defensive Strategie auffangen kann, die Bank aber nicht.

Weniger offensichtlich ist dagegen, dass das Ergebnis der Bank auch darunter leidet, wenn es nur wenig kleine Karten gibt. Um dies einzusehen, entfernen wir aus einem Spiel mit 52 Blatt alle Karten mit den Werten 2 bis 6, es verbleiben die Werte 7 bis As. Haben die beiden ersten Karten einen Wert über 16, so herrscht abgesehen von der häufigeren Möglichkeit, einen Black Jack zu bekommen, zwischen den Spielteilnehmern Gleichstand. Ergeben sich für die beiden ersten Karten Werte unter 17, so ist es bei dieser Verteilung für die Bank besonders ungünstig, noch einmal ziehen zu müssen.

Wir können diese Argumente mit einem Zählsystem in die Praxis umsetzen. Jeder Wert bekommt ein „Gewicht", und zwar $+1$ für 2 bis 6 und -1 für 10 (einschließlich Bild) und As. Sind die Karten neu gemischt, werden die Gewichte der ausgespielten Karten addiert. Auf diese Weise erhält man eine Kennzahl C, die Aufschluss darüber gibt, wie groß die Differenz zwischen den niedrigen und hohen Karten ist. Ist n die Zahl der Karten im Reststapel, so gibt $f = 100 \cdot C/n$ an, inwieweit die Verteilung im Reststapel für den Spieler günstig ($f > 0$) ist oder nicht. Es dürfte klar sein, dass das Nachhalten von C und n bei dem schnellen Ausspiel im Kasino schon einige Übung verlangt. Das Spielsystem wird weiter verkompliziert, weil man die folgenden Tabellen auswendig lernen muss, die genaue Anweisungen für das richtige Spiel in Abhängigkeit von f beinhalten. Die Einträge in den folgenden Tabellen werden wieder mit Hilfe der Monte Carlo-Methode bestimmt, die im nächsten Abschnitt besprochen wird.

	2	3	4	5	6	7	8	9	10	As
19										
18										
17										-15
16	-21	-25	-30	-34	-35	10	11	6	0	14
15	-12	-17	-21	-26	-28	13	15	12	8	16
14	-5	-8	-13	-17	-17	20	38	Z	Z	Z
13	1	-2	-5	-9	-8	Z	Z	Z	Z	Z
12	14	6	2	-1	0	Z	Z	Z	Z	Z
11	Z	Z	Z	Z	Z	Z	Z	Z	Z	Z

Tabelle 3a Ziehen bei „Z" oder wenn f kleiner oder gleich dem angegebenen Wert ist.

	2	3	4	5	6	7	8	9	10	As
19s										
18s								Z	12	-6
17s	Z	Z	Z	Z	Z	29	Z	Z	Z	Z

Tabelle 3b Ziehen bei „Z" oder wenn f kleiner oder gleich dem angegebenen Wert ist.

Die Tabellen 3a und 3b geben in Abhängigkeit von der ersten Bankkarte und der Zahl f an, bis zu welcher Summe noch eine weitere Karte gezogen wird. Die Werte sind bei moderatem f ähnlich wie in Tabelle 2, bei günstiger Verteilung für die Bank wird aggressiver gezogen, weil man sich auf ein Verkaufen der Bank weniger verlassen kann. Tabelle 3b gibt die Werte bei Soft-Händen an.

	2	3	4	5	6	7	8	9	10	As
11	-23	-26	-29	-33	-35	-26	-16	-10	-9	-3
10	-15	-17	-21	-24	-26	-17	-9	-3	7	6
9	3	0	-5	-10	-12	4	14			

Tabelle 4 Doppeln, wenn f größer als der angegebene Wert ist.

Bei Softhänden, bei denen man auch auf die Summen 9,10,11 kommt, wenn man das As als 1 zählt, wird nicht gedoppelt.

	2	3	4	5	6	7	8	9	10	As
As,As	T	T	T	T	T	-33	-24	-22	-20	-17
10,10	25	17	10	6	7	19				
9,9	-3	-8	-10	-15	-14	8	-16	-22		10
8,8	T	T	T	T	T	T	T	T	24^1	-18
7,7	-22	-29	-35	T	T	T	T			
6,6	0	-3	-8	-13	-16	-8				
5,5										
4,4		18	8	0	5					
3,3	-21	-34	T	T	T	T	6^2			
2,2	-9	-15	-22	-30	T	T				

Tabelle 5 Teilen bei „T" oder wenn f größer als der angegebene Wert ist.
[1] Teilen, wenn f *kleiner* als 24 ist.
[2] Teilen, wenn f größer als 6, aber auch wenn f kleiner als -2 ist.

Tabelle 5 lässt einige Grundregeln des Teilens erkennen, wenn ohne Kartenzählen gespielt wird. In diesem Fall wird As-As immer geteilt, weil bereits ein As eine aussichtsreiche Startkarte ist. 10-10 und 5-5 werden nie geteilt, weil diese Blätter zu gut sind, um sie aufzugeben. Dagegen wird 4-4 nicht geteilt, weil 4 keine gute Startkarte ist. 8-8 wird geteilt, weil 16 verliert, wenn die Bank sich nicht verkauft.

5.4   Die Monte-Carlo-Methode

Ein typisches Problem, das mit der Monte-Carlo-Methode angegangen werden kann, haben wir im letzten Abschnitt beim Black Jack kennengelernt. Will man ermitteln, wie erfolgreich eine Black-Jack-Strategie bei einer gestörten Wahrscheinlichkeitsverteilung im verbliebenen Kartendeck ist, so kann man viele Millionen zufällige Spiele im Computer mit der vorgegebenen Wahrscheinlichkeitsverteilung durchführen und den Erwartungswert berechnen. Theoretisch braucht man dazu eine riesige Menge echter Zufallszahlen, die ähnlich wie die Würfe mit einem Würfel vollkommen unabhängig voneinander sind. Da wir in der heutigen Zeit keine Sklaven beschäftigen können, die Tag für Tag mit einem Würfel neue Zufallszahlen erzeugen, müssen wir uns nach anderen

Quellen umsehen und berühren dabei eine wichtige mathematische und philosophische Frage, inwieweit es überhaupt zufällige Prozesse gibt. Denn auch das Werfen mit einem Würfel verläuft rein deterministisch und das Argument ist nicht von der Hand zu weisen, dass jeder Werfer eine individuelle Aufnahme des Würfels und einen individuellen Wurf besitzt, die sich spätestens in den Nachkommastellen unserer Simulationen bemerkbar machen würden. Prozesse, die im Kleinen ablaufen wie der radioaktive Zerfall, erscheinen zufällig, aber dies mag nur unserer Unwissenheit geschuldet sein.

Aufgrund der Schwierigkeit, an echte Zufallszahlen heranzukommen, hilft man sich auf dem Rechner mit *Pseudo-Zufallszahlen*, die auf den ersten Blick wie Zufallszahlen aussehen, aber nach einer deterministischen Formel berechnet werden. Das geläufigste Beispiel ist der *lineare Kongruenz-Generator* (siehe [39]):

Man gibt sich eine natürliche Zahl m vor sowie Zahlen $a, b \in \{0, 1, \ldots, m-1\}$ und bestimmt für eine weitere vorgegebene Zahl $x_0 \in \{0, 1, \ldots, m-1\}$ als Startwert

$$x_{i+1} = (ax_i + b) \mod m.$$

Dabei ist $(\ldots) \mod m$ so zu verstehen, dass $x_{i+1} \in \{0, 1, \ldots, m-1\}$ der Rest ist, der beim Teilen der rechten Seite durch m entsteht. Die x_i liegen daher alle in der Menge $\{0, 1, \ldots, m-1\}$ und sind periodisch mit einer Periode $\leq m$. Für beispielsweise $a = 4$, $b = 1$ und $m = 11$ erhalten wir $x_0 = 1$, $x_1 = 5$, $x_2 = 10$, $x_3 = 8$, $x_4 = 0$, $x_5 = 1$. In der Praxis werden die Zahlen m, a, b so gewählt, dass die Periode maximal, also m ist, und die erzeugten x_i verschiedene Tests auf Zufälligkeit erfolgreich bestehen.

Hat man Zufallszahlen x_i in der Menge $\{0, 1, \ldots, m-1\}$ erzeugt, so sind $y_i = x_i/m$ Zufallszahlen im Intervall $[0, 1)$. Solche y_i werden in vielen Programmiersprachen als *gleichverteilte* Zufallszahlen bereitgestellt, was Folgendes bedeutet. Ist $[a, b) \subset [0, 1)$, so ist die Wahrscheinlichkeit, dass $y_i \in [a, b)$ gerade $b - a$. Weiter besteht die Möglichkeit, die Initialisierung y_0 dem Zufallsgenerator vorzugeben, um Rechnungen mit gleichen Zufallszahlen wiederholen zu können. Alternativ kann der Generator die Initialisierung mit einer Zufallsgröße wie der aktuellen Uhrzeit selber vornehmen.

5.4.1 Bestimmung des Kugelvolumens

Die Kugel des n-dimensionalen Raumes ist definiert durch

$$K_n = \{x \in \mathbb{R}^n : x_1^2 + x_2^2 + \ldots + x_{n-1}^2 + x_n^2 < 1\}.$$

Für $n = 2$ erhalten wir den Einheitskreis

$$K_2 = \{(x_1, x_2) \in \mathbb{R}^2 : x_1^2 + x_2^2 < 1\}.$$

In diesem zweidimensionalen Fall ist das „Volumen" $\mathrm{Vol}(K_2)$ des Einheitskreises natürlich sein Flächeninhalt. Da der Kreis aber krummlinig ist, muss dieser Flächeninhalt genau definiert werden. Zunächst wird der Flächeninhalt des Quadrats $(0, a) \times (0, a)$ als a^2 gesetzt. Wir unterteilen die Ebene in Quadrate der Kantenlänge 2^{-k} und bestimmen die Zahl $N(k)$ der Quadrate, die innerhalb des Einheitskreises liegen. Die Zahlenfolge

$$V_k = N(k)2^{-2k}$$

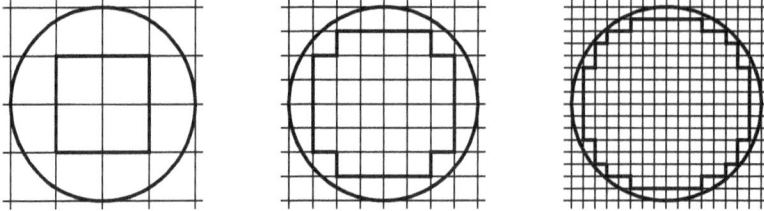

Abb. 5.3: *Ausschöpfung des Einheitskreises*

ist dann monoton steigend und schöpft für $k \to \infty$ den Einheitskreis vollständig aus. Der Grenzwert dieser Folge ist der Flächeninhalt des Einheitskreises, von dem wir wissen, dass er $\mathrm{Vol}(K_2) = \pi = 3,14159\dots$ beträgt. Aus Abbildung 5.3 entnehmen wir

$$V_1 = 4 \cdot 2^{-2} = 1, \quad V_2 = 32 \cdot 2^{-4} = 2, \quad V_3 = 164 \cdot 2^{-8} = 2.5625.$$

Ganz analog definieren wir das Volumen $\mathrm{Vol}(K_n)$ von K_n, indem wir die Anzahl $N(k)$ der Würfel der Kantenlänge 2^{-k} bestimmen, die innerhalb der Kugel liegen. Die Folge $V_k = N(k)2^{-nk}$ konvergiert wieder monoton gegen das gesuchte Volumen.

Für größere n wird der Rechenaufwand des Verfahrens allerdings sehr groß. Wollen wir zum Beispiel das Volumen auf 2 Dezimalstellen genau bestimmen, so benötigen wir eine Unterteilung in Würfel der Kantenlänge 2^{-7}. Bei $n = 5$ sind bereits 2^{35} Würfel zu überprüfen. Wegen $2^{10} \sim 10^3$ sind das ungefähr 10^{10}, ein normaler PC braucht dazu schon ziemlich lange.

Obwohl das Kugelvolumen nicht vom Zufall abhängt, kann man es mit einem stochastischen Verfahren beliebig genau bestimmen. Der Einfachheit halber betrachten wir den Kugelausschnitt im positiven Quadranten

$$K_{+,n} = \{x \in \mathbb{R}^n : x_1^2 + x_2^2 + \dots + x_{n-1}^2 + x_n^2 < 1, \ x_1, \dots, x_n > 0\}.$$

Es gilt offenbar $\mathrm{Vol}(K_n) = \mathrm{Vol}(K_{+,n}) \cdot 2^n$. Wir stellen uns vor, dass wir eine Münze zufällig in den Einheitswürfel $Q_1 = \times_{i=1}^n (0,1)$ werfen. Die Wahrscheinlichkeit, dass der Mittelpunkt der Münze innerhalb von $K_{+,n}$ zu liegen kommt, ist offenbar gleich $\mathrm{Vol}(K_{+,n})$.

Um dieses Gedankenexperiment auch praktisch durchzuführen, nehmen wir eine Folge $x^{(k)} \in \mathbb{R}^n$, $k = 1, \dots, K$, von Zufallsvektoren, die in Q_1 gleichverteilt ist. Dazu ruft man für jede Komponente $x_i^{(k)}$, $1 \le i \le n$, einen Zufallsgenerator auf. Wir bestimmen die Anzahl $A(K)$ der $x^{(k)}$ mit $|x^{(k)}| < 1$. Dann strebt die Folge

$$\frac{A(K)}{K} \cdot 2^n$$

gegen das gesuchte Volumen von K_n. Hier die Ergebnisse eines Computer-Experiments:

n	$K = 10^1$	$K = 10^3$	$K = 10^5$	$K = 10^7$
2	3,59999	3,25200	3,14276	3,14222
3	4,80000	4,23199	4,18344	4,18810
4	3,20000	4,97599	4,90384	4,93469
5	9,60000	6,07999	5,28032	5,26119

Mit $\mathrm{Vol}(K_2) = 3,14159\ldots$ können wir in der ersten Zeile dieser Tabelle auch die Fehler bestimmen

n	$K = 10$	$K = 10^3$	$K = 10^5$	$K = 10^7$
2	0.45841	0.11041	0.0117	0.0063

Das Verfahren konvergiert, aber nicht besonders schnell. In Aufgabe 5.11 kann der Leser das Kugelvolumen exakt bestimmen und das Ergebnis mit obiger Tabelle vergleichen.

Es sei noch angemerkt, dass Pseudo-Zufallszahlen aus linearen Kongruenzgeneratoren für Monte-Carlo-Simulationen, in denen wie hier Zufalls*vektoren* gebraucht werden, weniger geeignet sind. Bildet man beispielsweise aus einer solchen Zufallsfolge ebene Vektoren der Form (x_0, x_1), (x_2, x_3), $x_4, x_5)$, ..., so weisen diese ein *Hyperebenen-Verhalten* auf: Die Vektoren liegen im zweidimensionalen Fall auf relativ wenigen parallelen Geraden. Abhilfe schafft hier der *inverse lineare Kongruenz-Generator*, bei dem p eine Primzahl ist. Mit a, b, x_0 wie beim linearen Kongruenzgenerator ist er definiert durch

$$x_{i+1} = (a x_i^{p-2} + b) \mod p.$$

Nach Satz 3.12 ist x_i^{p-2} das multiplikative inverse Element von x_i im Körper $\mathbb{F}_p$, daher der Name für diesen Generator.

5.4.2 Berechnung von Finanz-Derivaten

Beginnen wir mit dem einfachsten Beispiel eines Finanz-Derivats, nämlich einer Option auf eine Aktie. Diese möge zum 1.1. eines Jahres 100 Euro kosten. Man kann nun eine Kaufoption auf diese Aktie erwerben, die einem das Recht gibt, diese Aktie zum 31.12. des gleichen Jahres zum Preis von 100 Euro zu kaufen. Es fragt sich natürlich, warum man für dieses Recht Geld bezahlen soll, wo man doch die Aktie schon zum 1.1. für 100 Euro kaufen kann. Um diese Frage zu beantworten, nehmen wir einmal an, dieses Recht kostet 10 Euro. Zum 31.12. kauft man die Aktie zu 100 Euro, sofern der Kurs über 100 Euro liegt, und verkauft sie gleich wieder. Es ergeben sich damit folgende Möglichkeiten zum 31.12.:

Kurs	Gewinn
120	10
100	-10
80	-10

Was Gewinn und Verlust angeht, ist die Option so etwas wie eine Turbo-Aktie. Hat der Aktienbesitzer einen Gewinn von 20% erzielt, so bekommt man für die Option das Doppelte seines Einsatzes. Dies ist der Zocker-Aspekt der Option: Große Gewinne sind in relativ kurzer Zeit möglich. Die Option hat aber auch einen Sicherheitsaspekt, wenn man das Gesamtportfolio betrachtet. Man kann statt 100% seines Vermögens in Aktien anzulegen, für 10% Optionen kaufen und für 90% festverzinsliche Wertpapiere. Einerseits ist der Verlust dann auf 10% begrenzt, andererseits nimmt man an einer positiven Marktentwicklung teil.

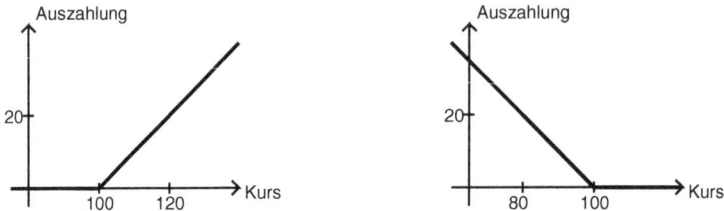

Abb. 5.4: *Auszahlungsfunktion bei einer Kauf- und einer Verkaufsoption*

Wer mit fallenden Kursen rechnet, kann darauf durch Kauf einer Verkaufsoption spekulieren. In Abbildung 5.4 rechts ist die Auszahlung für eine Verkaufsoption zum Preis von 100 Euro angegeben. Damit erwirbt man sich das Recht, die Aktie zum Preis von 100 Euro an den Verkäufer der Option zu verkaufen. Liegt der Kurs der Aktie zum Ende der Laufzeit unter 100 Euro, so kauft man die Aktie am Markt und verkauft sie anschließend zu 100 Euro an den Verkäufer der Option. Auf diese Weise erhält man den in der Zeichnung angegebenen Gewinn.

Allgemein ist eine Option an einen *Basiswert* gekoppelt. Dieser kann wie in unseren Beispielen eine Aktie sein, aber auch ein Aktienindex, eine Währung, ein Rohstoff oder ein landwirtschaftliches Produkt. Den Verkäufer der Option bezeichnet man als *Stillhalter*, weil er in den Lauf der Dinge nicht eingreifen kann. Jede Option besitzt eine *Laufzeit*, an deren Ende das Geschäft spätestens abgerechnet wird. Kann der Käufer wie in den Beispielen nur am Ende der Laufzeit von seinem Optionsrecht Gebrauch machen, so spricht man von einer *europäischen*, kann man dagegen jederzeit innerhalb der Laufzeit die Option ausüben, von einer *amerikanischen* Option. Der *Ausübungspreis* gibt den Preis an, zu dem man den Basiswert kaufen bzw. verkaufen kann. In den obigen Beispielen ist der Ausübungspreis immer 100 Euro gewesen. Da die Option kein materielles Objekt ist, sondern nur an ein solches gekoppelt ist, wird sie auch als *Derivat* bezeichnet.

Kommen wir nun zur entscheidenden Frage, wie man den fairen Preis einer Option objektiv feststellen kann. Wir betrachten Aktienkurse, die sich täglich zufällig ändern, die sozusagen täglich neu ausgewürfelt werden, mit der Maßgabe, dass der durchschnittliche Gewinn der gleiche ist, wie man ihn mit der Marktrendite festverzinslicher Wertpapiere erzielen kann. In einem konkreten Beispiel koste die Aktie zum 1.1 eines Jahres 100 Euro, die Marktrendite sei 3%, dann soll im Schnitt am Jahresende 103 Euro herauskommen. Dass niemand riskante Aktien kaufen würde, wenn er so eine geringe Gewinnerwartung hätte, ist für das Modell ohne Belang. Nachdem wir einen solchen zufälligen Kurs berechnet haben, stellen wir am Ende der Laufzeit fest, wie viel wir mit der Option gewonnen hätten. Der faire Preis der Option ist dann der mittlere Gewinn, wobei über alle zufälligen Kursverläufe gemittelt wird. Anders ausgedrückt: Wenn der Aktienkurs zufällig verläuft mit durchschnittlicher Rendite wie die Marktrendite und wir dauernd die Option zum fairen Preis kaufen, haben wir am Ende nichts gewonnen und nichts verloren. Diese Philosophie ist gerade für erfahrene Börsianer überraschend, da man mit der Option, wenn sie zum fairen Preis gekauft wurde, schon dann Gewinn macht, wenn man den Kursverlauf besser voraussehen kann als mit einem Zufallstipp. Tatsächlich verhält es sich mit den Kursvoraussagen so wie mit den Wünschelrutengängern: Jeder ist felsenfest davon überzeugt, es besser zu können als der planlose Zufall, aber niemand hat bisher einen strengen Test bestanden.

Um einen zufälligen Kurs zu simulieren, braucht man ein *stochastisches Modell*. Da der Zufallsgenerator des Rechners gleichverteilte Zufallszahlen liefert, gehen wir der Einfachheit halber von einer gleichverteilten relativen Kursänderung an jedem Börsentag aus. Die tägliche relative Kursänderung liegt dann in einem Intervall $(-s, s)$, dessen Grenze s aus der Vergangenheit des Kursverlaufs des Basiswerts bestimmt wird. Der Theorie liegt damit die Annahme zugrunde, dass der Parameter s sich in der Zukunft nicht ändert. Mit x_0 =Kurs zum Tag 0 und y_i gleichverteilte Zufallszahlen im Intervall $(-s, s)$, berechnen wir dann

$$x_{i+1} = ax_i + y_i x_i, \quad 0 \le i \le I - 1,$$

wobei I die Laufzeit der Option in Börsentage ist. $a > 1$ wird so bestimmt, dass bei $s = 0$ die Marktrendite erzielt wird. Bei 250 Börsentagen und einem Zinssatz von 3% muss dann $a^{250} = 1,03$ gelten. Mittels x_I kann der Gewinn der Option bestimmt werden. Nachdem viele solcher Simulationen durchgeführt wurden, wird der faire Preis durch den mittleren Gewinn ermittelt.

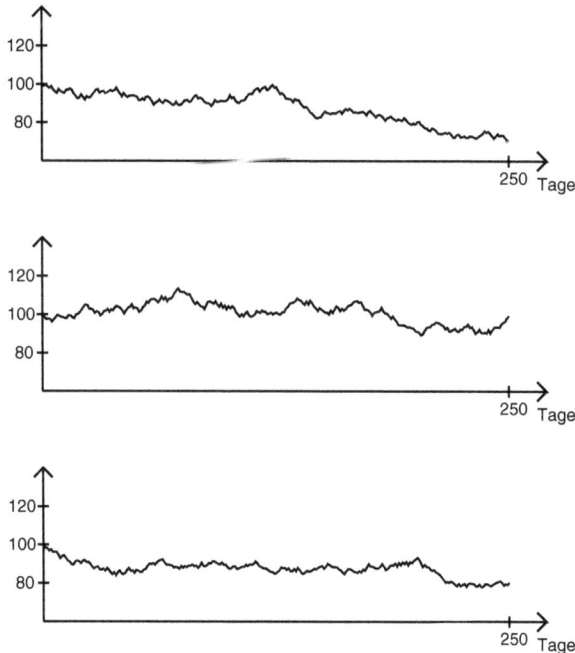

Abb. 5.5: *Kursverläufe*

Abbildung 5.5 zeigt einige Kursverläufe. Sind sie „echt" oder aus dem Zufallsgenerator[8]?

In Abbildung 5.6 ist der Optionspreis einer Verkaufsoption mit Ausübungspreis 100 Euro in Abhängigkeit vom Preis des Basiswerts dargestellt. Um einen Punkt in der Graphik zu bestimmen, wurden 20000 zufällige Kursverläufe verwendet. Da die Kurve noch etwas zittrig ist, reicht diese Zahl für ein 1% genaues Ergebnis immer noch nicht aus. Die Langsamkeit ist der Hauptnachteil des Monte-Carlo Verfahrens.

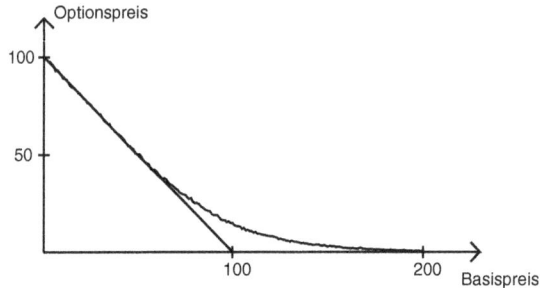

Abb. 5.6: *Optionspreis in Abhängigkeit vom Preis des Basiswerts*

Bei der Berechnung eines zufälligen Aktienkurses hatten wir eine Gleichverteilung auf dem Intervall für die relative Kursänderung verwendet. In der Praxis nimmt man stattdessen eine Normalverteilung mit Erwartungswert 0 und Varianz σ^2, die aus dem Kursverlauf des Basiswerts in der Vergangenheit bestimmt wird.

Statt diskreter Werte x_i zur Beschreibung eines zufälligen Kursverlaufs kann man auch von einem in der Zeit kontinuierlich verlaufenden Prozess x_t ausgehen, der den Börsenhandel besser abbildet. Auf diese Weise kommt man zum berühmten Black-Scholes-Modell, das von Fischer Black, Myron Samuel Scholes und Robert C. Merton entwickelt wurde. Scholes und Merton wurden dafür 1997 mit dem Nobelpreis für Wirtschaftswissenschaften ausgezeichnet, Black starb bereits 1995.

5.5   Aufgaben

5.1 (3) In einer Urne befinden sich m weiße und n schwarze Kugeln. Aus der Urne werden nacheinander zwei Kugeln gezogen. Bestimmen Sie alle Paare natürlicher Zahlen (m, n), sodass die Wahrscheinlichkeit $\frac{1}{2}$ beträgt, dass die beiden gezogenen Kugeln verschiedenfarbig sind.

5.2 (1) Bei einer Spielshow kann ein Kandidat ein Auto gewinnen, das in einer von drei nichteinsehbaren Kisten steckt, in den beiden anderen Kisten befindet sich eine Ziege. Nachdem der Kandidat eine der Kisten ausgewählt hat, bleibt diese zunächst noch ungeöffnet. Welche Wahl der Kandidat auch immer getroffen hat, in mindestens einer der beiden anderen Kisten befindet sich eine Ziege. Der Showmaster, der den Inhalt der Kisten kennt, öffnet eine der beiden anderen Kisten mit einer Ziege. Der Kandidat darf nun von seiner ursprünglichen Wahl abgehen und auf die andere, ihm nicht gezeigte Kiste wechseln. Soll er das tun?

5.3 (1) In vielen Entwicklungsländer kann beobachtet werden, dass in einer Einkind-familie dieses eine Kind häufiger ein Junge ist als ein Mädchen. Deutlich schwächer ist dies auch in den Industrienationen nachweisbar. Nachdem der Stammhalter in die Welt getreten ist, gilt die Kinderplanung also oft als abgeschlossen. Die Frage stellt sich, ob durch diese Form der Geschlechterpräferenz die Anzahl der Jungengeburten steigt. Im Extremfall könnten wir uns eine Diktatur vorstellen, in der jedes Elternpaar verpflichtet ist, so lange Kinder in die Welt zu setzen bis ein Junge eintrifft und danach aufzuhören. Werden dann mehr Jungen geboren?

5.4 (3) Von einer Münze ist nicht bekannt, ob beim Werfen Kopf oder Zahl mit gleicher Wahrscheinlichkeit auftreten. Wie kann man auch mit einer solchen Münze ein faires Spiel durchführen?

5.5 (2) (Paradox der eigenen Meinung) Fünf Richter 1, 2, 3, 4, 5 fällen ihre Urteile durch eine einfache Mehrheitsentscheidung, wobei sich 1 und 2 in 5% der Fälle irren, 3 und 4 in 10% der Fälle und 5 in 20% der Fälle. Die entsprechenden Irrtümer sind dabei voneinander unabhängig. Die Wahrscheinlichkeit für ein Fehlurteil ist dann etwa $0,7\%$, was überraschend wenig ist. Verzichtet dagegen 5, der die höchste Irrtumswahrschein-lichkeit hat, auf eine eigene Meinung und schließt sich dem Richter 1 mit der geringsten Irrtumswahrscheinlichkeit an, so steigt die Wahrscheinlichkeit auf ein Fehlurteil auf rund $1,2\%$. Können Sie das nachvollziehen?

5.6 (3) Jemand darf zwischen zwei Geldcouverts wählen, von denen bekannt ist, das der eine einen 50% höheren Betrag enthält als der andere. Nach Wahl und Öffnen eines Umschlags darf man auf den anderen Umschlag wechseln. Bei einem Wechsel verbessert man sich mit Wahrscheinlichkeit $p = 1/2$ auf 3/2 des bereits erhaltenen Betrags oder verschlechtert sich auf 2/3. Der Erwartungswert für diesen Tausch ist daher $0.5 \cdot (\frac{3}{2} + \frac{2}{3}) = \frac{13}{12} > 1$. Demnach wird man nach Wahl eines Umschlags immer tauschen, was offenbar unsinnig ist. Was stimmt hier nicht?

5.7 (3) a) Man konstruiere 3 intransitive Würfel mit je 3 Seiten, auf deren 9 Seiten die Ziffern $1, \ldots, 9$ genau einmal vorkommen.

b) Man konstruiere drei Pferde A, B, C, so dass auf einer festgelegten Rennstrecke das Pferd A die Pferde B und C schlägt, das Pferd B das Pferd C, aber, wenn alle drei Pferde starten, dass Pferd C am häufigsten gewinnt. „Schlagen" hat die gleiche Bedeu-tung wie bei den intransitiven Würfeln, nämlich mit Wahrscheinlichkeit $p > 1/2$ bzw $p > 1/3$ gewinnen.
Bemerkung: A, B, C können auch drei Gerichte sein, die in einem Lokal in wechselnder Qualität angeboten werden. Bei jedem Gericht sind die Wahrscheinlichkeiten für die Qualität ähnlich strukturiert wie die Zeiten bei den drei Pferden. Werden nur die Ge-richte A und C angeboten, so wählt man A, weil der häufiger von höherer Qualität ist. Werden aber alle drei Gerichte angeboten, wählt man dagegen C, weil er häufiger der beste von allen dreien ist. Dies ist nun ein echtes Paradox: Die Existenz des Gerichts B, das man in jedem Falle nicht nimmt, entscheidet darüber, ob man zu A oder zu C greift.

5.8 (1) Ein Mann hat von einem Mafia-Boss 10000 Euro geliehen und soll das Geld zurückzahlen. Am Tage, als die furchterregenden Geldeintreiber des Mafia-Bosses kommen, kann er nur 5000 Euro vorweisen. Wie aus vielen Spielfilmen bekannt, akzeptieren die Geldeintreiber keine Teilbeträge, sondern wollen ihn am nächsten Tage umbringen, wenn er dann nicht den ganzen Betrag abliefern kann. In seiner Not fällt dem Mann das Roulette-Spiel ein. *Wie* soll er setzen, alles auf einmal oder vorsichtig portionieren?

5.9 (2) Ein alter Jahrmarktschwindel verwendet drei Spielkarten, je eine, die auf beiden Seiten rot bzw. schwarz ist, sowie eine, die auf einer Seite rot und auf der anderen schwarz ist. Man zieht eine dieser Karten so, dass nur die Oberseite zu sehen ist. Der Budenbesitzer wettet, dass die Unterseite die gleiche Farbe wie die Oberseite besitzt. Wenn man nun dagegen wettet, ist die Wette fair, weil es ja nur zwei Karten mit der jeweiligen Farbe auf der Oberseite gibt. Oder?

5.10 (3) Sei p eine Primzahl und seien a, b ganze Zahlen mit $0 < a, b < p$. Wir betrachten den Zufallsgenerator

$$x_{i+1} = (ax_i + b) \mod p, \quad x_0 \in \{0, 1, \ldots, p-1\}.$$

a) Zeigen Sie, dass für $a = 1$ die Folge (x_i) Periode p besitzt.

b) Geben Sie ein Beispiel für eine Primzahl p und a, b im angegebenen Bereich, so dass die Folge (x_i) eine kleinere Periode als p besitzt.

5.11 (2) Bei dieser Aufgabe muss man mit der Integralrechnung vertraut sein.

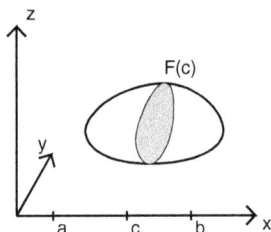

Abb. 5.5: *Das Prinzip von Cavalieri*

Ein Körper K des $\mathbb{R}^3$ sei wie im obigen Bild gegeben. $F(c)$ sei der Flächeninhalt der Schnittmenge des Körpers mit der Ebene $x = c$. Dann gilt das *Prinzip von Cavalieri*

$$\text{Vol}(K) = \int_a^b F(c)\, dc.$$

Ich hoffe, dass dies anschaulich klar ist. Bestimmen Sie damit das Volumen der Einheitskugel. Vergleichen Sie Ihr Ergebnis mit den Resultaten der Monte-Carlo-Methode.

Anmerkungen

[8]Alle Kurse stammen aus dem Zufallsgenerator.

6   Kombinatorische Spieltheorie

Mühle, Dame, Schach und Go sind die bekanntesten Vertreter kombinatorischer Spiele. Sie werden von zwei Personen gespielt, die abwechselnd ziehen und mit jedem Zug eine Position in eine andere überführen. Die Anzahl der Positionen, die im Laufe des Spiels entstehen können, sind sehr groß, aber endlich. Sonderregeln wie die 50-Züge-Regel im Schach sorgen dafür, dass jede Partie nach endlich vielen Zügen beendet ist. Dann gibt es die Ausgänge Gewinn für Weiß oder Schwarz oder – mit Ausnahme des Go-Spiels[9] – Unentschieden.

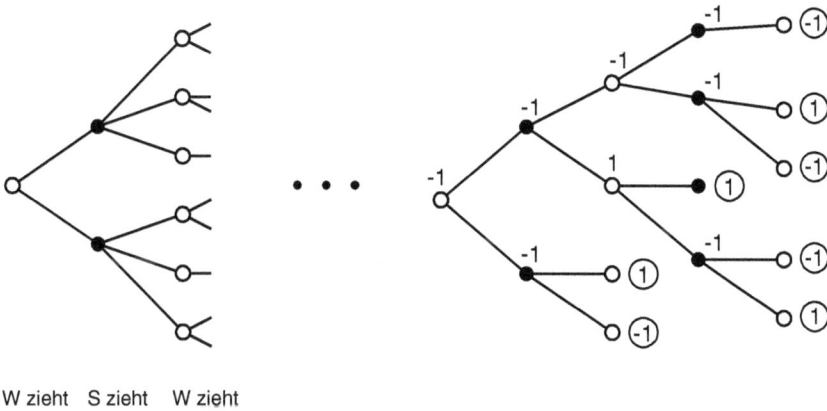

W zieht   S zieht   W zieht

Abb. 6.1: *Spielbaum eines endlichen Zweipersonenspiels*

Man kann zu jedem dieser Spiele einen Spielbaum konstruieren, in dem alle Positionen verzeichnet und durch Züge miteinander verbunden sind. In Abbildung 6.1 wird ein schematischer Spielbaum eines endlichen Zweipersonenspiels mit den Ausgängen 1 als Gewinn für Weiß und −1 als Gewinn für Schwarz angegeben. Man bestimmt den Wert des Spiels von hinten nach vorne. Die eingekreisten Werte ergeben sich aus den Endpositionen. Weiß wählt in jeder Position einen Zug mit maximalem, Schwarz einen mit minimalem Wert, wie es in Abbildung 6.1 für einen Ast des Baums dargestellt ist. Man spricht in diesem Zusammenhang davon, dass Weiß eine Maximin-Strategie verfolgt, in dem er immer Positionen mit maximalem Wert herbeiführt, dabei aber berücksichtigt, dass Schwarz bestmöglich spielt, also in jedem seiner Knoten minimiert. Umgekehrt spielt Schwarz eine Minimax-Strategie. Kommen wir mit der geschilderten Rechnung zum Anfangsknoten, so wird auch er einen Wert 1 oder −1 haben. Ist er 1, so sagen wir, dass Weiß eine *Gewinnstrategie* besitzt: Gleichgültig, was Schwarz in einer Position antwortet, Weiß kann immer mit einem Zug kontern, der zu einer Position mit Wert 1 führt. Damit steht der Ausgang dieser Spiele bei beiderseits bestem Spiel von Anfang an fest, sie sind daher zunächst mathematisch uninteressant. [10]

Die kombinatorische Spieltheorie befasst sich mit Spielen, deren Positionen in einzelne, voneinander unabhängige Teile zerlegt werden können. Aus der Analyse und Bewertung der Teilpositionen wird die Gesamtposition bewertet und die optimale Spielstrategie bestimmt.

6.1   Nim

Schwarz-Weiß-Nim ist ein Spiel für zwei Personen, die der Einfachheit halber „Weiß" und „Schwarz" genannt werden und abwechselnd ziehen. Eine Position des Schwarz-Weiß-Nims besteht aus endlich vielen Säulen von weißen und schwarzen Steinen wie sie in Abbildung 6.2 zu sehen ist. Weiß muss bei jedem Zug einen beliebigen weißen Stein wegnehmen, Schwarz dagegen einen schwarzen. Entfernt einer der Spieler einen Stein innerhalb einer Säule, werden auch die darüberliegenden Steine weggenommen. Wer nicht mehr ziehen kann, hat verloren. In Abbildung 6.2 entfernt Weiß mit seinem ersten Zug eine Säule. Schwarz hat anschließend die Wahl, ob er seinen Stein auf der verbleibenden Säule entfernen soll oder den alleinstehenden. Wie der Spielbaum rechts zeigt, ist die letzte Möglichkeit die bessere Alternative, weil Schwarz damit gewinnt.

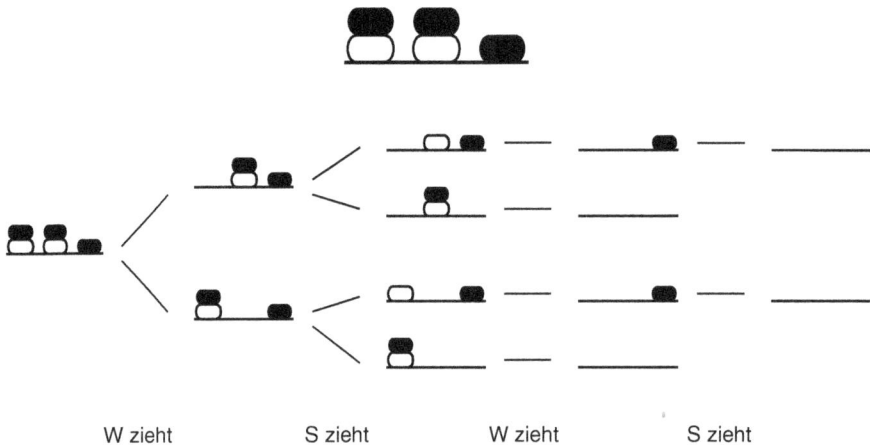

W zieht   S zieht   W zieht   S zieht

Abb. 6.2: *Position des Schwarz-Weiß-Nims mit Spielbaum bei weißem Anzug*

Offenbar sind Steine gefährdet, die weiter oben in einer Säule liegen, sofern der Gegner einen darunterliegenden Stein besitzt und sollten deshalb frühzeitig ausgespielt werden. Lässt man in 6.2 Schwarz anziehen, so wird er einen Stein auf einer der Säulen entfernen, Weiß beseitigt dann einen schwarzen Stein, indem er den Grundstein der anderen Säule wegnimmt. Danach ziehen sowohl Schwarz als auch Weiß noch einmal, was zum Gewinn von Weiß führt. In Abbildung 6.2 verliert damit der anziehende Spieler bei beiderseits bestem Spiel. Vom Spielablauf dürfte klar sein, dass der Anzug im Schwarz-Weiß-Nim generell ein Nachteil ist.

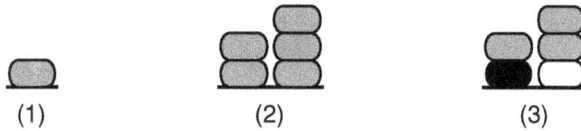

(1)   (2)   (3)

Abb. 6.3: *Positionen des allgemeinen Nims*

Wir können das Schwarz-Weiß-Nim zum *allgemeinen Nim* erweitern, indem wir grau gezeichnete, neutrale Steine einführen, die von beiden Spielern entfernt werden können. Auch hier gilt: Mit einem Stein werden alle darüberliegenden Steine entfernt. Das *klassische Nim* besteht nur aus neutralen Steinen. In Position (1) in Abbbildung 6.3 gewinnt der Anziehende, der Anzug muss also beim klassischen Nim kein Nachteil sein. Ebenso gewinnt der Anziehende in (2), wenn er einen Stein aus der Dreiersäule entfernt und anschließend die Züge des Gegners nachmacht: Nimmt der Gegner einen oder zwei Steine aus einer Säule weg, so entfernt man die gleiche Zahl aus der anderen Säule. Diese Strategie ist häufig bei kombinatorischen Spielen anzutreffen und kann durch das Motto „Wie du mir, so ich dir" charakterisiert werden. In Position (3) des allgemeinen Nims gewinnt der Anziehende auf die gleiche Weise.

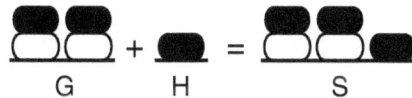

G   H   S

Abb. 6.4: *Summe zweier Nim-Positionen*

Zwei Nim-Positionen werden addiert, indem man die Säulen der einzelnen Positionen zu einer neuen Position zusammenfügt. In Abbildung 6.4 ist die Position S die Summe der Positionen G und H. Jeder Spieler hat nun die Wahl, ob er aus den Säulen in G oder der Säule H einen seiner Steine entfernt. Die Grundidee der kombinatorischen Spieltheorie besteht darin, aus der Bewertung der einzelnen Positionen zu einer Bewertung ihrer Summe zu kommen.

6.2 Kombinatorische Spiele als halbgeordnete kommutative Gruppe

Die Spiele, die wir hier betrachten wollen, sollen nicht vom Zufall abhängen, insbesondere werden weder Karten verteilt noch Würfel gerollt. Weiter sind die Spieler vollständig informiert, die Spielpositionen sind beiden Spielern bekannt. Ansonsten gelten folgenden Bedingungen:

1. Die beiden Spieler Weiß und Schwarz ziehen abwechselnd nach genau festgelegten Regeln. Nach jedem Zug entsteht eine *Position*. Die möglichen Positionen, die ein Spieler durch einen Zug aus einer Position erreichen kann, heißen *Optionen*.

2. Das Spiel ist nach endlich vielen Zügen zu Ende, gleichgültig, wer in der Ausgangs-
oder in den Folgepositionen anzieht, und es verliert der Spieler, der nicht mehr ziehen
kann.

Ein kombinatorisches Spiel muss immer dadurch entschieden werden, dass ein Spieler
nicht mehr ziehen kann. Dadurch sind Spiele, in denen unendlich oft gezogen werden
kann, von vorneherein verboten. Warum die zweite Regel noch darüber hinausgeht, wird
in Kürze erläutert.

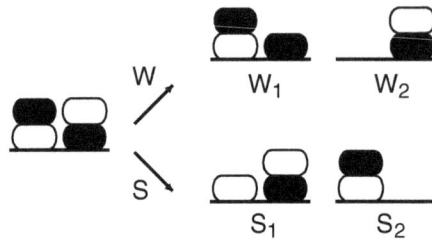

Abb. 6.5: *Nim-Position mit Optionen*

Mit der ersten Regel lassen sich kombinatorische Spiele rekursiv betrachten. In jeder
Position führt der am Zuge befindliche Spieler, sofern er überhaupt noch ziehen kann,
neue kombinatorische Spiele herbei, die in Regel 1 als Optionen bezeichnet wird. In der
Position des Schwarz-Weiß-Nims in Abbildung 6.5 sind die Optionen der beiden Spieler
aufgeführt, die natürlich wieder Positionen des Schwarz-Weiß-Nims sind. Das Spiel in
Abbildung 6.5 wird mit

$$G = \{W_1, W_2 \mid S_1, S_2\}$$

notiert. Links vom Mittelstrich stehen die Optionen von Weiß, rechts die Optionen von
Schwarz.

Zwei kombinatorische Spiele G und H können simultan gespielt werden, indem jeder
Spieler die Wahl hat, ob er in G oder in H ziehen will. Dadurch entsteht ein neues
kombinatorisches Spiel, das wir als *Summe* $S = G + H$ bezeichnen. Ein Spieler hat
demnach S verloren, wenn er sowohl in G als auch in H nicht mehr ziehen kann. Dies
stimmt exakt mit der Summe zweier Positionen des Schwarz-Weiß-Nims aus Abschnitt
6.1 überein.

Als Beispiel betrachten wir das Spiel, bei dem Weiß aus einem unendlich großen Haufen
von Steinen in jedem Zug einen Stein entfernen muss, Schwarz am Zuge muss den ganzen
Haufen beseitigen. Dieses Spiel ist nach dem Zug von Schwarz beendet, erfüllt aber nicht
die zweite Regel in der Definition der kombinatorischen Spiele, weil es unendlich lange
dauern würde, wenn in jeder Folgeposition Weiß den Anzug hätte. Das Verbot dieses
und ähnlicher Spiele ist durch die Addition begründet. Wir betrachten das zu diesem
Spiel symmetrische Spiel, in dem Schwarz von einem unendlich großen Haufen einen
Stein entfernen muss und in dem Weiß den ganzen Haufen beseitigen muss. Die Summe
dieser Spiele ist kein endliches Spiel, weil jeder Spieler brav einen Stein von „seinem"
Haufen zieht.

Die Summe zweier Spiele ist *kommutativ*, also $G + H = H + G$, und *assoziativ*, also
$(G+H)+I = G+(H+I)$. Wir können daher eine beliebige Zahl von Spielen addieren,

ohne irgendwelche Klammern zu schreiben. Ferner schreiben wir für jede natürliche Zahl $n \in \mathbb{N}$

$$nG = \underbrace{G + \ldots + G}_{n-mal}$$

Wir sagen, der Anziehende oder Nachziehende besitzt eine *Gewinnstrategie*, wenn er unabhängig von den gegnerischen Zügen gewinnen kann. Wenn der Anziehende keine Gewinnstrategie hat, so hat der Nachziehende eine und umgekehrt. Ein Spiel N heißt *Nullspiel*, wenn der nachziehende Spieler eine Gewinnstrategie besitzt. Im Schwarz-Weiß-Nim, in dem der Anzug ja nie von Vorteil ist, können wir uns die Nullpositionen als ausgeglichene Positionen vorstellen.

Satz 6.1 *Sei N ein Nullspiel. Dann haben die Spiele G und $G + N$ den gleichen Ausgang.*

Beweis: Hat der Anziehende eine Gewinnstrategie in G, so beginnt er die Partie in $G+N$, indem er den ersten Zug seiner Gewinnstrategie in G ausführt. Von nun an antwortet er in dem Spiel, das der Nachziehende anspielt: In G setzt er seine Gewinnstrategie fort und in N spielt er seine Gewinnstrategie als Nachziehender, über die er nach Definition des Nullspiels verfügt. Hat der Nachziehende eine Gewinnstrategie in G, so antwortet er mit seiner Gewinnstrategie als Nachziehender in dem Spiel, das der Anziehende anspielt. □

Abb. 6.6: *Eine Nim-Position mit Inverser*

Zum Spiel G besteht das *inverse Spiel* $-G$ darin, dass Weiß über die Zugmöglichkeiten von Schwarz in G verfügt und umgekehrt. Abb. 6.6 zeigt eine Position des allgemeinen Nims und die zugehörige inverse Position, die dadurch entsteht, dass man die Farben der Steine vertauscht. Mathematisch streng lässt sich das inverse Spiel rekursiv definieren. Ist $G = \{W_1, \ldots, W_m \mid S_1, \ldots, S_n\}$, so

$$-G = \{-S_1, \ldots, -S_n \mid -W_1, \ldots, -W_m\}.$$

Für jedes Spiel G gilt $G + (-G) = N$ mit einem Nullspiel N. Um dieses einzusehen, lassen wir zum Beispiel W beginnen. Zieht W in G, so antwortet S in $-G$ mit dem analogen Zug. Zieht W dagegen in $-G$, so wählt S den analogen Zug in G. Kurz gesagt: S macht einfach die Züge von W nach. Irgendwann werden W die Züge ausgehen und S gewinnt. Da der Anzug von S genauso behandelt werden kann, gewinnt der nachziehende Spieler, $G + (-G)$ ist ein Nullspiel.

Wir möchten aus den kombinatorischen Spielen eine Gruppe machen mit der Addition als Operation und dem inversen Spiel als inversem Element. Nach dem, was wir bisher darüber wissen, sieht das ganz gut aus: Die Addition eines Nullspiels ändert nichts am Ausgang des Spiels und die Summe eines Spiels und seiner Inversen ergibt wieder ein Nullspiel. Dem steht nur entgegen, dass die Summe aus einem Spiel und einem Nullspiel ein anderes Spiel ergibt. Wir verwenden daher eine in der Mathematik geläufige Konstruktion und identifizieren Spiele miteinander, die sich nur durch ein Nullspiel unterscheiden.

Genauer sagen wir, zwei Spiele G und H sind *äquivalent*, wenn $G + (-H)$ ein Gewinn des nachziehenden Spielers, also ein Nullspiel ist. Dazu müssen wir zeigen, dass die Spiele $G + H_1$ und $G + H_2$ den gleichen Ausgang haben für äquivalente Spiele H_1 und H_2. Wegen $H_1 - H_2 = N$ gilt

$$G + H_1 = G + H_2 + N.$$

Nach Satz 6.1 haben aber die Spiele $G + H_2 + N$ und $G + H_2$ den gleichen Ausgang. Wir schreiben daher $G = H$, wenn die Spiele G und H äquivalent sind. Um es ganz deutlich zu sagen: Von nun an gelten unsere Aussagen nicht mehr einzelnen kombinatorischen Spielen, sondern den so definierten Klassen. Insbesondere lässt sich jedes Nullspiel durch das einfachste Nullspiel ersetzen, bei dem beide Spieler keinen Zug haben.

Wir bezeichnen den Wert eines kombinatorischen Spiels als *positiv* $(G > 0)$, wenn Weiß unabhängig vom Anzug gewinnt. $G < 0$, wenn immer Schwarz gewinnt, $G = 0$, wenn immer der Nachziehende gewinnt, also ein Nullspiel vorliegt. Beim Schwarz-Weiß-Nim gibt es keine weiteren Möglichkeiten.

Die Position in Abbildung 6.3(1) des klassischen Nims, die nur aus einem neutralen Stein besteht, liefert in ihrer Bewertung etwas völlig Neues, denn nun gewinnt auf einmal der anziehende Spieler, womit die Position zu einem Nullspiel unvergleichlich ist. Wir sagen, G ist *unscharf* $(G \,\|\, 0)$, wenn jeweils der anziehende Spieler gewinnt.

Fassen wir die vier möglichen Typen von kombinatorischen Spielen zusammen:

$G > 0$ Gewinn für Weiß bei jedem Anzug

$G < 0$ Gewinn für Schwarz bei jedem Anzug

$G = 0$ Gewinn für den nachziehenden Spieler

$G \,\|\, 0$ Gewinn für den anziehenden Spieler

Wir sagen, das Spiel G *ist besser für Weiß* als H $(G > H)$, wenn $G - H > 0$. Diese Relation ist zwar nicht für jedes Paar von Spielen G, H definiert, genügt aber trotzdem den Gesetzen einer Ordnungsrelation.

Satz 6.2 *Die kombinatorischen Spiele bilden eine Gruppe bezüglich der Addition mit dem Nullspiel als neutralem Element. Die Relation $>$ ist eine mit der Addition verträgliche Striktordnung, d.h. es gilt:*

(a) Ist $G > H$, so folgt für jedes J, dass $G + J > H + J$ (=Verträglichkeit mit der Addition).

(b) Wenn $G > H$, so gilt nicht $H > G$ (=Asymmetrie).

(c) Wenn $G > H$ und $H > J$, dann folgt $G > J$ (=Transitivität).

Beweis: (a) $G > H$ ist nach Definition äquivalent zu $G - H > 0$, woraus $(G + J) - (H + J) > 0$ oder $G + J > H + J$ folgt.

(b) Wenn $G > H$, so $G - H > 0$, was $G - H < 0$ ausschließt.

(c) Sei zunächst $G > 0$ und $H > 0$. Wir zeigen, dass $G + H > 0$. Wenn Weiß in $G + H$ beginnt, so spielt er beispielsweise seine Gewinnstrategie in G. Solange Schwarz in G antwortet, setzt Weiß seine Gewinnstrategie in G fort. Spielt dagegen Schwarz in H, so antwortet Weiß mit seiner Gewinnstrategie als Nachziehender in H. Wenn umgekehrt Schwarz beginnt, so antwortet Weiß mit seiner Gewinnstrategie als Nachziehender in dem Spiel, in dem Schwarz zuletzt gezogen hat.

Ist $G > H$ und $H > J$, so ist $G - H > 0$ und $H - J > 0$. Nach der gerade abgeleiteten Regel folgt $G - J = (G - H) + (H - J) > 0$, also $G > J$. □

Wir setzen

$$G \geq H \ \Leftrightarrow \ \big(G > H \text{ oder } G = H\big).$$

Dies definiert eine *mit der Addition verträgliche Halbordnung*, nach dem letzten Satz gilt:

(a) Wenn $G \geq H$, so gilt für alle Spiele I, dass $G + I \geq H + I$. (b) Wenn $G \geq H$ und $H \geq G$, so ist $G = H$.

(c) Wenn $G \geq H$ und $H \geq J$, dann folgt $G \geq J$.

Man kann Spiele vereinfachen, indem man *dominierte Zugmöglichkeiten* weglässt. Kann Weiß in die Optionen $W_1, W_2, \ldots$ ziehen mit $W_1 \leq W_2$, so ist

$$G = \{W_1, W_2, \ldots \mid S_1, \ldots\} = \{W_2, \ldots \mid S_1, \ldots\}.$$

Darüber wird es keine Diskussionen geben: Wenn ich einen Zug habe, der nicht besser ist als ein anderer, so brauche ich ihn nicht in Betracht zu ziehen.

6.3 Zahlenwerte des Schwarz-Weiß-Nims

Es gibt einige grundlegende Positionen, die in verschiedenen kombinatorischen Spielen immer wieder vorkommen.

Das Nullspiel, das beim Schwarz-Weiß-Nim einer leeren Spielfläche entspricht, ist abstrakt definiert durch $0 = \{ \ \mid \ \} = \{\emptyset \mid \emptyset\}$, denn beide Spieler haben keine Optionen.

Der Position mit genau einem weißen Stein entspricht das abstrakte Spiel $1 = \{0 \mid \}$: Weiß kann den Stein entfernen und in die 0 spielen, Schwarz hat keine Optionen. Mit dieser Definition wird entsprechend der Striktordnung $>$ festgelegt, dass die Zahlen aus der Sicht von Weiß definiert werden. Die 1 normiert die Positionen auf natürliche Weise, indem sie einem Nullspiel entspricht plus einem weiteren vollen Zug. Induktiv können wir so die natürlichen Zahlen auf diese abstrakte Weise darstellen:

$$0 = \{ \ \mid \ \}, \quad n = \{n - 1 \mid \ \} \text{ für alle } n$$

Hier klingt die Erschaffung der Welt aus dem Nichts an, das Nullspiel ist ja $0 = \{\ |\ \}$, also die leere Menge für die Optionen von Weiß und Schwarz, und damit $1 = \{\{\ |\ \}\ |\ \}$, womit alle Zahlen aus leeren Mengen und geschweiften Klammern bestehen. Eine Position des Schwarz-Weiß-Nims mit n weißen Steinen, entspricht dem Spiel

$$\{0, 1, \ldots, n-1\ |\ \} = \{n-1\ |\ \} = n,$$

weil die dominierten Optionen $0, 1, \ldots, n-2$ weggelassen werden können. Die negativen Zahlen $-1 = \{\ |\ 0\}$, $-2 = \{\ |\ -1\}$ entsprechen den Positionen mit schwarzen Steinen. Damit lassen sich schon einmal alle ganzen Zahlen durch Positionen des Schwarz-Weiß-Nims darstellen. Auf abstrakter Ebene kann man hier noch weiter gehen und so etwas Seltsames definieren wie

$$\omega = \{0, 1, 2, \ldots\ |\ \},$$

was heißt, dass Weiß in eine beliebige Menge weißer Steine spielen kann. Auf diese Weise werden die recht abstrakten *Ordinalzahlen* durch einfach zu durchschauende Spiele erfahrbar gemacht. Obwohl ω abzählbar unendlich viele Optionen hat, ist es ein kombinatorisches Spiel im Sinne unserer Definition. Weiß muss in eine Option spielen, die zwar beliebig groß sein darf, aber immer zu einem Spiel endlicher Länge führt.

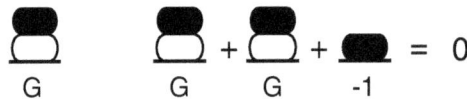

Abb. 6.7: *Wert der Zweiersäule mit weißem Grundstein*

Wie ist die Position G in Abbildung 6.7 zu bewerten? Ihr Wert muss größer 0 sein, denn unabhängig vom Anzug gewinnt immer Weiß. Wie Abbildung 6.7 weiter zeigt, ist der Wert aber kleiner 1: Wir brauchen 2 G-Positionen, um -1 zu kompensieren. Aufgrund der Beziehung $2G = 1$ ist der Wert von G gerade $\frac{1}{2}$. Ähnliches passiert mit der Position H in Abbildung 6.8: In diesem Fall ist $4H - 1$ ein Nullspiel und damit der Wert von H $\frac{1}{4}$.

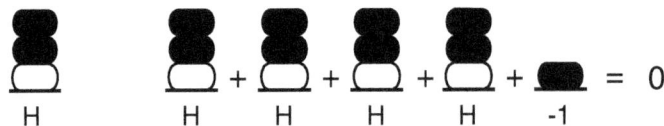

Abb. 6.8: *Wert der Dreiersäule mit weißem Grundstein*

Allgemein ist der Wert der Säule mit einem weißen Grundstein und i schwarzen Steinen 2^{-i}. Damit kann jede Zahl mit endlicher Dualentwicklung als eine Position des Schwarz-Weiß-Nims dargestellt werden. Man kann dies aber auch mit einer Säule erreichen, indem man folgende Codierung verwendet:

Man schreibt die zu codierende Zahl $a > 0$ in Binärdarstellung (siehe Abschnitt 3.2)

$$a = n + \sum_{i=1}^{k} a_i 2^i, \quad n \in \mathbb{N}_0,\ a_i \in \{0, 1\}.$$

Für die Einer werden n weiße Steine aufeinander geschichtet, dann kommt der Punkt, der aus einem weißen und einem schwarzen Stein besteht und anschließend die Zahlen in der Dualentwicklung, wobei die letzte 1 weggelassen wird. Bei negativen Zahlen vertauscht man die Rollen von Weiß und Schwarz. Auf diese Weise lässt sich auch jede reelle Zahl als unendliche Säule des Schwarz-Weiß-Nims darstellen, indem man die in der Regel unendliche Dualentwicklung der Zahl aufschreibt. Es gilt beispielsweise $\frac{1}{3} = 0.010101\ldots_2 = 0.\overline{01}_2$, was durch die Säule WSSWSWSW... dargestellt wird. Wie bereits oben angemerkt, widersprechen diese Säulen nicht der Forderung, dass kombinatorische Spiele nach endlich vielen Zügen beendet sein müssen, denn sobald ein Spieler einen Stein einer solchen Säule entfernt, ist sie endlich.

Umgekehrt lässt sich jeder Position des Schwarz-Weiß-Nims eine reelle Zahl zuordnen. Man bestimmt den Wert jeder einzelnen Säule nach dem angegebenen Verfahren und addiert anschließend die Werte der Säulen.

6.4 Das Kamasutra der kombinatorischen Spiele

Ein kombinatorisches Spiel ist eine Folge von Positionen, die durch die Optionen der beiden Spieler herbeigeführt werden. Wie oben angegeben wird eine Position G durch die Optionen der beiden Spieler beschrieben,

$$G = \{W_1, W_2, \ldots \mid S_1, S_2, \ldots\}.$$

Weiß im Anzug kann die Positionen $W_1, W_2, \ldots$, Schwarz im Anzug kann $S_1, S_2, \ldots$ mit dem nächsten Zug erreichen.

Man kann die kombinatorischen Spiele induktiv konstruieren, indem man mit dem Spiel $0 = \{\ \mid\ \}$, das am Tage 0 entsteht, beginnt. Die Optionen der Spiele am Tag n sind die Spiele am Tag $n - 1$. Am Tag 1 haben wir daher die Spiele

$$1 = \{0 \mid\ \}, \quad -1 = \{\ \mid 0\}, \quad * = \{0 \mid 0\}.$$

1 und -1 entsprechen den bekannten Positionen des Schwarz-Weiß-Nims. Das Spiel $* = \{0 \mid 0\}$ ist die abstrakte Beschreibung der Position des klassischen Nims mit einem neutralen Stein. Beide Spieler entfernen den Stein im Anzug und hinterlassen das Nullspiel 0.

Mit den elementaren Positionen kann man kombinatorische Spiele dahingehend klassifizieren, welche davon vorkommen können und welche nicht. Im Schwarz-Weiß-Nim kann die Position $*$ nicht dargestellt werden, im Nim nur mit neutralen Steinen gibt es keine Positionen, die mit reellen Zahlen beschrieben werden können. Zur Illustration der elementaren Positionen ziehen wir noch ein weiteres Spiel hinzu. Das *Bauernschach* wird auf einer Linie des Normalschachs nur mit Bauern gespielt. Es gibt den Doppelschritt eines Bauern, aber, da nur auf einer Linie gespielt wird, keine Schlagfälle. Sieger ist wieder, wer den letzten Zug macht.

Definition	Relation		Beispiel
$0 = \{ \; | \; \}$	$= 0$		a
$1 = \{ 0 \; | \; \}$	> 0		b
$-1 = \{ \; | \; 0 \}$	< 0		c
$1/2 = \{ 0 \; | \; 1 \}$	> 0		n.v.
$* = \{ 0 \; | \; 0 \}$	$\| \, 0$		d
$\pm 1 = \{ 1 \; | \; -1 \}$	$\| \, 0$	n.v.	e
$\uparrow = \{ 0 , * \; | \; * \}$	> 0	n.v.	f
$\downarrow = \{ * \; | \; 0 , * \}$	< 0	n.v.	g
$\uparrow^* = \{ 0 , * \; | \; 0 \}$	$\| \, 0$		n.v.
$\downarrow_* = \{ 0 \; | \; 0 , * \}$	$\| \, 0$		n.v.

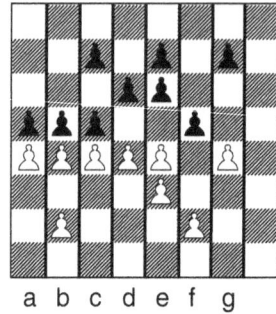

Abb. 6.9: *Elementare Positionen mit Beispielen*

Wir haben $- \uparrow = \downarrow$, $- \uparrow^* = \downarrow_*$. Zwischen diesen elementaren Positionen und den Relationen $>$ und $\|$ gibt es viele interessante Beziehungen:

Satz 6.3 *(a) Es gilt*
$$\uparrow = \{0, * \, | \, *\} = \{0 \, | \, *\}, \quad \uparrow^* = \uparrow + *.$$

(b) Für alle Zahlen $\epsilon > 0$ ist
$$0 < \uparrow < \epsilon.$$

(c) Es gilt
$$\uparrow \, \| \, *, \quad -2 \uparrow \, < \, * \, < 2 \uparrow.$$

(d) Es ist
$$\pm 1 \, \| \, 1, \quad \pm 1 \, \| \, -1,$$
andererseits für alle Zahlen $\epsilon > 0$
$$-1 - \epsilon < \pm 1 < 1 + \epsilon.$$

Beweis: (a) Es gilt $* + * = 0$, daher $-* = *$. Wir müssen zeigen, dass das Spiel
$$\{0, * \, | \, *\} - \{0 \, | \, *\} = \{0, * \, | \, *\} + \{* \, | \, 0\}$$
vom nachziehenden Spieler gewonnen wird. Die beiden Spiele bezeichnen wir mit L für links und R für rechts. Der Zug $WL0$ bedeutet dann, dass Weiß im linken Spiel in die 0 spielt. Für Weiß im Anzug antwortet Schwarz folgendermaßen

$$WL0 \to SR0, \quad WL* \to SL0 \to WR* \to SR0, \quad WR* \to SL* \to WL0 \to SR0,$$

jedes Mal mit Gewinn für Schwarz. Mit Schwarz im Anzug bekommen wir

$$SL* \to WR* \to SL0 \to WR0, \quad SR0 \to WL0,$$

mit Gewinn für Weiß.

Für die zweite Gleichung in (a) können wir die so gefundene Vereinfachung für $\uparrow$ verwenden. Es ist zu zeigen, dass

$$\uparrow^* - \uparrow -* = \{0,*\,|\,0\} + \{*\,|\,0\} + *$$

ein Nullspiel ergibt. Hier haben wir drei Spiele, die wir mit L, M, R notieren. Mit Weiß im Anzug spielt Schwarz folgendermaßen

$$WL0 \to SR0 \to WM* \to SM0, \quad WL* \to SM0 \to WL0 \to SR0,$$

$$WM* \to SL0 \to WM0 \to SR0, \quad WR0 \to SL0 \to WM* \to SM0,$$

immer mit Gewinn für Schwarz. Für Schwarz im Anzug ist

$$SL0 \to WM*, \quad SM0 \to WL*, \quad SR0 \to WM*,$$

mit offensichtlichem Gewinn für Weiß in allen Fällen.

(c) $\uparrow$ gewinnt immer Weiß, also $\uparrow\, > 0$. Sei G_i die Säule des Schwarz-Weiß-Nims mit weißem Grundstein und i schwarzen Steinen. Nach Abschnitt 6.3 hat G_i den Wert 2^{-i}. Wir müssen zeigen, dass

$$G_i - \uparrow\, = G_i + \{*\,|\,0\} > 0 \quad \text{für alle } i \in \mathbb{N}.$$

Weiß im Anzug zieht in den Stern und spielt anschließend vom $*$ in die 0, sofern Schwarz es nicht tut. Zum Schluss spielt Weiß in G_i (oder G_{i-1}) in die Null. Spielt Schwarz im Anzug in G_i, so spielt Weiß rechts in den $*$ mit analogem Verlauf wie bei Weiß im Anzug.

(d) In $\pm 1 + 1$ spielt der anziehende Spieler immer in ± 1 und gewinnt. Klar ist $\{1\,|\,-1\} + 1 + \epsilon > 0$. $\square$

Wir können uns die Spiele, die einer reellen Zahl entsprechen, auf der Zahlengraden vorstellen. Nach (b) ist $\uparrow$ eine „infinitesimale Größe", also ein positiver Wert, der kleiner als jede reelle Zahl ist. Nach Teil (c) „schwebt" $*$ über der Null mit einem Radius zwischen $\uparrow$ und $2\uparrow$.

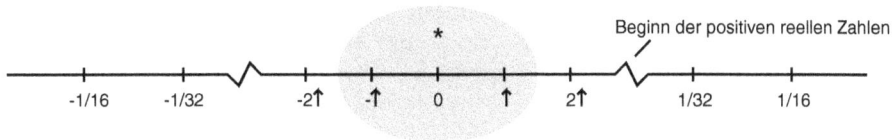

Abb. 6.10: *Der Wert von $*$ mit einer infinitesimalen Lupe betrachtet*

Analog „schwebt" ± 1 über dem Intervall $[-1, 1]$, wobei hier das Verhalten am Rande des Intervalls $[-1, 1]$ unklar ist wegen $\pm 1 \,\|\, 1, -1$.

6.5   Neutrale Spiele

Ein kombinatorisches Spiel heißt *neutral*, wenn in jeder Position Weiß und Schwarz die gleichen Optionen haben. Wir schreiben daher einfach $G = \{A_1, \ldots, A_m\}$ statt $G = \{A_1, \ldots, A_m \mid A_1, \ldots, A_m\}$. Ein neutrales Spiel wird immer vom Anziehenden oder vom Nachziehenden gewonnen, es kann daher nur die Werte 0 oder unscharf besitzen, insbesondere kommen keine Zahlen als Werte vor, abgesehen von 0.

Lemma 6.4 *Ein neutrales Spiel ist zu sich selbst invers, $G + G = 0$. Damit wird das Spiel $G + G$ immer vom Nachziehenden gewonnen.*

Beweis: Der Nachziehende spielt die „Wie du mir, so ich dir"-Strategie in $G + G$, er macht einfach die Züge des Anziehenden in dem Spiel nach, in dem der Anziehende zuletzt *nicht* gezogen hat. □

Wir geben einige Beispiele für neutrale Spiele.

Subtraktionsspiele

Von einer Säule neutraler Nim-Steine nehmen die Spieler abwechselnd mindestens einen und höchstens k Steine weg. Wie immer hat derjenige verloren, der keine Steine entfernen kann. In diesem wohl einfachsten mathematischen Spiel macht man die Beobachtung, dass ein Spieler die Zahl der vom Vorgänger entnommenen Steine auf $k + 1$ ergänzen kann. Der Anziehende nimmt also so viele Steine weg, dass er ein Vielfaches von $k + 1$ hinterlässt, sofern dies möglich ist. Anschließend fährt er mit der beschriebenen Strategie fort. Damit sind die Vielfachen von $k + 1$ Gewinnpositionen für den Nachziehenden, alle anderen Positionen sind Gewinne für den Anziehenden. Man kann dieses Spiel mathematisch interessanter machen, indem man jedem Spieler erlaubt, $i \in I$ Steine in jedem Schritt zu entfernen, wobei I eine Teilmenge der natürlichen Zahlen ist.

Ist die Ausgangszahl von Steinen in irgendeinem Sinn zufällig verteilt, so ist demnach der anziehende Spieler im Vorteil, was man bei neutralen Spielen regelmäßig beobachtet: Die Zahl der Gewinnpositionen für den Nachziehenden sind eher klein. Bei einem Subtraktionsspiel kann man dies kompensieren, indem der Anziehende aus einer Indexmenge I_A, der Nachziehende aus einer Indexmenge I_N Steine entfernen muss, wobei I_N mehr Zahlen oder kleinere Zahlen enthält als I_A. Das so erhaltene Spiel ist nun nicht mehr neutral, aber doch weit entfernt von der Komplexität der meisten nichtneutralen Spiele.

Klassisches Nim

Beim klassischen Nim haben wir k Säulen mit $n_1, \ldots, n_k$ neutralen Steinen. Jeder Spieler muss bei seinem Zug mindestens einen und höchstens alle Steine aus einer Säule entfernen. Wer den letzten Stein entfernt, hat gewonnen. Für $k = 3$ wurde Nim von C.L. Bouton [11] vollständig gelöst, seine Methode lässt sich auf beliebige k verallgemeinern.

Zur Bestimmung der *Nim-Summe* $+^2$ der Zahlen $k_1, \ldots, k_n \in \mathbb{N}_0$ schreibt man die Zahlen im Dualsystem und addiert sie ohne Übertrag. Zwei Beispiele:

$$7 +^2 13 = (1 + 2 + 4) +^2 (1 + 4 + 8) = 2 + 8 = 10, \quad 9 +^2 11 = (1 + 8) +^2 (1 + 2 + 8) = 2.$$

Diese Addition ist assoziativ und kommutativ. Ferner ist $n +^2 0 = n$, 0 ist demnach neutrales Element. Da ohne Übertrag addiert wird, gilt $n +^2 n = 0$, das Element n ist also zu sich selbst invers. Damit bilden die natürlichen Zahlen mit der Addition $+^2$ eine abelsche Gruppe.

Haben wir eine Position des klassischen Nims mit k Säulen von $n_1, \ldots, n_k$ Steinen, so nennen wir $n_1 +^2 \ldots +^2 n_k$ die zu dieser Position gehörende Nim-Summe. Wir machen zwei Beobachtungen:

Lemma 6.5 *(a) Ist die Nim-Summe einer nichtleeren Position gleich Null, so ist nach jedem Zug die Nim-Summe der Folgeposition ungleich Null.*

(b) Ist die Nim-Summe einer Position ungleich Null, so kann so gezogen werden, dass die Nim-Summe der Folgepositionen gleich Null ist.

Beweis: (a) Die Nim-Summe ist genau dann Null, wenn jede Zweierpotenz in den k_i geradzahlig oft vorkommt. Da wir nur aus einer Säule Steine entfernen können, werden die Zweierpotenzen, die zur Zahl der entfernten Steine gehören, ungeradzahlig.

(b) Sei 2^l die größte Zweierpotenz, die in den Säulen ungeradzahlig oft vorkommt. Die niedrigeren, ungeradzahlig oft vorkommenden Zweierpotenzen summieren sich zu $m < 2^l$, wenn man sie jeweils nur einmal zählt. Wir entfernen demnach aus einer Säule, die den Anteil 2^l enthält, genau $2^l - m$ Steine, womit alle Zweierpotenzen geradzahlig oft vorkommen. $\Box$

Mit diesem Lemma ist das klassische Nim vollständig gelöst:

Satz 6.6 *Genau jede Position mit Nim-Summe 0 ist eine Verlustposition für den Anziehenden.*

Beweis: Ist die Nim-Summe einer Position 0, so muss der Anziehende nach Teil (a) des Lemmas in eine Position mit nichtverschwindender Nim-Summe ziehen. Der Nachziehende sorgt mit Teil (b) dafür, dass die Nim-Summe nach seinem Zug wieder 0 ist. Ist die Nim-Summe der Ausgangsposition positiv, so stellt der Anziehende mit Teil (a) des Lemmas sicher, dass die Folgeposition eine verschwindende Nim-Summe besitzt. $\Box$

Lasker-Nim und Grundy-Nim

In seinem Buch „Brettspiele der Völker", [43], untersucht Emanuel Lasker (1868-1941) eine Variante des klassischen Nims, bei der man wie im normalen Nim ziehen kann, aber zusätzlich die Möglichkeit hat, eine Säule in zwei nichtleere, nicht notwendig gleich große Säulen zu zerlegen. Daraus entstehen neue Zugmöglichkeiten, von denen einige in Abbildung 6.11 angegeben werden.

Da dieses Kapitel dem Spiel gewidmet ist, darf die berühmteste Studie des langjährigen Schachweltmeisters und Mathematikers Emanuel Lasker nicht fehlen. In der Lösung[11] drängen wK und wT den gegnerischen König zurück, was seitdem *Lasker-Manöver* genannt wird.

Im *Grundy-Nim* werden keine Steine entfernt, sondern nur Säulen geteilt, wobei zusätzlich die Regel gilt, dass die beiden verbleibenden Säulen ungleichzahlig sein müssen. Bei diesem Spiel kann man mit nur einer Säule beginnen.

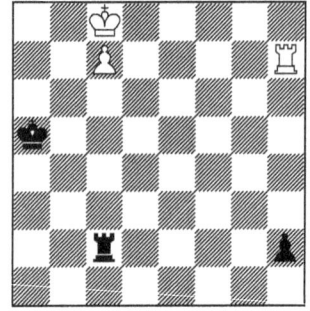

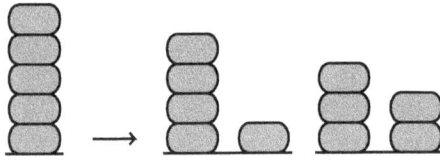

Abb. 6.11: *Lasker-Nim, Studie von Emanuel Lasker*

Weiss zieht und gewinnt

Kegelspiele

Ein Kegelspiel geht von der anschaulichen Vorstellung aus, dass eine Reihe von Kegeln (=neutrale Nim-Steine) nebeneinander stehen, die nach bestimmten Regeln umgeworfen werden. Beim klassischem Kegelspiel muss man einen oder zwei nebeneinanderstehende Kegel in jedem Zug entfernen. Dies können am Rande einer Gruppe stehende Kegel sein, was die Gruppe nur reduziert. Oder es werden Kegel im Inneren einer Gruppe weggenommen, was zusätzlich zu einer Teilung der Gruppe führt. Gehen wir von der Betrachtung der Kegel zu Nim-Säulen über, so wird die formale Verwandtschaft mit dem Lasker-Nim deutlich: Wir müssen aus einer Säule einen oder zwei Steine entfernen und dürfen die Säule anschließend noch teilen.

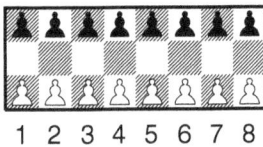

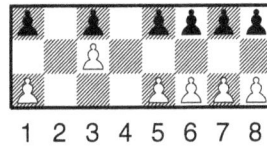

1 2 3 4 5 6 7 8   1 2 3 4 5 6 7 8

Bolton Football Field 1911

Matt in 21

Abb. 6.12: *Dawson-Kegel, das Revolverproblem von Dawson*

Der berühmte Problemkomponist Thomas Rayner Dawson leitet das nun nach ihm benannte Kegelspiel aus einer Partie Schlagschach ab, bei dem die weißen Bauern auf der ersten und die schwarzen Bauern auf der dritten Reihe eines $3 \times n$-Schachbretts stehen (siehe Abbildung 6.12). Im Schlagschach herrscht für beide Seiten Schlagzwang. Spielt Weiß wie in der Abbildung den Bauern auf Linie 3, so müssen beide Seiten zweimal schlagen, so dass das Stellungsbild in der Mitte der Abbildung mit Schwarz am Zug entsteht. Damit sind de facto drei Steine aus der Gruppe entfernt und es entstehen zwei Gruppen. Schwarz kann nun seinen isolierten Stein 1 ziehen oder mit dem Zug 8 die Steine 7 und 8 unbeweglich machen. Übersetzen wir das in den Sprachgebrauch des Nims, so gelten damit folgende Regeln:

1) Begonnen wird mit einer Säule von n neutralen Steinen.

Die Spieler ziehen abwechselnd und müssen in jedem Zug aus den Aktionen 2)-4) genau eine auswählen:

2) Aus einer Säule mit drei Steinen oder mehr werden drei Steine entfernt. Bleiben

anschließend noch mehr als zwei Steine übrig, so darf die Säule beliebig in zwei Säulen unterteilt werden.

3) Aus einer Säule mit mindestens zwei Steinen werden zwei Steine entfernt. Eine weitere Unterteilung ist in diesem Fall nicht statthaft.

4) Besteht eine Säule aus genau einem Stein, so wird dieser entfernt.

Wie immer hat der Spieler verloren, der nicht mehr ziehen kann.

Dawson hat die von ihm gestellte Aufgabe, genau diejenigen n herauszufinden, in denen Weiß gewinnen kann, selber nicht lösen können, siehe [16]. Der Leser kann sich an dem berühmten Revolverproblem in Abbildung 6.12 rechts versuchen und es dort besser machen. Die Lösung[12] verrät übrigens, dass es sich eigentlich um eine Pistole handelt, bei der die Kugel aus dem Magazin nach oben gedrückt wird.

6.6 Die Sprague-Grundy-Theorie der neutralen Spiele

Wir hatten bereits das Nullspiel $0 = \{\ \}$ definiert, das wir von nun ab auch mit $*0$ bezeichnen, was einer Position des klassischen Nims mit leerem Brett entspricht. Ferner definieren wir weitere neutrale Spiele durch

$$* = *1 = \{0\}, \quad *2 = \{0, *1\} \tag{6.1}$$

oder allgemein

$$*n = \{0, *1, *2, \ldots, *(n-1)\}, \quad n \in \mathbb{N}_0. \tag{6.2}$$

In $*n$ dürfen keine Optionen weggelassen werden, weil sie zueinander unscharf sind. Das Spiel $H = *n$ bedeutet anschaulich, dass man aus einer Säule von n Steinen 1 bis n Steine entfernt und im Ergebnis 0 bis $n - 1$ Steine stehen lässt. Dagegen stellt in $G = \{*n\}$ der anziehende Spieler eine Säule des klassischen Nims mit n Steinen auf, der nachfolgende Spieler entnimmt aus dieser Säule Steine, das Spiel H ist eben die Folgeposition des Spiels G.

Alle kombinatorischen Spiele sind rekursiv aufgebaut, wenn man sie vom Ende her betrachtet. Nach endlich vielen Zügen eines neutralen Spiels hat ein Spieler gewonnen, indem er die Nullposition herbeiführt. Im Schritt vor dem Sieg führt der andere Spieler eine Position herbei, in der in die Nullposition gezogen werden kann.

Wie zuvor schreiben wir $G = 0$, falls der Nachziehende gewinnt und $G \,\|\, 0$, wenn der Anziehende gewinnt. Nach Lemma 6.4 ist $*n$ wie alle neutralen Spiele zu sich selbst invers,

Wir betrachten nun das Spiel

$$G = \{*n_1, \ldots, *n_k\}, \quad n_i \in \mathbb{N}_0,$$

was bedeutet, dass der Anziehende eine Nim-Säule der Größe n_1 oder n_2 oder ... oder n_k aufstellen kann. Wer hier gewinnt, ist klar: Ist ein $n_i = 0$, so spielt der Anziehende in die 0 und gewinnt. Ist die Option 0 nicht vorhanden, so muss er eine Säule aufstellen, die der Nachziehende im nächsten Zug abräumt.

Für $n_i \in \mathbb{N}_0$ setze

$$\text{mex}\{n_1, \ldots, n_k\} = \text{kleinste Zahl in } \mathbb{N}_0, \text{ die nicht mit einem } n_i \text{ übereinstimmt.}$$

mex bedeutet hierbei „minimum excluded number", also kleinste ausgeschlossene Zahl. Zum Beispiel ist $\text{mex}\{0, 1, 4, 5\} = 2$.

Lemma 6.7 *Es gilt*

$$\{*n_1, \ldots, *n_k\} = *m$$

mit $m = \text{mex}\{n_1, \ldots, n_k\}$.

Beweis: Es sei noch einmal daran erinnert, dass nach Lemma 6.4 das Spiel mit zwei Nim-Säulen gleicher Größe für den Anziehenden verloren ist.

Wir zeigen $\{*n_1, \ldots, *n_k\} + *m = 0$. Ist $m = 0$, so kommt der Wert 0 in $n_1, \ldots, n_k$ nicht vor. Der Anziehende muss in eine Nim-Säule spielen und verliert. Sei nun $m > 0$. Entfernt der Anziehende Steine aus $*m$, so spielt der Nachziehende in die Säule gleicher Größe in $\{*n_1, \ldots, *n_k\}$, die es nach der Definition von mex geben muss. Spielt der Anziehende in $\{*n_1, \ldots, *n_k\}$ und baut damit eine Säule der Größe n_i auf, so kann der Nachziehende ebenfalls zwei Säulen gleicher Größe hinterlassen: Ist $n_i < m$, so entfernt der Nachziehende $m - n_i$ Steine aus $*m$. Ist $n_i > m$, so nimmt er $n_i - m$ Steine aus $*n_i$. □

Damit ist das Spiel $\{*n_1, \ldots, *n_k\}$ äquivalent zum Spiel mit einer einzigen Nim-Säule. Diese Äquivalenz lässt sich auf allgemeine neutrale Spiele fortsetzen:

Satz 6.8 (Hauptsatz der neutralen Spiele) *Für jedes neutrale Spiel G gibt es genau ein $n \in \mathbb{N}_0$ mit $G = *n$.*

Beweis: Wir beweisen dies durch vollständige Induktion über die Anzahl der verbleibenden Züge in G. Ist das Spiel beendet, so liegt für den am Zuge befindlichen Spieler die Nullposition vor, also $G = 0 = *0$.

Für den am Zuge befindlichen Spieler sei

$$G = \{A_1, \ldots, A_k\}.$$

Nach Voraussetzung sind die Spiele A_i äquivalent zu $*n_i$, also $G = \{*n_1, \ldots, *n_k\}$. Wegen des letzten Lemmas ist daher $G = *m$ mit $m = \text{mex}\{n_1, \ldots, n_k\}$.

Wäre $G = *m$ und $G = *n$, so folgt aus der Addition der beiden Gleichungen $0 = G + G = *m + *n$. Nach Satz 6.6 ist das genau dann ein Nullspiel, wenn $m = n$. □

Demnach können wir jedem neutralen Spiel G eine Nim-Säule der Größe n zuordnen, wir nennen dieses n die *Grundy-Zahl* von G und schreiben

$$g(G) = n.$$

Es gilt $g(G) \geq 0$. Für $g(G) = 0$ gewinnt der Anziehende, für $g(G) > 0$ gewinnt der Nachziehende. Aus der Kenntnis der Grundy-Zahlen der möglichen Positionen eines Spiels kann analog zu Satz 6.6 und zugehörigem Beweis die optimale Spielstrategie bestimmt werden. Ist $g(G) > 0$, so muss es aufgrund der mex-Regel eine Option A von G geben mit $g(A) = 0$. Ebenso wegen der mex-Regel führt $g(G) = 0$ im nächsten Zug zu einer positiven Grundy-Zahl.

Nun überlegen wir uns, wie sich die Grundy-Zahl der Summe zweier neutraler Spiele berechnet:

Satz 6.9 *Ist* $g(G) = m$, $g(H) = n$, *so*

$$g(G + H) = g(*m + *n) = m +^2 n.$$

Beweis: Nach Satz 6.6 ist $*m + *n + *(m +^2 n) = 0$, denn die Nim-Summe des Nim-Spiels mit drei Säulen der Größe m, n und $m +^2 n$ ist $m +^2 n +^2 (m +^2 n) = 0$. Damit ist $*(m +^2 n)$ invers zu $*m + *n$ und besteht nur aus einer Säule. Wegen der Eindeutigkeit des Grundy-Wertes folgt die Behauptung. $\square$

Beispiel 6.1 Wir betrachten das Subtraktionsspiel, bei dem in jedem Zug 1 bis k Steine aus einer Säule entfernt werden müssen. Wir kennen die Lösung bereits, wollen sie aber mit den Grundy-Zahlen noch einmal nachvollziehen. Für eine Säule der Größe n gilt

$$g(n) = \operatorname{mex} \{g(n - 1), g(n - 2), \ldots, g(n - k)\},$$

wobei wir zur Berechnung der Einfachheit halber $g(n) = 0$ für $n \leq 0$ setzen. Daraus erhalten wir die folgende Tabelle

$n =$	0	1	2	$\ldots$	$k-1$	k	$k+1$	$k+2$	$\ldots$	$2k$	$2k+1$	$2k+2$	$2k+3$	$\ldots$
$g(n) =$	0	1	2	$\ldots$	$k-1$	k	0	1	$\ldots$	$k-1$	k	0	1	$\ldots$

Eine Position ist genau dann ein Gewinn für den Nachziehenden, wenn n ein Vielfaches von $k + 1$ ist, wie wir bereits früher gesehen haben. Doch nun sind wir nicht mehr auf besondere Geistesblitze angewiesen, um ein Spiel korrekt einzuschätzen, sondern können die Theorie für uns arbeiten lassen. Allgemeinere Subtraktionsspiele werden in Aufgabe 6.6 betrachtet.

Beispiel 6.2 Beim Lasker-Nim mit keinem oder einem Stein hat man die gleichen Optionen wie beim normalen Nim, also $g(0) = 0, g(1) = 1$. Für größere Werte kann man aus der Säule einen bis alle Steine entfernen oder die Säule in zwei Säulen zerlegen, was auf die Rekursion

$$g(n) = \operatorname{mex} \{g(0), \ldots, g(n - 1),\ g(n - 1) +^2 g(1), g(n - 2) +^2 g(2), \ldots\}$$

führt. Für diese lässt sich leicht zeigen, dass

$$g(0) = 0, \quad g(1) = 1, \quad g(2) = 2, \quad g(3) = 4, \quad g(4) = 3$$

sowie

$$g(n) = g(n-4) + 4 \quad \text{für alle } n \geq 5. \tag{6.3}$$

Das Lasker-Nim hat eine viel größere Ähnlichkeit mit dem klassischen Nim, als man angesichts der vielen neuen Möglichkeiten zunächst denken würde. Lediglich die Werte $n \equiv 0 \mod 4$ und $n \equiv 3 \mod 4$ sind in beiden Spielen miteinander vertauscht.

Eine Beziehung wie (6.3) bezeichnet man als *arithmetische Periodizität* der Grundy-Werte, die allgemeine Form ist $g(n-k) = g(n) + lk$, die möglicherweise nur für große $n \geq n_0$ erfüllt ist. Hat man arithmetische Periodizität, ist das Spiel im Prinzip gelöst.

Beispiel 6.3 Beim Dawson-Kegelspiel können wir aus einer Nim-Säule mit $n \geq 3$ Steinen zwei oder drei Steine entfernen, wobei im letzten Fall die Säule geteilt werden darf. Besteht die Säule aus einem oder zwei Steinen, muss sie komplett beseitigt werden. Mit $g(0) = 0$ gilt $g(1) = g(2) = \text{mex}\{0\} = 1$ und für $n \geq 3$ die Rekursion

$$g(n) = \text{mex}\{g(n-2), g(n-3), \, g(n-4) +^2 g(1), g(n-5) +^2 g(2), \dots\}.$$

Aus dieser Rekursion können die $g(i)$ mit einigem Aufwand berechnet werden:

n	0	1	2	3	4	5	6	7	8	9		11		13		15		17		19		21		23		25		27		29		31		33
	0	1	1	2	0	3	1	1	0	3	3	2	2	4	**0**	5	**2**	**2**	3	3	0	1	1	3	0	2	1	1	0	4	5	**2**	7	4	
34	0	1	1	2	0	3	1	1	0	3	3	2	2	4	4	5	5	**2**	3	3	0	1	1	3	0	2	1	1	0	4	5	3	7	4	
68	8	1	1	2	0	3	1	1	0	3	3	2	2	4	4	5	5	9	3	3	0	1	1	3	0	2	1	1	0	4	5	3	7	4	
102	8	1	1	2	0	3	1	1	0	3	3	2	2	4	4	5	5	9	3	3	0	1	1	3	0	2	1	1	0	4	5	3	7	4	

Diese Tabelle zeigt das für viele Spiele typische Verhalten der Grundy-Werte. Es gibt zunächst einige Ausnahmewerte, hier fett gedruckt, die nach und nach verschwinden, am Ende mündet alles in eine periodische Folge. Wir werden auf das Periodizitätsproblem später eingehen.

Viele Nim-Spiele können in der Form

$$A_0 \cdot A_1 A_2 A_3 \dots$$

codiert werden. A_i gibt in verschlüsselter Form an, wie viele Säulen entstehen dürfen, wenn i Steine entfernt werden. Beim Standard-Nim können nach Wegnahme von Steinen $t = 0$ oder $t = 1$ Säulen entstehen. Man ordnet jedem erlaubten t die Zweierpotenz 2^t zu und addiert diese, beim Standard-Nim ergibt sich $3 = 2^1 + 2^0$. Die Codierung ist dann $0 \cdot 333\dots$, weil beliebig viele Steine entfernt werden können, sofern dies möglich ist. Beim Lasker-Nim kann man zusätzlich keinen Stein entfernen, muss dann aber $t = 2$ Säulen hinterlassen. Mit $4 = 2^2$ ist die Codierung des Lasker-Nims daher $4 \cdot 333\dots$.

Wir codieren das Subtraktionsspiel, bei dem in jedem Schritt $n_1, \dots, n_k$ Steine entfernt werden können. Auch hier kann durch die Wegnahme von Steinen eine oder keine Säule entstehen. Das Spiel ist daher von der Form $0 \cdot A_1 A_2 \dots$, wobei $A_i = 0$, wenn i unter den Zahlen n_j nicht vorkommt, ansonsten ist $A_i = 3$.

Im klassischen Kegelspiel werden nur ein oder zwei Steine entfernt und anschließend verbleiben $t = 0, 1, 2$ Säulen, also $7 = 2^2 + 2^1 + 2^0$, was zur Darstellung $0 \cdot 77$ führt. Beim Dawson-Kegelspiel kann ein Stein mit $t = 0$, zwei Steine mit $t = 0, 1$ oder drei Steine mit $t = 0, 1, 2$ entfernt werden, also ist $0 \cdot 137$ die Codierung des Dawson-Kegelspiels.

Ein Spiel heißt *oktal*, wenn in seiner Codierung nur die Ziffern $0, 1, \ldots, 7$ vorkommen, wenn die Codierung sich also im Oktalsystem darstellen lässt. Bei einem oktalen Spiel darf man eine Säule nicht in drei oder mehr Säulen zerlegen wegen $2^3 = 8 > 7$. Computerberechnungen haben gezeigt, dass die Grundy-Werte bei nichtoktalen Spielen sehr groß werden, so dass man nicht davon ausgeht, dass sie für große n ein gutartiges Verhalten zeigen. Vieles spricht für die

Vermutung Für jedes oktale Spiel mit endlicher Codierung

$$0 \cdot A_1 \ldots A_n, \quad 0 \le A_i \le 7,$$

ist die Grundy-Folge ab einem n_0 periodisch.

Diese Vermutung ist richtig für das Dawson-Kegelspiel und für alle Subtraktionsspiele (mit endlicher Codierung). Für das einfach erscheinende Spiel $0 \cdot 6$ hat man bisher noch keine Periodizität nachweisen können. $0 \cdot 6$ bedeutet, dass man einen Stein entfernen kann, wenn man mindestens einen Stein hinterlässt, anschließend darf die Säule noch geteilt werden.

Nim und Lasker-Nim haben keine endliche Codierung, sind aber arithmetisch periodisch. Für das Grundy-Nim konnte man keine arithmetische Periodizität nachweisen, es ist auch kein oktales Spiel, weil im Unterschied zu $4 \cdot 0$ die beiden nach der Teilung entstehenden Säulen eine unterschiedliche Größe besitzen müssen.

6.7 Aufgaben

6.1 (3) Die Spieler setzen abwechselnd (neutrale) Läufer so auf ein 8×8-Schachbrett, dass sich je zwei Läufer nicht gegenseitig angreifen. Man zeige, dass der Nachziehende eine Gewinnstrategie besitzt.

Hinweis: Man definiere korrespondierende Felder. Setzt der Anziehende auf ein Feld, so setzt der Nachziehende auf das korrespondierende Feld.

6.2 (4) Auf einem unendlichen Schachbrett setzen Weiß und Schwarz abwechselnd Spielsteine eigener Farbe. Wer als erster eine waagerechte oder senkrechte Reihe von vier nebeneinanderstehenden Steinen eigener Farbe hat, hat gewonnen. Man zeige, dass der Nachziehende eine Remisstrategie besitzt.

Hinweis und Bemerkung: Bei solchen Spielen ist offenbar der Anziehende im Vorteil. Insofern ist die Remisstrategie für den Nachziehenden das beste, was er erreichen kann. Wie in Aufgabe 6.1 definiere man korrespondierende Felder.

Dieses Spiel ist eine Variante des bekannten (Kinder?)Spiels „Vier gewinnt". Es besteht aus sieben Spalten und sechs Reihen, wobei die Spalten nur von unten nach oben gefüllt werden dürfen, was die Zugmöglichkeiten einschränkt. Andererseits zählen auch vier eigene Steine in einer Diagonalen als Sieg. Vier gewinnt ist theoretisch vollständig gelöst: Der Anziehende gewinnt, indem er in die mittlere Spalte setzt.

6.3 (3) Man zeige

$$\{\uparrow \mid \downarrow\} = \{\uparrow \mid 0\} = \{0 \mid \downarrow\} = *.$$

6.4 (3) Auf einem schachbrettartigen Brett legen die Spieler Weiß und Schwarz abwechselnd 1×2-Dominosteine auf noch unbesetzte Felder, wobei Weiß die Steine senkrecht und Schwarz waagerecht legt. Wer nicht mehr ziehen kann, hat verloren. Dieses Spiel heißt im Englischen Domineering, was mit Domino oder Schachteln übersetzt wurde. Die neutrale Variante, bei der beide Spieler die Steine waagerecht oder senkrecht setzen können, ist wohl die ältere, aber weniger interessante. Nach einigen Zügen entstehen Positionen wie in Abbildung 6.13 links, deren freie Felder in Teilgebiete separieren. Wie sind die Teilgebiete in Abbildung 6.13 rechts zu bewerten, welche Werte kommen in der Tabelle in Abbildung 6.9 vor, welche sind neu?

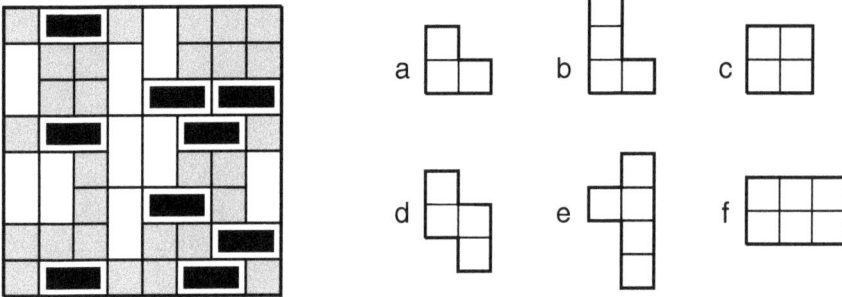

Abb. 6.13: *Position des Spiels Domineering, Teilgebiete bei Domineering*

6.5 (3) a) Für eine Zahl $x \geq 0$ definieren wir das Spiel

$$t_x = \big\{0 \mid \{0 \mid -x\}\big\},$$

genannt „tiny-x". Es ist $t_0 = \{0 \mid *\} = \uparrow$. Man zeige: Sind x, y Zahlen mit $0 \leq x < y$, so ist $0 < nt_y < t_x$ für alle $n \in \mathbb{N}$. Wir hatten bereits gesehen, dass $\uparrow$ kleiner ist als jede reelle Zahl, die tiny-Werte sind ebenfalls positiv, aber noch einmal kleiner als $\uparrow$.

Wer gewinnt?

b) Die nebenstehende Studie stammt von Noam D. Elkies aus dem Jahre 1998 und ist [50], Seite 144, entnommen. Wer zuerst seinen Springer ziehen muss, hat verloren. Es geht nicht 1. c4 dc4 2. dc4 d3 3. Sxd3 Sb3 und Weiß verliert. Ebenso geht für Schwarz nicht 1. - f5 2. gf5 gf5 3. g6+ Kxg6 4. Kxg8 und Schwarz verliert. Bewerten Sie die Bauernkonstellationen auf den Linien c, d und f, g und entnehmen Sie dem Aufgabenteil a), wer bei welchem Anzug gewinnt.

6.6 (3) Man zeige, dass das Subtraktionsspiel (siehe Seite 118), bei dem man in jedem Schritt a oder b Steine entfernt, eine periodische Grundy-Folge hat und bestimme die Periodenlänge.

6.7 (3) Ein König wird auf ein Schachbrett gesetzt, das nach rechts und nach unten unbeschränkt ist. Der König wird von den beiden Spielern abwechselnd gezogen, wobei nur Züge nach oben, nach links und auf das Diagonalfeld oben links erlaubt sind. Das Feld oben links besitze die Koordinaten $(1,1)$. Von (m,n) kann der König also nach $(m-1,n)$, $(m,n-1)$ oder $(m-1,n-1)$ ziehen. Das Spiel endet mit der Niederlage des am Zuge befindlichen Spielers, wenn der König auf dem Feld $(1,1)$ steht. Man stelle die Grundy-Funktion $g(m,n)$ für dieses neutrale Spiel auf und deute sie geometrisch als Färbung des Schachbretts. Wie sieht die optimale Spielstrategie aus?

6.8 (5) Untersuchen Sie kombinatorische Mehrpersonenspiele.

Bemerkung: Zu diesem Thema gibt es kaum Theorie, weil im Allgemeinen die Koalitionsmöglichkeiten das eigentliche Spiel dominieren. Als Beispiel betrachten wir ein Schach für drei Personen, das bereits in mehreren Varianten in den Handel gebracht wurde. Wir stellen uns vor, wie zwei Anfänger gegen den Schachweltmeister spielen. Natürlich werden sie eine erfolgreiche Koalition gegen den Weltmeister eingehen, denn dieser kann vielleicht gegen eine Mehrfigur bestehen, aber nicht gegen eine doppelt so große Streitmacht. Mir ist zu diesem Thema nur die Untersuchung des Mehrpersonennims mit neutralen Steinen in [43] bekannt.

Anmerkungen

[9]Beim Go-Spiel bekommen die Spieler zum Spielende (ganzzahlige) Punkte für ihr beherrschtes Gebiet und ihre Gefangenen. Der Anziehende, beim Go ist das Schwarz, entschädigt den Nachziehenden mit einer Punktvorgabe, Komi genannt, die in der Regel $5\frac{1}{2}$ Punkte beträgt, womit ein Unentschieden ausgeschlossen ist. Die Abneigung gegen das Unentschieden geht so weit, dass in einer selten vorkommenden Situation, die dem Remis durch Zugwiederholung im Schach gleicht, die Partie neu angesetzt wird. Zur Vermeidung des Unentschiedens nimmt man die potentielle Unendlichkeit des Spiels in Kauf.

[10]Die Spieler scheint der Gedanke nicht zu stören, dass der Ausgang des Spiels im Prinzip feststeht. Das Interesse an der angloamerikanischen Version des Damespiels, amerikanisch „Checkers" genannt, ist vermutlich deshalb zurückgegangen, weil ein Mensch, nämlich der US-Amerikaner Marion Tinsley (1927-1995), und das Computer-Programm „Chinook" dieses Spiel nahezu perfekt spielten. Tinsley hat in seiner langen Karriere nur sieben Partien verloren, zwei davon gegen Chinook. Inzwischen hat der Entwickler des Programms Chinook, Jonathan Schaeffer, den Spielbaum von Checkers abgesehen von unplausiblen Eröffnungzügen vollständig bestimmt. Wie nicht anders zu erwarten war, geht Checkers bei beiderseits bestem Spiel unentschieden aus.

Beim Schachspiel ist dagegen unklar, wie der Wert des Spiels aussehen wird, wenn eines Tages der Spielbaum bekannt ist. Im Schach wird ein Sieg mit einem Punkt bewertet, ein Unentschieden mit einem halben. Eine Untersuchung von Meisterpartien hat ergeben, dass

Weiß 56% der Punkte erzielt, Schwarz entsprechend 44%. Bei beiderseits bestem Spiel sind die Ausgänge Gewinn für Weiß oder Unentschieden wahrscheinlich. Andererseits hat noch niemand einen Beweis gefunden, dass Schwarz keine Gewinnstrategie besitzt. Denn Weiß *muss* ja ziehen, und das kann in der Ausgangsposition von Nachteil sein.

[11]1. Kb7 Tb2+ 2. Ka7 Tc2 3. Th5+ Ka4 4. Kb6 Tb2+ 5. Ka6 Tc2 6. Th4+ Ka3 7. Kb6 Tb2+ 8. Ka5 Tc2 9. Th3+ Ka2 (oder 9. Kb2) 10. Txh2 fesselt den sT Txh2 11. c8D gewinnt

[12]Weiß zieht nacheinander auf das jeweils freie Feld: S T S T L S T S L S T K T K S T×L

7 Strategische Spiele

7.1 Zweipersonen-Nullsummenspiele

Im bekannten Spiel Schere-Stein-Papier wählen zwei Spieler durch ein Handzeichen gleichzeitig eines der Symbole Papier, Stein oder Schere. Papier schlägt Stein („wickelt ein"), Stein schlägt Schere („macht sie stumpf") und Schere schlägt Papier („zerschneidet"). Werden zwei gleiche Symbole gewählt, so ist das Spiel unentschieden. In Abbildung 7.1 ist die Auszahlung für die beiden Spieler in Form eines Vektors angegeben, die beiden Komponenten des Vektors liefern die Auszahlungen für die Spieler I und II. Spielt zum Beispiel Spieler I Schere und Spieler II Papier, so bekommt Spieler I einen Punkt und Spieler II einen Minuspunkt.

I: \ II:		1	2	3
Schere	1	(0,0)	(-1,1)	(1,-1)
Stein	2	(1,-1)	(0,0)	(-1,1)
Papier	3	(-1,1)	(1,-1)	(0,0)

Abb. 7.1: *Auszahlung für Schere-Stein-Papier*

Hierbei fällt auf, dass ein Spieler nur auf Kosten des anderen gewinnen kann, weil die Summe der beiden Komponenten eines jeden Vektors gerade 0 ergibt. Solche Spiele nennt man *Nullsummenspiele*. In den Medien wird dieser Begriff häufig in dem Sinn gebraucht, dass eine Handlungsoption nichts bringt, weil unter dem Strich dasselbe herauskommt. Tatsächlich bringt das Spielen eines Nullsummenspiels durchaus etwas, sofern man gewinnt. Die Auszahlung in „Schere-Stein-Papier" ist in sich völlig symmetrisch, so dass die Wahl bei einmaligem Spiel gleichgültig ist. Spielt man bei mehrmaligem Spiel die drei Alternativen zufällig und mit gleicher Wahrscheinlichkeit aus, so kann der gegnerische Spieler spielen, was er will, der Erwartungswert wird für beide Spieler Null sein.

Allgemeiner besteht ein Zweipersonen-Nullsummenspiel aus der *Strategienmenge* $1, 2, \ldots, m$ für Spieler I, der Strategienmenge $1, \ldots, n$ für Spieler II und aus einem

$m \times n$-Schema, das die Auszahlung regelt.

$$
\begin{array}{c|cccc}
\mathrm{I} \setminus \mathrm{II} & 1 & 2 & \ldots & n \\
\hline
1 & a_{11} & a_{12} & \ldots & a_{1n} \\
2 & a_{21} & a_{22} & \ldots & a_{2n} \\
\vdots & \vdots & \vdots & & \vdots \\
m & a_{m1} & a_{m2} & \ldots & a_{mn}
\end{array}
\qquad (7.1)
$$

Beide Spieler wählen eine Strategie in ihrer Strategienmenge und decken sie gleichzeitig auf. Hat Spieler I die Strategie i gewählt und Spieler II die Strategie j, so schauen wir in die i-te Zeile und j-te Spalte des Schemas und lesen das Element a_{ij} ab, das den Gewinn/Verlust von Spieler I angibt, $-a_{ij}$ ist dann der Gewinn/Verlust für Spieler II. Anders ausgedrückt möchte Spieler I im Schema 7.1 eine hohe Auszahlung erzielen, Spieler II eine niedrige.

Abb. 7.2: *Beispiel eines Zweipersonen-Nullsummenspiels*

Wie spielt man ein solches Nullsummenspiel am besten? Schauen wir uns das Beispiel in Abbildung 7.2 genauer an, so stellen wir fest, dass für Spieler I die Strategie 2 eine gute Wahl ist und für Spieler II die Strategie 3. Weicht Spieler I von Strategie 2 ab, so verschlechtert er sich auf 1 oder 0, weicht Spieler II von Strategie 3 ab, so kommt er auf 3 oder 4, was für ihn, der ja die Auszahlung klein halten will, ebenfalls nachteilig ist. Daher werden beide Spieler an diesen Strategien festhalten, weil keiner von beiden ungestraft abweichen kann. Wir bezeichnen das Paar von Strategien (2,3) als *Sattelpunkt* des Schemas.

Im allgemeinen Auszahlungsschema 7.1 bildet die Strategie i_0 von Spieler I und die Strategie j_0 von Spieler II einen Sattelpunkt, wenn

$$
a_{ij_0} \leq a_{i_0 j_0} \leq a_{i_0 j} \quad \text{für alle } 1 \leq i \leq m \text{ und } 1 \leq j \leq n.
$$

Nicht alle Auszahlungsschemata besitzen einen Sattelpunkt, wie das von Papier, Stein, Schere zeigt,

$$
\begin{pmatrix}
0 & 1 & -1 \\
-1 & 0 & 1 \\
1 & -1 & 0
\end{pmatrix} .
$$

In diesem Fall müssen wir befürchten, dass der Gegner sich auf eine konstante Wahl der Strategie einstellt, wenn mehrere Spiele hintereinander durchgeführt werden. Wechseln der Strategie scheint hier angebracht zu sein.

Allgemeiner können wir bei einem Zweipersonen-Nullsummenspiel mit m Strategien für den Spieler I eine *gemischte* Strategie für den Spieler I durch den Vektor $(x_1, x_2, \ldots, x_m)$ definieren mit $x_i \geq 0$ und $x_1 + x_2 + \ldots + x_m = 1$. Die x_i geben dann die Wahrscheinlichkeit an, mit der Spieler I die i-te Strategie spielt. Die konstante Wahl der i-ten Strategie nennen wir *reine* Strategie, ihr entspricht die Wahl eines Vektors, der mit Ausnahme der i-ten Stelle aus lauter Nullen besteht.

Spielt auch der zweite Spieler eine gemischte Strategie $(y_1, \ldots, y_n)$, so können wir für das Auszahlungsschema in (7.1) die mittlere Auszahlung bestimmen. Spieler I spielt seine erste Strategie mit Wahrscheinlichkeit x_1, Spieler II seine erste mit Wahrscheinlichkeit y_1. Mit einer Wahrscheinlichkeit von $x_1 y_1$ kommt daher a_{11} zur Auszahlung. Die Gesamtauszahlung beträgt daher

$$A(x, y) = \sum_{i=1}^{m} \sum_{j=1}^{n} a_{ij} x_i y_j.$$

Ein Paar $(\overline{x}, \overline{t})$ von gemischten Strategien $\overline{x}$ und $\overline{y}$ heißt *Gleichgewichtspunkt* von (7.1), wenn

$$A(x, \overline{y}) \leq A(\overline{x}, \overline{y}) \leq A(\overline{x}, y) \tag{7.2}$$

für alle gemischten Strategien x von Spieler I und y von Spieler II. Um diese Definition richtig zu verstehen, sei daran erinnert, dass $A(x, y)$ nach unserer Konvention die Auszahlung für den Spieler I und $-A(x, y)$ die Auszahlung für den Spieler II ist. Gleichung (7.2) bedeutet, dass sich für beide Spieler ein Abweichen von der Gleichgewichtsstrategie nicht lohnt. Es gilt dann der

Satz 7.1 (von Neumann) *Zu jedem Zweipersonen-Nullsummenspiel mit Auszahlungsschema (7.1) gibt es einen Gleichgewichtspunkt $(\overline{x}, \overline{y})$ von gemischten Strategien $\overline{x}$ für Spieler I und $\overline{y}$ für Spieler II. Ferner ist das Ergebnis $A(\overline{x}, \overline{y})$ für beide Spieler in dem Sinne optimal, dass es keine andere Strategie als eine Gleichgewichtsstrategie gibt, die bei bestem Gegenspiel mehr einbringt als $A(\overline{x}, \overline{y})$.*

Wie das Beispiel eines konstanten Auszahlungsschemas zeigt, brauchen die Gleichgewichtspunkte nicht eindeutig zu sein. In diesem Fall ist jede Strategie eine Gleichgewichtsstrategie.

An einem Beispiel wollen wir sehen, wie man solche Gleichgewichtspunkte ausrechnen kann.

Beispiel 7.1 Bei einem bekannten Kinderspiel halten die Spieler I und II gleichzeitig einen oder zwei Finger hoch. Ist die Gesamtzahl der hochgehaltenen Finger gerade, zahlt II an I, bei einer ungeradzahligen Fingerzahl zahlt I an II, und zwar in allen Fällen so viel, wie Finger hochgehalten wurden. Dies gibt das Schema (wie immer aus Sicht von Spieler I) in Abbildung 7.3.

II: I:	ein Finger	zwei Finger
ein Finger	2	-3
zwei Finger	-3	4

Abb. 7.3: *Auszahlung für Fingerheben*

Da es offenbar keinen Sattelpunkt gibt, müssen wir eine gemischte Strategie bestimmen. x_1, x_2 seien die Wahrscheinlichkeiten für die Strategien für I, y_1, y_2 die für Spieler II. Es ist dann

$$A(x_1, x_2, y_1, y_2) = 2x_1 y_1 - 3x_1 y_2 - 3x_2 y_1 + 4x_2 y_2 \tag{7.3}$$

die mittlere Auszahlung, wenn beide Spieler diese Strategien verfolgen. Sei $(\overline{x}, \overline{y})$ ein Gleichgewichtspunkt. Da es keine Sattelpunkte gibt, muss $0 < \overline{y}_1, \overline{y}_2 < 1$ gelten. Für kleine $|t|$ ist daher auch $(\overline{y}_1 + t, \overline{y}_2 - t)$ eine zulässige Strategie für Spieler II: Die einzelnen Komponenten liegen zwischen 0 und 1 und die Summe ist 1. Man bezeichnet eine solche leicht gestörte Strategie als *Variation*. Nach (7.2) gilt dann

$$A(\overline{x}_1, \overline{x}_2, \overline{y}_1, \overline{y}_2) \leq A(\overline{x}_1, \overline{x}_2, \overline{y}_1 + t, \overline{y}_2 - t) \quad \Leftrightarrow \quad A(\overline{x}_1, \overline{x}_2, t, -t) \geq 0,$$

was mit (7.3) ergibt

$$2\overline{x}_1 t + 3\overline{x}_2 t - 3\overline{x}_2 t - 4\overline{x}_2 t \geq 0.$$

Nun muss diese Ungleichung sowohl für kleine positive t als auch für kleine negative t erfüllt sein, was bedeutet, dass sich die Ungleichung auf eine Gleichung reduziert. Wir teilen die Gleichung durch t und erhalten $5\overline{x}_1 - 7\overline{x}_2 = 0$, was wegen $\overline{x}_2 = 1 - \overline{x}_1$ die einzige Lösung $\overline{x}_1 = 7/12$, $\overline{x}_2 = 5/12$ ergibt. Die gleiche Prozedur für $\overline{y}$ liefert $\overline{y} = \overline{x}$. Für beide Spieler ist es daher am besten, mit Wahrscheinlichkeit $7/12$ einen Finger zu heben. Das Auszahlungsschema dieses Spiels sieht ja ziemlich fair aus, von daher überrascht $A(\overline{x}, \overline{y}) = -1/12$ doch etwas, der zweite Spieler ist also im Vorteil.

Mit dem nächsten Beispiel wird gezeigt, wie auch komplexe, mehrstufige Spiele mit dem zunächst etwas armselig erscheinenden Konzept der Spieltheorie behandelt werden können. Das Beispiel ist dem sehr empfehlenswerten Buch von Jörg Bewersdorff [7] entnommen, in dem alle Arten von Gesellschafts- und Casino-Spielen behandelt werden.

Beispiel 7.2 Wir betrachten ein einfaches Pokerspiel für zwei Personen. Jeder Spieler erhält mit gleicher Wahrscheinlichkeit eine hohe (H) oder eine niedrige (N) Karte. Der Einsatz beträgt für jeden Spieler 8 Einheiten. Nachdem jeder eine Karte bekommen und seinen Einsatz geleistet hat, beginnt Spieler I. Er kann passen, wonach die Karten aufgedeckt werden (=Showdown). Der Spieler mit der höheren Karte erhält den Gewinn von 8 Einheiten; sind beide Kartenwerte gleich, bekommen beide keinen Gewinn. Alternativ kann der erste Spieler um 4 erhöhen. Nur in diesem Fall ist der zweite Spieler am Zuge. Er kann passen, wonach der erste Spieler 8 Einheiten als Gewinn erhält oder er kann 4 Einheiten nachlegen. Dann kommt der Showdown, der genauso abgerechnet wird wie zu Anfang, nur mit 12 statt mit 8 Einheiten.

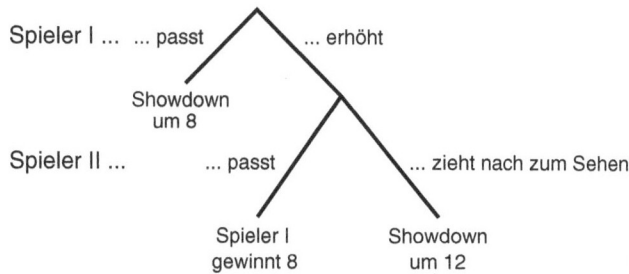

Abb. 7.4: *Entscheidungsbaum des Pokermodells*

Jeder Spieler hat zwar nur eine Entscheidung zu treffen, die hängt jedoch von seiner Karte ab. Wir schreiben P für passen und E für erhöhen. Die vier reinen Strategien für Spieler I sind daher PP, PE, EP, EE, wobei der erste Buchstabe sich auf die niedrige, der zweite auf die hohe Karte bezieht. PE bedeutet daher passen bei niedriger und erhöhen bei hoher Karte. Bei Spieler II verwenden wir P für passen und S für sehen, wenn er im Entscheidungsbaum in Abbildung 7.4 nach rechts zieht. Entsprechend hat Spieler II die 4 Strategien PP, PS, SP, SS, wobei auch hier der erste Buchstabe für die niedrige und der zweite für die hohe Karte steht. EP heißt beispielsweise erhöhen bei niedriger und passen bei hoher Karte.

Mit diesen Bezeichnungen erhalten wir das Auszahlungsschema in Abbildung 7.5

II: I:	PP	PS	SP	SS
PP	0	0	0	0
PE	2	0	3	1
EP	6	1	4	-1
EE	8	1	7	0

Abb. 7.5: *Auszahlungsschema des Pokermodells*

Die Einträge geben die Erwartungswerte der vier Spiele N−N, N−H, H−N, H−H an, wenn beide Spieler eine Strategie gewählt haben. Schauen wir uns beispielsweise das Element in Zeile PE und Spalte PP aus der Sicht von Spieler I genauer an:

N–N:	Spieler I passt	Ausgang 0,
N–H:	Spieler I passt	Ausgang −8,
H–N:	Spieler I erhöht, Spieler II passt	Ausgang 8,
H–N:	Spieler I erhöht, Spieler II passt	Ausgang 8

Um den Erwartungswert zu bestimmen, müssen die Ausgänge mit den Wahrscheinlichkeiten des Eintretens des zugehörigen Ereignisses multipliziert und aufaddiert werden (siehe Seite 83). Da die Ereignisse H und N als gleichwahrscheinlich vorausgesetzt wurden, besitzt jedes Ereignis in der Tabelle die Wahrscheinlichkeit 1/4, der Erwartungswert ist daher 2 wie in Abbildung 7.5 angegeben.

Im Auszahlungsschema sind alle Elemente der zweiten Zeile nicht größer als die Elemente der ersten Zeile. Haben wir eine optimale Strategie (x_1, x_2, x_3, x_4) für Spieler I, so ist die Strategie $(0, x_1 + x_2, x_3, x_4)$ mindestens genauso gut. Wir sagen, dass die Strategie PE die Strategie PP *dominiert* und brauchen daher die Strategie PP bei der Bestimmung der optimalen Strategie nicht weiter zu betrachten. Dies folgt aus dem Pokermodell auch ohne irgendwelche mathematischen Überlegungen: Hat Spieler I eine hohe Karte, kann er auch nach einer Erhöhung nicht mehr verlieren. Genauso dominiert die Zeile EE die Zeile EP. Da die Werte des Auszahlungsschemas für Spieler II negativ gerechnet werden, dominiert bei ihm die Spalte PS die Spalten PP und SP. Nach Elimination der dominierten Strategien verbleibt das deutlich kleinere Schema in Abbildung 7.6.

II: I:	PS	SS
PE	0	1
EE	1	0

Abb. 7.6: *Reduziertes Auszahlungsschema des Pokermodells*

Wie in Beispiel 7.1 weist man nach, dass für beide Spieler die gemischte Strategie $(1/2, 1/2)$ optimal ist, der Wert des Spiels ist daher $A(\overline{x}, \overline{y}) = 1/2$, was den ersten Spieler zum Favoriten macht.

So einfach das besprochene Pokermodell auch ist, so zeigt es bereits, dass der Bluff eine sinnvolle Strategie ist, die es dem Spieler erlaubt, auch bei einer niedrigen Karte den Topf zu „stehlen". Ferner lässt der Spieler bei einer Erhöhung den Gegner im Unklaren, ob er tatsächlich die hohe Karte besitzt.

Mit diesem Beispiel wird auch deutlich, dass alle Glücksspiele mit der Methode der strategischen Spieltheorie untersucht werden können. Im Auszahlungsschema werden statt vorgegebener Werte einfach die Erwartungswerte angegeben. Beim Black Jack sind wir genauso vorgegangen, da die Bank aber keine Entscheidungen treffen kann, handelt es sich im Grunde genommen um ein Spiel für eine Person.

Wird eine echte Pokerpartie wie das zur Zeit populäre Texas Hold'em als Limit-Spiel mit festgelegen Einsätzen und einer beschränkten Zahl von Bietrunden gespielt, so hat jeder Spieler rund 10 Entscheidungen zu treffen, die genaue Zahl hängt von der gespielten Variante ab. Diese Entscheidungen werden zu Anfang von den beiden Handkarten abhängig gemacht, später zusätzlich von den Karten am Tisch. Das zugehörige Auszahlungsschema ist damit sehr groß, aber kann prinzipiell auf die gleiche Weise aufgestellt werden wie im letzten Beispiel. Wenn man unplausible Entscheidungen nicht berücksichtigt und nahezu gleichstarke Blätter wie etwa As,4 und As,5 zusammenfasst, kann man den Gleichgewichtspunkt für das Zweipersonenspiel mit den Verfahren der linearen Optimierung (siehe [18]) bestimmen. Alternativ kann man plausible Strategien vorgeben und sie mit der Monte-Carlo-Methode miteinander vergleichen. Kurz und gut: Das Zweipersonen-Texas Hold'em in der Limit-Variante kann von einem Computerprogramm nahezu optimal gespielt werden, besser jedenfalls, als jeder Mensch es könnte.

7.2   Nichtnullsummen- und Mehrpersonenspiele

Bei einem allgemeinen Zweipersonenspiel benötigen wir Auszahlungsschemata für jeden einzelnen Spieler der Form

$$
\begin{pmatrix} a_{11} & a_{12} & \dots & a_{1n} \\ a_{21} & a_{22} & \dots & a_{2n} \\ \vdots & \vdots & & \vdots \\ a_{m1} & a_{m2} & \dots & a_{mn} \end{pmatrix}, \quad \begin{pmatrix} b_{11} & b_{12} & \dots & b_{1n} \\ b_{21} & b_{22} & \dots & b_{2n} \\ \vdots & \vdots & & \vdots \\ b_{m1} & b_{m2} & \dots & b_{mn} \end{pmatrix}. \tag{7.4}
$$

Die Auszahlungen für die Spieler I und II bei Verwendung von gemischten Strategien $x = (x_1, \dots, x_m)$ und $y = (y_1, \dots, y_n)$ ist dann

$$
A(x,y) = \sum_{i=1}^{m} \sum_{j=1}^{n} a_{ij} x_i y_j \ \text{für } I, \quad B(x,y) = \sum_{i=1}^{m} \sum_{j=1}^{n} b_{ij} x_i y_j \ \text{für } II. \tag{7.5}
$$

Das Paar von gemischten Strategien $(\overline{x}, \overline{y})$ von Spieler I bzw. Spieler II heißt *Nash-Gleichgewicht*, wenn

$$
A(x,\overline{x}) \le A(\overline{x},\overline{y}), \quad B(\overline{x},y) \le B(\overline{x},\overline{y}).
$$

für alle gemischten Strategien x von I bzw. y von II. Analog zum Nullsummenspiel lohnt sich ein Abweichen von der Gleichgewichtsstrategie nicht, wenn der Gegner an seiner Gleichgewichtsstrategie festhält. Im Gegensatz zum Nullsummenspiel braucht aber das erzielte Ergebnis $A(\overline{x},\overline{y})$ und $B(\overline{x},\overline{y})$ für die beiden Spieler nicht optimal zu sein.

Betrachten wir dazu das obige Beispiel, das seinen Namen von typischen Auseinandersetzungen in einer Partnerschaft hat. Die erste Zahl in den runden Klammern gibt die Auszahlung für Spieler I an, die zweite Zahl die für den Spieler II. Das Paar kann sich

I:	II:	1	2
Theater 1		(4,1)	(0,0)
Fußball 2		(0,0)	(1,4)

Abb. 7.7: *Der Kampf der Geschlechter*

ein Fußballspiel ansehen oder ins Theater gehen. Spieler I, meist als weiblich bezeichnet, wünscht sich einen Theaterbesuch, was ihr vier Glückspunkte einbringt, während Spieler II sich lieber ein Fußballspiel ansehen will. Wenn keine gemeinsame Unternehmung zu Stande kommt, sehen das beide Spieler als schlechtesten Ausgang des Spiels an. Im Gegensatz zu Nullsummenspielen haben beide Spieler das Bedürfnis zu kommunizieren, so dass der äußere Rahmen des Spiels das Verhalten der Spieler beeinflusst. Wir können uns vorstellen, dass beide in der Stadt sind und für sich eine Karte für das Theater oder das Fußballspiel kaufen sollen, ohne miteinander sprechen zu können. Andererseits kann man den Spielern die Möglichkeit geben, morgens gemeinsam zu beraten, was zur kooperativen Variante dieses Spiels führt.

Die beiden Paare reiner Strategien $(\overline{x}, \overline{y}) = ((1,0), (1,0))$ und $(\overline{x}, \overline{y}) = ((0,1), (0,1))$ sind offenbar Nash-Gleichgewichte, denn ein Abweichen eines Spielers führt zur Auszahlung 0 für beide. Wenn die Spieler sich nicht absprechen, so wählt Spieler I vermutlich die Strategie 1 und Spieler II die Strategie 2, was zum ungünstigsten Ausgang für dieses Spiel führt. Dürfen die Spieler kooperieren, kann dies in Anbetracht der unterschiedlichen Auszahlungen für die beiden Gleichgewichtspunkte in einem Streit enden (siehe Abschnitt 7.3).

Bei Nichtnullsummenspielen kann es vorkommen, dass die mit der Gleichgewichtsstrategie verbundenen Auszahlung nicht optimal sein muss.

I:	II:	1	2
Gestehen 1		(-5,-5)	(0,-10)
Nicht gestehen 2		(-10,0)	(-1,-1)

Abb. 7.8: *Das Dilemma des Gefangenen*

Zwei Kriminelle, die eines gemeinsamen Verbrechens beschuldigt werden, werden getrennt verhört. Gestehen beide nicht, so kann man ihnen nur wenig nachweisen und sie kommen mit einem Jahr Gefängnis davon. Gesteht nur einer von beiden, so kann von der Kronzeugenregelung Gebrauch gemacht werden und er wird nicht bestraft. Der andere, da nicht geständig, wird zu 10 Jahren Gefängnis verurteilt. Gestehen hingegen beide, so bekommen sie jeweils 5 Jahre. Offenbar ist das Paar reiner Strategien $((1,0), (1,0))$ der einzige Gleichgewichtspunkt dieses Spiels mit Auszahlung -5 für die Spieler, aber für beide wäre es besser, eisern zu schweigen.

Im Beispiel des Geschlechterkampfs muss einer auf seine beste Wahl verzichten, um ein gutes Ergebnis zu erreichen, aber wer soll das tun und warum soll er das tun? Das folgende Experiment, das erst in neuerer Zeit durchgeführt wurde, ist in dieser Hinsicht sehr lehrreich.

I:	II:	1	2
ehrlich 1		(1,1)	(-1,2)
unehrlich 2		(2,-1)	(0,0)

Abb. 7.9: *Das Kooperationsspiel*

Wir stellen uns vor, dass zwei Personen ein Geschäft durchführen, indem die eine Person einen Koffer mit Geld an einen Ort schafft und die andere Personen die Ware an einen anderen Ort. Daraufhin begeben sich beide zum Ort des anderen, um die Ware beziehungsweise das Geld abzuholen. Beide Personen können nun ehrlich sein (=1. Strategie) und tatsächlich das Geld oder die Ware deponieren. Da das stattgefundene Geschäft positiv bewertet wird, bekommen sie jeweils einen Punkt. Wenn einer der Spieler betrügt (=2. Strategie) und nur die Gegenleistung in Empfang nimmt, ohne selbst etwas dafür zu liefern, so bekommt er 2 Punkte, sein Partner −1, weil er nun einen Verlust erleidet. Betrügen beide, so findet das Geschäft nicht statt und sie bekommen 0 Punkte. Die Auszahlung entspricht damit der des Gefangenendilemmas, nur ins positive gewendet. Der einzige Gleichgewichtspunkt ist die Wahl der zweiten Strategie für beide Spieler, aber Ehrlichkeit würde auf die Dauer zu einem besseren Ergebnis führen. Es wurde ein Wettbewerb für Computerprogramme durchgeführt, bei dem jedes Programm gegen jedes hintereinander das Spiel 100 Mal spielt. Sieger ist, wer am Ende die meisten Punkte vorzuweisen hat, es geht also *nicht* darum, möglichst viele Gegner zu schlagen, sondern um das beste Gesamtergebnis. Die Programmierer sind damit angehalten, in ihren Pro grammen Mechanismen einzubauen, die die Kooperationsfähigkeit der Gegner testen. Gewonnen hat den Wettbewerb das recht einfache Programm, das im ersten Spiel die ehrliche Strategie wählt und in allen weiteren Spielen die Strategie des Gegners aus dem letzten Spiel kopiert. Damit erreicht das Programm mindestens −1 Punkte, ohne sich die Möglichkeit zur vollen Punktzahl zu verbauen. Man kann das „Verhalten" dieses Programms als fair, aber vernünftig bezeichnen[13].

Es dürfte klar sein, wie ein (7.4) entsprechendes Mehrpersonenspiel aussieht und wie ein Nash-Gleichgewicht definiert ist. Die volle Problematik der Definition zeigt sich aber schon beim Zweipersonenspiel: Jedes Abweichen *eines* Spielers verbessert seine Auszahlung nicht, aber mehrere Spieler können gemeinsam ihre Strategie ändern und dadurch ein besseres Ergebnis erzielen. Ist jedoch eine solche Kooperation verboten, so kann das Spiel sich im Gleichgewichtspunkt stabilisieren. Und das geht immer:

Satz 7.2 (Nash) *Jedes Mehrpersonenspiel besitzt ein Nash-Gleichgewicht.*

John Nash wurde für diesen Satz und natürlich auch für den von ihm gefundenen Gleichgewichtsbegriff 1994 mit dem Nobelpreis für Wirtschaftswissenschaften geehrt.

Wegen des einfachen Beweises dieses Satzes[14] werden andere Arbeiten Nashs in der Mathematik höher geschätzt.

Der Marktpreis eines Produkts wird als Nash-Gleichgewicht gedeutet. Die Spieler sind die Produzenten dieses Produkts und ihre Strategien sind die Preise, die sie für das Produkt verlangen können. Das Abweichen vom Marktpreis, so die Theorie, lohnt sich nach oben nicht, weil Kunden verloren gehen, und es lohnt sich nach unten nicht, weil nicht genug verdient wird. Das Nash-Gleichgewicht ist ein schwaches Gleichgewicht, weil es Druck nur auf jeden einzelnen Spieler ausübt. Sprechen sich die Produzenten verbotenerweise ab, so kommen sie gemeinsam aus dem Nash-Gleichgewicht heraus. Aus diesem Beispiel wird deutlich, wie wichtig Satz 7.2 für die Wirtschaftswissenschaften ist, ohne ihn hätten wir womöglich gar keine richtigen Preise.

7.3   Das Verhandlungsproblem

Wenn die Spieler eines allgemeinen Nullsummenspiels nicht kooperieren können oder dürfen, so wird sich das Spiel in einem Nash-Gleichgewicht stabilisieren, das, wie wir gesehen haben, für die Spieler ungünstig sein kann. Ist dagegen Kooperation erlaubt, gibt es dann eine objektive Verhandlungslösung?

Als instruktives Beispiel betrachten wir den Kampf der Geschlechter mit Auszahlung wie in Abbildung 7.7. Da zunächst jeder Spieler an den für ihn günstigen Gleichgewichtspunkt festhalten will, muss ein Spieler nachgeben, damit ein gutes Ergebnis für beide Spieler erreicht wird.

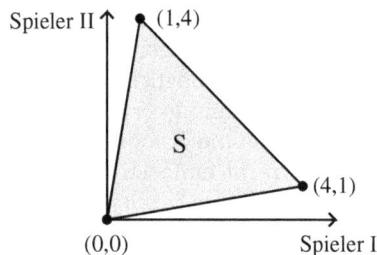

Abb. 7.10: *Die im Kampf der Geschlechter erreichbaren Ausgänge*

Wir ordnen dem Spiel die über gemischte Strategien erreichbaren Ausgänge zu und stellen diese als Punkte in der Ebene dar. Das sind zunächst die reinen Strategien, im Fall des Kampfs der Geschlechter die Punkte $(0,0)$, $(4,1)$ und $(1,4)$. Spielen die Spieler abwechselnd die ersten reinen Strategien mit Wahrscheinlichkeit t, $0 \leq t \leq 1$, und die zweiten reinen Strategien mit Wahrscheinlichkeit $1 - t$ aus, so ist ihr Erwartungswert $t(4,1) + (1-t)(1,4)$, was den Punkten auf der Strecke zwischen $(4,1)$ und $(1,4)$ entspricht. Mischen die Spieler ihre Strategien aus den drei Ausgängen $(0,0)$, $(4,1)$ und $(4,1)$ auf analoge Weise, so können sie die grau gekennzeichnete Punktmenge S in Abbildung 7.10 erreichen.

Wir gehen nun von einem allgemeinen Zweipersonenspiel mit Auszahlungen A für Spieler I und B für Spieler II wie in (7.5) aus. Verbindet man alle Punkte dieses Auszahlungsschemas miteinander, so ist die größte dadurch eingeschlossene Fläche die durch gemischte Strategien erreichbare Menge S. Ferner seien u^* und v^* die Auszahlungen für die Spieler I und II, die sie ohne Kooperation erzielen können, also

$$u^* = \max_x \min_y A(x,y), \quad v^* = \max_y \min_x B(x,y),$$

wobei Maximum und Minimum über die Menge der gemischten Strategien x von Spieler I bzw. y von Spieler II genommen werden. Gesucht ist eine Verhandlungsfunktion ϕ, die der Menge S der erreichbaren Ausgänge sowie den Werten u^*, v^* eine Verhandlungslösung $(\overline{u}, \overline{v}) = \phi(S, u^*, v^*)$ zuordnet. Diese Verhandlungslösung soll objektiv sein, sich also nur aus den Daten S, u^* und v^* berechnen, sie soll eindeutig sein, und sie soll für beide Spieler möglichst günstig sein. Um diese Forderungen zu erfüllen, stellen wir einige plausible Forderungen an ϕ:

(N1) *Individuelle Rationalität:* $(\overline{u}, \overline{v}) \geq (u^*, v^*)$, wobei die Ungleichung in solchen Fällen komponentenweise zu verstehen ist, hier also $\overline{u} \geq u^*$ und $\overline{v} \geq v^*$.

(N2) *Zulässigkeit:* $(\overline{u}, \overline{v}) \in S$.

(N3) *Pareto-Optimalität:* Aus $(u, v) \in S$ und $(u, v) \geq (\overline{u}, \overline{v})$ folgt $(u, v) = (\overline{u}, \overline{v})$.

(N4) *Unabhängigkeit von irrelevanten Alternativen:* Aus $(\overline{u}, \overline{v}) \in T \subset S$ und $(\overline{u}, \overline{v}) = \phi(S, u^*, v^*)$ folgt $(\overline{u}, \overline{v}) = \phi(T, u^*, v^*)$.

(N5) *Unabhängigkeit von linearen Transformationen:* Sei $\phi(S, u^*, v*) = (\overline{u}, \overline{v})$. Bilden wir die Menge S auf die Menge T durch die Transformation

$$u' = \alpha_1 u + \beta_1, \quad v' = \alpha_2 v + \beta_2$$

ab, so soll gelten

$$\phi(T, \alpha_1 u^* + \beta_1, \alpha_2 v^* + \beta_2) = (\alpha_1 \overline{u} + \beta_1, \alpha_2 \overline{v} + \beta_2).$$

(N6) *Symmetrie:* Ist S so beschaffen, dass aus $(u, v) \in S$ folgt, dass $(v, u) \in S$ und ist $u^* = v^*$, so gilt auch $\overline{u} = \overline{v}$. Also: Ist das ganze Problem symmetrisch bezüglich der 45^0-Achse, so muss die Verhandlungslösung auch auf dieser Achse liegen.

Es gibt viele weitere plausible Forderungen an die Verhandlungslösung, beispielsweise

(N7) *Monotonie:* Aus $T \subset S$ folgt $\phi(T, u^*, v*) \leq \phi(S, u^*, v*)$.

Es stellt sich aber heraus, dass man mehr als (N1)-(N6) nicht verlangen kann, denn es gilt:

Satz 7.3 (Nash) *Es existiert genau eine auf den Verhandlungsproblemen (S, u^*, v^*) definierte Funktion ϕ, die den Forderungen (N1)-(N6) genügt. $(\overline{u}, \overline{v})$ ist die eindeutige Lösung des Optimierungsproblems:*

> *Bestimme das Maximum der Funktion $f(u, v) = (u - u^*)(v - v*)$*
>
> *unter den Bedingungen $(u, v) \in S$ und $(u, v) \geq (u^*, v^*)$.*

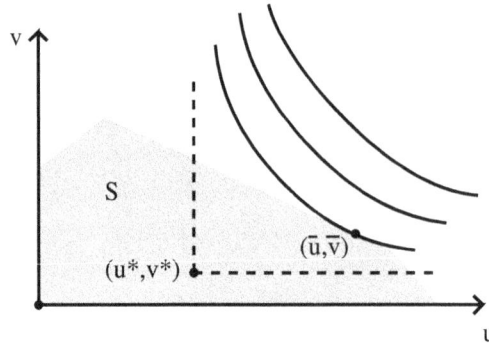

Abb. 7.11: *Illustration der Verhandlungslösung*

Aus Abbildung 7.11 geht der starke Einfluss von (u^*, v^*) auf die Verhandlungslösung hervor. Wegen (N1) muss sie im ersten Quadranten des gestrichelt gezeichneten Koordinatensystems mit Ursprung in (u^*, v^*) liegen. Rechts oben sind die Höhenlinien der Funktion $f(u, v)$ gezeichnet. Die Verhandlungslösung ist der Punkt, in dem eine Höhenlinie von f den Rand von S berührt.

Im Kampf der Geschlechter in Abbildung 7.10 gilt $(u^*, v^*) = 0$. Das Problem ist symmetrisch bezüglich der 45°-Achse und die Verhandlungslösung somit $(\overline{u}, \overline{v}) = (2.5, 2.5)$. Damit kommt genau das heraus, was ein Eheberater dem Paar mit diesem Problem raten würde, dass man sich eben abwechseln muss.

7.4   Evolutionäre Spieltheorie

Die Evolutionstheorie stellt sich im Wesentlichen so dar:

- Die Gene der Nachkommen sind neu kombiniert und eventuell mutiert.
- Da der Lebensraum nur einer begrenzten Anzahl von Nachkommen Platz bietet, werden die Nachkommen selektiert. Die Nachkommengeneration ist damit genauso gut oder besser angepasst als die Elterngeneration.

Bei der Selektion denkt man gewöhnlich an den Kampf um eine Nahrungsquelle, die das stärkere Individuum für sich erschließen kann. Doch die größte körperliche Fitness nutzt einem Männchen nichts, wenn es diese nicht in Nachkommen umsetzen kann. Der Konkurrenzkampf um ein Weibchen unterscheidet sich vom Kampf um eine Ressource deutlich: Zum einen treten immer Männchen der gleichen Art an, zum anderen ist in den meisten Fällen kein Kompromiss möglich – es geht fast immer um Alles oder Nichts. Vor allem aus dem zuletzt genannten Grund ist es plausibel, dass die Männchen sich immer schrecklichere Waffen zulegen, die eigens für den Kampf um ein Weibchen entwickelt werden. Wenn wir diesen Gedanken zu Ende denken, sollte dieser Kampf in den meisten Fällen einen tödlichen Ausgang haben, weil damit der Konkurrent nicht mehr am Fortgang der Evolution teilnehmen kann. Aber warum ist das in der Natur nicht so?

Wir beobachten beim Kampf um ein Weibchen eine Vielzahl unterschiedlicher Verhaltensweisen, die wir grob in zwei Typen einteilen:

1. Im *Beschädigungskampf* bekämpfen sich die Männchen bis zum Tod oder schweren Verletzungen.

2. Im *Kommentkampf* setzen die Männchen ihre Waffen nicht ein und beschränken sich auf ein reines Drohverhalten.

Echte Beschädigungskämpfer sind in der Natur rar, auch schwer bewaffnete Männchen verletzen ihre Gegner nur selten tödlich. Bei den Kommentkämpfern mag das imposante Kleid vieler Männchen die Konkurrenten beeindrucken, aber gleichzeitig wird das Weibchen von der körperlichen Gesundheit des Kandidaten überzeugt.

Der Widerspruch lautet nun so: Nur der Beschädigungskampf scheint dem Prinzip der natürlichen Auslese, der Individualselektion, die bei der Paarung in besonderer Weise gültig sein müsste, zu entsprechen. Andererseits dient der Kommentkampf sicherlich der Erhaltung der Art, weil er die Anzahl der Individuen nicht durch arteigene Kämpfe verringert. Darwin führte daher das Prinzip der Gruppenselektion ein: Bildet eine Art Verhaltensweisen aus, die sie einer anderen unterlegen macht, muss sie untergehen. Die Gruppenselektion ist der Individualselektion in gewisser Weise übergeordnet und verwischt das klare Bild, das wir von der Evolution als Individualselektion gewonnen haben. Weiter führt der Begriff der Gruppenselektion in diesem Zusammenhang zu einem Widerspruch:

1. Der Kommentkämpfer ist bezüglich der Arterhaltung dem Beschädigungskämpfer überlegen (Prinzip der Gruppenselektion).

2. Irgendwann werden durch eine Mutation auch Beschädigungskämpfer auftreten und die Kommentkämpfer ausrotten (Prinzip der Individualselektion).

Es entstand in der Biologie eine lebhafte, jahrzehntelange Diskussion über diesen Widerspruch, bis John Maynard Smith (1920-2004) ihn mit dem folgenden einfachen spieltheoretischen Modell auflöste.

Modell: Wir nehmen eine Population mit Kommentkämpfern (K) und Beschädigungskämpfern (B) an, die nach folgenden Regeln miteinander kämpfen:

1. Jeder Kampf wird entschieden und der Sieger bekommt das Streitobjekt.

2. Jeder kann mehrfach kämpfen

3. Die Individuen besitzen keine Erinnerung.

Mit der letzten Regel wird nur sichergestellt, dass die Individuen nicht aus früheren Kämpfen lernen können, sondern streng ihrem genetischen Programm folgen müssen. Als Nächstes legen wir eine Punktwertung für den Ausgang eines Kampfes fest. Als Bezugspunkte wählen wir 0 Punkte für einen Verlust ohne Verletzungen und 1 Punkt für einen Gewinn. Für einen Verlust mit Verletzungen vergeben wir a Punkte. Zweifellos ist $a < 0$, denn das Individuum wird einige Zeit brauchen, bis seine Wunden verheilt sind und es wieder am Kampf um das Leben teilnehmen kann. Wir können jedem Kampftyp Erwartungswerte für die Gegner zuordnen:

- B−B: einer gewinnt, der andere wird schwer verletzt; der Erwartungswert für beide Gegner ist daher $\frac{1}{2}(1 + a)$.

- K–B: B gewinnt kampflos, niemand wird verletzt. Der Erwartungswert für B ist 1 und der für K ist 0.

- K–K: einer gewinnt, niemand wird verletzt. Der Erwartungswert für beide ist $\frac{1}{2}(0+1) = \frac{1}{2}$.

Bezeichnen wir die relativen Häufigkeiten der K und B mit k und b, $0 \leq k, b \leq 1$, $k + b = 1$, so trifft man auf einen B mit Wahrscheinlichkeit b und auf einen K mit Wahrscheinlichkeit k. Damit erhalten wir die Erwartungswerte ($c = \frac{1}{2}(1 + a)$)

$$\text{für B:} \quad cb + 1 \cdot k =: E_B$$

$$\text{für K:} \quad 0 \cdot b + \frac{1}{2}k =: E_K$$

Angenommen $E_B < E_K$, dann hat jeder K größere Aussichten, seine Gene weiterzuvererben, wodurch sich E_K/E_B verringert. Umgekehrt führt die Annahme $E_B > E_K$ auf eine Verringerung von E_B/E_K. Wenn also ein Gleichgewichtspunkt $E_B = E_K$ existiert, so ist er auch evolutionsstabil. Aus $E_B = E_K$ folgt

$$\frac{k}{b} = -1 - a.$$

Ist $a < -1$, so ist eine Mischpopulation aus K und B, deren Verhältnis von der Größe a abhängt, evolutionsstabil. Nur bei $a \geq -1$, also relativ unblutigem Beschädigungskampf, kann es auch eine reine B-Population geben.

7.5 Aufgaben

7.1 (2) In einem Zweipersonen-Nullsummenspiel mit m Strategien für Spieler I und n Strategien für Spieler II besitze Spieler I eine reine Gleichgewichtsstrategie. Man zeige, dass dann auch Spieler II eine reine Gleichgewichtsstrategie besitzt.

7.2 (4) Das vom dänischen Mathematiker und Designer Piet Hein und John Nash unabhängig voneinander erfundene Brettspiel Hex ist ein Zweipersonenspiel, das auf einem wabenförmigen Brett wie in Abbildung 7.12 gespielt wird. Die Parteien Rot und Blau setzen abwechselnd auf ein freies Feld, wobei Rot beginnt. Rot soll eine Kette von roten Steinen bilden, die die beiden dick eingezeichneten Randstücke miteinander verbinden, während Blau das gleiche mit seinen Steinen für die Randstücke links und rechts versucht. Das Spielfeld sollte größer als das in Abbildung 7.12 sein, weil nämlich Folgendes gilt:

a) Das Spiel kann nicht unentschieden ausgehen, weil einer der Spieler immer sein Spielziel erreicht.

b) Der anziehende Spieler Rot hat eine Gewinnstrategie.

7.3 Brigdit ist ein strategisches Zweipersonenspiel, das auf einem Brett wie in Abbildung 7.12 gespielt wird. Die Parteien Schwarz und Weiß verbinden abwechselnd zwei waagerecht oder senkrecht nebeneinanderliegende Punkte eigener Farbe durch eine Strecke, wobei keine Strecke des anderen Spielers gekreuzt werden darf. Schwarz hat gewonnen, wenn er den unteren Brettrand mit dem oberen Brettrand mit einem Streckenzug

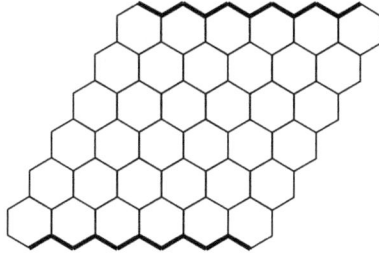

Abb. 7.12: *Das Hex-Brett*

verbunden hat, entsprechend ist das Ziel von Weiß, den linken Brettrand mit dem rechten zu verbinden. Im Gegensatz zu Hex nutzt es nichts, ein größeres Spielfeld als das in Abbildung 7.12 zu nehmen, weil nämlich Folgendes gilt:

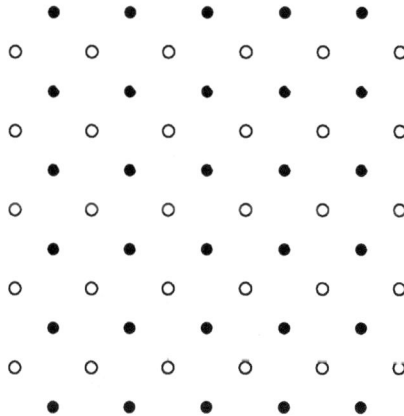

Abb. 7.13: *Das Brett von Bridgit*

a) (3) Das Spiel kann nicht unentschieden ausgehen, weil einer der Spieler immer sein Spielziel erreicht.

b) (3) Der anziehende Spieler Schwarz hat eine Gewinnstrategie.

c) (5) Man geben eine Gewinnstrategie für Schwarz an.

Hinweis zu c): Ähnlich wie in den Aufgaben 6.1 und 6.2 definiere man korrespondierende Strecken.

7.4 (3) a) Ein Zweipersonen-Nullsummenspiel werde als Rundenturnier gespielt, in dem jeder gegen jeden spielt. Gibt es dann Kooperationsmöglichkeiten?

b) Im Fußball wurde früher ein Sieg mit 2 Punkten bewertet, ein Unentschieden mit 1 Punkt, was einem Nullsummenspiel entspricht, wenn wir in der Auszahlung einen Punkt abziehen. Seit der Saison 1995/96 wird nach der Dreipunkteregel gespielt, wonach der Sieger 3 Punkte bekommt. Damit ist ein einzelnes Fußballspiel kein Nullsummenspiel mehr. Welche zusätzliche Kooperationsmöglichkeit bietet sich nun in einem doppelrundigen Turnier wie der Fußballbundesliga an?

Anmerkungen

[13]Moral predigen ist leicht, Moral begründen ist sehr schwer, hat einmal der Philosoph Arthur Schopenhauer gesagt. Und *was* an Moral gepredigt werden soll, ist ebenso ein Problem. Als Beispiel möchte ich den allseits zitierten und hochgeschätzten Kategorischen Imperativ des Philosophen Immanuel Kant anführen:

> „Handle nur nach derjenigen Maxime, durch die du zugleich wollen kannst, dass sie ein allgemeines Gesetz werde."

Nun ist es sicher ehrenhaft, den Beruf des Arztes zu ergreifen, aber wenn das zu einem allgemeinen Gesetz würde, die Menschheit wäre nach kurzer Zeit verhungert. Im Vergleich zum Kategorischen Imperativ leitet man aus dem siegreichen Computerprogramm des Wettbewerbs nur die Reclam-Ausgabe einer Moral ab, die aber durch das Prinzip Eigennutz gut begründet ist.

[14]Den Beweis von Satz 7.2 kann man in der Tat auf einer halben Seite erbringen, er setzt allerdings einige Kenntnisse voraus. Wir gehen vom Zweipersonenspiel wie in (7.4) aus, die Argumentation für das Mehrpersonenspiel verläuft ganz genauso. Die Menge der gemischten Strategien für die beiden Spieler ist

$$\Sigma = \Big\{ (x,y) \in \mathbb{R}^{m \times n} : 0 \le x_i \le 1 \text{ für alle } i, \ \sum_{i=1}^{m} x_i = 1$$

$$\text{und } \ 0 \le y_j \le 1 \text{ für alle } j, \ \sum_{j=1}^{n} y_j = 1 \Big\}.$$

Wir definieren eine Abbildung $f : \Sigma \to \Sigma$, $f(x,y) = (x',y')$. Kann die Auszahlung $A(x,y)$ für Spieler I bei gegebenem y durch Änderung seiner gemischten Strategie verbessert werden, so nehmen wir ein x' mit $A(x,y) < A(x',y)$. Dieses x' ist natürlich nicht eindeutig und man kann es auf verschiedene Arten angeben. Das gewählte x' muss stetig von x und y abhängen. Kann die Strategie von x bei gegebenem y nicht verbessert werden, so setzen wir $x' = x$. Da mit y analog verfahren wird, ist $f : \Sigma \to \Sigma$ stetig. Σ ist abgeschlossen, beschränkt und konvex. Nach dem Brouwerschen Fixpunktsatz besitzt f einen Fixpunkt $(\overline{x}, \overline{y})$, also $f(\overline{x}, \overline{y}) = (\overline{x}, \overline{y})$. Nach Definition von f können sich die Spieler nicht verbessern, wenn sie von dieser Strategie abweichen, womit $(\overline{x}, \overline{y})$ das gesuchte Nash-Gleichgewicht ist.

John Nashs Biographin schreibt in [49], dass John von Neumann sich abfällig äußerte, als Nash ihm diesen Beweis zeigte („Das ist doch nur ein Fixpunktsatz"). Für den Nobelpreis hat er immerhin gereicht.

8 Escher-Parkettierungen

8.1 Einführung

Anschaulich versteht man unter einer Parkettierung das vollständige Ausschöpfen der Ebene durch eine oder mehrere Formen, die hier *Kacheln* genannt werden. Die Kacheln sollen *abgeschlossene* Punktmengen der Ebene sein, was bedeutet, dass die Randpunkte der Kachel ebenfalls zur Kachel gehören. Ferner sollen die inneren Punkte, also die Punkte ohne die Randpunkte, zusammenhängend sein. Als weitere Bedingung wird meist verlangt, dass die Kacheln keine Löcher enthalten dürfen. Dann ist die mathematische Definition einer Parkettierung, dass die Kacheln die Ebene vollständig überdecken müssen und dass der Durchschnitt zweier Kacheln leer ist oder nur aus einem Teil des Randes der jeweiligen Kacheln bestehen darf. Um nicht uferlos zu werden, betrachten wir von nun an Parkettierungen mit einer einzigen Kachel, die dann beliebig gedreht und gespiegelt werden darf. Im Hinblick auf das Werk von M.C. Escher, das hier in mathematischen Augenschein genommen wird, bedeutet das keine so große Einschränkung, weil viele seiner Parkettierungen aus einer Kachel bestehen.

Maurits Cornelis Escher (1898-1972) brachte es in den Techniken des Holzschnitts, der Lithografie und der Radierung zu einer großen Meisterschaft. In seinen Skizzenbüchern finden sich viele schematische Zeichnungen mit Buntstiften und durchgearbeitete Aquarelle, wobei die Farbe nur zum besseren Verständnis der Bilder dient. Bis etwa zum Jahr 1937 entstanden hauptsächlich mediterrane Landschaftsbilder, mit denen Escher eine gewisse Bekanntheit erlangte. Seit den zwanziger Jahren des vorigen Jahrhunderts beschäftigte er sich mit geometrischen Themen wie seltsamen Perspektiven, unmöglichen Figuren, Möbiusbändern und den hier thematisierten Parkettierungen. Die Popularität dieser Bilder wurde durch den Weltbestseller von Douglas R. Hofstadter „Gödel, Escher, Bach - Ein Endlos Geflochtenes Band" ([32]) noch weiter gesteigert. Das Buch wurde in den achtziger Jahren allein in Deutschland mehrere 100000 Mal verkauft und stellte ein absolutes Muss für jeden Bildungsbürger dar. Wie viele davon diesen Wälzer von über 800 Seiten Länge tatsächlich gelesen haben, ist nicht überliefert.

Der Umschwung in Eschers Thematik wurde unter anderem durch seine Besuche der Alhambra in Grenada, Spanien, ausgelöst. Dieser Palast wurde in mehreren Jahrhunderten von den Mauren erbaut, die zu dieser Zeit einen großen Teil des heutigen Spaniens besetzt hielten. Das islamische Abbildungsverbot wird unterschiedlich streng gehandhabt. Denn im Gegensatz zum Judentum, das das Abbildungsverbot bereits in den 10 Geboten verankert hat, kommt es im Koran nicht vor und ist eine spätere Erscheinung. So findet man in der Alhambra durchaus Tierskulpturen, aber keine Bilder. Stattdessen ist der ganze Palast geradezu vollgestopft mit Parkettierungen unterschiedlichster Bauart, von denen einige in der folgenden Abbildung gezeigt werden.

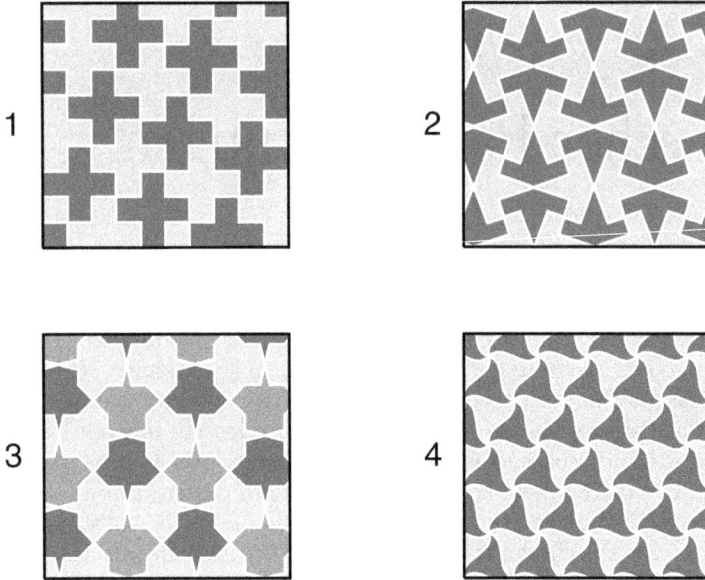

Escher hat aus seinen Besuchen der Alhambra viele Anregungen bezogen und später alle hier gezeigten Schemata häufig verwendet. Die Schönheit dieser Parkettierungen rührt von den Symmetrieeigenschaften der einzelnen Kacheln und ihrem Zusammenspiel im Parkett.

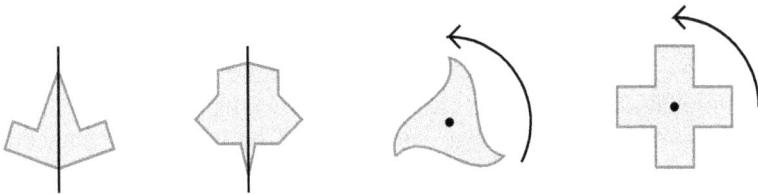

Abb. 8.1: *Spiegelsymmetrische und drehsymmetrische Kacheln*

Beginnen wir mit den Symmetrieeigenschaften der einzelnen Kacheln. Die beiden linken Kacheln in Abbildung 8.1 besitzen jeweils genau eine Spiegelsymmetrie mit eingezeichneter Symmetrieachse. Die beiden rechten Kacheln sind Beispiele für drehsymmetrische Kacheln mit Drehwinkeln von 120° bzw. 90°. Sind Objekte drehsymmetrisch bezüglich eines Winkels, so sind sie natürlich auch drehsymmetrisch für alle Vielfache dieses Winkels. Daher ist das Kreuz rechts auch drehsymmetrisch mit einem Winkel von 180°, was in der Schule meist punktsymmetrisch genannt wird. Das Kreuz ist überdies spiegelsymmetrisch mit vier Symmetrieachsen.

Zu diesen Symmetrien kommen im kompletten Parkett noch Translations- und Gleitspiegelsymmetrien hinzu. Abbildung 8.2 zeigt in 1 das Schema einer Translation, bei der das Objekt um einen Vektor u verschoben wird. In 2 sehen wir zwei Vektoren u, v, durch

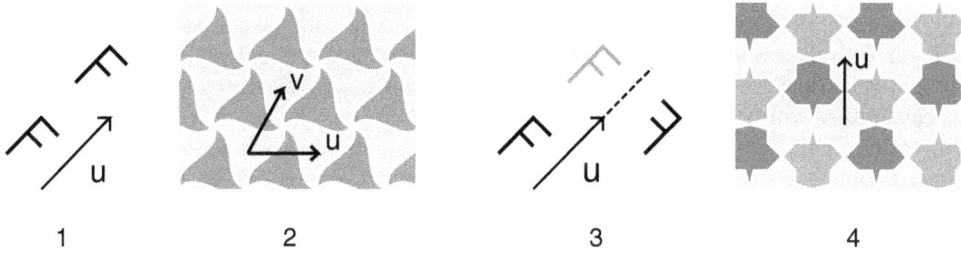

Abb. 8.2: *Translations- und Gleitspiegelsymmetrie*

die das Parkett in sich selbst überführt wird. Wir erkennen noch viele weitere solche Verschiebungsvektoren, die als Summe von Vielfachen der Vektoren u und v dargestellt werden können. Darauf kommen wir später noch zurück.

In 3 in Abbildung 8.2 wird das Prinzip der Gleitspiegelung veranschaulicht. Zunächst wird das Objekt durch den Vektor u verschoben und anschließend an der von u erzeugten Geraden gespiegelt.

Abb. 8.3: *Dreh- und Spiegelsymmetrie*

Neben Translations- und Gleitspiegelsymmetrien können sich die in den Kacheln vorhandenen Dreh- und Spiegelsymmetrien auf das ganze Parkett durchschlagen und damit weitere solche Symmetrien entstehen lassen. In Abbildung 8.3 links ist der Schwerpunkt eines jeden Parkettsteins auch Drehzentrum des ganzen Parketts. Hinzu kommen noch die Eckpunkte und Seitenmitten als Drehzentren mit Winkeln von 60° beziehungsweise 180°. Spiegel- oder Gleitspiegelsymmetrien besitzt dieses Parkett nicht. Im Bild rechts sind alle Punkte, an denen vier Kacheln aufeinandertreffen, Drehzentren mit Drehwinkel von 180°. Hinzu kommen noch horizontale und vertikale Spiegelsymmetrien, die bereits in der Kachel angelegt sind.

Wir nennen zwei geometrische Objekte *kongruent*, wenn sie sich durch *Kongruenzabbildungen* wie Drehung, Verschiebung und/oder Spiegelung ineinander überführen lassen. Anschaulich besitzen kongruente Objekte die gleiche Gestalt. Eine Kongruenzabbildung der Ebene, welche jede Kachel einer Parkettierung wieder auf eine Kachel abbildet, heißt „Symmetrie" der Parkettierung. Zwei Symmetrien lassen sich hintereinander ausführen, die so definierte *Komposition* ist dann wieder eine Symmetrie. Bezeichnen wir beispielsweise mit S_g die Spiegelung an der Geraden g und mit $D_{\alpha,P}$ die Drehung um den Punkt P mit Drehwinkel α, die beide Symmetrien eines Parketts sind, so sind $S_g D_{\alpha,P}$ und

$D_{\alpha,P}S_g$ ebenfalls Symmetrien des Parketts, die im Allgemeinen verschieden sind, denn erst um P drehen und dann spiegeln ist etwas anderes als erst spiegeln und dann um P drehen. Wir bezeichnen Identität, Drehung, Spiegelung, Translation und Gleitspiegelung als elementare Kongruenzabbildungen eines Parketts. Die aus diesen Abbildungen durch Hintereinanderschalten gewonnenen Symmetrien bilden, wie wir gleich sehen werden, eine Gruppe (siehe Abschnitt 3.3), die *Symmetriegruppe* genannt wird. Die Operation in dieser Gruppe ist die Komposition mit der Identität als neutralem Element. Jede Spiegelung ist zu sich selbst invers, die Translation T_u um einen Vektor u besitzt als Inverse T_{-u}, die Drehung $D_{\alpha,P}$ um den Winkel α im Punkt P hat die Inverse $T_{-\alpha,P}$ und die Gleitspiegelung G_u hat entsprechend die Inverse G_{-u}. Wie wir bereits gesehen haben, ist die Symmetriegruppe im Allgemeinen nicht kommutativ.

Enthält die Symmetriegruppe einer Parkettierung zwei linear unabhängige Translationen, so heißt die Parkettierung *periodisch* und die entstehende Symmetriegruppe *ebene kristallographische Gruppe*. Dabei heißen die Translationen linear unabhängig, wenn sie in zwei verschiedene Richtungen zeigen, wenn also eine Translation nicht ein Vielfaches der anderen ist. Von nun an betrachten wir nur noch periodische Parkettierungen. Die Symmetriegruppe enthält dann eine kommutative Untergruppe der Translationen, die von der Form

$$T_{mn} = T_u^m T_v^n, \quad m, n \in \mathbb{Z},\tag{8.1}$$

sind.

Notieren wir den Drehwinkel einer Drehung in der Form $2\pi/n$, so heißt n die *Ordnung* der Drehung. Zum Beispiel gehört die Ordnung 2 zu einem Drehwinkel von 180°. In allen bisher betrachteten Beispielen kamen nur bestimmte Ordnungen vor, was kein Zufall ist:

Satz 8.1 (Satz!über die kristallographische Beschränkung) *In jeder periodischen Parkettierung gibt es nur Drehungen der Ordnung* $2, 3, 4$ *oder* 6.

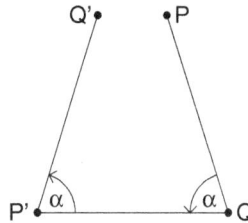

Abb. 8.4: *Zum Beweis von Satz 8.1*

Beweis: Jede Kongruenzabbildung bildet ein Drehzentrum auf ein Drehzentrum gleicher Ordnung. Sei P ein Drehzentrum der Ordnung n und Q ein Drehzentrum der Ordnung n mit minimaler Entfernung zu P. Es wird mehrere solcher Punkte geben, wir nehmen einfach einen davon. Nun drehen wir P um Q mit Winkel $\alpha = 2\pi/n$ und erhalten einen Punkt P', der nach der vorausgeschickten Bemerkung ebenfalls ein Drehzentrum der Ordnung n ist. Wir drehen Q um P' mit Winkel α und erhalten Abbildung

8.4. Ist $n = 6$, so entsteht ein gleichseitiges Dreieck und P stimmt mit Q' überein. Ist $n > 6$, so liegt bereits P' näher an P als Q, was ein Widerspruch zur Voraussetzung ist, dass Q minimale Entfernung zu P besitzen soll. Ist wie in Abbildung 8.4 $n = 5$, so liegt Q' näher an P als Q, was ebenfalls ein Widerspruch ist. $\square$

Man kann sich der Frage, welche prinzipiellen periodischen Parkettierungen der Ebene möglich sind, gruppentheoretisch (Abschnitt 8.2) oder graphentheoretisch nähern, indem man den Begrenzungslinien der Kacheln einen Graphen zuordnet (Abschnitt 8.3). Schließlich kann man untersuchen, auf welche Weise man die einzelnen Randstücke der Kacheln vorgeben kann, so dass am Ende ein Parkett mit einer bestimmten Symmetrie und einem bestimmten Graphen entsteht (Abschnitt 8.4).

8.2   Die 17 ebenen kristallographischen Gruppen

Nach Definition besitzt jedes periodische Parkett zwei linear unabhängige Translationen, die ein Parallelogramm erzeugen, das in diesem Kontext *translative Zelle* genannt wird. Mit dieser translativen Zelle kann das ganze Parkett allein durch die Translationen aufgebaut werden. Jede translative Zelle enthält eine oder mehrere *elementare Zellen*.

Einen Überblick über die Symmetriegruppe gibt die *Symmetriekarte* der Gruppe, bei der die folgenden Symbole verwendet werden:

————————	Spiegelachse
- - - - - - - - - -	Gleitspiegelachse
♦	Drehung der Ordnung 2
▲	Drehung der Ordnung 3
■	Drehung der Ordnung 4
●	Drehung der Ordnung 6

Die internationale Notation für die 17 Gruppen stammt aus der Kristallographie und gibt einen groben Anhaltspunkt über ihren Aufbau, z.B. m=Spiegelung (engl. mirror), g=Gleitspiegelung (engl. glide reflection), n=n-zählige Drehzentren usw.

Wir geben für jede Gruppe die Symmetriekarte und ein Beispiel. Die erzeugende elementare Zelle ist dabei dunkelgrau unterlegt und die Translationszelle hellgrau. Man beachte, dass nur die Symmetriekarte für die Symmetriegruppe maßgebend ist, später werden wir für die einzelnen Gruppen noch weitere Beispiele kennenlernen. Der Beweis, dass es nur die folgenden 17 Gruppen gibt, ist so umfangreich, dass auf die Literatur verwiesen werden muss, [8],[38].

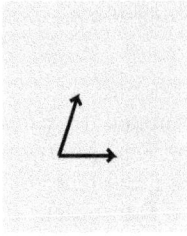 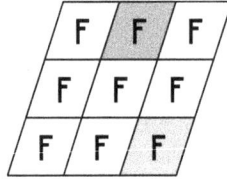   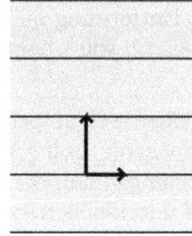 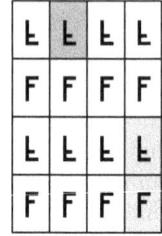

p1

pm

Gruppen ohne Drehungen: p1, pm, pg, cm

In der Gruppe p1 stimmen elementare und translative Zelle überein und können ein beliebiges Parallelogramm sein. Diese Gruppe wird allein durch die beiden linear unabhängigen Translationen erzeugt.

Spiegel- oder Gleitspiegelkongruenzen sind nur möglich, wenn die translative Zelle rechteckig oder rhombisch ist. Da es keine Drehungen geben darf, sind alle Spiegel- oder Gleitspiegelachsen zueinander parallel. Ist die Translationszelle rechteckig, so gibt es die beiden Gruppen pm und pg mit parallelen Spiegel- bzw. Gleitspiegelachsen. In beiden Fällen setzt sich die translative Zelle aus zwei elementaren Zellen zusammen.

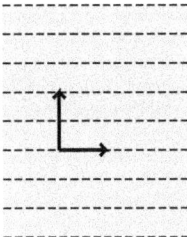 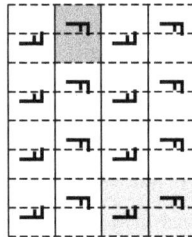   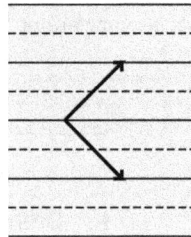 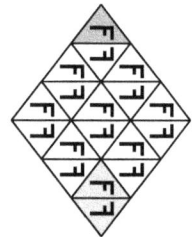

pg

cm

Die translative Zelle der Gruppe cm ist ein Rhombus, der aus zwei gleichschenkligen Dreiecken als elementaren Zellen besteht.

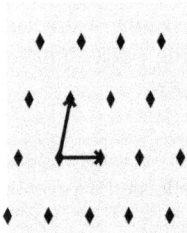 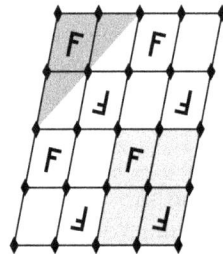   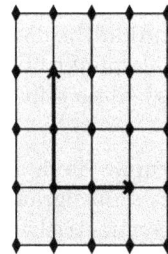 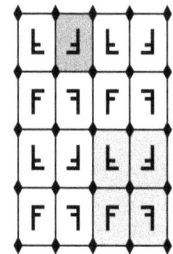

p2

pmm

Gruppen mit zweizähligen Drehzentren: p2, pmm, pgg, pmg, cmm

Die translative Zelle der Gruppe p2 ist ein allgemeines Parallelogramm, das sich aus zwei kongruenten Dreiecken als elementare Zellen zusammensetzt. Es gibt Drehzentren in den Eckpunkten und in den Seitenmitten der translativen Zelle, aber keine Spiegel- oder Gleitspiegelachsen.

Die Gruppe pmm entsteht, wenn man p2 auf einem Rechteckgitter betrachtet und die elementaren Zellen spiegelsymmetrisch auffüllt. Die Spiegelachsen bilden ein orthogonales Gitter mit Drehzentren in den Gitterpunkten. Die translative Zelle besteht aus vier rechteckigen elementaren Zellen.

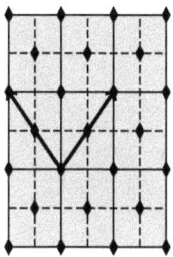 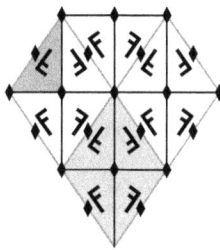 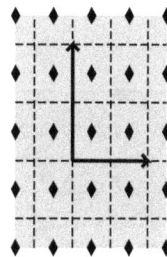 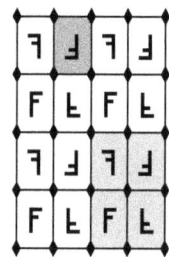

cmm   pgg

Die Gruppe cmm wird von einem rechtwinkligen Dreieck als elementare Zelle erzeugt, das an den Katheten gespiegelt wird, was einen Rhombus als translative Zelle ergibt. Mit je zwei Scharen orthogonaler Spiegel- und Gleitspiegelachsen ist cmm eine Kombination von p2 und cm.

Die Gruppe pgg ist eine Kombination von p2 und pg und pmg ist eine Kombination von p2, pm und pg.

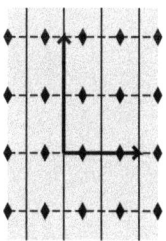 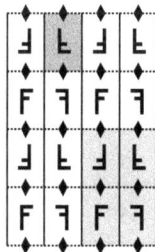 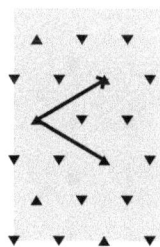 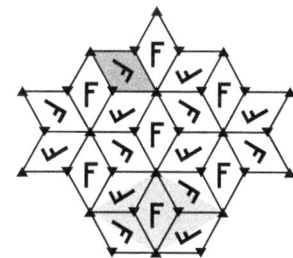

pmg   p3

Gruppen mit dreizähligen Drehzentren: p3, p3m1, p31m

Die Gruppe p3 enthält außer den Translationen nur dreizählige Drehungen als Symmetrien. Die translative Zelle ist rhombisch und besteht aus zwei gleichseitigen Dreiecken.

Die Drehzentren bilden ein hexagonales Netz.

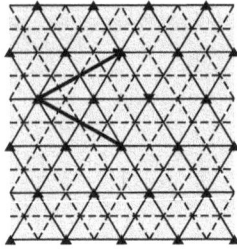
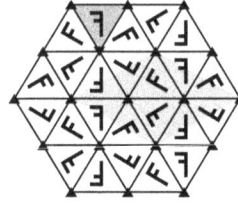

p3m1

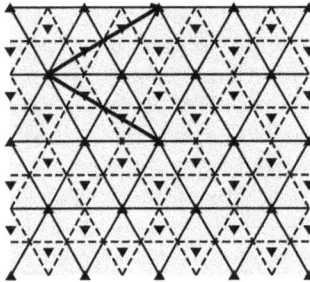
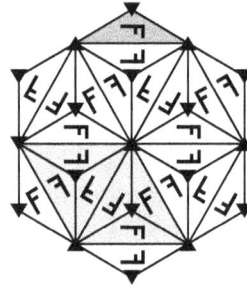

p31m

Die Gruppen p3m1 und p31m sind Kombinationen von p3 und cm und enthalten zusätzlich zu den Symmetrien von p3 je drei Scharen von Spiegel- und Gleitspiegelachsen. Bei p31m liegt nur ein Teil der Drehzentren auf Spiegelachsen, bei p3m1 ist dies bei allen der Fall.

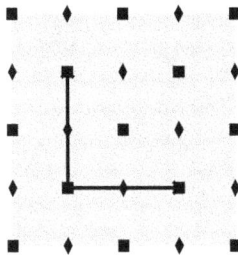
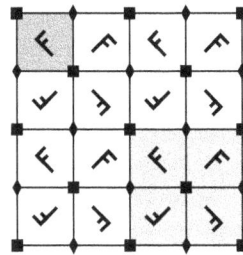

p4

Gruppen mit vierzähligen Drehzentren: p4, p4m, p4g

Außer den Translationen enthält p4 nur zwei- und vierzählige Drehungen. Die translative Zelle ist ein Quadrat, das aus vier quadratischen elementaren Zellen besteht.

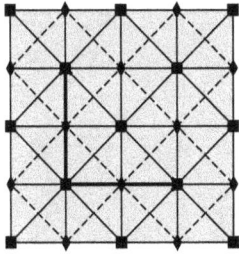 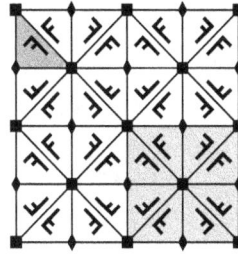

p4m

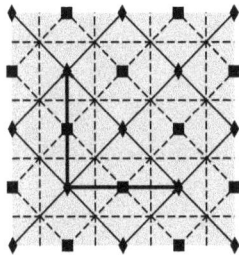 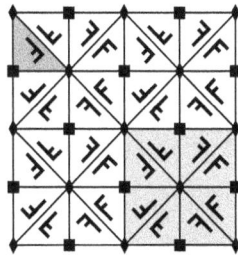

p4g

Die Gruppen p4m und p4g sind auf gleichschenkligen rechtwinkligen Dreiecken als elementare Zellen aufgebaut. Bei p4m gibt es vier Scharen von Spiegelachsen und zwei Scharen von Gleitachsen, bei p4g ist es umgekehrt. Im Unterschied zu p4m liegt in p4g kein vierzähliger Drehpunkt auf Spiegelachsen.

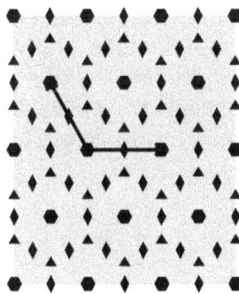 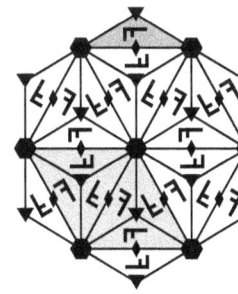

p6

Gruppen mit sechszähligen Drehzentren: p6, p6m

p6 ist eine Kombination aus p2 und p3. Die sechszähligen Drehzentren bilden ein hexagonales Gitter, das man mit gleichseitigen Dreiecken auffüllen kann. In den Schwerpunkten dieser Dreiecke befinden sich dreizählige Drehzentren, auf den Seitenmitten zweizählige.

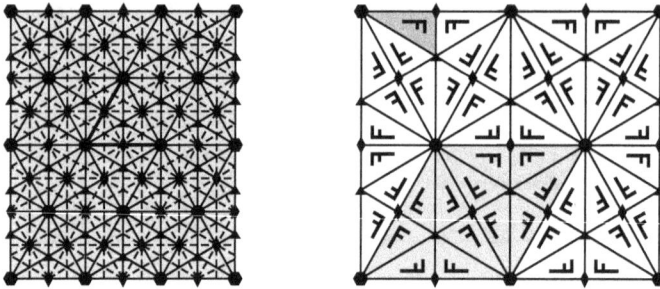

p6m

Die Gruppe p6m ist eine Kombination aus p6, p3m1 und p31m. Zusätzlich zu den Symmetrien von p6 enthält sie je sechs Scharen von Spiegel- und Gleitspiegelachsen.

8.3   Graphentheoretische Klassifikation von Parketten

Auch hier gehen wir von einer periodischen Parkettierung aus. Jede Kachel besteht aus Ecken und Kanten, wobei jeder Eckpunkt zu mindestens zwei weiteren Kacheln gehört und jede Kante zu einer weiteren Kachel. Umläuft man eine Kachel entlang des Randes und notiert zu jeder Ecke die Zahl der Kacheln, zu denen diese Ecke gehört, ergibt sich eine Sequenz von natürlichen Zahlen. F. Laves zeigte 1931, dass nur 11 verschiedene solcher Knüpfmuster möglich sind, eben die *Laves-Netze*, siehe Abbildung 8.5

Der Beweis, dass es nur die angegebenen Netze gibt, wird ähnlich wie in Abschnitt 2.1 mit Hilfe der Eulerschen Polyederformel geführt. Dazu betrachtet man die rechteckig gewählte translative Zelle des Netzes und vernäht das obere Ende mit dem unteren und das rechte Ende mit dem linken. Auf diese Weise stellt man die translative Zelle als planaren Graphen auf dem Torus dar, für die die Eulersche Polyederformel auf dem Torus gelten muss, nämlich $e - k + f = 0$, vergleiche mit (2.1). Die Diskussion der dann möglichen Typen erfolgt ähnlich wie bei den platonischen Körpern, für Details siehe [8].

8.4   Die 28 grundlegenden Escher-Parkette

Unter einem *Escher-Parkett* verstehen wir eine periodische Parkettierung, deren Laves-Netz keine gerade Strecke als Kante enthalten darf. Damit sich solche Kacheln zu einem Parkett fügen können, wird die Hälfte des Randes einer Kachel frei gewählt, die andere Hälfte muss aus Symmetrieoperationen aus der ersten Hälfte hervorgehen. Der deutsche Mathematiker Heinrich Heesch (1906-1995) hat 28 Typen solcher Parkette gefunden. Seine Notation dieser Typen ist so anschaulich, dass man aus ihr fast schon den ganzen Typ zeichnen kann. Man geht die Linien der Reihe nach durch und belegt jede mit

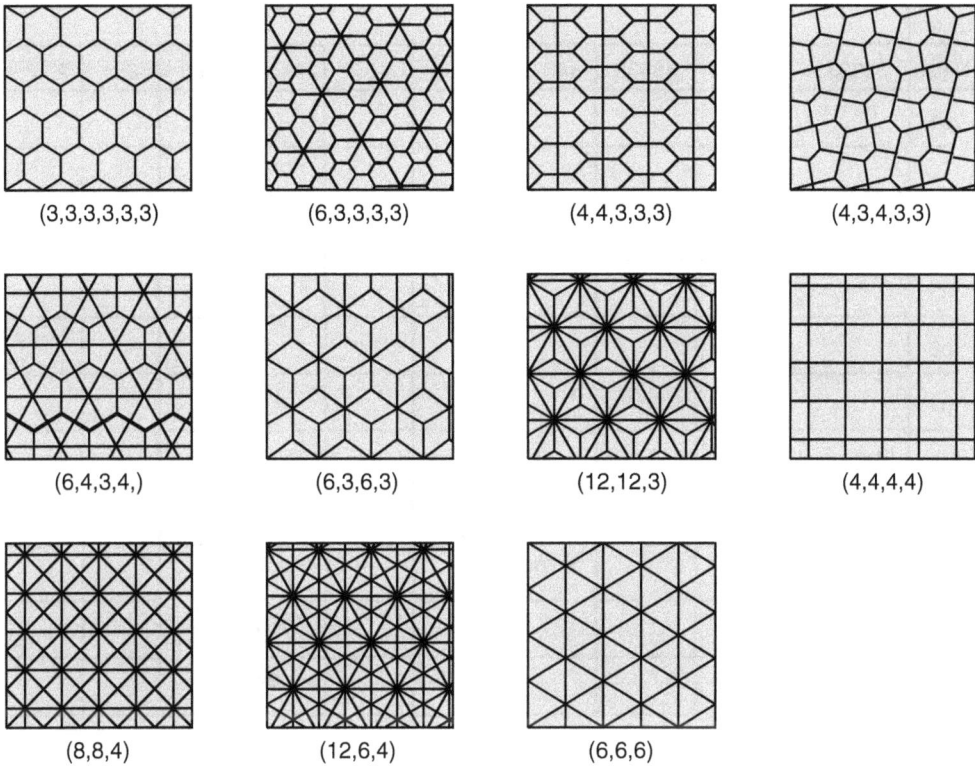

(3,3,3,3,3,3)	(6,3,3,3,3)	(4,4,3,3,3)	(4,3,4,3,3)
(6,4,3,4,)	(6,3,6,3)	(12,12,3)	(4,4,4,4)
(8,8,4)	(12,6,4)	(6,6,6)	

Abb. 8.5: *Die 11 Laves-Netze*

einem Symbol, das kennzeichnet, wie eine Linie aus einer anderen hervorgeht:

> T   Linie geht durch Translation aus einer anderen Linie hervor
>
> G   Linie geht durch Gleitspiegelung aus einer anderen Linie hervor
>
> C   Linie ist punktsymmetrisch zur Mitte
>
> C_n Linie geht durch Drehung um $2\pi/n$ aus einer anderen Linie hervor,
>
>   wobei $n = 2, 3, 4, 6$

Beispielsweise entnimmt man TCTCC, dass die Kachel aus fünf Linien besteht, wobei die erste auf die dritte geschoben wird und die übrigen Linien punktsymmetrisch sind.

Abbildung 8.6 gibt eine Übersicht über die verschiedenen Typen klassifiziert nach Laves-Netzen und Symmetriegruppen. Da ein Teil des Randes vollkommen frei vorgegeben wird, gibt es in dieser Allgemeinheit keine Spiegelsymmetrien. Rechts unten in jedem Kästchen steht die Typnummer.

Ecken	6	5			4			3		
Netze	333333	63333	43433	44333	6363	6434	4444	666	884	12,12,3
p1	TTTTTT 2						TTTT 1			
p2	TCCTCC 7						CCCC 4	CCC 3		
				TCTCC 6			TCTC 5			
p3	$C_3C_3C_3C_3C_3C_3$ 9				$C_3C_3C_2C_2$ 8					
p6		$CC_3C_3C_6C_6$ 13				$C_3C_3C_6C_6$ 12		CC_6C_6 11		CC_3C_3 10
p4			$CC_4C_4C_4C_4$ 16				$C_4C_4C_4C_4$ 15		CC_4C_4 14	
pg	$TG_1G_1TG_2G_2$ 18						$G_1G_1G_2G_2$ 17			
	$TG_1G_2TG_2G_1$ 20						TGTG 19			
pgg	TCCTCC 24			TCTGG 23			CCGG 22			
							CGCG 25	CGG 21		
	$CG_1CG_2G_1G_2$ 28		$CG_1G_2G_1G_2$ 27				$G_1G_2G_1G_2$ 26			

Abb. 8.6: *Die 28 Grundtypen von Escher-Parkettierungen*

Ein Beweis, dass es keine weiteren Typen geben kann, ist nicht erforderlich. Um ein funktionierendes Parkett zu ergeben, muss ja jede Randlinie entweder in sich punktsymmetrisch sein (also eine C-Linie in obiger Notation) oder durch eine Kongruenzabbildung aus einer anderen hervorgehen. Somit gibt es für jedes Laves-Netz nur endlich viele Kandidaten für ein funktionierendes Escher-Parkett, die schlicht und einfach alle durchprobiert werden.

Typ 1

TTTT

Netz (4,4,4,4)

Gruppe p1

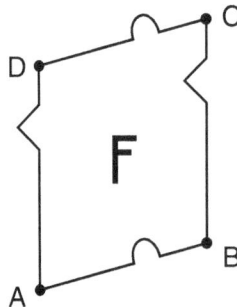

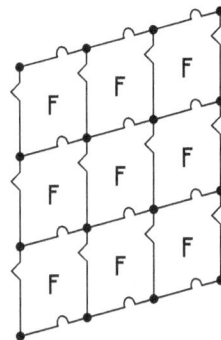

Typ 1: Die Punkte A,B,C,D bilden ein Parallelogramm. Die frei gewählte Linie AB wird nach DC und die frei gewählte Linie AD wird nach BC geschoben.

Typ 2

TTTTTT

Netz (3,3,3,3,3,3)

Gruppe p1

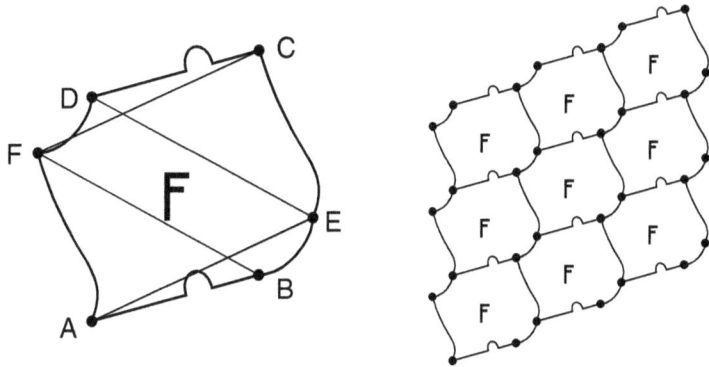

Typ 2: Die Punkte A,B,C,D bilden ein Parallelogramm. Die frei gewählte Linie AB wird nach DC geschoben. Der Punkt E wird beliebig gewählt. Verschiebe die frei gewählte Linie BE nach FD (Translationsvektor ED) und die frei gewählte Linie EC nach AF (Translationsvektor EA).

Typ 3

CCC

Netz (6,6,6)

Gruppe p2

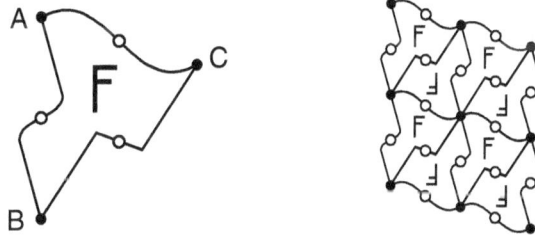

Typ 3: Die Punkte A,B,C bilden ein beliebiges, nichtdegeneriertes Dreieck. Die Eckpunkte werden durch beliebige C-Linien miteinander verbunden.

Typ 4

CCCC

Netz (4,4,4,4)

Gruppe p2

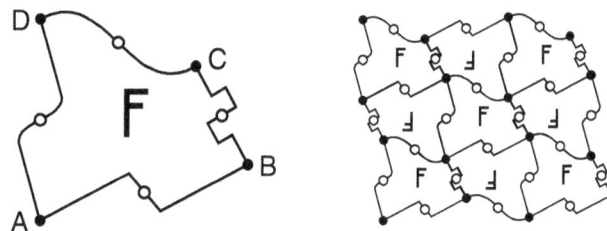

Typ 4: Die Punkte A,B,C,D bilden ein beliebiges, nichtdegeneriertes Viereck. Benachbarte Eckpunkte werden durch beliebige C-Linien miteinander verbunden.

Typ 5

TCTC

Netz (4,4,4,4)

Gruppe p2

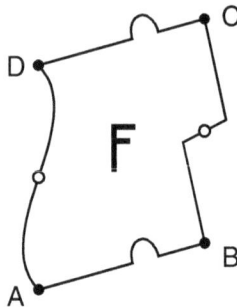

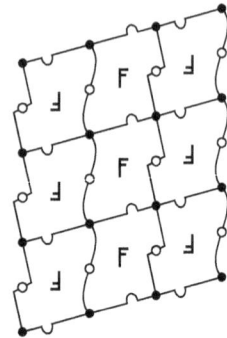

Typ 5: Die Punkte A,B,C,D bilden ein Parallelogramm. Verschiebe die frei gewählte Linie AB nach DC und verbinde AD und BD durch frei gewählte C-Linien.

Typ 6

TCTCC

Netz (4,4,3,3,3)

Gruppe p2

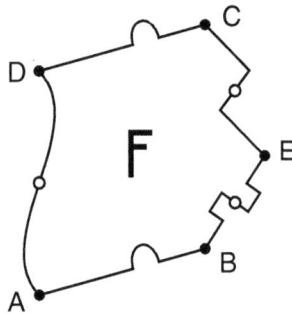

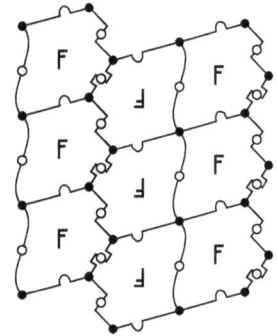

Typ 6: Die Punkte A,B,C,D bilden ein Parallelogramm. Verschiebe die frei gewählte Linie AB nach DC und verbinde AD durch eine frei gewählte C-Linie. Wähle einen beliebigen Punkt E und verbinde BE und EC durch frei gewählte C-Linien.

Typ 7

TCCTCC

Netz (3,3,3,3,3,3)

Gruppe p2

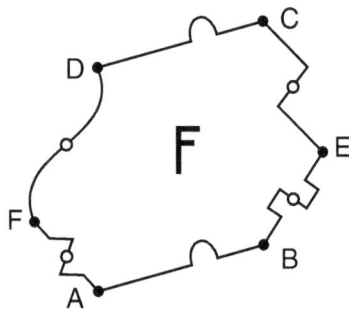

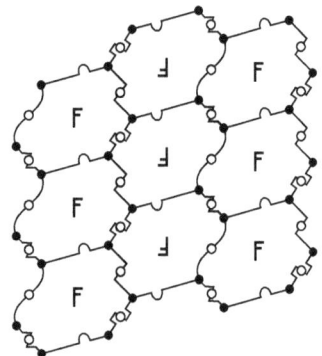

Typ 7: Die Punkte A,B,C,D bilden ein Parallelogramm. Verschiebe die frei gewählte Linie AB nach DC. Wähle zwei beliebige Punkte E und F und verbinde AF, FD, BE

und EC durch frei gewählte C-Linien.

Typ 8

$C_3C_3C_2C_2$

Netz (6,3,6,3)

Gruppe p3

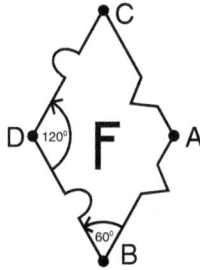

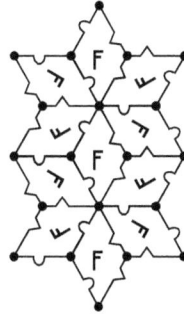

Typ 8: Die frei gewählte Linie AB wird in A um 120° gedreht in die Position AC. Der Spiegelpunkt von A bezüglich der Geraden BC sei D. Verbinde DC durch eine frei gewählte Linie und drehe sie um D um 120° nach DC. Das Viereck ACDB ist ein Rhombus mit Innenwinkeln von 120° bzw. 60°.

Typ 9

$C_3C_3C_3C_3C_3C_3$

Netz (3,3,3,3,3,3)

Gruppe p3

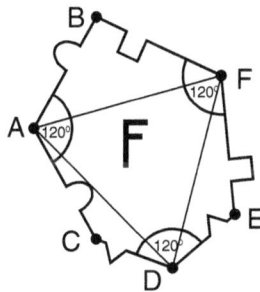

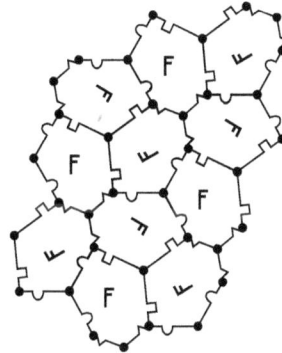

Typ 9: Die frei gewählte Linie AB wird in A um 120° gedreht in die Position AC. Wähle einen beliebigen Punkt D und drehe die frei gewählte Linie CD in D um 120° in die Position DE. Sei F der Punkt, der symmetrisch zu A bezüglich der Geraden BD liegt und ADF zu einem gleichseitigen Dreieck macht. Der Winkel EFB ist dann ebenfalls 120°. Verbinde EF durch eine beliebige Linie und drehe sie um F um 120° in die Position FB.

Typ 10

CC_3C_3

Netz (12,12,3)

Gruppe p6

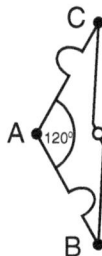

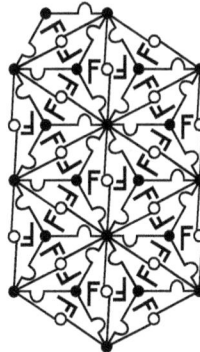

Typ 10: Drehe die frei gewählte Linie AB in A um 120° in die Position AC und verbinde BC durch eine beliebige C-Linie.

Typ 11

CC_6C_6

Netz (6,6,6)

Gruppe p6

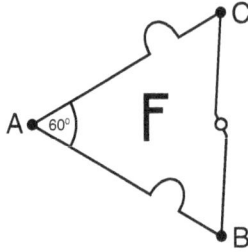

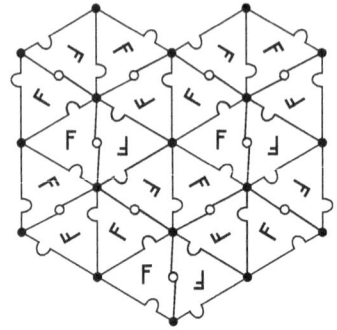

Typ 11: Drehe die frei gewählte Linie AB in A um 60° in die Position AC und verbinde BC durch eine beliebige C-Linie.

Typ 12

$C_3C_3C_6C_6$

Netz (6,4,3,4)

Gruppe p6

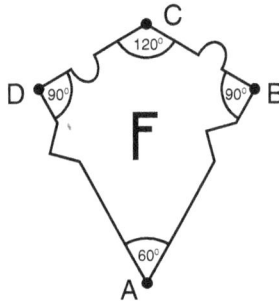

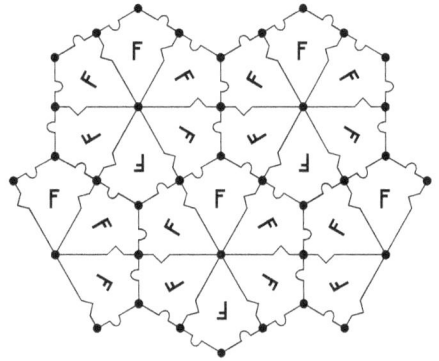

Typ 12: Drehe die frei gewählte Linie DC in D um 120° in die Position CB. A bilde mit B und D ein gleichseitiges Dreieck, das C nicht enthält. Die Linie AD wird frei gewählt und in A um 60° in die Position Ab gedreht.

Typ 13

$CC_3C_3C_6C_6$

Netz (6,3,3,3,3)

Gruppe p1

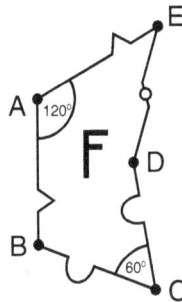

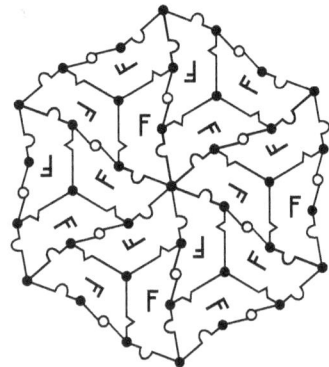

Typ 13: Drehe die frei gewählte Linie AE in A um 120° in die Position AB. Verbinde B mit einem beliebig gewählten Punkt C durch eine frei gewählte Linie. Drehe BC in gleichem Drehsinn in C mit Winkel 60° in die Position CD. Verbinde E und D mit einer

beliebig gewählten C-Linie.

Typ 14

CC_4C_4

Netz (8,8,4)

Gruppe p4

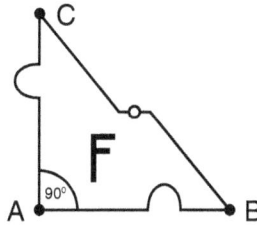

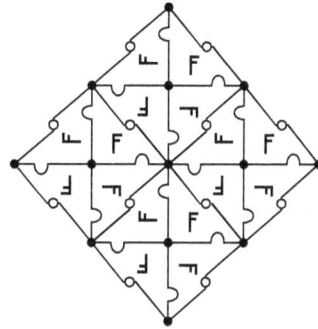

Typ 14: Die Punkte A,B,C bilden ein rechtwinkliges gleichschenkliges Dreieck. Eine Kathete wird frei gewählt und auf die andere gedreht. Die dritte Seite besteht aus einer frei gewählten C-Linie.

Typ 15

$C_4C_4C_4C_4$

Netz (4,4,4,4)

Gruppe p4

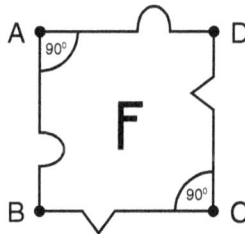

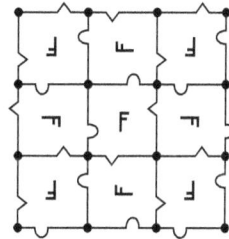

Typ 15: Die Punkte A,B,C,D bilden ein Quadrat. Die frei gewählte Linie AB wird in A um 90° auf die Linie AD gedreht. Auf analoge Weise verfährt man mit der frei gewählten Linie BC, die auf die Linie CD gedreht wird.

Typ 16

$CC_4C_4C_4$

Netz (4,3,4,3,3)

Gruppe p4

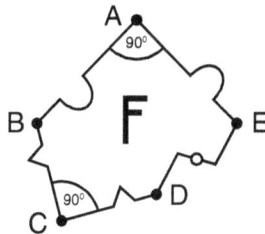

Typ 16: Drehe die frei gewählte Linie AB in A um 90° in die Position AE. Verbinde B mit einem beliebig gewählten Punkt C durch eine frei gewählte Linie und drehe sie

um 90° in die Position CD. Verbinde DE durch eine frei gewählte C-Linie.

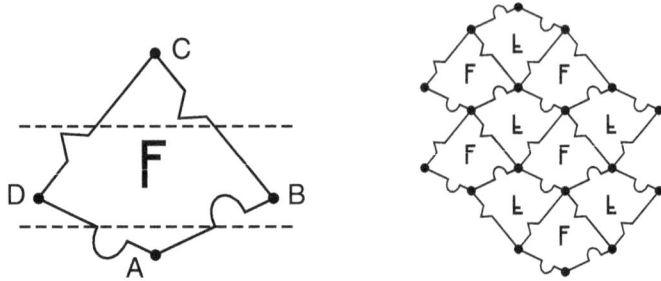

Typ 17

$G_1G_1G_2G_2$

Netz (4,4,4,4)

Gruppe pg

Typ 17: Die Punkte A,B,C,D bilden ein Viereck, in dem der Punkt B symmetrisch zu D bezüglich der Achse AC liegt. Gleitspiegele AB auf DA mit Achse parallel zu DB in gleichem Abstand zu A und B. Verfahre genauso mit BC mit Achse parallel zu BD mit gleichem Abstand zu C und B.

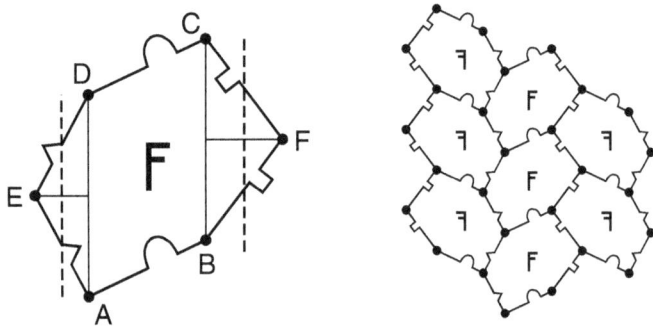

Typ 18

$TG_1G_1TG_2G_2$

Netz (3,3,3,3,3,3)

Gruppe pg

Typ 18: Die Punkte A,B,C,D bilden ein Parallelogramm. Die frei gewählte Linie AB wird nach DC geschoben. Der Punkt E wird auf der Mittelsenkrechten von AD beliebig gewählt. Gleitspiegele die frei gewählte Linie AE nach ED mit Gleitspiegelachse parallel zur Geraden AD mit gleicher Entfernung zu A und E. Wähle einen weiteren Punkt F auf der Mittelsenkrechten zu BC und verfahre mit den Linien BF und FC genauso.

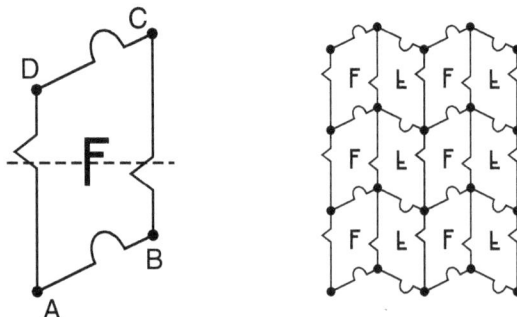

Typ 19

TGTG

Netz (4,4,4,4)

Gruppe pg

Typ 19: Die Punkte A,B,C,D bilden ein Parallelogramm. Die frei gewählte Linie AB wird nach DC geschoben und die frei gewählte Linie BD wird nach AD gleitgespiegelt.

Typ 20

TG$_1$G$_2$TG$_2$G$_1$

Netz (3,3,3,3,3,3)

Gruppe pg

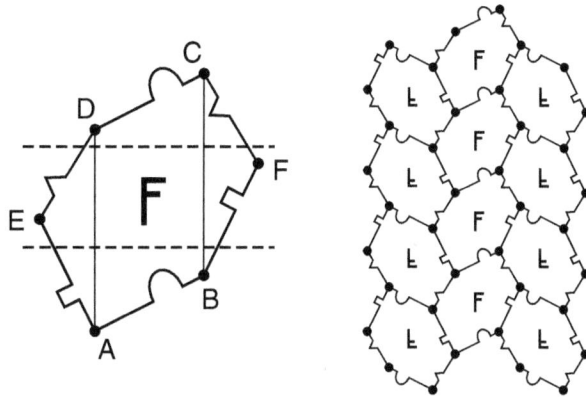

Typ 20: Die Punkte A,B,C,D bilden ein Parallelogramm. Die frei gewählte Linie AB wird nach DC geschoben. Wähle einen beliebigen Punkt E und gleitspiegele AE mit Achse senkrecht zu AD auf BF. Verfahre mit ED und FC auf analoge Weise.

Typ 21

CGG

Netz (6,6,6)

Gruppe pgg

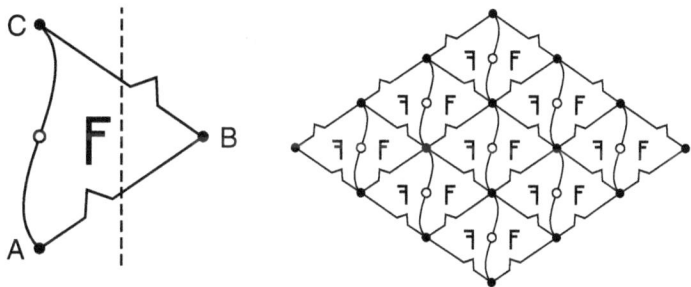

Typ 21: Gleitspiegele die frei gewählte Linie AB auf BC mit Achse parallel zu AC mit gleichem Abstand zu A und B. Verbinde A und C mit einer beliebigen C-Linie.

Typ 22

CCGG

Netz (4,4,4,4)

Gruppe pgg

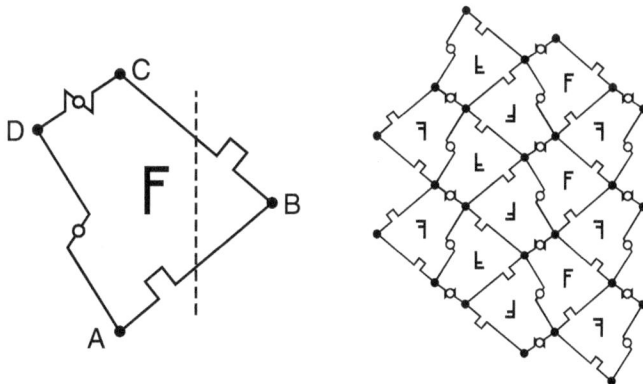

Typ 22: Gleitspiegele die frei gewählte Linie AB auf BC mit Achse parallel zu AC mit gleichem Abstand zu A und B. Wähle einen beliebigen Punkt D und verbinde AD und

DC mit frei gewählten C-Linien.

Typ 23

TCTGG

Netz (4,4,3,3,3)

Gruppe pgg

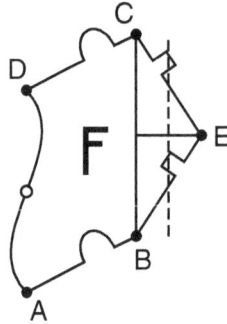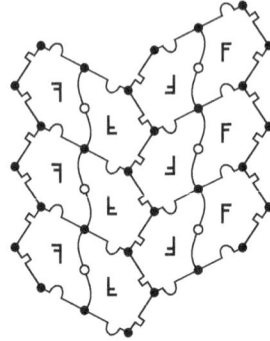

Typ 23: Die Punkte A,B,C,D bilden ein Parallelogramm. Die frei gewählte Linie AB wird nach DC geschoben. Wähle einen beliebigen Punkt E auf der Mittelsenkrechten von BC und gleitspiegele die frei gewählte Linie BE nach EC mit Achse parallel zu BC und gleichem Abstand zu E und B. Verbinde A und D mit einer beliebigen C-Linie.

Typ 24

TCCTGG

Netz (3,3,3,3,3,3)

Gruppe pgg

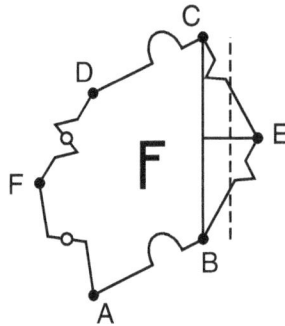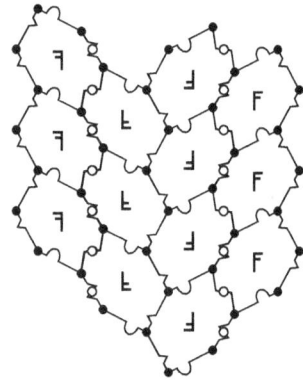

Typ 24: Die Punkte A,B,C,D bilden ein Parallelogramm. Die frei gewählte Linie AB wird nach DC geschoben. Wähle einen beliebigen Punkt E auf der Mittelsenkrechten von BC und gleitspiegele die frei gewählte Linie BE nach EC mit Achse parallel zu BC und gleichem Abstand zu E und B. Wähle einen beliebigen Punkt F und verbinde AC und FB mit frei gewählten C-Linien.

Typ 25

CGCG

Netz (4,4,4,4)

Gruppe pgg

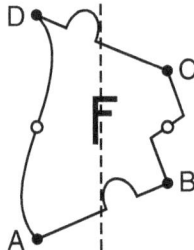

Typ 25: Gleitspiegele die frei gewählte Linie AB nach DC mit einer Achse, die den gleichen Abstand von A und C sowie einen anderen gleichen Abstand von B und D hat. Die Punkte A,B,C,D bilden dann ein Trapez. Verbinde die Punkte A und D sowie B und C mit jeweils frei gewählten C-Linien.

Typ 26

$G_1G_2G_1G_2$

Netz (4,4,4,4)

Gruppe pgg

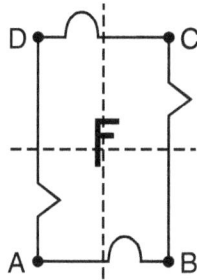

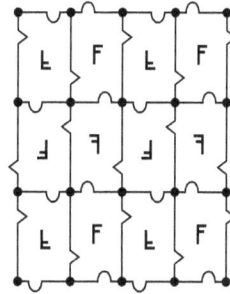

Typ 26: Die Punkte A,B,C,D bilden ein Rechteck. Gleitspiegele die frei gewählte Linie AB auf CD sowie die frei gewählte Linie AD auf CB. Die Gleitspiegelachsen verlaufen dabei durch die Verbindungslinien der Mittelpunkte der Rechtecksseiten.

Typ 27

$CG_1G_1G_2G_2$

Netz (4,3,4,3,3)

Gruppe pgg

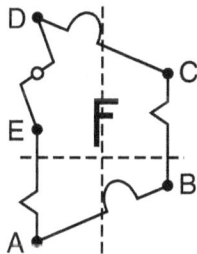

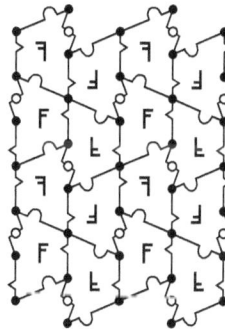

Typ 27: Gleitspiegele die frei gewählte Linie AB nach DC mit einer Achse, die den gleichen Abstand von A und C sowie einen anderen gleichen Abstand von B und D hat. Gleitspiegele die frei gewählte Linie BC nach AE mit einer Achse, die senkrecht auf die vorige Gleitspiegelachse steht und den gleichen Abstand von A und C besitzt. Verbinde E und D durch eine beliebige C-Linie.

Typ 28

$CG_1CG_2G_1G_2$

Netz (3,3,3,3,3,3)

Gruppe pgg

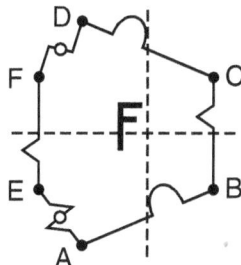

Typ 28: Wie bei den vorigen Typen gleitspiegele die frei gewählte Linie AB nach DC. Gleitspiegele die frei gewählte Linie BC nach EF mit Achse senkrecht zur vorigen Gleitspiegelachse. Der Abstand der Achse zu B ist dabei beliebig, so dass E frei gewählt werden kann und F sich aus der Gleitspiegelung ergibt. Verbinde A und E sowie F und D durch beliebige C-Linien.

8.5 Analyse einiger bekannter Bilder

Mit Hilfe der im letzten Abschnitt angegebenen Typen lassen sich die Escher-Parkette denkbar einfach untersuchen. Man betrachtet nur die Konturen der Parkettsteine und setzt einen Knoten, wo sich drei oder mehr Kacheln treffen. Aus den Symmetrien der Linien bestimmt man die Typnummer und hat damit, wenn keine Spiegelsymmetrien vorliegen, auch die Symmetriegruppe.

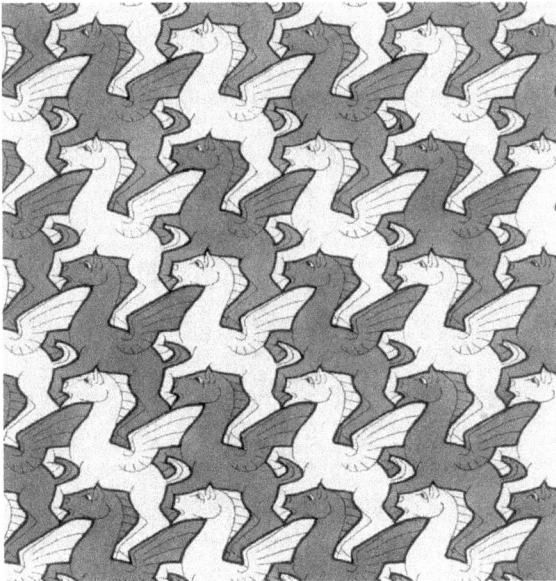

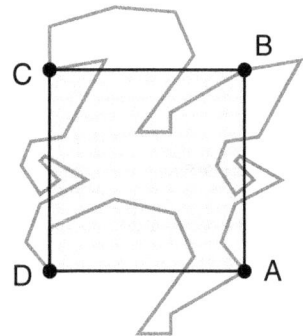

M.C. Escher: Symmetriezeichnung 105, 1959

Die Grundform der auch als „Pegasus" bezeichneten Symmetriezeichnung 105 ist ein Quadrat. Die Kontur CB wird durch eine einfache Translation auf die Kontur DA abgebildet, bei den Konturen auf den Seiten ist es genauso. Damit gibt es nur die beiden Translationen als Symmetrien, es liegt also Typ 1, TTTT, vor mit Gruppe p1 und Laves-Netz (4,4,4,4).

Die Grundform im bekannten Bild „Reiter" ist ein Drachenviereck mit je zwei gleich langen Seiten AD, CD und AB, BC. Die Linie AD wird durch die eingezeichnete Gleitspiegelung auf die Linie CD abgebildet, das gleiche Verfahren wird für die Linien AB und BC angewendet. Die zugehörige translative Zelle ist hellgrau unterlegt. Sie ist rechteckig und enthält zwei vollständige Reiter. Es liegt Typnummer 17, $G_1G_1G_2G_2$, vor mit

Gruppe pg und Laves-Netz (4,4,4,4).

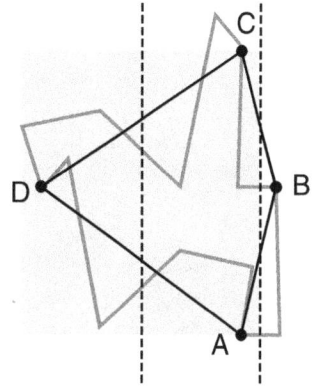

M.C. Escher: Horsemen, The Regular Division of the Plane, 1957

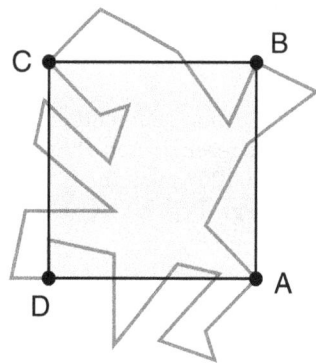

M.C. Escher: Symmetriezeichnung 104, 1959

In der Symmetriezeichnung 104 wird ein Quadrat zugrunde gelegt. Die Kontur DA wird in D um 90° gedreht sowie BC in B ebenfalls um 90°. In den Punkten B und D, in denen im Bild vier Füße aufeinandertreffen, liegen vierzählige Drehzentren, A und D sind zweizählige Drehzentren. Der Typ ist daher Nummer 15, $C_4C_4C_4C_4$, mit Gruppe p4 und Laves-Netz (4,4,4,4).

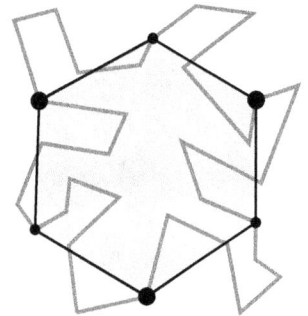

M.C. Escher: Symmetriezeichnung 25, 1939

In der Symmetriezeichnung 25 ist die Grundform ein regelmäßiges Sechseck. In den dicker eingezeichneten Punkten werden die beiden benachbarten Seiten durch eine Drehung von 120° ineinander überführt. Im Bild liegen dort die dreizähligen Drehzentren. Damit liegt Typ 9, $C_3C_3C_3C_3C_3C_3$, vor mit Gruppe p3 und Laves-Netz (3,3,3,3,3,3).

Das älteste figürliche Parkett ist vermutlich der „Forellenreigen", ein Entwurf für eine Tapete des österreichischen Malers, Graphikers und Designers Koloman Moser (1868-1918) aus dem Jahr 1899. Wie die angegebene Kontur belegt, ist dies ein recht komplexes Parkett mit der Grundform eines Parallelogramms, das die Punkte A,B,C,D bilden. Die Linie DC entsteht aus AB durch Translation und die Linien ED, FC durch Gleitspiegelung aus den Linien AE bzw. BF. Damit liegt Typ 18, $TG_1G_1TG_2G_2$, vor mit Gruppe pg und Netz (3,3,3,3,3,3).

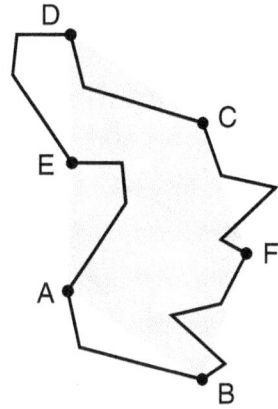

K. Moser: Forellenreigen, 1899

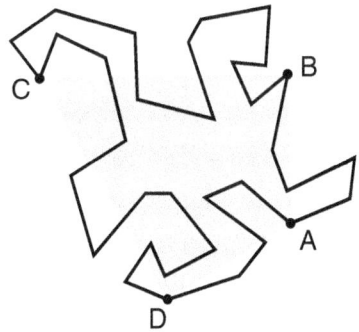

M.C. Escher: Symmetriezeichnung 56, 1942

Die Symmetriezeichnung 56 geht von einem Drachenviereck aus. Die Linie AD wird in
A um 120° auf die Linie AB gedreht und die Linie CD in C um 60° auf die Linie BC.
Damit liegt Typ 12, $C_3C_3C_6C_6$ vor mit Gruppe p6 und Netz (6,4,3,4).

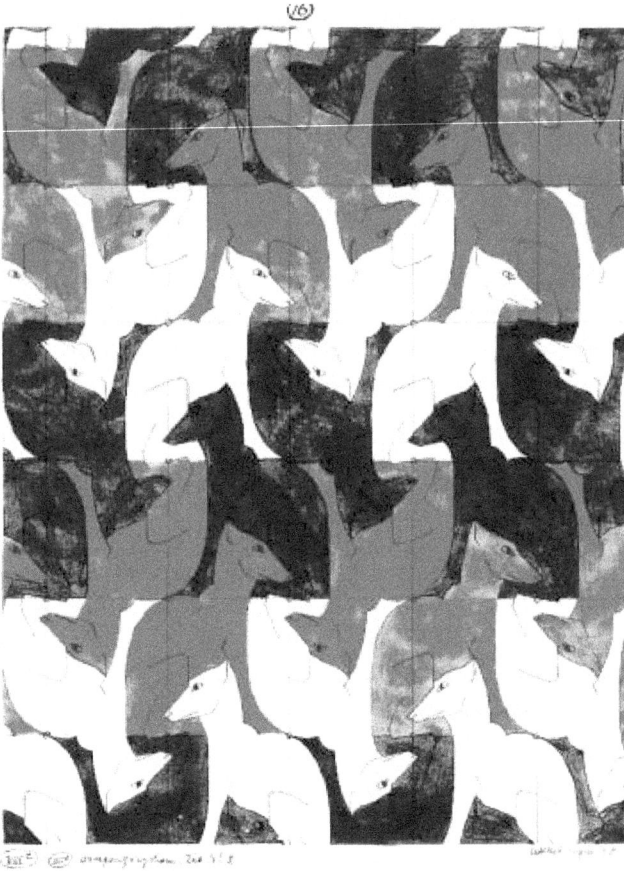

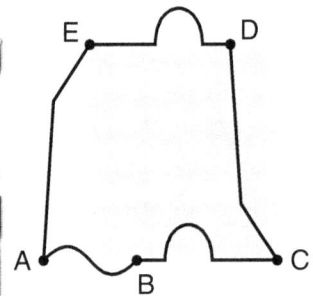

M.C. Escher: Symmetriezeichnung 16, 1942

Um die schönen Hunde in der Symmetriezeichnung 16 nicht zu verhundsen, wird rechts
nur eine schematische Zeichnung angegeben. Der Hund sitzt auf einer C-Linie, ansonsten gehen gegenüberliegende Linien durch Gleitspiegelungen auseinander hervor. Damit
liegt Typ 27, $CG_1G_2G_1G_2$, vor mit Gruppe pgg und Netz (4,3,4,3,3). Escher klassifiziert
die Escher-Parkette anders als wir es im letzten Abschnitt taten. Dabei geht er teils von
der Grundform des Parkettsteins aus, teils von der Position der Gleitspiegelachsen und
Drehzentren. In diesem Fall ist für ihn das hellgrau unterlegte Rechteck im Bild rechts
maßgebend, das einen kompletten Hund enthält und dessen Eckpunkte die zweizähligen
Drehzentren des Parketts bilden.

8.6 Parkettierungen der hyperbolischen Ebene

Eine (ebene) *Geometrie* besteht aus einer Menge von Punkten, einer Menge von Linien (Geraden) und einer Funktion, *Metrik* genannt, die je zwei Punkten einen Abstand zuordnet. Eine einzelne Linie kann dabei als Punktmenge aufgefasst werden. Für diese Geometrie gelten die üblichen Regeln: Durch zwei verschiedene Punkte lässt sich genau eine Linie ziehen, zwei Linien schneiden sich höchstens in einem Punkt, die Gerade ist die kürzeste Verbindung zweier Punkte und so weiter.

Da die hyperbolische Geometrie sich nicht vollständig in der Ebene realisieren lässt, ist man auf Karten angewiesen. Die Verhältnisse sind dabei ganz analog wie zwischen Globus und einer Karte des Globus. Die Erdoberfläche ist eindeutig bestimmt, aber es gibt unterschiedliche Projektionen auf die Ebene und damit auch unterschiedliche Karten. Eine Karte heißt *winkeltreu*, wenn sie den Schnittwinkel zweier Kurven (als Winkel der zugehörigen Tangenten) korrekt wiedergibt. Eine Weltkarte kann nicht *längentreu* sein, also Kurven auf Kurven gleicher Länge abbilden. Wenn man nämlich versucht, die Erdoberfläche oder einen Teil davon auf die Ebene zu pressen, so muss man stauchen oder zerren. Statt der Längentreue gibt es daher den schwächeren Begriff der *Maßstabstreue*: Es mag zwar unterschiedliche Längenverzerrungen geben, aber sie ist in allen Richtungen die gleiche. Alle Seekarten sind winkel- und maßstabstreu. Der in der Karte angegeben Maßstab gilt dann nur für die Kartenmitte. Mit einer Maßstabskorrektur lässt sich der Maßstab am Rande der Karte ungefähr berechnen. Der Vollständigkeit halber sei noch angemerkt, dass es auch flächentreue Karten gibt, die den Flächeninhalt einer jeden Teilfläche korrekt wiedergeben. Solche Karten haben für politische Karten ihren Sinn, sie sind aber niemals winkeltreu und für Seekarten daher ungeeignet.

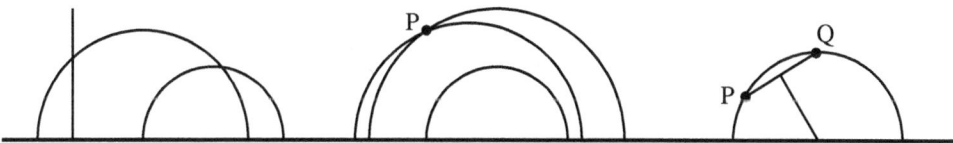

Abb. 8.7: *Die hyperbolische Ebene*

Eine winkel- und maßstabstreue Karte der hyperbolischen Geometrie ist in der obigen Abbildung dargestellt. Die Punkte der Geometrie sind die in der oberen Halbebene gelegenen Punkte unserer euklidischen Ebene, die Koordinatenachse $\{y = 0\}$ gehört allerdings nicht dazu. Die Linien der hyperbolischen Geometrie sind die Halbkreise, die die Koordinatenachse im rechten Winkel schneiden sowie die Halbgeraden, die senkrecht auf der Koordinatenachse stehen. Letztere können als Halbkreise mit unendlich großem Durchmesser aufgefasst werden. Das Bild oben links zeigt einige Linien mit Schnittpunkten.

Das Bild in der Mitte demonstriert, dass das Parallelenaxiom der euklidischen Geometrie verletzt ist: Zu einer Linie und einem Punkt, der nicht auf der Linie liegt, gibt es unendlich viele Linien durch diesen Punkt, die die Ausgangslinie nicht schneiden (=Parallelen). Allerdings kann man nicht mehr so viele Parallelen auswählen, wenn der

Punkt nahe an der Ausgangslinie liegt. Anders ausgedrückt: Betrachtet man nur einen

kleinen Ausschnitt der hyperbolischen Ebene, so sind die dort geltenden Gesetze ganz ähnlich wie in unserer vertrauten euklidischen Geometrie. Möglicherweise leben wir in einer hyperbolischen Welt und bemerken dies nicht, weil wir nur einen Teil des Kosmos überblicken.

Das Bild rechts in Abbildung 8.7 zeigt die einfache Konstruktion der Verbindungslinie zweier verschiedener Punkte. Wir verbinden die beiden Punkte mit einer (euklidischen) Strecke und konstruieren die Mittelsenkrechte. Deren Schnittpunkt mit der Koordinatenachse liefert den Mittelpunkt des gesuchten Halbkreises.

Das Bild links von Escher ähnelt zwar der hyperbolischen Ebene, ist aber mit einem anderen Algorithmus erzeugt worden.

J. Leys: Monsters, 2005

Im teilweise mit einem Computer erzeugten Werk „Monsters" des belgischen Künstlers Jos Leys liegen die Rückenlinien der Monster genau auf den hyperbolischen Geraden. Wir bekommen eine anschauliche Vorstellung von der Metrik der hyperbolischen Geometrie, weil die Länge eines Monsters genau einer Längeneinheit entspricht. Man kann also nicht aus der hyperbolischen Ebene herausfallen, weil die Entfernung zum Rand unendlich groß ist. Auch die Maßstabstreue der Karte lässt sich gut erkennen. Die Längenverzerrung ist zwar unterschiedlich, aber in jedem Punkt in allen Richtungen die gleiche. An dieser Stelle sei auch auf die Webseiten von Jos Leys hingewiesen, in denen unter anderem die Konstruktion hyperbolischer Parkette dargestellt wird.

Man kann zeigen, dass die hyperbolische Geometrie eindeutig bestimmt ist, aber es gibt eben unterschiedliche Karten, so wie es auch unterschiedliche Weltkarten gibt. Wir bilden die obere Halbebene auf den Einheitskreis der Ebene mit Hilfe einer *Möbius-Transformation* ab, nämlich in komplexer Schreibweise (siehe Abschnitt 10.5)

$$z \mapsto \frac{z-i}{z+i},$$

was sich weniger elegant reell schreiben lässt,

$$\begin{pmatrix} x \\ y \end{pmatrix} \mapsto \frac{1}{x^2+(y+1)^2} \begin{pmatrix} x^2+y^2-1 \\ -2x \end{pmatrix}.$$

Ein Punkt mit reellen Koordinaten (x,y) wird also wie angegeben abgebildet, insbesondere rechnet man sofort nach, dass $(0,0) \mapsto (-1,0)$, $i=(0,1) \mapsto (0,0)$. Ferner wird die Koordinatenachse auf den Rand des Einheitskreises und das „Unendliche" auf den Punkt $(1,0)$ abgebildet. Mit etwas mehr Aufwand weist man nach: Die Möbius-Transformation ist winkel- und maßstabstreu, sie bildet Kreise/Geraden auf Kreise/Geraden ab.

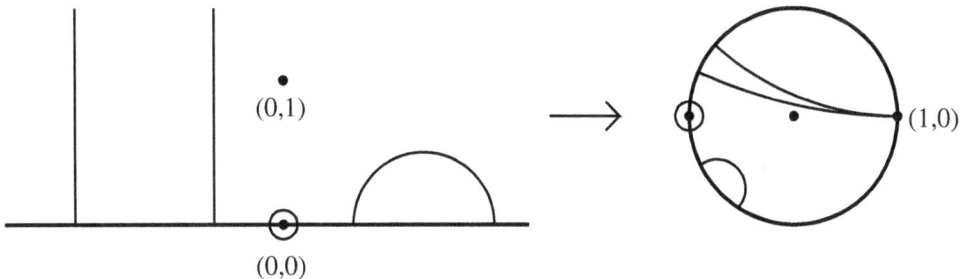

In dieser neuen Darstellung bestehen die Punkte der hyperbolischen Geometrie aus den Punkten, die sich innerhalb des Einheitskreises befinden. Die Linien sind die Kreissegmente des Einheitskreises, die den Rand im rechten Winkel schneiden. Auch die neue Darstellung ist winkel- und maßstabstreu, aber nicht längentreu, wie die Realisierungen

Circle Limit III, IV aus den Jahren 1959/60 durch Escher zeigen:

8.7   Aufgaben

Kongruenzabbildungen der Ebene sind Drehungen $D_{\alpha,P}$, Translationen T_u und Spiegelungen S_g sowie das Hintereinanderausführen solcher Abbildungen. Dies hatten wir Komposition genannt und notieren das mit $KK'(x) = K \circ K'(x) = K(K'(x))$. x heißt *Fixpunkt* einer Abbildung f, wenn $f(x) = x$. Die Drehung $D_{\alpha,P}$ hat nur den Drehpunkt P als Fixpunkt, die Spiegelung S_g besitzt nur die Gerade g als Fixgerade.

8.1 (2) Man zeige, dass eine Kongruenzabbildung nur vier Arten von Fixpunktmengen haben kann: die leere Menge, ein einzelner Punkt, eine einzelne Gerade oder die ganze Ebene.

Hinweis: Dazu reicht Folgendes aus: Sind P, Q zwei verschieden Fixpunkte einer Kongruenzabbildung, so gehört die Gerade g mit $P, Q \in g$ zur Fixpunktmenge.

8.2 (3) Man konstruiere geometrisch den Fixpunkt von $T_u \circ D_{\alpha,P}$, wobei $D_{\alpha,P}$ natürlich nicht die Identität sein darf.

8.3 (3) Man zeige, dass

$$D_{\alpha,P}D_{\beta,Q} = T_v D_{\alpha+\beta,Q}.$$

Die Komposition zweier Drehungen ist damit eine Drehung um die Summe der beiden Winkel mit anschließender Translation um einen Vektor v. Ist insbesondere $\alpha + \beta = 0$ mod 2π, so ist die Komposition der beiden Drehungen eine reine Translation.

Hinweis: Man verwende die Darstellung

$$D_{\alpha,P}x = D_\alpha(x - P) + P,$$

wobei D_α die Drehung um den Nullpunkt bezeichnet. Diese Formel erklärt sich wohl von selbst: Statt um den Punkt P zu drehen, kann man zunächst das Koordinatensystem von P in den Nullpunkt verschieben, dann im Nullpunkt drehen und anschließend alles wieder um P verschieben. Diese Darstellung hat den Vorteil, dass man nun die Identität $D_\alpha(P+Q) = D_\alpha(P) + D_\alpha(Q)$ ausnutzen kann, die für eine allgemeine Drehung $D_{\alpha,P}$ nicht richtig ist.

8.4 (3) Sei v die betragsmäßig kleinste Translation eines periodischen Parketts. Dann gilt für den Abstand zweier verschiedener n-zähliger Drehzentren P, P' die Ungleichung

$$|PP'| \geq \frac{1}{2}|v|.$$

Hinweis: Für Drehzentren P, P' mit Winkel α betrachte man die Abbildung $D_{\alpha,P'}D_{\alpha,P}^{-1}$, die nach Aufgabe 8.3 eine reine Translation ist.

8.5 (3) Besitzt ein periodisches Parkett ein vierzähliges Drehzentrum, so hat es weder ein dreizähliges noch ein sechszähliges Drehzentrum.

Hinweis: Auch hier verwende man Aufgabe 8.3.

9 Logik und Berechenbarkeit

9.1 Die Gödelschen Sätze

Kurt Friedrich Gödel (1906-1978) stammte aus einer wohlhabenden großbürgerlichen Familie in Brünn in Mähren. Bis 1918 gehörte Brünn zur österreichisch-ungarischen Monarchie und ist heute die zweitgrößte Stadt Tschechiens. Nachdem Gödel 1923 die österreichische Staatsbürgerschaft angenommen hatte, studierte er Theoretische Physik und Mathematik an der Universität Wien. Dort besuchte er auch den von Moritz Schlick gegründeten Wiener Kreis, der sich mit den Grundlagen der Philosophie beschäftigte.

1930 promovierte Gödel mit seiner bahnbrechenden Arbeit „Über die Vollständigkeit des Logikkalküls", in der er den „Gödelschen Vollständigkeitssatz" bewies, der grob gesprochen besagt, dass in vielen mathematischen Strukturen jede gültige Aussage auch bewiesen werden kann. 1931 erschien mit dem „Unvollständigkeitssatz" sein wohl großartigstes Resultat.

1940 nahm Gödel eine Stelle am Institute for Advanced Study in Princeton, USA, an, wo er sich schon bald mit Albert Einstein anfreundete. Obwohl schon damals klar war, dass er der größte Logiker seit Aristoteles war, bekam er erst im Jahre 1953 eine Professur in Princeton, vermutlich weil er sich aufgrund einer psychischen Erkrankung etwas merkwürdig benahm. Aus Angst vergiftet zu werden, magerte er in seinen letzten Lebensjahren immer mehr ab und starb im Alter von 71 Jahren an den Folgen der Unterernährung.

Axiome und Strukturen

Beginnen wir mit einer Menge G, auf der eine zweistellige Operation $\circ$ definiert ist, es gibt also zu allen $x, y \in G$ ein $z \in G$ mit $z = x \circ y$. Ein einfaches und häufig verwendetes Axiom für eine solche Struktur ist das Assoziativgesetz:

(G1) Für alle x, y, z gilt $(x \circ y) \circ z = x \circ (y \circ z)$.

Eine Menge mit einer Operation $\circ$, für die (G1) gilt, heißt *Halbgruppe*. Für Halbgruppen gibt es eine Vielzahl von Beispielen:

(S1): G ist die Menge aller endlichen Zeichenfolgen, die sich aus den Zeichen $a, b, c, \ldots, z$ bilden lassen, wie zum Beispiel *abdab*, *mathematikkitamehtam*. Die zweistellige Operation ist die *Verkettung*, die darin besteht, dass man die beiden Zeichenfolgen hintereinander schreibt: Beispielsweise ist $ab \circ cd = abcd$. Offenbar spielt es keine Rolle für das Ergebnis, ob man für Zeichenfolgen x, y, z die Folge $(x \circ y) \circ z$ oder $x \circ (y \circ z)$ bildet, womit das Assoziativgesetz (G1) erfüllt ist. G mit der eben beschriebenen Verkettung ist daher eine Halbgruppe.

(S2) G ist die Menge der natürlichen Zahlen $\mathbb{N}_0 = \{0, 1, 2, \ldots\}$, „∘" ist die Addition „+". Auch hier ist das Assoziativgesetz bekanntlich erfüllt.

(S3) G ist hier die Menge der ganzen Zahlen $\mathbb{Z} = \{\ldots, -2, -1, 0, 1, 2, \ldots\}$ mit der Addition „+". Auch dies ist eine Halbgruppe.

Wir betrachten ein weiteres Axiom für eine Menge mit zweistelliger Operation ∘:

(G2) Es gibt ein Element $e \in G$ mit $x \circ e = e \circ x = x$ für alle $x \in G$.

Man nennt ein solches e das „neutrale Element" oder „Einselement". Eine mathematische Struktur, für die (G1) und (G2) gelten, heißt *Halbgruppe mit Einselement* oder *Monoid*. Die Strukturen (S2) und (S3) sind von diesem Typ, neutrales Element ist in beiden Fällen die Null. Bei (S1) tut man sich da schon schwerer. Es hat sich eingebürgert, auch das leere Wort, das keine Zeichen enthält, in die Menge G der Zeichenfolgen aufzunehmen. Dann ist dieses leere Wort auch das neutrale Element und (S1) ebenfalls eine Halbgruppe mit Einselement.

Wir kommen zu einem einfachen Resultat:

Satz 9.1 *In jeder Halbgruppe mit Einselement ist das neutrale Element eindeutig bestimmt.*

Der Beweis folgt direkt aus (G2). Gäbe es zwei neutrale Elemente e und e' so

$$e \circ e' = e, \quad e \circ e' = e',$$

also $e = e'$.

Nun fügen wir ein weiteres Axiom hinzu:

(G3) Zu jedem $x \in G$ gibt es ein $y \in G$ mit $x \circ y = y \circ x = e$.

Man nennt y das „inverse Element" zu x und bezeichnet es auch mit x^{-1}. Damit sind wir bei den bereits in Abschnitt 3.3 besprochenen Gruppen gelandet. Die Strukturen (S1) und (S2) sind keine Gruppen, dagegen ist (S3) eine Gruppe: Das inverse Element zu $n \in \mathbb{Z}$ ist $-n \in \mathbb{Z}$.

Während man in der Schulmathematik meist von mathematischen Strukturen ausgeht und diese durch „Axiome" oder „Rechenregeln" charakterisiert, sind wir hier den umgekehrten, für die moderne Mathematik bezeichnenden Weg gegangen, und folgten dem Zusammenspiel der Axiome. Wir könnten hier noch weiter gehen und die Gruppen durch weitere Axiome spezifizieren.

Ein *Beweis* innerhalb eines Axiomensystems ist eine endliche Folge von Formeln. Diese Formeln sind entweder logische Axiome (z.B. $a \Rightarrow a$), Axiome des Gleichheitszeichens (z.B. $a = b \Rightarrow b = a$), Axiome des Axiomensystems oder Ausdrücke, die durch Schlussregeln wie den in Abschnitt 1.1 beschriebenen modus ponens gewonnen werden. Die letzte Aussage der Folge von Formeln ist die „bewiesene" Formel. Auch wenn man in der Mathematik den Beweisbegriff meist lockerer nimmt, lässt sich jeder korrekte Beweis auf diese Weise schreiben. Wenn es für eine Aussage einen Beweis gibt, so heißt

diese Aussage (aus dem Axiomensystem) *beweisbar*. Zum Beispiel ist die Aussage von
Satz 9.1 aus dem Axiomensystem (G1)+(G2) beweisbar.

Eine Menge von Aussagen oder ein Axiomensystem heißt *widerspruchsvoll*, wenn es eine
bewiesene Aussage gibt, für deren Gegenteil es ebenfalls einen Beweis gibt. Wir könnten
den Axiomen der Gruppentheorie noch folgendes Axiom hinzufügen:

(G')   Es gibt e und e' mit $e \circ x = x \circ e = x$, $e' \circ x = x \circ e' = x$, $e \neq e'$.

Wegen Satz 9.1 liefert dies einen Widerspruch. Das Axiomensystem (G1),(G2),(G')
ist daher widerspruchsvoll. Ein Axiomensystem heißt *widerspruchsfrei*, wenn es nicht
widerspruchsvoll ist.

Eine mathematische Struktur heißt *Modell* eines Axiomensystems, wenn in ihr alle Axiome des Systems gültig sind. Beispielsweise sind (S1)-(S3) Modelle der Halbgruppenaxio-
me (G1)+(G2). Eine Aussage heißt *gültig* innerhalb eines Axiomensystems, wenn sie in
allen Modellen des Axiomensystems wahr ist. Beispielsweise ist die Aussage „Jede Gruppe besteht aus genau drei Elementen" keine gültige Aussage der Gruppentheorie. Es
gibt zwar eine Gruppe mit drei verschiedenen Elementen, aber wir haben auch andere
Gruppen kennengelernt.

Da der Beweisbegriff korrekt ist, sind alle beweisbaren Aussagen auch gültige Aussagen.
Es fragt sich daher, ob auch die Umkehrung gilt, ob also alle gültigen Aussagen auch
beweisbar sind. Wir sagen, ein Axiomensystem ist in der Sprache der Prädikatenlogik
erster Stufe formalisiert, wenn in den Axiomen nur Aussagen über die Individuen der
Grundmenge gemacht werden. Das ist in den Axiomen (G1)-(G3) der Fall, die alle von
der Form „für alle x ..." sind. Weitere Beispiele sind Körper (siehe Beispiel 9.5), und
Geometrien (siehe Beispiel 9.6), also keineswegs nur „einfache" Strukturen, wie in der
populärwissenschaftlichen Literatur manchmal behauptet wird.

Satz 9.2 *Gegeben sei ein widerspruchsfreies (auch unendliches) Axiomensystem, das
in der Sprache der Prädikatenlogik erster Stufe formalisiert ist. Dann gilt:*

(a) Das Axiomensystem besitzt ein Modell.

*(b) (Gödelscher Vollständigkeitssatz) Jeder gültige Satz dieses Axiomensystems kann
auch bewiesen werden.*

*(c) (Satz von Löwenheim und Skolem) Besitzt das Axiomensystem ein unendliches Mo-
dell, so besitzt es Modelle beliebiger (unendlicher) Mächtigkeit.*

Nach Satz 1.9 lassen sich beliebig mächtige Mengen konstruieren. Teil (c) besagt daher
auch, dass Axiomensysteme der Prädikatenlogik erster Stufe zu schwach sind, um ein
Modell eindeutig zu charakterisieren. Die Voraussetzung von (c) lässt sich dahingehend
modifizieren, dass man nur beliebig große endliche Modelle braucht, um auf Modelle
beliebiger Mächtigkeit zu schließen (siehe Abschnitt 9.5).

Da der Beweisbegriff rein formal ist, ein Beweis also nach genau festgelegten Regeln erfolgt, kann er auch von einer Maschine erbracht werden. Wegen (b) lässt sich daher eine
Beweismaschine konstruieren, die alle gültigen Sätze innerhalb eines Axiomensystems
auflistet.

Für den Beweis des Vollständigkeitssatzes siehe [65] oder [19].

Natürliche Zahlen und der Gödelsche Unvollständigkeitssatz

In der modernen Version der Peanoschen Axiome für die natürlichen Zahlen geht man von einer Grundmenge N aus, in der ein Element $0 \in N$ ausgezeichnet ist und in der es eine Abbildung $' : N \to N$ gibt, die jedem $n \in N$ ein Element n' zuordnet, das als Nachfolger von n interpretiert wird. Die Axiome sind dann:

(P1) Für alle m, n: Wenn $m' = n'$, so gilt $m = n$,

(P2) Es gibt kein $n \in N$ mit $n' = 0$,

(P3) Für alle Teilmengen $M \subset N$ gilt:

$$\text{Ist } 0 \in M \text{ und folgt aus } n \in M, \text{ dass auch } n' \in M, \text{ so gilt } M = N.$$

Die natürlichen Zahlen mit der Interpretation $n' = n+1$ genügen den drei Axiomen. (P3) ist gerade die vollständige Induktion: $0 \in M$ wird verlangt, aus dem zweiten Teil folgt dann $0' = 1 \in M$, $1' = 2 \in M$, $2' = 3 \in M$ usw. Durch die Peanoschen Axiome wird daher eine Kette axiomatisiert, deren Glieder durch die Nachfolgeabbildung miteinander verbunden sind, und die einen Anfang, aber kein Ende hat.

Das Axiom (P1) ist für sich genommen noch wenig aussagekräftig. Das einfachste Modell für dieses Axiom ist $N = \{0, a\}$ mit $0' = a$ und $a' = 0$. Die Axiome (P1) und (P2) zusammengenommen sorgen dafür, dass es kein endliches Modell geben kann. Einerseits wird verlangt, dass keine zwei Zahlen den gleichen Nachfolger haben, andererseits ist 0 nicht Nachfolger einer Zahl. Ein Modell von (P1)+(P2), das sich von den natürlichen Zahlen unterscheidet, konstruiert man mit einem zweiten Satz von ganzen Zahlen $\mathbb{Z}_a = \{\ldots, -2_a, -1_a, 0_a, 1_a, 2_a, \ldots\}$. Grundmenge ist dann $N = \mathbb{N}_0 \cup \mathbb{Z}_a$ mit $n' = n + 1$ und $n'_a = (n + 1)_a$. Offenbar sind dann die Axiome (P1) und (P2) erfüllt, aber nicht (P3). Hier wird die Rolle der vollständigen Induktion (P3) sofort deutlich: Sie wählt unter allen Modellen von (P1)+(P2) das kleinste aus.

Abgesehen davon, dass man die Zahlen bezeichnen kann, wie man will, sind die natürlichen Zahlen durch die Peanoschen Axiome eindeutig bestimmt. Damit ist Satz 9.2(c) für die Peanoschen Axiome nicht richtig. Das Axiom der vollständigen Induktion unterscheidet sich von (P1),(P2) und allen anderen bisher betrachteten Axiomen dadurch, dass es keine Aussage über die Elemente von N macht, sondern die Teilmengen von N betrifft. Wir sagen, dass (P3) ein Axiom zweiter Stufe ist (siehe Abschnitt 9.5).

Für Axiome wie (P3) gibt es keinen mit der Logik erster Stufe vergleichbaren Beweisbegriff (siehe Abschnitt 9.5). Um (P3) zum Beweis einer von n abhängenden Aussage $A(n)$ auszunutzen, werden wir die Menge

$$M = \{n : A(n) \text{ ist wahr}\} \tag{9.1}$$

in (P3) einsetzen und kommen so auf das Induktionsprinzip aus Abschnitt 1.2. Dann kann man das Induktionsprinzip (P3) aber auch gleich auf Mengen M wie in (9.1) beschränken für arithmetische Ausdrücke $A(n)$, die mit Hilfe der Grundrechenarten formuliert werden können. Daher verwendet man die *Peano-Arithmetik*, die neben der Nachfolgerfunktion noch die beiden zweistelligen Operationen „+" und „·" besitzt, und aus folgenden Axiomen besteht:

(PA1) Für alle m, n: Wenn $m' = n'$, so gilt $m = n$.

(PA2) Es gibt kein $n \in N$ mit $n' = 0$.

(PA3) Für alle n: $n + 0 = n$.

(PA4) Für alle m, n: $m + n' = (m + n)'$.

(PA5) Für alle n: $n \cdot 0 = 0$.

(PA5) Für alle m, n: $m \cdot n' = (m \cdot n) + m$.

(PA6) Für alle mit den Operationen $'$, $+$, $\cdot$ formulierten Aussagen $A(n)$ gilt:

Ist $A(0)$ und folgt aus $A(n)$, dass auch $A(n')$, so gilt $A(n)$ für alle n.

(PA6) ist ein *Axiomschema*: Für jedes $A(n)$ erhält man ein Axiom. Damit ist (PA1)–(PA6) ein in der Logik erster Stufe formuliertes Axiomensystem, von dem wir guten Gewissens annehmen können, dass es die natürlichen Zahlen $\mathbb{N}_0$ als Modell besitzt. Damit ist es widerspruchsfrei und Satz 9.2 kann angewendet werden. Insbesondere sagt Satz 9.2(c), dass es neben $\mathbb{N}_0$ noch andere Modelle dieses Axiomensystems geben muss. Diese Modelle enthalten alle die Menge $\mathbb{N}_0 = \{0, 0', 0'', \ldots\}$. Nach Satz 9.2(a) ist eine Aussage genau dann gültig, wenn sie beweisbar ist. Die entscheidende Frage ist nun, ob eine in der Interpretation $\mathbb{N}_0$ wahre Aussage auch beweisbar ist. Es kann ja sein, dass eine in $\mathbb{N}_0$ wahre Aussage in einem anderen Modell nicht wahr und damit unbeweisbar ist. Genau das ist hier der Fall:

Satz 9.3 (Gödelscher Unvollständigkeitssatz) *Es gibt wahre Aussagen über die natürlichen Zahlen, die aus den Axiomen (PA1)–(PA6) nicht bewiesen werden können.*

Es gilt auch eine Verallgemeinerung: Jedes formale System, das die Arithmetik der natürlichen Zahlen enthält, ist entweder widerspruchsvoll oder enthält wahre Sätze, die nicht beweisbar sind.

Was dieses Resultat im Einzelfall bedeuten kann, wollen wir an Hand der *goldbachschen Vermutung* illustrieren, die besagt, dass jede gerade Zahl > 2 als Summe zweier Primzahlen geschrieben werden kann. Obwohl diese Vermutung bereits 1742 von Christian Goldbach in einem Brief an Euler geäußert wurde, ist sie bis heute weder bewiesen noch widerlegt worden. Im Hinblick auf den Gödelschen Unvollständigkeitssatz gibt es drei Möglichkeiten. Zum ersten kann sie falsch sein. Dann ist das Benennen einer solchen Zahl und der in endlich vielen Schritten erfolgende Nachweis, dass sie sich nicht als Summe zweier Primzahlen schreiben lässt, auch der Beweis, dass sie falsch ist. Der zweite Fall, dass es einen Beweis für die Richtigkeit der Vermutung gibt, ist genauso klar. Wenn diese beiden Fälle nicht eintreten, ist die Vermutung zwar für die natürlichen Zahlen richtig, aber sie behauptet für die in einem anderen Modell vorhandenen „übernatürlichen Zahlen" etwas, was dort nicht stimmt. Liegt dieser dritte Fall vor, so können wir die goldbachsche Vermutung oder ein anderes, in den natürlichen Zahlen gültiges Axiom, aus dem sie folgt, zur Peano-Arithmetik hinzufügen und sortieren damit alle Modelle aus, in denen die goldbachsche Vermutung nicht gilt. Aber auch dann schlägt die oben angesprochene Verallgemeinerung des Unvollständigkeitssatzes zu und es wird auch im erweiterten Axiomensystem wahre, aber unbeweisbare Aussagen geben. Auf diese Weise läuft die Beweisbarkeit immer der Wahrheit hinterher.

Woher weiß man denn, dass ein Satz wahr ist, wenn er nicht beweisbar ist? Ein Beispiel für einen solchen Satz betrifft die 1944 konstruierten *Goodstein-Folgen* (siehe [25]). Mit Hilfe der Theorie der Ordinalzahlen, die man als eine Erweiterung der natürlichen Zahlen über das Endliche hinaus ansehen kann, wurde in [25] gezeigt, dass diese Folgen ab einem Index konstant Null werden (=Satz von Goodstein). Für die Theorie der Ordinalzahlen gilt der Unvollständigkeitssatz ebenso. Ist diese Theorie widerspruchsfrei, so ist der Satz von Goodstein also wahr. Erst im Jahre 1982 wurde in [37] gezeigt, dass der Satz von Goodstein nicht aus den Peano-Axiomen folgt.

Die Situation stellt sich damit folgendermaßen dar: Aus den Axiomen (PA1)–(PA6) ist der Satz von Goodstein nicht beweisbar, man fügt ein weiteres Axiomensystem (X) zur Peano-Arithmetik hinzu, nämlich die Theorie der Ordinalzahlen, und kann aus diesen Axiomen den Satz von Goodstein beweisen. Das Problem ist nur, dass (X) nicht mehr die Evidenz besitzt wie (PA1)–(PA6), dass es theoretisch möglich ist, dass (X) widerspruchsvoll ist und man daher aus (X) alles schließen kann. Der Satz von Goodstein ist also wahr relativ zur Widerspruchsfreiheit von (X). Mehr kann man nicht erreichen.

Die Beweisidee des Gödelschen Unvollständigkeitssatzes beruht auf folgendem Argument: Angenommen, es gibt eine Universelle Wahrheitsmaschine (UWM), die uns zu jedem Satz sagt, ob er richtig oder falsch ist. Wir legen der UWM den Satz

S: UWM sagt nicht, dass dieser Satz wahr ist.

vor. Egal, ob die UWM diesen Satz als wahr oder falsch bezeichnet, wird sich daraus immer ein Widerspruch ergeben. Die UWM kann daher keine Aussage über den Wahrheitsgehalt von S machen, ist dann aber nicht mehr universell.

9.2   Die Turing-Maschine

Die Turing-Maschine wurde 1936 vom britischen Mathematiker Alan Turing (1912-1954) als Modell des menschlichen Denkvermögens entworfen. Sie ist ein rein mathematisches Konstrukt, zum besseren Verständnis kann man sie sich durchaus als echte Maschine vorstellen.

Mit der Turing-Maschine soll im einfachsten Fall präzisiert werden, wann eine Abbildung $f : \mathbb{N} \to \mathbb{N}$ *berechenbar* ist, wann also mit schematischen Anweisungen in endlicher Zeit die Werte $f(n)$ für jedes $n \in \mathbb{N}$ bestimmt werden können. Sind die erlaubten Anweisungen einmal festgelegt, so können diese endlich oft miteinander kombiniert werden. Gleichgültig wie man den Begriff der Berechenbarkeit genauer ausgestaltet, können also nur abzählbar viele f berechnet werden. Nach Satz 1.8 bilden bereits die Abbildungen $f : \mathbb{N} \to \{0,1\}$ eine überabzählbare Menge, womit nur „wenige" Funktionen berechenbar sein werden.

Eine Menge $M \subset \mathbb{N}$ heißt *aufzählbar*, wenn es eine berechenbare Funktion $f : \mathbb{N} \to \mathbb{N}$ gibt, deren Wertebereich mit M übereinstimmt. Eine Menge $M \subset \mathbb{N}$ heißt *entscheidbar*, wenn es ein Verfahren gibt, dass nach Vorgabe eines $n \in \mathbb{N}$ in endlicher Zeit darüber entscheidet, ob $n \in M$ oder $n \notin M$. Obwohl wir auf der hier vorliegenden informellen Ebene keine echten Sätze beweisen können, sollte doch klar sein, dass eine Menge M genau dann entscheidbar ist, wenn M und das *Komplement* von M,

$$M^c = \{n \in \mathbb{N} : n \notin M\},$$

aufzählbar sind. Ist nämlich M entscheidbar, so geben wir in das Entscheidungsverfahren die Werte $n = 1, 2, \ldots$ ein und erhalten eine Aufzählung für M und M^c. Haben wir umgekehrt berechenbare Funktionen für M und M^c, so lassen wir M und M^c aufzählen, bis das vorgegebene n nach endlicher Zeit in einer der beiden Mengen erscheint.

Im nächsten Abschnitt wird gezeigt, dass allgemeine Aufzählbarkeits- und Entscheidungsprobleme praktisch immer auf Teilmengen natürlicher Zahlen zurückgeführt werden können.

Wörter und Gödelisierung

Ein *Alphabet* ist eine endliche Menge verschiedener Objekte $\{a_1, a_2, \ldots, a_m\}$, die wir auch *Buchstaben* nennen. Dies können die uns bekannten Buchstaben $a, b, c, \ldots$ sein oder Zahlen $1, 2, 3, \ldots$ Hinzu kommt immer der leere Buchstabe (=Leerzeichen), den wir mit a_0 oder $*$ bezeichnen. Ein *Wort* über einem Alphabet ist eine endliche Folge von Buchstaben, die den leeren Buchstaben nicht enthalten darf. Bei einem Wort ist *jede* Folge von Buchstaben erlaubt, über dem lateinischen Alphabet sind daher auch „sinnlose" Ausdrücke wie „abdgraul" Wörter. Sind $x = b_1 b_2 \ldots b_k$ und $y = c_1 c_2 \ldots c_l$ Wörter, so lassen sie sich zu xy verketten,

$$xy = b_1 b_2 \ldots b_k c_1 c_2 \ldots c_l.$$

So ergibt die Verkettung von *ababa* und *acbb* das Wort *ababaacbb*.

Nun wollen wir zeigen, dass man auch mit einem einelementigen Alphabet auskommen kann. Seien $a_1, \ldots, a_m$ die m verschiedenen Buchstaben eines Alphabets, denen wir die Zahlen $1, \ldots, m$ zuordnen. Ein Wort über diesem Alphabet lässt sich daher in der Form $b_1 b_2 \ldots b_k$ schreiben, wobei die b_i Zahlen von 1 bis k sind. Wir ordnen dieser Zahlenfolge die natürliche Zahl

$$2^{b_1} \cdot 3^{b_2} \cdot 5^{b_3} \cdot \ldots \cdot p_k^{b_k}$$

zu, wobei p_i die i-te Primzahl ist. Haben wir beispielsweise nur die Buchstaben 1 und 2 im Alphabet, so wird das Wort 11121 codiert durch

$$2^1 \cdot 3^1 \cdot 5^1 \cdot 7^2 \cdot 11^1 = 16170.$$

Aus dieser Zahl kann man durch eine Primfaktorzerlegung das ursprüngliche Wort eindeutig rekonstruieren: Der Exponent der i-ten Primzahl in dieser Faktorisierung gibt gerade den i-ten Buchstaben des Wortes an. Man nennt die auf die beschriebene Weise erhaltene Zahl die *Gödelnummer* des Wortes, den ganzen Prozess der Verschlüsselung nennt man *Gödelisierung*, alles benannt nach Kurt Gödel. Für die Darstellung der Gödelnummer braucht man nur noch ein einelementiges Alphabet, sagen wir $\{1\}$. Die natürliche Zahl n stellt man dar, indem man die 1 n-mal hintereinander schreibt.

Turing-Maschinen

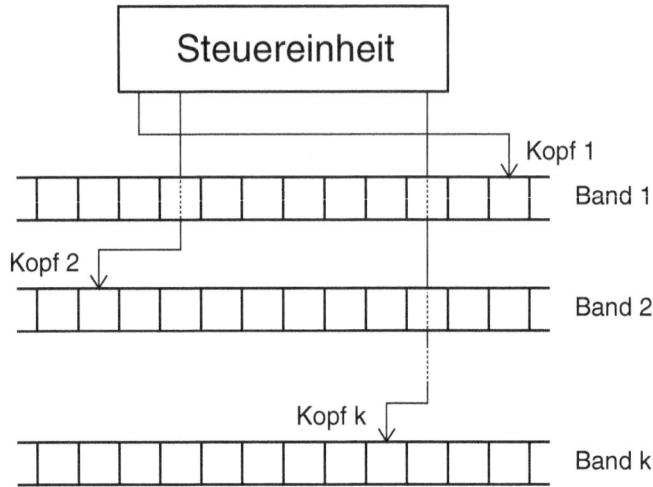

Die Turing-Maschine besitzt mehrere ($k \geq 1$), beidseitig unendliche, in Feldern unterteilte Bänder. Auf jedem Feld steht ein Buchstabe des zugrunde liegenden Alphabets, wobei auch das Leerzeichen zugelassen ist. Für jedes Band steht ein Schreib-, Lesekopf, kurz Kopf genannt, zur Verfügung. Jeder Kopf steht auf genau einem Feld seines Bandes. Die Maschine kann mit dem Kopf den Inhalt dieses Feldes lesen und neu bedrucken. Die Steuereinheit befindet sich immer in einem von endlich vielen Zuständen $z_0, z_1, \ldots, z_n$. Ausgezeichnet sind hierbei der Startzustand z_0 und der Stopzustand z_1.

Die Turing-Maschine arbeitet taktweise. In einem Arbeitstakt kann sie in Abhängigkeit

- vom gegenwärtigen Zustand
- von den durch die Köpfe gelesenen Buchstaben

gleichzeitig

- einen neuen Zustand annehmen,
- die k gelesenen Bandsymbole verändern (bedrucken),
- jeden der Köpfe um maximal ein Feld nach rechts oder links bewegen.

Die Turing-Maschine ist deterministisch. Wir benötigen daher Befehle, die der Turing-Maschine sagen, was sie als Nächstes tun muss. Wie oben erwähnt hängt der nächste Takt davon ab, in welchem Zustand z die Maschine sich befindet und welche Buchstaben $b_1, \ldots, b_k$, $b_i \in \{a_0, a_1, \ldots, a_m\}$, auf den k Köpfen gerade gelesen werden. Ein *Befehl* hat daher die Form

$$(z, b_1, \ldots, b_k) \; \rightarrow \; (z', b'_1, \ldots, b'_k, \sigma_1, \ldots, \sigma_k),$$

wobei z' der Folgezustand ist, b'_i gibt den Buchstaben an, der auf das i-te Band gedruckt wird und σ_i regelt das Verhalten des i-ten Kopfes, $\sigma_i \in \{R, L, 0\}$ mit

R ein Feld nach rechts, L ein Feld nach links, 0 Kopf bleibt auf dem Feld.

Damit die Turing-Maschine korrekt arbeiten kann, muss für jede Kombination von Zuständen (mit Ausnahme des Stop-Zustands z_1) und gelesenen Buchstaben ein Befehl vorhanden sein, was die Programmierung ziemlich mühsam macht.

Die Turing-Maschine beginnt mit dem Zustand z_0 und hält an, wenn der Zustand z_1 erreicht wird.

Beispiel 9.1 Eine Turing-Maschine mit einem Band soll zu einer auf dem Band in Dualdarstellung stehenden natürlichen Zahl eine 1 addieren, entsprechend ist das Alphabet $\{0, 1\}$. Der Kopf steht beim Start auf dem ersten Symbol der Zahl (von links) und soll beim Stop auf dem ersten Symbol des Resultates stehen.

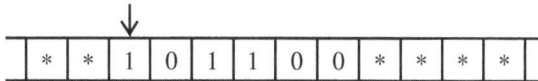

$$\downarrow$$

$*$	$*$	1	0	1	1	0	0	$*$	$*$	$*$	$*$

Wir konstruieren die Turing-Maschine so, dass der Kopf zunächst nach rechts bis zum Wortende läuft. Beim Lauf zurück nach links wird eine 1 addiert. Die Bedeutung der Zustände:

z_0 – Start, Bewegung nach rechts

z_1 – Stop

z_2 – Übertrag 0

z_3 – Übertrag 1

Das Programm sieht dann so aus:

$$z_0 1 \rightarrow z_0 1 R \qquad z_2 1 \rightarrow z_2 1 L \qquad z_3 1 \rightarrow z_3 0 L$$

$$z_0 0 \rightarrow z_0 0 R \qquad z_2 0 \rightarrow z_2 0 L \qquad z_3 0 \rightarrow z_2 1 L$$

$$z_0 * \rightarrow z_3 * L \qquad z_2 * \rightarrow z_1 * R \qquad z_3 * \rightarrow z_1 10$$

Im Anfangszustand z_0 bewegt sich die Maschine nach rechts, ohne die Bandinschrift zu ändern, bis $*$ erscheint. Dann nimmt sie den Zustand z_3 an und geht nach links. Nun steht der Kopf auf der letzten Ziffer der Zahl. Ist diese Ziffer eine 0, so schreibt die Maschine eine 1, geht in den Zustand z_2 über, geht nach links und lässt von nun an das Band unverändert. Ist die letzte Ziffer eine 1, so schreibt die Maschine eine 0, muss sich aber nun den Übertrag merken, indem sie im Zustand z_3 verbleibt. Auf dem Weg nach links geht sie in den Zustand z_2 über, wenn sie den Übertrag wieder los wird, weil eine 0 erscheint. Geschieht das nie, weil die Zahl aus lauter Einsen besteht, wird mit dem Befehl $z_3* \rightarrow z_1 10$ eine Eins der Zahl vorangestellt.

Zu jedem in einer höheren Programmiersprache geschriebenem Programm gibt es eine Turing-Maschine, die das Gleiche leistet. Die Umkehrung dieser Tatsache, dass jede Turing-Maschine durch ein Programm simuliert werden kann, sofern unendlich viel Speicherplatz zur Verfügung gestellt wird, ist angesichts des bescheidenen Repertoires an Turing-Befehlen noch offensichtlicher. Man ist sich daher sehr sicher, dass der zunächst schwammige Begriff „berechenbar" durch den konkreten „von einer Turing-Maschine berechenbar" eindeutig ersetzt werden kann, dass es auch in Zukunft keine Maschine geben wird, die mehr leistet als eine Turing-Maschine. Man nennt dies die „Church-Hypothese" nach Alonzo Church (1903-1995), die aufgrund der obigen Überlegungen plausibel, aber nicht streng bewiesen ist.

Die HTML-Turing-Maschine

Unter der Adresse

    http://theoretische.informatik.uni-wuerzburg.de/sonstiges/tm-interpreter

kann man die Turing-Maschine auch praktisch ausprobieren. Das Alphabet und die Namen der Zustände (außer z_0, z_1) darf man sich beliebig vorgeben, das Leersymbol wird mit „_" bezeichnet.

Gibt man ein Wort auf das erste Band (ein Wort darf kein Leerzeichen enthalten), so liefert die Turing-Maschine ein *Ergebniswort*, wenn:

1. Die Turing-Maschine kommt nach endlich vielen Schritten zum Stehen. Danach:

2. Das erste Band enthält genau ein Wort (also keine Leersymbole dazwischen), die übrigen Bänder sind leer.

3. Der Kopf des ersten Bandes steht auf dem ersten Buchstaben (also links) des Ergebnisworts.

Wir können eine solche Turing-Maschine als Funktion f auffassen, die auf einer Menge von Wörtern definiert ist und jedes dieser Wörter auf das zugehörige Ergebniswort abbildet.

Als Beispiel geben wir ein Programm für eine 1-Band-Maschine über dem Alphabet $\{a, b\}$ zur Konvertierung einer Zeichenfolge:

$$(\text{z0,a}) \rightarrow (\text{z0,b,R})$$
$$(\text{z0,b}) \rightarrow (\text{z0,a,R})$$
$$(\text{z0,\_}) \rightarrow (\text{z2,\_,L})$$
$$(\text{z2,a}) \rightarrow (\text{z2,a,L})$$
$$(\text{z2,b}) \rightarrow (\text{z2,b,L})$$
$$(\text{z2,\_}) \rightarrow (\text{z1,\_,R})$$

Im Zustand z_0 erfolgt die Bewegung nach rechts, in der die Buchstaben a und b vertauscht werden. Mit z_2 kommt man zurück an den Wortanfang.

Bei der HTML-Turing-Maschine kommt in jede Zeile ein Befehl. Die Befehle dürfen keine Leerzeichen enthalten.

Entscheidbarkeit

Man kann sich die Arbeit mit Turing-Maschinen durch die folgenden Prinzipien erleichtern:

- Jede k-Band-Turing-Maschine ist zu einer 1-Band-Maschine äquivalent. Genauer gibt es zu einer k-Band-Maschine eine 1-Band-Maschine, die bei jeder Eingabe das gleiche Ergebnis liefert.

- Es gibt eine Turing-Maschine, die eine natürliche Zahl in Primfaktoren zerlegen kann. Damit kann die im ersten Abschnitt beschriebene Gödelisierung von einer Turing-Maschine vorgenommen sowie das gödelisierte Wort durch eine Turing-Maschine entschlüsselt werden. Es ist also ausreichend, nur das Alphabet $\{1\}$ zu betrachten. Eine natürliche Zahl n wird dann durch n-maliges Schreiben der 1 dargestellt.

Sei L eine Menge von Wörtern (das Alphabet ist immer fest). L heißt *entscheidbar*, wenn es eine Turing-Maschine gibt, die Folgendes leistet: Nach Eingabe eines beliebigen Wortes auf das erste Band bleibt die Turing-Maschine nach endlich vielen Schritten stehen mit dem Kopf auf einem beliebigen Buchstaben, wenn das Wort zu L gehört bzw. auf dem Leerzeichen, wenn es nicht zu L gehört. Auf diese Weise „entscheidet" die Maschine über die Zugehörigkeit des Eingabewortes zu L. Aufgrund des oben gesagten genügt das Alphabet $\{1\}$ für diese Betrachtung. Das Entscheidbarkeitsproblem ist daher äquivalent zur Entscheidbarkeit einer Teilmenge der natürlichen Zahlen. Wie bereits erwähnt gibt es nach Satz 1.8 überabzählbar viele solcher Teilmengen, aber nur abzählbar viele Turing-Maschinen, daher werden die „meisten" dieser Mengen nicht entscheidbar sein. Andererseits können nur Teilmengen vorgelegt werden, die in irgendeiner (letztlich formalen) Sprache angegeben werden können. Nachdem diese Sprache festgelegt wurde, können mit ihr aber auch nur abzählbar viele Teilmengen beschrieben werden. Die Frage ist also, ob alle „wichtigen" Teilmengen, die beispielsweise Lösungen mathematischer Probleme sind, entschieden werden können.

Wir können jeder Turing-Maschine eine Gödelnummer zuordnen. Wie oben dargestellt ist es ausreichend, eine 1-Band-Maschine über dem Alphabet $\{1\}$ vorauszusetzen. Wir ergänzen dieses Alphabet um Sonderzeichen und die Zustände der Maschine, z.B. $\{(,), \rightarrow, z_0, z_1, \ldots\}$. Damit können wir die Befehlsliste einer Turing-Maschine hintereinanderschreiben und gödelisieren. Wir bezeichnen diese Zahl als *Maschinenzahl* N_T der Turing-Maschine T. Eine geeignete Turing-Maschine kann dann durch eine Primfaktorzerlegung entscheiden, ob eine natürliche Zahl überhaupt eine Turing-Maschine darstellt und in diesem Fall die Befehlsliste rekonstruieren.

Unentscheidbarkeit des Haltepunkts

Von nun ab betrachten wir immer das Alphabet $\{1\}$. Ferner soll das Band am Anfang bis auf das eingegebene „Wort" l, das aus l hintereinanderstehenden Einsen besteht, leer sein. Für die Position des Kopfes am Anfang können wir eine beliebige Konvention festlegen, sagen wir, er steht immer auf dem Wortanfang.

Wir hatten eine Menge $L \subset \mathbb{N}$ entscheidbar genannt, wenn es eine Turing-Maschine T_L gibt mit

$$l \in L \iff T_L \text{ bleibt nach Eingabe von } l \text{ auf } 1 \text{ stehen.}$$

$$l \notin L \iff T_L \text{ bleibt nach Eingabe von } l \text{ auf } * \text{ stehen.}$$

Sei nun

$$L = \{l \in \mathbb{N} : l = N_T \text{ ist eine Maschinenzahl und die zugehörige}$$
$$\text{Turing-Maschine } T \text{ stoppt nach Eingabe von } N_T \text{ auf } *\}$$

Angenommen, L wäre entscheidbar. Dann gibt es eine Turing-Maschine T', die nur nach Eingabe von $l \in L$ auf 1 stehen bleibt, sonst auf $*$. Aber was macht T' bei Eingabe von $N_{T'}$? Bleibt sie auf $*$ stehen, so ist $N_{T'} \in L$, was T' gerade verneint. Stoppt sie dagegen auf 1, so ist $N_{T'} \notin L$; durch ihr Stoppen auf 1 behauptet sie aber gerade, dass $N_{T'} \in L$. Eine solche Maschine gibt es daher nicht. Damit ist die Entscheidung von L eine formale Fragestellung, die nicht formal beantwortet werden kann.

Dieses Argument ist genau die Variante des zweiten Cantorschen Diagonalarguments, die im Beweis von Satz 1.9 verwendet wurde. In seiner Selbstbezüglichkeit erinnert es auch an die Antinomie des Lügners, die in Abschnitt 1.1 vorgestellt wurde.

Unentscheidbarkeit des Halteproblems

Hier betrachten wir die Menge

$$L' = \{l \in \mathbb{N} : l = N_T \text{ ist eine Maschinenzahl und die zugehörige}$$
$$\text{Turing-Maschine } T \text{ stoppt nach Eingabe von } N_T\}.$$

Angenommen, L' wäre entscheidbar durch eine Maschine T'. Dann können wir eine Maschine zur Entscheidung von L aus dem vorigen Paragraphen angeben: Zunächst entscheiden wir mit T', ob T nach Eingabe von N_T stoppt. Stoppt sie nicht, so ist $l \notin L$. Stoppt T, so führen wir die Befehle von T angesetzt auf das Wort N_T aus und schauen uns das Stoppfeld an. Damit ist L entscheidbar. Widerspruch!

Das letzte Beispiel lässt sich noch weiter dramatisieren:

$$L'' = \{l \in \mathbb{N} : l = N_T \text{ ist eine Maschinenzahl und die zugehörige}$$
$$\text{Turing-Maschine } T \text{ stoppt nach Eingabe des leeren Bandes}\}$$

Wir modifizieren eine Turing-Maschine T zu einer Maschine T': T' bestimmt zuerst die Gödelnummer N_T und schreibt sie auf das Band. Anschließend wird T mit dieser Eingabe gestartet. Die Entscheidbarkeit von L'' würde daher die Entscheidbarkeit von L' nach sich ziehen.

9.3   Die Unentscheidbarkeit des Wort-Problems für Semi-Thue-Systeme

Wir betrachten die Wörter über einem Alphabet $\{a_1, a_2, \ldots, a_m\}$. Ein *Semi-Thue-System* besteht aus einer endlichen Zahl von Ersetzungsregeln der Form

$$l_1 \to r_1, \ \ldots, \ l_k \to r_k$$

wobei die l_i, r_i Wörter sind. Üblicherweise schreibt man diese Ersetzungsregeln in der Form $(l_1, r_1), \ldots, (l_k, r_k)$. Wir sagen, ein Wort w kann in das Wort w' *unmittelbar überführt* werden, wenn eine Ersetzungsregel auf ein Teilwort von w angewendet werden kann, so dass danach das Wort w' entsteht. Genauer muss gelten $w = xl_iy$ und $w' = xr_i'y$ für beliebige (auch leere) Wörter x und y. Auch in diesem Fall schreiben wir $w \to w'$. Wenn aus w durch eine Folge unmittelbarer Überführungen das Wort w' entsteht, also

$$w \to w_1, \ w_1 \to w_2, \ldots, \ w_{p-1} \to w_p, \ w_p = w'$$

so sagen wir, dass w nach w' überführt werden kann und schreiben dann ebenfalls $w \to w'$.

Beispiel 9.2 Das Alphabet sei $\{h, a, o\}$ und die Ersetzungsregeln seien

$$h \to ha, \quad ah \to oh.$$

Dann ist $hhh \to hohoh$ wegen

$$hhh \to hahh \to hahah \to hahoh \to hohoh,$$

aber offenbar ist $h \not\to oh$.

Satz 9.4 *Gegeben sei ein Alphabet. Es gibt keine Turing-Maschine, die nach Eingabe der Ersetzungsregeln und der Wörter w, w' immer entscheiden kann, ob $w \to w'$ oder $w \not\to w'$ gilt.*

Der Beweis dieses Unentscheidbarkeitssatzes erfolgt in mehreren Schritten.

Konfigurationswörter einer Turing-Maschine als Semi-Thue-System

Schauen wir der Turing-Maschine bei der Rechnung zu, so können wir das zukünftige Verhalten der Maschine vorhersagen, wenn wir Folgendes kennen:

1. den aktuellen Zustand der Maschine,

2. die Position des Kopfes,

3. die Beschriftung des Bandes.

Der „relevante" Teil des Bandes beginnt mit dem am weitesten links liegenden beschriebenen Feld oder der Position des Kopfes und endet mit dem am weitesten rechts liegenden beschriebenen Feld oder der Position des Kopfes. Wir stellen diesen relevanten Teil des Bandes durch ein Wort dar, das auch die Informationen zu 1.-3. liefert. Das

Sonderzeichen E steht für Beginn und Ende des relevanten Teil des Bandes. Dann wird die Inschrift des Bandes aufgelistet, wobei $*$ mit a_0 bezeichnet wird. Links neben dem Feld, auf dem der Kopf steht, wird der Zustand der Maschine eingefügt.

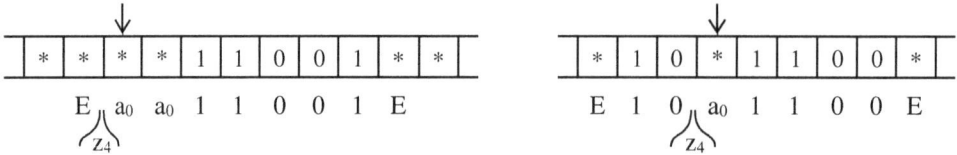

$*$	$*$	$*$	$*$	1	1	0	0	1	$*$	$*$

E $\ a_0\ \ a_0\ \ 1\ \ 1\ \ 0\ \ 0\ \ 1\ \ $ E
$\quad\ z_4$

$*$	1	0	$*$	1	1	0	0	$*$

E $\ 1\ \ 0\ \ a_0\ \ 1\ \ 1\ \ 0\ \ 0\ \ $ E
$\qquad\ z_4$

Wir bezeichnen dieses Wort, das wir jedem Rechenschritt der Maschine zuordnen können, als *Konfigurationswort* der Maschine. Das Alphabet der Konfigurationswörter besteht aus den Zuständen $z_0,\ldots,z_n$, dem Alphabet $a_1,\ldots,a_m$, dem Sonderzeichen a_0 für das leere Feld und dem Sonderzeichen E für Anfang und Ende des relevanten Teils des Bandes.

Eine Rechnung der Turing-Maschine erzeugt damit eine Folge von Konfigurationswörtern, von der wir nun zeigen wollen, dass sie sich als Semi-Thue-System schreiben lässt. Zur Hilfe kommt uns dabei, dass ein Rechenschritt das Konfigurationswort nur lokal ändert. Es genügt sicherlich, nur die Umsetzung des Befehls

$$(z,a) \ \to \ (z',a',R)$$

zu behandeln.

1. Fall: Der Kopf befindet sich nicht am Rande des relevanten Teils des Bandes, was dadurch gekennzeichnet ist, das a_l, z, a, a_r Bestandteil des Konfigurationswortes ist. Nach Ausführung des Befehls geht dieser Teil des Konfigurationswortes über in a_l, a', z', a_r, wir haben also die $(m+1)^2$ Ersetzungsregeln

$$a_l, z, a, a_r \ \to \ a_l, a', z', a_r \quad \text{für alle } l, r \in \{0,\ldots,k\}.$$

2. Fall: Der Kopf befindet sich am rechten, aber nicht am linken Rand des Bandes. Dann ist a_l, z, a, E Bestandteil des Konfigurationswortes und geht über in a_l, a', z', a_0, E. Entsprechend gibt es hier $m+1$ Ersetzungsregeln für $l \in \{0,\ldots,k\}$.

3. Fall: Der Kopf befindet sich am linken, aber nicht am rechten Rand des Bandes. Dann ist E, z, a, a_r Bestandteil des Konfigurationswortes und geht über in E, a', z', a_r, falls $a' \neq a_0$ sowie E, z', a_r falls $a' = a_0$.

4. Fall: Das Band hat nur einen Eintrag an der Stelle, an der der Kopf steht. Dann ist

$$E, z, a, E \ \to \ E, a', z', a_0, E \quad \text{falls } a' \neq a_0,$$
$$E, z, a, E \ \to \ E, z', a_0, E \quad \text{falls } a' = a_0.$$

Damit ist gezeigt, dass die Konfigurationswörter ein Semi-Thue-System bilden.

Definition der Endkonfiguration

Wir wissen bereits, dass die Frage, ob eine Turing-Maschine, aufgesetzt auf das leere Band, nach endlich vielen Schritten stehen bleibt oder nicht, unentscheidbar ist. Dies soll verwendet werden, um die Unentscheidbarkeit der Semi-Thue-Systeme zu zeigen, die über die Konfigurationswörter den Turing-Maschinen zugeordnet werden. Ein Anfangswort haben wir bereits, nämlich E, z_0, a_0, E, das dem Anfangszustand auf dem leeren Band entspricht. Die Maschine stoppt, sobald sie sich im Zustand z_1 befindet. Wir hängen daher noch einige Ersetzungsregeln an, um auf das Konfigurationswort Ez_1E zu kommen,

$$a, z_1 \;\to\; z_1, \quad z_1, a \;\to\; z_1 \quad \text{für } a \in \{a_0, \dots, a_m\}.$$

Damit ist $Ez_0a_0E \to Ez_1E$ äquivalent dazu, dass die Turing-Maschine nach endlich vielen Schritten stoppt. Das Wort-Problem für Semi-Thue-Systeme ist daher unentscheidbar.

9.4 Nichtdeterministische Turing-Maschinen und das $P = NP$-Problem

Wir gehen von einer 1-Band-Maschine aus und machen sie zu einer nichtdeterministischen Turing-Maschine, indem wir für die einzelnen Befehle Alternativen der Form

$$(z, a,) \;\to\; (z_1', a_1', \sigma_1), (z_2', a_2', \sigma_2), \dots, (z_l', a_l', \sigma_l),$$

zur Verfügung stellen, wobei l beliebig groß sein darf. Befindet sich die Turing-Maschine im Zustand z und liest den Buchstaben a, so darf sie einen der l Befehle auswählen. Wir wollen hier nicht auf die Frage eingehen, inwieweit diese Maschine mehr Probleme entscheiden kann als eine „normale", deterministische Turing-Maschine, sondern uns überlegen, dass sie es schneller kann.

Als ein Beispiel wählen wir das Knapsack-Problem aus Abschnitt 2.3. Gegeben ist eine Zahl n und Gewichte $w_1, \dots, w_n$, $w_i \in \mathbb{N}$, sowie eine Zahl $M \in \mathbb{N}$. Als Entscheidungsproblem lautet das Knapsack-Problem: Gibt es eine Teilmenge $I \subset \{1, 2, \dots, n\}$ mit $\sum_{i \in I} w_i = M$? Wie bereits in Abschnitt 2.3 angedeutet, kann auch eine deterministische Turing-Maschine dieses Problem leicht lösen, indem sie für die 2^n Teilmengen I' durchprobiert, ob das zugehörige Gewicht $\sum_{i \in I'} w_i$ M ergibt oder nicht. Eine nichtdeterministische Turing-Maschine kann die Zahlen von 1 bis n durchgehen und bei jeder Zahl wählen, ob sie sie zur Menge I' hinzunimmt oder nicht. Ist das Problem positiv entscheidbar, und hat die Maschine jedes Mal die richtige Wahl getroffen, so hat sie die Lösung im Wesentlichen in n Schritten gefunden: Sie braucht die Zahlen ja nur aufzuaddieren und jede einzelne Addition kann man als einen Rechenschritt ansehen.

Wir wollen hier nicht genau definieren, was ein Problem ist, sondern auf die im zweiten Kapitel behandelten Probleme verweisen wie das Auffinden eines Euler-Zyklus, eines kürzesten Weges oder eines Netzwerks. In all diesen Fällen kann man einen Eingabeparameter n definieren als die Anzahl der Knoten oder Kanten des zugrunde liegenden Graphen. Der Einfachheit halber behandeln wir hier nur die zugehörigen Entscheidungsprobleme: Gibt es einen Weg oder ein Netzwerk, das eine bestimmte Schranke unterschreitet? Wir sagen, dass ein solches Entscheidungsproblem in der Klasse $\mathcal{P}$ liegt, wenn es eine deterministische Turing-Maschine T und ein Polynom p gibt, so dass jedes Problem mit Eingabeparameter n in $\leq p(n)$ Schritten durch T entschieden werden kann. Ein Problem der Klasse $\mathcal{P}$ nennt man daher auch kurz *deterministisch polynomial lösbar*. Die Entscheidungsprobleme für den kürzesten Weg und das minimale Netzwerk sind in der Klasse $\mathcal{P}$, weil mit den in Kapitel 2 angegebenen Algorithmen bereits die zugehörigen Optimierungsprobleme deterministisch polynomial sind. Ist beispielweise ein $\mathcal{P}$-Problem in n^3 Schritten lösbar, so kann man Probleme der Größe $n \sim 10000$ erfolgreich behandeln und wird mit Verbesserung der Rechner in einigen Jahren auch Probleme der Größe $n \sim 100000$ in vernünftiger Zeit angehen können. Dagegen ist bei nichtpolynomial lösbaren Problemen, sofern sie tatsächlich nur in 2^n Schritten lösbar sind, nicht viel zu machen: Eine Erhöhung von n um 1 verdoppelt bereits den Rechenaufwand!

Ein Problem gehört zur Klasse $\mathcal{NP}$ oder ist *nichtdeterministisch polynomial lösbar*, wenn es eine nichtdeterministische Turing-Maschine und ein Polynom p gibt mit den beiden folgenden Eigenschaften. Gleichgültig welche Wahl in jedem Befehl getroffen wird, stoppt die Maschine nach $\leq p(n)$ Schritten. Genau dann, wenn das Entscheidungsproblem positiv beantwortet werden kann, gibt es eine Wahl von Befehlen, bei der die Maschine positiv entscheidet, indem sie auf einem nichtleeren Feld stoppt. Die Maschine kann offenbar so modifiziert werden, dass sie bei positiver Lösung ein Wort ausdruckt, das ihre Entscheidungen dokumentiert. Offenbar ist jedes Problem in $\mathcal{P}$ auch in $\mathcal{NP}$, weil jede deterministische Turing-Maschine auch eine nichtdeterministische ist. Umgekehrt ist ein Problem in $\mathcal{NP}$ durch eine deterministische Turing-Maschine zumindest entscheidbar, weil nach Definition jeder Lauf der nichtdeterministischen Maschine nach endlicher Zeit beendet ist und damit alle Entscheidungen der nichtdeterministischen Maschine deterministisch simuliert werden können.

Die umgekehrte Frage, ob jedes $\mathcal{NP}$-Problem zu $\mathcal{P}$ gehört, ist die große offene Frage der theoretischen Informatik. Man kann sie mit der folgenden Definition noch pointierter stellen. Ein Problem heißt $\mathcal{NP}$-*vollständig*, wenn es in $\mathcal{NP}$ ist und jedes Problem in $\mathcal{NP}$ in polynomialer Zeit auf dieses Problem zurückgeführt werden kann. Ist also ein $\mathcal{NP}$-vollständiges Problem in polynomialer Zeit lösbar, also in $\mathcal{P}$, so sind alle anderen $\mathcal{NP}$-Probleme ebenfalls in $\mathcal{P}$.

Das erste $\mathcal{NP}$-vollständige Problem wurde 1971 von Stephen Cook angegeben. Seien $x_1, \ldots, x_n$ Boolesche Variable, die nur die Werte w oder f annehmen können. Wir betrachten aussagenlogische Formeln, in denen die Variablen mit den zweistelligen Operationen $\wedge$ für „und" sowie $\vee$ für (nichtausschließendes) „oder" miteinander verknüpft sind. Vor jeder Variablen darf noch das Verneinungszeichen $\neg$ gestellt werden. Eine solche Formel ist in *konjunktiver Normalform* gegeben, wenn sie von der Form

$$A_1 \wedge A_2 \wedge \ldots \wedge A_m$$

ist mit

$$A_i = x'_{i1} \vee x'_{i2} \vee \ldots \vee x'_{ii_k},$$

wobei x'_{ij} für eine Variable x_k oder ihrem Negat $\neg x_k$ steht. Beispielsweise steht

$$(x_1 \vee x_2 \vee x_3) \wedge (\neg x_2 \vee \neg x_3) \tag{9.2}$$

in konjunktiver Normalform. Im Erfüllbarkeitsproblem SAT (englisch *satisfiability*) wird gefragt, ob es eine Belegung der Variablen mit w oder f gibt, die die Formel wahr macht. Das Beispiel (9.2) ist mit $x_1 = x_2 = w$, $x_3 = f$ erfüllbar. Offenbar kann dieses Problem in polynomialer Zeit von einer nichtdeterministischen Turing-Maschine gelöst werden, wobei sie sogar nur mit einer Verzweigung auskommt. Ähnlich wie beim Knapsack-Problem durchläuft sie die Variablen und verzweigt bei jeder in die Wahrheitswerte w oder f. Anschließend überprüft sie die Erfüllbarkeit für ihre Wahl, was bei einer Formel der Länge k im Wesentlichen in k Schritten geht. Eine deterministische Maschine benötigt zu dieser Aufgabe etwa $2^n k$ Schritte, wenn sie alle Möglichkeiten für die Wahl der x_i durchprobiert.

Neben dem Knapsackproblem sind viele weitere Aufgaben mittlerweile als $\mathcal{NP}$-vollständig nachgewiesen. Das älteste und bekannteste ist das Problem des *Hamiltonschen Kreises* in einem ungerichteten Graphen, bei dem entschieden werden soll, ob es einen Zykel gibt, der jeden Knoten genau einmal aufsucht.

Die Frage, ob die Klassen $\mathcal{P}$ und $\mathcal{NP}$ gleich sind, gehört zu den sieben Millenium-Problemen, auf deren Lösung seit dem Jahr 2000 ein Preisgeld von je US-\$ 1.000.000 ausgesetzt ist.

9.5 Die Prädikatenlogik

Die Prädikatenlogik wird nicht nur in der Mathematik, sondern auch in Philosophie, Informatik und Linguistik verwendet. In der Linguistik ist ein Prädikat eine Wortverbindung mit Platzhaltern, in denen Worte so eingesetzt werden können, dass hinterher Aussagen entstehen, also Sätze, die wahr oder falsch sind. Beispielsweise ist „x ist ein Mensch" so ein Prädikat, das zu einer wahren Aussage wird, wenn wir für x Sokrates einsetzen und zu einer falschen, wenn wir dazu den Hund Lupo heranziehen. Es gibt auch *mehrstellige Prädikate* wie „x liebt y", in denen mehrere Objekte eingesetzt werden können. Es dürfte klar sein, dass man mit der Prädikatenlogik eine Möglichkeit besitzt, natürliche Sprachen zu formalisieren.

In der Mathematik hängen solche Prädikate mit *Relationen* zusammen. Eine zweistellige Relation R auf einer Menge A ist einfach eine Teilmenge von

$$A \times A = \{(a, b) : a, b \in A\}.$$

Gilt $(a, b) \in R$, so sagt man, dass a und b in Relation zueinander stehen und schreibt häufig aRb. Am bekanntesten ist die *Ordnungsrelation* $\leq$, für die die Axiome

(O1) $a \leq a$ (Reflexivität),

(O2) Aus $a \leq b$ und $b \leq a$ folgt $a = b$ (Antisymmetrie),

(O3) Aus $a \leq b$ und $b \leq c$ folgt $a \leq c$ (Transitivität),

(O4) Für alle $a, b \in A$ gilt $a \leq b$ oder $b \leq a$ (Totalordnung),

gelten. Beispiele für eine Ordnungsrelation sind die natürlichen oder ganzen Zahlen mit der üblichen $\leq$-Ordnung.

Ein *zweistelliges Prädikat* auf einer Menge A ist eine Abbildung von $A \times A$ in die Wahrheitswerte $\{w, f\}$. Die Paare (a, b), die auf den Wahrheitswert w abgebildet werden, bilden dann eine Relation R. In diesem Fall sagt man, dass $R(a, b)$ wahr ist, wenn $(a, b) \in R$, andernfalls ist $R(a, b)$ falsch. Analog sind n-stellige Prädikate als Abbildungen von $A \times A \times \ldots \times A = A^n$ in die Menge $\{w, f\}$ definiert.

Wir haben bereits einige mathematische Strukturen kennengelernt wie die Gruppen $(G, \circ, e)$ in Abschnitt 3.3, die Körper $(K, +, \cdot, 0, 1)$ in Abschnitt 3.4 oder die soeben definierte Ordnungrelation $(A, \leq)$. Allgemein besteht eine mathematische Struktur aus einer nichtleeren Grundmenge A, aus n-stelligen Relationen $R \subset A^n$ wie die Relation $\leq$ bei der durch eine Ordnungsrelation geordnete Menge sowie aus n-stelligen Operationen $f : A^n \to A$ wie die Verknüpfung bei der Gruppe mit $n = 2$, wobei diese Relationen und Operationen auch fehlen können. Ferner kann es Konstanten geben wie e bei den Gruppen oder $0, 1$ bei den Körpern. Ein Alphabet zur Beschreibung dieser Strukturen muss daher neben den logischen Symbolen auch spezifische Symbole für die in einer Struktur vorhandenen Relationen, Operationen und Konstanten besitzen.

Das Alphabet $\mathcal{A}$ der logischen Symbole besteht aus

(a) $x_0, x_1, x_2, \ldots$ zur Bezeichnung von Variablen,

(b) $\neg, \wedge, \vee, \to, \leftrightarrow$ für die Verknüpfungen nicht, und, oder, wenn - dann, genau dann - wenn,

(c) $\forall, \exists$ für die Quantoren für alle, es existiert,

(d) $\equiv$ für das Gleichheitszeichen,

(e) $(,)$ für die Klammern.

Hinzu kommen noch die spezifischen Symbole $R_0^n, R_1^n, \ldots$ für n-stellige Relationen, $f_0^n, f_1^n, \ldots$ für n-stellige Funktionen, und $c_0, c_1, \ldots$ für Konstanten. Diese Symbole fassen wir zur Menge S zusammen und setzen $\mathcal{A}_S = \mathcal{A} \cup S$. Für eine Gruppe ist dann $S = \{f_0^2, c_0\}$ zur Beschreibung der Verknüpfung $\circ$ und des neutralen Elements e.

Um die Formeln besser lesbar zu machen, gehen wir bereits hier von der angegebenen strikten Vorgabe ab und schreiben einfacher $x, y, z, \ldots$ für die Variablen und $R, P, Q, \ldots$ für die Relationen sowie $f, g, h, \ldots$ für die Funktionen. Darüber darf aber nicht vergessen werden, dass wir für alle diese Objekte einen prinzipiell abzählbar unendlichen Zeichenvorrat zur Verfügung haben.

Die Prädikatenlogik nimmt sich die natürlichen Sprachen zum Vorbild, indem sie strikt trennt zwischen der Syntax, die beschreibt, wie eine richtige Formel auszusehen hat, und der Semantik, die die Bedeutung einer Formel in einer vorgegebenen Struktur festlegt.

Syntax

Mit *Termen* werden einzelne Elemente beschrieben, die grob gesprochen Variable oder Konstanten sein können sowie Bilder von Funktionen. Genauer entstehen Terme durch endlichmalige Anwendung der folgenden Regeln

(T1) Jede Variable und jede Konstante ist ein Term.

(T2) Sind $t_1, t_2, \ldots, t_n$ Terme und ist f eine n-stellige Funktion, so ist $f(t_1, t_2, \ldots, t_n)$ ein Term.

Ist $S = \{f, c\}$ mit einer zweistelligen Funktion f, so sind

$$x, \ c, \ f(x, y), \ f(x, c), \ f(c, c), \ f(x, f(x, c))$$

Terme.

Ausdrücke oder *Formeln* sind Zeichenreihen, die später, wenn die Semantik zur Verfügung steht, wahr oder falsch sein können. Auch diese entstehen rekursiv durch endlichmalige Anwendung der folgenden Regeln:

(A1) Sind t_1, t_2 Terme, so ist $t_1 \equiv t_2$ ein Ausdruck.

(A2) Sind $t_1, t_2, \ldots, t_n$ Terme und ist R eine n-stellige Relation, so ist $R(t_1, t_2, \ldots, t_n)$ ein Ausdruck.

(A3) Sind ϕ und ψ Ausdrücke, so sind auch $\neg\phi$, $(\phi \wedge \psi)$, $(\phi \vee \psi)$, $(\phi \rightarrow \psi)$, $(\phi \leftrightarrow \psi)$ Ausdrücke.

(A4) Ist ϕ ein Ausdruck und x eine Variable, so sind auch $\forall x\phi$, $\exists x\phi$ Ausdrücke.

Die nach (A1) oder (A2) gewonnenen Ausdrücke heißen *atomar*, weil sie sich nicht in Teilausdrücke zerlegen lassen.

Ist $S = \{R, f, c\}$ mit je einer zweistelligen Funktion f und Relation R, so sind

$$f(x, c) \equiv y, \quad \forall x \forall y \forall z R(x, y), \quad (R(c, f(x, x)) \wedge \neg f(x, y) = c)$$

Ausdrücke. Will man ausdrücken, dass die zweistellige Relation R der Graph einer einstelligen Funktion ist, kann man das folgendermaßen tun:

$$\Big(\forall x \exists y R(x, y) \wedge \forall x \forall y \forall z \big((R(x, y) \wedge R(x, z)) \rightarrow y \equiv z\big)\Big).$$

Der erste Teil des Ausdrucks sorgt dafür, dass jedem x ein y zugeordnet wird, und der zweite Teil gibt die Eindeutigkeit dieses y. Auf diese Weise kann man alle Funktionen in einer Sprache durch Relationen ersetzen, was allerdings die Lesbarkeit der Formeln erschwert und daher hier unterbleibt.

Die Menge der Ausdrücke bezeichnen wir mit L oder L^S, um die Abhängigkeit von S zu verdeutlichen. L^S heißt *Sprache der Prädikatenlogik erster Stufe*.

Die Definition der Prädikatenlogik erlaubt Ausdrücke, die in der Mathematik völlig unüblich sind, wie etwa

$$\big(\forall x \, x \equiv f(y) \vee R(x, y)\big). \tag{9.3}$$

Auch ohne der genauen Bedeutung eines solchen Ausdrucks in einer konkreten mathematischen Struktur vorzugreifen, dürfte klar sein, dass man das x in der zweiten Teilformel auch anders nennen darf, während das y in beiden Teilausdrücken das gleiche zu sein hat.

Aufgrund der rekursiven Struktur von Termen und Ausdrücken kann eine Maschine leicht entscheiden, ob ein Ausdruck korrekt gebildet wurde. Des Weiteren kann diese rekursive Struktur für Beweise und Definitionen herangezogen werden, die im Prinzip sehr einfach aufgebaut sind, aber relativ viel Schreibarbeit erfordern. Mit dieser Idee wollen wir klären, welche Variable in einem Ausdruck unter einem der Quantoren $\forall$ und $\exists$ stehen, man sagt auch, durch den Quantor *gebunden sind*. Die übrigen Variablen heißen dann *frei*. In den bisher vorgestellten Axiomensystemen für Gruppe, Körper und Ordnungsrelation waren alle Variablen gebunden und die Ausdrücke leicht zu verstehen. Freie Variable haben eher die Struktur eines Parameters und es ist bis zu dieser Stelle unklar, welche Bedeutung sie bekommen werden.

Wir definieren zuerst eine Funktion var (t), die die Menge der im Term t vorkommenden Variablen angibt,

$$\text{var}(x) = \{x\}, \quad \text{var}(c) = \emptyset, \quad \text{var}(f(t_1, \ldots, t_n)) = \text{var}(t_1) \cup \ldots \cup \text{var}(t_n).$$

Aufgrund des rekursiven Aufbaus der Terme in (T1) und (T2) lässt sich var (t) leicht bestimmen und stimmt mit der anschaulichen Vorstellung überein. Ist etwa f eine zweistellige Funktion, so

$$\text{var}\left(f(f(x,c), f(x,y))\right) = \text{var}(f(x,c)) \cup \text{var}(f(x,y)) = \{x\} \cup \{x,y\} = \{x,y\}.$$

Die in einem Ausdruck frei vorkommenden Variablen werden durch eine auf den Ausdrücken definierte Funktion frei (ϕ) wie folgt angegeben

$$\text{frei}(t_1 \equiv t_2) = \text{var}(t_1) \cup \text{var}(t_2),$$

$$\text{frei}(R(t_1, \ldots, t_n)) = \text{var}(t_1) \cup \ldots \cup \text{var}(t_n),$$

$$\text{frei}(\neg\phi) = \text{frei}(\phi),$$

$$\text{frei}(\phi * \psi) = \text{frei}(\phi) \cup \text{frei}(\psi) \text{ für } * = \wedge, \vee, \rightarrow, \leftrightarrow,$$

$$\text{frei}(\forall x\phi) = \text{frei}(\phi) \setminus \{x\},$$

$$\text{frei}(\exists x\phi) = \text{frei}(\phi) \setminus \{x\}.$$

Für den Ausdruck in (9.3) bekommen wir daher

$$\text{frei}\left((\forall x \, x \equiv f(y) \vee R(x,y))\right) = \text{frei}(\forall x \, x \equiv f(y)) \cup \text{frei}(R(x,y))$$

$$= \{x,y\} \setminus \{x\} \cup \{x,y\} = \{x,y\}.$$

Ausdrücke ϕ mit frei $(\phi) = \emptyset$ heißen *Aussagen*.

Semantik

Um entscheiden zu können, wann ein Ausdruck $\phi \in L^S$ in einer mathematischen Struktur wahr ist, muss das Alphabet S zu dieser Struktur „passen": Die Struktur muss analoge Relationen, Funktionen und Konstanten besitzen wie die Sprache. Eine *S-Struktur* $\mathfrak{A} = (A, \mathfrak{a})$ besteht aus einer nichtleeren Menge A und einer auf S definierten Abbildung $\mathfrak{a}$ mit:

- Für jedes n-stellige Relationssymbol R aus S ist $\mathfrak{a}(R)$ eine n-stellige Relation auf A.

- Für jedes n-stellige Funktionssymbol f aus S ist $\mathfrak{a}(f)$ eine n-stellige Funktion auf A.

- Für jede Konstante c aus S ist $\mathfrak{a}(c)$ eine Konstante in A.

Statt $\mathfrak{a}(R)$, $\mathfrak{a}(f)$, $\mathfrak{a}(c)$ schreiben wir auch kürzer R^A, f^A, c^A. Als Letztes müssen wir noch den Variablen einer Formel Elemente aus der Menge A zuordnen, was durch eine auf den Variablen definierte Abbildung $\beta : \{x_n : n \in \mathbb{N}_0\} \to A$ erfolgt, die *Belegung* genannt wird. Dann heißt das Paar $\mathfrak{I} = (\mathfrak{A}, \beta)$ eine *Interpretation*. Ob ein Ausdruck ϕ für eine Interpretation gültig ist, kann man im Wesentlichen dadurch feststellen, dass man die Formelzeichen für Relationen, Funktionen und Konstanten in ϕ durch ihre Bilder unter der Abbildung $\mathfrak{a}$ ersetzt und entsprechend die Variablen x_i durch ihre Werte $\beta(x_i) \in A$. Schwierigkeiten bekommt man allerdings durch Variable, die durch Quantoren gebunden sind. Wir setzen daher

$$\beta\frac{a}{x} = \begin{cases} \beta(y) & \text{für } y \neq x \\ a & \text{für } y = x \end{cases}$$

und haben so die Möglichkeit, die Belegung an einer Stelle zu ändern. Wir setzen $\mathfrak{I}\frac{a}{x} = (\mathfrak{A}, \beta\frac{a}{x})$.

Wir definieren induktiv, wann eine Formel ϕ in der Interpretation $\mathfrak{I}$ gilt. Zuerst werden den Termen t, aus denen ϕ aufgebaut sind, Elemente $\mathfrak{I}(t) \in A$ zugeordnet durch

(a) $\mathfrak{I}(x) = \beta(x)$ für eine Variable x.

(b) $\mathfrak{I}(c) = c^A = \mathfrak{a}(c)$ für eine Konstante c.

(c) Ist f eine n-stellige Funktion und sind $t_1, \ldots, t_n$ Terme, so

$$\mathfrak{I}(f(t_1, \ldots, t_n)) = f^A(\mathfrak{I}(t_1), \ldots, \mathfrak{I}(t_n)).$$

Wir definieren induktiv, was heißt, dass der Ausdruck ϕ bei der Interpretation $\mathfrak{I}$ gilt.

Statt „ϕ gilt bei $\mathfrak{I}$" sagen wir auch: $\mathfrak{I}$ ist *Modell* von ϕ und schreiben dafür $\mathfrak{I} \models \phi$:

$$\mathfrak{I} \models t_1 \equiv t_2 \qquad \Leftrightarrow \quad \mathfrak{I}(t_1) = \mathfrak{I}(t_2),$$

$$\mathfrak{I} \models R(t_1, \dots, t_n) \Leftrightarrow \quad R^A(\mathfrak{I}(t_1), \dots, \mathfrak{I}(t_n)),$$

$$\mathfrak{I} \models \neg\phi \qquad \Leftrightarrow \quad \text{nicht } \mathfrak{I} \models \phi,$$

$$\mathfrak{I} \models (\phi \wedge \psi) \qquad \Leftrightarrow \quad \mathfrak{I} \models \phi \text{ und } \mathfrak{I} \models \psi,$$

$$\mathfrak{I} \models (\phi \vee \psi) \qquad \Leftrightarrow \quad \mathfrak{I} \models \phi \text{ oder } \mathfrak{I} \models \psi,$$

$$\mathfrak{I} \models (\phi \rightarrow \psi) \qquad \Leftrightarrow \quad \text{wenn } \mathfrak{I} \models \phi, \text{ dann } \mathfrak{I} \models \psi,$$

$$\mathfrak{I} \models (\phi \leftrightarrow \psi) \qquad \Leftrightarrow \quad \mathfrak{I} \models \phi \text{ genau dann, wenn } \mathfrak{I} \models \psi,$$

$$\mathfrak{I} \models \forall x\, \phi \qquad \Leftrightarrow \quad \text{für alle } a \in A \text{ gilt } \mathfrak{I}\tfrac{a}{x} \models \phi,$$

$$\mathfrak{I} \models \exists x\, \phi \qquad \Leftrightarrow \quad \text{es existiert ein } a \in A \text{ mit } \mathfrak{I}\tfrac{a}{x} \models \phi.$$

Wie leider oft in der mathematischen Logik bereitet es einige Schreib- und Lesearbeit, um einfache Tatsachen streng zu formulieren. Aus der Belegung der Variablen folgt die Belegung der Terme. Jedes $\mathfrak{I}(t)$ in dieser Definition steht daher für ein Element von A. Demnach wird hier nichts weiter gesagt, als dass man eine wahre Aussage in der Struktur $\mathfrak{A}$ erhält, wenn man die entsprechende Belegung wählt. Die Interpretationen der Formeln vom Typ $\forall x\phi$ und $\exists x\phi$ zeigen, dass für solche Variablen die Belegung β an der Stelle x gleichsam außer Kraft gesetzt ist. Ist eine Formel eine Aussage, sind also alle Variablen gebunden, so hängt der Wahrheitswert der interpretierten Formel nicht von der Belegung β ab.

Beispiel 9.3 Die Axiome einer Ordnungsrelation benötigen zur Formulierung $S = \{R\}$ mit zweistelliger Relation R:

(O1') $\forall x\, R(x, x),$

(O2') $\forall x \forall y\, \big((R(x, y) \wedge R(y, x)) \rightarrow x \equiv y \big),$

(O3') $\forall x \forall y \forall z\, \big((R(x, y) \wedge R(y, z)) \rightarrow R(x, z) \big),$

(O4') $\forall x \forall y\, (R(x, y) \vee R(y, x))$

Als Modell wählen wir die ganzen Zahlen $(\mathbb{Z}, \leq)$ mit der üblichen Ordnung $\leq$. Die Interpretation von (O1') lautet dann: Für alle a gilt $a \leq a$ und dies ist unabhängig von der Belegung β. Entsprechend ist die Interpretation von (O1')-(O4') genau (O1)-(O4) auf Seite 193 auf der Grundmenge der ganzen Zahlen.

Die Interpretation von

$$R(x, y)$$

hängt von der Belegung β ab. Die Formel gilt genau dann in $(\mathbb{Z}, \leq)$, wenn $\beta(x) \leq \beta(y)$. Dagegen wird

$$\forall x \, R(x, y)$$

interpretiert durch: Für alle a gilt $a \leq \beta(y)$, was für jede Belegung β falsch ist.

Ist Φ eine Menge von Ausdrücken, so heißt $\mathfrak{J}$ *Modell* von Φ, geschrieben $\mathfrak{J} \models \Phi$, wenn $\mathfrak{J} \models \phi$ für alle $\phi \in \Phi$. Wir sagen, der Ausdruck ϕ folgt aus der Menge von Ausdrücken Φ, geschrieben $\Phi \models \phi$, wenn für jede Interpretation $\mathfrak{J}$, die Modell von von Φ ist, gilt $\mathfrak{J} \models \phi$. Während man im üblichen mathematischen Sprachgebrauch bei „aus Φ folgt ϕ" eher an einen Beweis denkt, ist der hier definierte Folgerungsbegriff rein semantischer Natur und hat zunächst nichts mit Beweisbarkeit zu tun.

Ein Ausdruck ϕ heißt *erfüllbar*, wenn es eine Interpretation gibt, die Modell von ϕ ist. Entsprechend heißt eine Menge Φ von Ausdrücken erfüllbar, wenn es eine Interpretation gibt, die Modell von jedem $\phi \in \Phi$ ist. In diesem Fall schreiben wir Erf Φ.

Satz 9.5 *Für alle Mengen von Ausdrücken Φ und allen Ausdrücken ϕ gilt*

$$\Phi \models \phi \iff nicht \text{ Erf } \Phi \cup \{\neg\phi\}.$$

Beweis: $\Phi \models \phi$ ist äquivalent dazu, dass jede Interpretation, die Modell von Φ ist, auch Modell von ϕ ist. Demnach gibt es keine Interpretation, die Modell von Φ, aber kein Modell von ϕ ist. Somit gibt es keine Interpretation, die Modell von $\Phi \cup \{\neg\phi\}$ ist. $\square$

Der Beweiskalkül

Ein *Beweis* des Ausdrucks ϕ aus einer Menge von Ausdrücken Φ besteht aus einer endlichen Folge $\phi_1, \ldots, \phi_n$ von Ausdrücken mit $\phi_n = \phi$, wobei es für die ϕ_i folgende Möglichkeiten gibt:

(a) $\phi_i \in \Phi$,

(b) ϕ_i ist logisches Axiom oder Axiom des Gleichheitszeichens,

(c) ϕ_i wird abgeleitet aus ϕ_j, ϕ_k, $i > j, k$ mit Hilfe einer Schlussregel.

Bei den logischen Axiomen sind zuerst die klassischen aussagenlogischen Tautologien zu nennen, die bei jeder Bewertung der Teilaussagen, aus denen sie bestehen, eine wahre Aussage entstehen lassen wie etwa die Axiome der doppelten Verneinung und des indirekten Beweises

$$\neg\neg\phi \leftrightarrow \phi, \quad (\phi \to \psi) \leftrightarrow (\neg\psi \to \neg\phi).$$

Ferner gibt es die Axiome der Quantorenlogik wie die bereits in Abschnitt 1.1 angegebenen Verneinungsregeln. Zu diesen gehören auch die Ersetzungsregeln wie $\forall x \phi(x) \to \phi(t)$, wo bei der Ersetzung von x durch den Term t beachtet werden muss, dass keine Konfusion zwischen den Variablen von t und den bereits in ϕ vorhandenen Variablen auftritt. Auch die Axiome des Gleichheitszeichens geben das wieder, was ein unbedarfter Mathematiker auch ohne deren Kenntnis macht wie

$$x \equiv y \to \big(R(\ldots, x, \ldots) \to R(\ldots, y, \ldots)\big).$$

Werden genügend viele logische Axiome bereitgestellt, kommt man mit dem in Abschnitt 1.1 vorgestellten modus ponens als Schlussregel aus. Es gibt allerdings auch die Möglichkeit, ganz auf logische Axiome zu verzichten und die Kraft des Kalküls allein aus den (dann zahlreichen) Schlussregeln zu ziehen.

Erinnert sei daran, dass jeder Beweis endlich sein muss. Ist die Menge Φ unendlich, so kann jeder aus Φ beweisbare Ausdruck auch aus einer endlichen Teilmenge von Φ bewiesen werden.

Ist ϕ aus einer Menge von Ausdrücken Φ beweisbar, so schreiben wir $\Phi \vdash \phi$. Der so skizzierte Beweiskalkül ist *korrekt*: Aus $\Phi \vdash \phi$ folgt $\Phi \models \phi$.

Φ heißt (syntaktisch) *widerspruchsvoll*, wenn es einen Ausdruck ϕ gibt mit $\Phi \vdash \phi$ und $\Phi \vdash \neg\phi$. Aufgrund des logischen Axioms

$$(\phi \wedge \neg\phi) \to \psi$$

folgt dann $\Phi \vdash \psi$ für alle Ausdrücke ψ. Eine nicht widerspruchsvolle Menge von Ausdrücken heißt *widerspruchsfrei*.

Jede erfüllbare Menge von Ausdrücken ist widerspruchsfrei. Wäre dem nämlich nicht so, so gäbe es ein Ausdruck ϕ mit $\Phi \vdash \phi$ und $\Phi \vdash \neg\phi$. Da der Beweiskalkül korrekt ist, würde hieraus $\Phi \models \phi$ und $\Phi \models \neg\phi$ folgen. Φ kann dann aber nicht erfüllbar sein.

Der Gödelsche Vollständigkeitssatz

besagt mit der soeben eingeführten Notation für eine beliebige Menge von Ausdrücken Φ

$$\Phi \models \phi \ \Leftrightarrow \ \Phi \vdash \phi. \tag{9.4}$$

Dabei beweist man die schwierige Richtung $\Rightarrow$ aus dem ebenfalls wichtigen Satz

$$\text{Jede widerspruchsfreie Menge ist erfüllbar.} \tag{9.5}$$

Aus dem Vollständigkeitssatz folgt der

Satz 9.6 (Endlichkeitssatz) *Ist* $\Phi \models \phi$, *so gibt es ein endliches* $\Phi_0 \subset \Phi$ *mit* $\Phi_0 \models \phi$. *Ist* Erf Φ_0 *für alle endlichen* $\Phi_0 \subset \Phi$, *so auch* Erf Φ.

Beweis: Gilt $\Phi \models \phi$, so auch $\Phi \vdash \phi$. Für einen Beweis aus Φ benötigt man nur eine endliche Teilmenge, also $\Phi_0 \vdash \phi$ für endliches $\Phi_0 \subset \Phi$. Ist Erf Φ_0, so ist die Menge Φ_0 widerspruchsfrei. Da jede endliche Teilmenge von Φ widerspruchsfrei ist, ist auch Φ widerspruchsfrei und besitzt nach dem Vollständigkeitssatz ein Modell. $\square$

Definierbarkeit und Logik zweiter Stufe

In diesem Abschnitt untersuchen wir, welche Strukturen innerhalb der Prädikatenlogik erster Stufe definiert werden können.

Zunächst geben wir einige Beispiele, wie mathematische Standardformulierungen in der Prädikatenlogik erster Stufe ausgedrückt werden können. Den Ausdruck „für alle x mit der Eigenschaft ϕ gilt ψ" formalisiert man durch

$$\forall x \, (\phi \to \psi).$$

Entsprechend wird „es existiert ein x mit der Eigenschaft ϕ, das ψ erfüllt" symbolisiert durch

$$\exists x\,(\phi \wedge \psi).$$

„Es gibt genau ein x, für das $\phi(x)$ gilt" drückt man aus durch

$$\exists x\big(\phi(x) \wedge \forall y(\phi(y) \to x \equiv y)\big).$$

Man kann die Mindestanzahl der Elemente der möglichen Modelle festlegen mit Aussagen wie

$$\phi_{\geq 2} = \exists x_1 \exists x_2 \,\neg x_1 \equiv x_2,$$

$$\phi_{\geq 3} = \exists x_1 \exists x_2 \exists x_3 ((\neg x_1 \equiv x_2 \wedge \neg x_1 \equiv x_3) \wedge \neg x_2 \equiv x_3).$$

Die Höchstzahl und die Anzahl der Elemente der möglichen Modelle lassen sich dann festlegen mit den Aussagen

$$\phi_{<n} = \neg \phi_{\geq n}, \quad \phi_{=n} = (\phi_{\geq n} \wedge \phi_{<n+1}).$$

Indem wir einem Axiomensystem Φ für eine Struktur eines oder mehrerer dieser Aussagen hinzufügen, kontrollieren wir bis zu einem gewissen Grad die Anzahl der Elemente der Modelle (sofern solche existieren). Mit Hilfe von

$$\Psi = \Phi \cup \{\phi_{\geq n} : n \geq 2\} \tag{9.6}$$

können wir formulieren, dass es nur unendliche Modelle geben soll. In der Logik erster Stufe lässt sich grob gesprochen nicht definieren, dass man beliebige endliche, aber keine unendlichen Modelle zulassen will:

Satz 9.7 *Die Menge von Ausdrücken Φ besitze für jedes $n \in \mathbb{N}$ ein endliches Modell mit mehr als n Elementen. Dann besitzt Φ auch ein unendliches Modell.*

Beweis: Wir ergänzen Φ wie in (9.6) zur Menge Ψ. Eine endliche Teilmenge von Ψ legt nur eine Mindestanzahl n von Elementen fest und besitzt nach Voraussetzung ein Modell. Damit ist jede endliche Teilmenge von Ψ widerspruchsfrei, also ist auch Ψ selber widerspruchsfrei und besitzt nach (9.5) ein Modell, das nach Konstruktion von Ψ unendlich viele Elemente besitzt. $\square$

Beispiel 9.4 Ein Graph ist eine Struktur mit $S = \{R\}$ mit einer zweistelligen Relation R, die die Kanten symbolisiert. Einen ungerichteten Graphen ohne Schlaufen und Mehrfachkanten definiert man durch

$$\forall x \forall y (R(x,y) \leftrightarrow R(y,x)) \wedge \forall x \,\neg R(x,x).$$

Da es für jedes n ein Modell dieser Aussage mit n Elementen gibt, bleibt der eigentliche Wunsch, die *endlichen* Graphen zu charakterisieren, nach dem letzten Satz unerfüllt.

Beispiel 9.5 Eine Gruppe (G, f^G, e^G) kann, wie bereits in informaler Weise in Abschnitt 9.1 vorgeführt wurde, in der Logik erster Stufe definiert werden, wobei die zweistellige Funktion f die Operation $\circ$ repräsentiert

$$\phi_1 = \forall x \forall y \forall z \, f(f(x,y),z) \equiv f(x, f(y,z)),$$

$$\phi_2 = \forall x \, f(x,e) \equiv e,$$

$$\phi_3 = \forall x \exists y f(x,y) \equiv e.$$

Da es nach Abschnitt 3.3 für jedes $n \in \mathbb{N}$ eine Gruppe mit n Elementen gibt, sind die endlichen Gruppen in der Logik erster Stufe nicht definierbar. Nach Satz 9.7 gibt es auch eine unendliche Gruppe, was wir allerdings schon wissen.

Die Körper aus Abschnitt 3.4 lassen sich genauso einfach durch ein Axiomensystem Φ in der Logik erster Stufe definieren. Ein Körper besitzt die *Charakteristik* p, wenn $\underbrace{1 + \ldots + 1}_{p-mal} = 0$. Die Körper $\mathbb{F}_p$, p Primzahl, aus Satz 3.12 besitzen die Charakteristik p.

Hat ein Körper für kein p die Charakteristik p, so sagt man, er habe die Charakteristik 0. Ein Körper der Charakteristik 0 muss unendlich viele Elemente besitzen, Beispiele sind die reellen oder rationalen Zahlen. Mit

$$\psi_p = \underbrace{1 + \ldots + 1}_{p-mal} \equiv 0$$

können wir die Körper der Charakteristik 0 axiomatisieren durch

$$\Phi \cup \{\neg \psi_p : p \geq 2\}.$$

Da ein Beweis nur endlich viele dieser Aussagen benutzt, erhalten wir folgenden interessanten Satz: Gilt eine Aussage in allen Körpern der Charakteristik 0, so gilt sie auch in allen Körpern hinreichend großer Charakteristik.

Oft gibt es in der Mathematik mehrsortige Strukturen, die sich mit einem kleinen Trick auch in der Logik erster Stufe axiomatisieren lassen.

Beispiel 9.6 Eine *Inzidenzgeometrie* besteht aus Punkten und Geraden sowie einer Relation, die ausdrückt, das ein Punkt auf einer Geraden liegt. Wenn man sich darauf versteift, dass eine Gerade eine Punktmenge ist, gerät man mit der Formulierung in der Logik erster Stufe in Schwierigkeiten. Besser nimmt man als Grundmenge die Vereinigung von Punkten und Geraden und drückt durch eine einstellige Relation P aus, dass ein Objekt ein Punkt ist. Die intendierte Interpretation ist also

$$P(x) \Leftrightarrow x \text{ ist Punkt}, \quad \neg P(x) \Leftrightarrow x \text{ ist Gerade}.$$

Die Inzidenzgeometrie verwendet daher $S = \{P, I\}$ mit einer einstelligen Relationen P und einer zweistelligen Relation I, die die Bedeutung hat „(Punkt) liegt auf (Geraden)". Der Bequemlichkeit halber können wir formulieren, dass nur Punkte und Geraden in der Relation I stehen können:

$$\forall x \forall y \, \big(I(x,y) \to (P(x) \land \neg P(y)) \big).$$

Nun kann man die eigentlichen Axiome der Inzidenzgeometrie folgen lassen, deren erstes und wichtigstes ist, dass man durch zwei verschiedene Punkte eine eindeutige Gerade legen kann:

$$\forall x_1 \forall x_2 \Big((P(x_1) \wedge P(x_2) \wedge \neg x_1 \equiv x_2) \rightarrow$$

$$\exists y \big(I(x_1, y) \wedge I(x_2, y) \wedge \forall z((I(x_1, z) \wedge I(x_2, z)) \rightarrow y \equiv z)) \big) \Big).$$

David Hilbert hat in seinem Buch [31] eine Axiomatisierung der räumlichen euklidischen Geometrie angegeben, aus der man sich auch ein Axiomensystem der ebenen Geometrie destillieren kann. Dieses hat als einziges Modell die ebenen Vektoren. Da der Satz von Löwenheim und Skolem 9.2(c) demnach nicht gilt, ist Hilberts Axiomensystem nicht ausschließlich in der ersten Stufe formalisiert.

Um die Peanoschen Axiome aus Abschnitt 9.1 für die natürlichen Zahlen zu formulieren, benötigen wir $S = \{f, R, 0\}$ mit der einstelligen Nachfolgerfunktion f, einer einstelligen Relation R und dem ausgezeichneten Element 0. Das Peanosche Axiomensystem ist dann

(P1) $\forall x \forall y \, (f(x) \equiv f(y) \rightarrow x \equiv y)$,

(P2) $\forall x \, \neg f(x) \equiv 0$,

(P3) $\forall R \Big((R(0) \wedge \forall x \, (R(x) \rightarrow R(f(x)))) \rightarrow \forall y \, R(y) \Big)$,

Da in (P3) über die Relation R quantifiziert wird, gehört das Peanosche Axiomensystem zur Logik zweiter Stufe.

In der Logik zweiter Stufe lässt sich auch formulieren, dass man nur endliche Modelle beliebiger Größe haben möchte, was nach Satz 9.7 in der ersten Stufe nicht möglich ist. Man macht sich hierbei die Tatsache zu Nutze, dass eine Abbildung einer endlichen Menge in sich selbst mit der Eigenschaft

$$f(x) = f(y) \rightarrow \ x = y$$

bijektiv sein muss. Bei unendlichen Mengen ist das nicht so, wie die Nachfolgerfunktion bei den natürlichen Zahlen zeigt. Für eine einstellige Funktion f setzen wir daher

$$\phi_{endl} = \forall f \big(\forall x \forall y (f(x) \equiv f(y) \rightarrow x \equiv y) \rightarrow \forall x \exists y \, x \equiv f(y) \big).$$

Der Endlichkeitssatz 9.6 gilt nicht in der Logik zweiter Stufe. Die Menge

$$\{\phi_{endl}\} \cup \{\phi_{\geq n} : n \geq 2\}$$

ist nicht erfüllbar, aber jede Teilmenge dieser Menge ist erfüllbar.

9.6   Aufgaben

9.1 (1) Auf der Menge G der Wörter über einem Alphabet definieren wir die Operation

$$x \circ y = xyxy,$$

wobei mit $xyxy$ die „normale" Verkettung der Zeichenfolgen gemeint ist. Man kann dies die fröhliche Verkettung nennen wegen $h \circ a = haha$, $o \circ h = ohoh$ usw. Ist G mit dieser Operation eine Halbgruppe?

In den folgenden Aufgaben seien die Turing-Maschinen 1-Band-Maschinen und das Alphabet sei $\{1\}$.

9.2 (3) Skizzieren Sie die Turing-Maschine, die angesetzt auf den ersten Buchstaben des Wortes w (das ist nur eine Folge von Einsen), dieses Wort kopiert. Bei Eingabe ist das Band von der Form $\ldots * *11\ldots11 * *\ldots$, nach dem Stop der Maschine ist es $\ldots * *11\ldots11 * 11\ldots11 * *\ldots$.

Alternativ kann man auf der HTML-Turing-Maschine die Zahl der vorgegebenen Einsen auf dem ersten Band duplizieren, wobei man am besten eine 2-Band-Maschine verwendet.

9.3 (2) Als aktive Zustände einer Turing-Maschine bezeichnen wir alle Zustände mit Ausnahme von z_1. Wie viele Turing-Tafeln mit n aktiven Zuständen gibt es?

9.4 (4) (Der fleißige Biber) Konstruieren Sie eine Turing-Maschine, die neben z_0, z_1 noch zwei weitere Zustände besitzt und aufgesetzt auf das leere Band möglichst viele Einsen produziert und dann stoppt.

Bemerkung: Nach Aufgabe 9.3 gibt es schon sehr viele Turing-Tafeln bei drei aktiven Zuständen. Die Aufgabe stellt daher eine echte Herausforderung dar, zumal man dazu neigt, die Optimalzahl an Einsen zu unterschätzen.

10 Chaos und Fraktale

10.1 Die Cantor-Menge

Wir gehen vom abgeschlossenen Intervall $[0,1]$ aus, also der Punktmenge

$$[0,1] = \{x : 0 \le x \le 1\}.$$

Aus dieser Menge entfernen wir im ersten Schritt das offene Intervall $(\frac{1}{3}, \frac{2}{3})$, also

$$\left(\frac{1}{3}, \frac{2}{3}\right) = \left\{x : \frac{1}{3} < x < \frac{2}{3}\right\}.$$

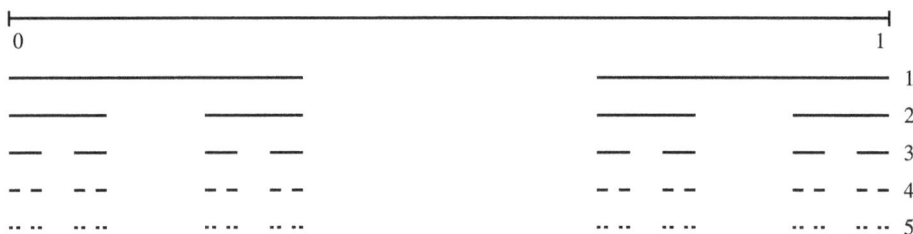

Im zweiten Schritt entnehmen wir aus der verbliebenen Menge die Intervalle $(\frac{1}{9}, \frac{2}{9})$ sowie $(\frac{7}{9}, \frac{8}{9})$. Im nächsten Schritt wird aus den 4 verbliebenen Intervallen wiederum das mittlere Drittel entfernt. Und so geht es Schritt für Schritt weiter, die jeweils verbleibende Menge franst dabei immer mehr aus. Was nach unendlich vielen Schritten übrig bleibt, heißt nach ihrem Konstrukteur *Cantor-Menge*.

In einer streng formalen Schreibweise sieht die Cantor-Menge folgendermaßen aus. Aus dem Ausgangsintervall $J_{0,1} = [0,1] \subset \mathbb{R}$ wird das offene Intervall $I_{1,1} = (\frac{1}{3}, \frac{2}{3})$ entnommen. Es verbleiben die zwei abgeschlossenen Intervalle $J_{1,1} = [0, \frac{1}{3}]$ und $J_{1,2} = [\frac{2}{3}, 1]$, aus denen dann wieder die Intervalle $I_{2,1} = (\frac{1}{9}, \frac{2}{9})$ und $I_{2,2} = (\frac{7}{9}, \frac{8}{9})$ entfernt werden. In jedem weiteren Schritt werden aus den Intervallen $J_{n,1}, \ldots, J_{n,2^n}$ offene Intervalle $I_{n+1,1}, \ldots, I_{n+1,2^n}$ mit 1/3 der Länge der $J_{n,k}$ herausgenommen. Die Cantor-Menge ist dann der verbleibende Rest,

$$C = [0,1] \setminus \cup_{n=1}^{\infty} \cup_{k=1}^{2^{n-1}} I_{n,k}.$$

In der Konstruktion der Cantor-Menge wird im ersten Schritt ein Intervall der Länge 3^{-1} herausgenommen, im zweiten Schritt zwei Intervalle der Länge jeweils 3^{-2}, im

n-ten Schritt ist die Gesamtlänge der herausgenommenen Intervalle daher $2^{n-1}3^{-n}$, zusammen also

$$\sum_{n=1}^{\infty} 2^{n-1}3^{-n} = \frac{1}{2}\sum_{n=1}^{\infty}\left(\frac{2}{3}\right)^n = 1, \tag{10.1}$$

wobei wir im letzten Schritt die *geometrische Summenformel*

$$\sum_{n=0}^{\infty} a^n = \frac{1}{1-a}, \quad -1 < a < 1,$$

verwendet haben (siehe (10.6)). Man beachte, dass die Summe in (10.1) erst mit $n = 1$ beginnt.

Damit enthält die Cantor-Menge gar kein echtes Intervall mehr, weil ja schon das Ausgangsintervall $[0,1]$ die Länge 1 besitzt. Was bleibt in der Cantor-Menge übrig? Wir schreiben die Zahlen im Intervall $[0,1]$ im Dreiersystem, also in der Form

$$x = \sum_{k=1}^{\infty} a_k 3^{-k}, \quad a_k \in \{0,1,2\}.$$

Beispielsweise hat die Zahl $1/3$ die Trialdarstellung $0,1_3$ und $2/9$ die Darstellung $0,02_3$ (siehe Abschnitt 3.2). Genauso wie bei Dezimalzahlen $1 = 0,\overline{9}_{10}$ gilt, ist $1/3 = 0,1_3 = 0,0\overline{2}_3$ oder $1/9 = 0,01 = 0,00\overline{2}_3$. Im Folgenden verwenden wir die Konvention, dass bei endlichen Trialzahlen eine 1 am Ende vermieden werden soll, wir schreiben daher $1/3 = 0,0\overline{2}_3$ und $2/3 = 0,2_3$ Im ersten Schritt der Konstruktion der Cantor-Menge wird das offene Intervall $(1/3, 2/3) = (0,0\overline{2}_3, 0,2_3)$ entfernt, somit alle Zahlen, die mit obiger Konvention an erster Stelle ihrer Trialentwicklung eine 1 stehen haben. Im n-ten Schritt werden diejenigen Zahlen entfernt, die an der n-ten Stelle eine 1 besitzen. Die Cantor-Menge besteht daher aus genau den Trialzahlen, die sich nur mit den Ziffern $\{0,2\}$ schreiben lassen. Wir definieren eine Abbildung $f : C \to [0,1]$. Jeder Trialzahl in C wird eine Dualzahl zugeordnet, indem jede 2 in der Trialentwicklung der Cantor-Zahl durch eine 1 ersetzt wird, z.B. ist

$$f(0,20022_3) = 0,10011_2.$$

Diese Abbildung erreicht jede Zahl im Intervall $[0,1]$, denn diese lässt sich ja immer durch eine Dualentwicklung darstellen. Es gilt $f(0,2_3) = f(0,0\overline{2}_3) = 0,1_2$ oder allgemeiner: Genau dann, wenn eine Zahl in der Cantor-Menge eine endliche Trialentwicklung besitzt, die auf eine 2 endet, werden zwei verschiedene Cantor-Zahlen auf ein und dieselbe reelle Zahl abgebildet. Obwohl wir für die Konstruktion der Cantor-Menge scheinbar fast alles aus dem Intervall $[0,1]$ herausgenommen haben, bleiben noch so viele Zahlen übrig, um das Intervall $[0,1]$ zu überdecken.

Man bezeichnet die Cantor-Menge als *Fraktal*, weil man sie beliebig vergrößern kann, ohne die zugrunde liegende zerrissene Struktur zu verändern. Multiplizieren wir die Cantor-Menge mit einer Dreierpotenz und schränken die so gewonnenen Zahlen wieder auf das Intervall $[0,1]$ ein, so erhalten wir exakt die Cantor-Menge zurück, weil diese

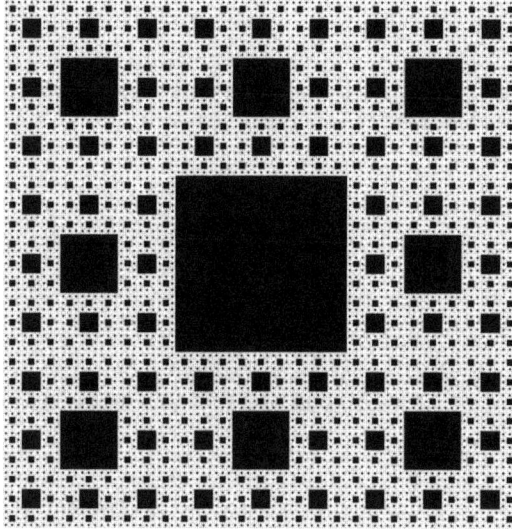

Abb. 10.1: *Der Sierpinski-Teppich*

Multiplikation nur das Komma verschiebt, aber die Ziffern unverändert lässt. Diese *Selbstähnlichkeit* ist eine charakteristische Eigenschaft eines Fraktals.

Die gleiche Konstruktion lässt sich auch in der Ebene durchführen. Ausgangsmenge ist das Einheitsquadrat $[0,1] \times [0,1]$, aus dem im ersten Schritt das Quadrat $(1/3, 2/3) \times (1/3, 2/3)$ entfernt wird, im nächsten Schritt sind es die acht Quadrate der Form $\big(i/9, (i+1)/9\big) \times \big(j/9, (j+1)/9\big)$, für $i, j = 1, 4, 7$ mit Ausnahme von $i = j = 4$, weil das zugehörige Quadrat bereits im ersten Schritt entfernt wurde. Im nächsten Schritt werden 64 Quadrate mit Kantenlänge $1/27$ entnommen. Man kann die Flächeninhalte all dieser entnommenen Quadrate zusammenzählen und kommt wie bei der Cantor-Menge auf 1. Die verbliebene Menge ist eine Art Gerippe, das nach ihrem Erfinder *Sierpinski-Teppich* genannt wird. Er ist in Abbildung 10.1 als weiße Menge zu sehen.

10.2 Die diskrete logistische Gleichung

In diesem Abschnitt wollen wir mit einem einfachen mathematischen Modell klären, warum Insektenpopulationen über die Jahre gesehen starken Schwankungen unterliegen, ohne dass man in jedem Fall äußere Umstände dafür verantwortlich machen kann. Mit x_n bezeichnen wir die Zahl der Insekten im Jahr n pro einer Flächeneinheit. Diese soll so gewählt sein, dass immer $0 \le x_n \le 1$ gilt. Die Kapazität des Lebensraums wird damit durch 1 normiert. Wir stellen zwei Forderungen, die sich experimentell leicht überprüfen lassen:

- Für $x_n \ll 1$ steht den Insekten unbegrenzt Nahrung zur Verfügung, die nächste

Generation wird im Wesentlichen durch die *Vermehrungsrate* r bestimmt, also $x^{n+1} \sim r x_n$.

- Nur überschüssige Nahrung wird in Eiern umgesetzt. Befindet sich die Population nahe an der Kapazität des Lebensraums, so gibt es nur wenig Nachkommen. Daher $x_{n+1} \sim 0$, wenn $x_n \sim 1$.

Gehen wir für die Nachkommen von einem Gesetz der Form $x_{n+1} = f(x^n)$ aus, so ist die einfachste Funktion, die beide Forderungen umsetzt, die Parabel

$$f(x) = rx(1-x).$$

Für kleine x_n gilt dann tatsächlich $x_{n+1} = f(x_n) \sim r x_n$. Damit das Gesetz $x_{n+1} = f(x_n)$ mathematisch stimmig ist, muss das Intervall $[0, 1]$ auf sich selber abgebildet werden, was für $0 \leq r \leq 4$ der Fall ist. Wir haben also

$$x_{n+1} = f(x_n) = r x_n (1 - x_n) \text{ für } n \geq 0, \quad x_0 \in [0, 1] \text{ vorgegeben.}$$

Mit dieser Vorschrift lassen sich die x_n ausgehend von einem Startwert x_0 für alle n berechnen. Mit $f^n(x)$ bezeichnen wir die n-malige Hintereinanderschaltung von f, z.B.

$$x_3 = f(f(f(x_0))) = f^3(x_0).$$

Für $r = 2$ erhalten wir in $x_{n+1} = 2 x_n (1 - x_n)$ zu $x_0 = 0,2$ die Folge

$$x_1 = 2 \cdot 0,2 \cdot (1 - 0,2) = 0,4 \cdot 0,8 = 0,32$$

und entsprechend

$$x_2 = 0.4352, \ x_3 = 0.4916\ldots, \ x_4 = 0.4998\ldots$$

Für die folgenden Überlegungen sind Kenntnisse der reellen Analysis nützlich, die in Abschnitt 10.4 bereitgestellt werden.

Uns interessiert das langfristige Verhalten der x_n. Im Fall $r = 2$ nähert sich die Folge immer mehr dem Punkt $x' = 0.5$ an, was man durch Bestimmung einiger weiterer x_n leicht untermauern kann. Allgemein: Gilt in einem Gesetz der Form $x_{n+1} = f(x_n)$, dass $x_n \to x'$, so können wir in dieser Beziehung auf beiden Seiten zum Grenzwert $n \to \infty$ übergehen und wir erhalten wegen der Stetigkeit von f, dass $f(x') = x'$ (siehe auch S. 219). Mögliche Grenzwerte der Folge müssen also *Fixpunkte* von f sein. In unserem Fall $r = 2$ erhalten wir in der Tat $f(0,5) = 2 \cdot 0,5 \cdot (1 - 0,5) = 0,5$. Definieren wir nun genauer und allgemeiner:

$f : [0, 1] \to [0, 1]$ sei stetig. $x' \in [0, 1]$ heißt *k-periodischer Punkt* von f, wenn $f^k(x') = x'$ und wenn die Punkte $x', f(x'), \ldots, f^{k-1}(x')$ alle verschieden sind. Ein 1-periodischer Punkt ist demnach ein Fixpunkt von f und ein k-periodischer Punkt ist Fixpunkt von f^k. Ein Fixpunkt x' heißt *lokal anziehend* oder *asymptotisch stabil*, wenn für alle Startwerte x_0, die nur wenig von x' abweichen, gilt $x_n \to x'$ für $n \to \infty$. Im obigen Beispiel für $r = 2$ ist der Fixpunkt $x' = 0,5$ ein asymptotisch stabiler Punkt, der die Iterierten in einer Umgebung wie ein Staubsauger anzieht. Die Startpunkte x_0, für die Konvergenz gegen einen lokal anziehenden Fixpunkt x' vorliegt, bilden das *Einzugsgebiet* (englisch *basin of attraction*) von x'. x' heißt *global anziehend*, wenn das Einzugsgebiet alle Startwerte $x_0 \in (0,1)$ umfasst.

Ähnliche Begriffe können wir auch für k-periodische Punkte formulieren, nur wird hier nicht (x_n) gegen einen k-periodischen Punkt konvergieren, sondern die Teilfolge $x_n, x_{n+k}, x_{n+2k}, \ldots$ gegen einen der Punkte $x', f(x'), \ldots, f^{k-1}(x')$. Ansonsten gelten die Definitionen für einen asymptotisch stabilen Punkt und seinem Einzugsgebiet sinngemäß. Für das Langfristverhalten gilt daher, dass die Folge (x_n) sich in obigem Sinn einem k-periodischen Punkt annähert, oder dies nicht tut, was wir als *chaotisches Verhalten* bezeichnen.

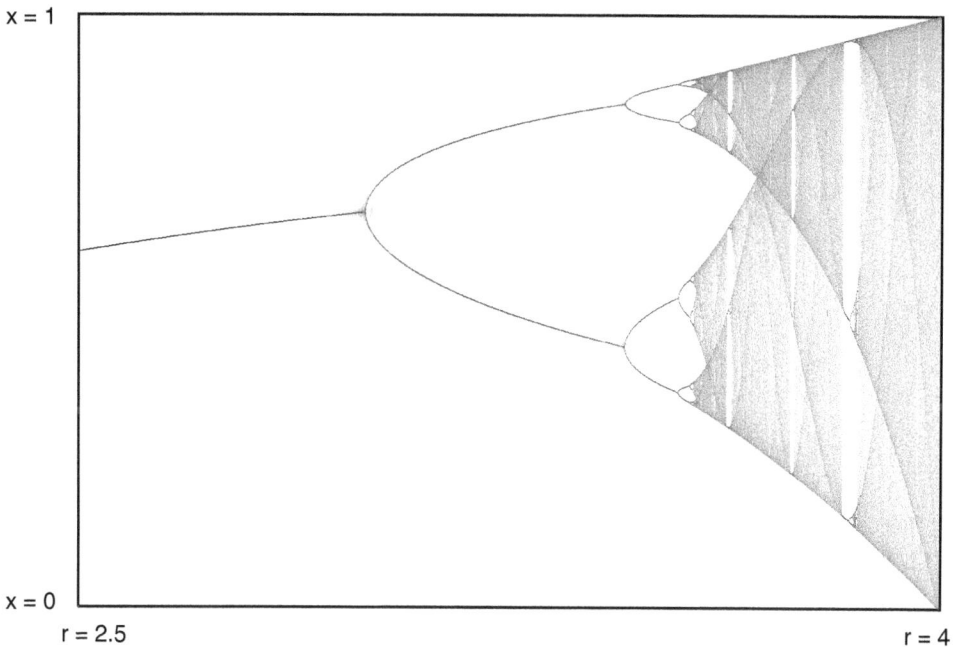

Abb. 10.2: *Verhalten der logistischen Iteration*

In unserem Beispiel $f(x) = rx(1-x)$ haben wir zunächst den Fixpunkt $x' = 0$, der für $r \le 1$ auch global anziehend ist, was für das dahinterstehende ökologische Modell bedeutet, dass die Vermehrungsrate zu gering ist und die Population ausstirbt. Für $r > 1$ haben wir den weiteren Fixpunkt $x' = 1 - 1/r$, der für moderate r ebenfalls global anziehend ist. Alles Weitere erfährt man am einfachsten durch eine numerische Rechnung, deren Ergebnis in Abbildung 10.2 dargestellt ist. Das Intervall $[0,1]$ wird in 1000 Teilintervalle unterteilt und es werden 10000 Iterationen mit einem zufällig gewählten Startwert berechnet. Dabei wird gezählt, wie viele Folgenglieder in einem dieser kleinen Teilintervalle gefallen sind, und dies durch Grautöne dargestellt. Hellgrau steht dabei für 4, kräftiges Grau für die Durchschnittszahl von etwa 10 und Schwarz für den Bereich > 1000.

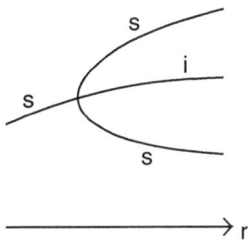

Nach Abbildung 10.2 ist der Fixpunkt $1 - 1/r$ zunächst global anziehend und wird durch einen ebenfalls global anziehenden zweiperiodischen Punkt abgelöst. In diesem Bereich beginnt die Kaskadenverzweigung, in der global anziehende 2^k-periodische Punkte in immer geringerem Abstand entstehen (siehe auch die Vergrößerung in Abbildung 10.3). Wie in der nebenstehenden Abbildung zu sehen ist bleibt der ursprünglich stabile Ast beim Überschreiten des Verzweigungspunktes bestehen. Er wird aber instabil und ist in Abbildung 10.2 nicht mehr zu sehen. Mehr dazu in Beispiel 10.5.

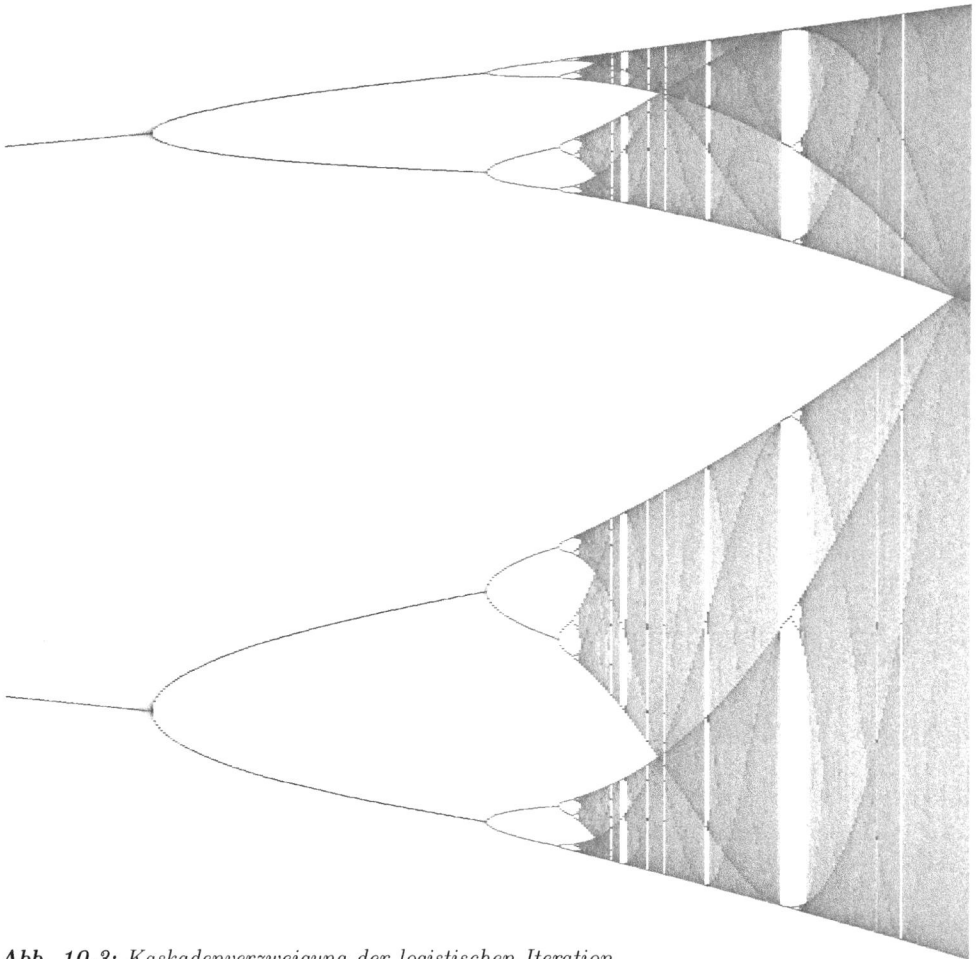

Abb. 10.3: *Kaskadenverzweigung der logistischen Iteration*

Ab einem kritischen Wert beginnt der durch seine unterschiedlichen Grautöne gekennzeichnete chaotische Bereich, der von weißen Streifen unterbrochen wird. Dort gibt es lokal anziehende k-periodische Punkte, deutlich zu erkennen ist das breite Fenster mit $k = 3$ in Abbildung 10.2. Die periodischen Punkte sind in diesem Bereich nicht global anziehend, was durch die numerische Rechnung allerdings nicht belegt wird. Tatsächlich bilden die Punkte, die nicht angezogen werden, ein Fraktal vom Typ der Cantor-Menge. Sie enthalten kein Intervall und selbst wenn man zufällig mit einem solchen Wert startet, so werden die Iterierten durch Rundungsfehler in den konvergenten Bereich gezogen.

10.3   Mandelbrot- und Julia-Mengen

In diesem Abschnitt betrachten wir die Iterationsfunktion auf der komplexen Ebene $\mathbb{C}$

$$z_{n+1} = z_n^2 + c \quad \text{für } n \geq 0, \quad z_0 = 0, \tag{10.2}$$

wobei $c \in \mathbb{C}$ vorgegeben ist. Offenbar ist die Folge $(z_n)_{n \in \mathbb{N}}$ durch diese Vorschrift eindeutig bestimmt, es ist $z_1 = c$, $z_2 = c^2 + c, \ldots$ Mit $z = x + iy$ können wir eine komplexe Zahl z mit dem ebenen Vektor (x, y) mit den Komponenten x und y identifizieren (siehe Abschnitt 10.5). In dieser vektoriellen Schreibweise liest sich (10.2) als

$$\begin{pmatrix} x_{n+1} \\ y_{n+1} \end{pmatrix} = \begin{pmatrix} x_n^2 - y_n^2 \\ 2x_n y_n \end{pmatrix} + \begin{pmatrix} c_x \\ c_y \end{pmatrix}. \tag{10.3}$$

Die Definition des k-periodischen Punktes aus dem letzten Abschnitt können wir übernehmen. Gegenüber der logistischen Gleichung kommt der Fall hinzu, dass die Folge unbeschränkt sein kann. Wir sagen, die Folge *divergiert bestimmt gegen unendlich*, wenn es zu jedem $K > 0$ ein $N \in \mathbb{N}$ gibt mit

$$|z_n| \geq K \quad \text{für alle } n \geq N.$$

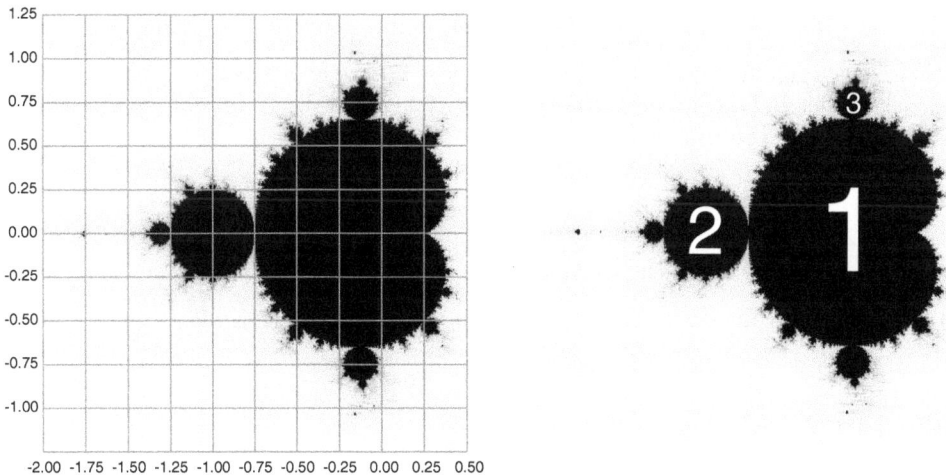

Abb. 10.4: *Die Mandelbrotmenge*

Für das Langfristverhalten der Folge (z_n) ergeben sich folgende Möglichkeiten:

- Die Folge konvergiert gegen einen k-periodischen Punkt.
- Die Folge ist beschränkt, konvergiert aber nicht gegen einen k-periodischen Punkt. Dies kann man als chaotisches Verhalten der Folge ansehen.
- Die Folge divergiert bestimmt gegen unendlich.

Denkbar wäre außerdem, dass nur ein Teil der Folge unbeschränkt ist. Beispielsweise könnten die geraden Folgenglieder eine unbeschränkte Folge bilden und die ungeraden beschränkt bleiben. Wir werden gleich sehen, dass dies bei unserer Iterationsvorschrift nicht geschehen kann.

Die Mandelbrotmenge ist definiert durch

$$M = \{c \in \mathbb{C} : \text{Die Folge } (z_n) \text{ in } (10.2) \text{ ist beschränkt}\}.$$

Die Menge M ist in der numerisch erstellten Abbildung 10.4 schwarz eingezeichnet, sie wird aufgrund ihres Aussehens auch „Apfelmännchen" genannt. Einige Aussagen lassen sich allerdings auch mathematisch exakt beweisen:

Satz 10.1 *(a) Für die Punkte c mit $|c| \leq 1/4$ sind die zugehörigen Folgen (z_n) durch $1/2$ beschränkt, insbesondere gehören diese Punkte zu M. Alle reellen c mit $c > 1/4$ liegen bereits außerhalb von M.*

(b) Für die Punkte c mit $|c| > 2$ divergiert die zugehörige Folge bestimmt gegen unendlich, insbesondere liegen diese c außerhalb von M.

(c) Gilt für ein Folgenglied $|z_n| > 2$, so divergiert die Folge bestimmt gegen unendlich, insbesondere gehört das zugehörige c nicht zu M.

Beweis: Die Rechenregeln für komplexe Zahlen sind in Satz 10.7 zusammengefasst.

(a) Wir zeigen durch vollständige Induktion, dass für die angegebenen Werte von c gilt $|z_n| \leq 1/2$. Der Induktionsanfang ist $|z_0| = 0 \leq 1/2$. Sei die Induktionsvoraussetzung $|z_n| \leq 1/2$ erfüllt. Dann

$$|z_{n+1}| = |(z_n)^2 + c| \leq |z_n|^2 + |c| \stackrel{\text{IV}}{\leq} \left|\frac{1}{2}\right|^2 + \frac{1}{4} = \frac{1}{2}.$$

Dass reelle c mit $c > 1/4$ nicht zu M gehören, ist Aufgabe 10.3.

(b) Sei $|c| = 2 + \varepsilon$ mit $\varepsilon > 0$. Durch vollständige Induktion zeigen wir

$$|z_n| \geq (1 + (n-1)\varepsilon)\,|c|, \quad n \geq 2.$$

Mit Satz 10.7 (g) folgt der Induktionsanfang

$$|z_2| = |c^2 + c| \geq |c|\,(|c| - 1) = (1+\varepsilon)|c|.$$

Sei die Behauptung für $n \geq 2$ erfüllt. Dann

$$|z_{n+1}| = |z_n^2 + c| \geq |z_n|^2 - |c| \stackrel{\text{IV}}{\geq} (1 + (n-1)\varepsilon)^2|c|^2 - |c| = \big((1 + (n-1)\varepsilon)^2|c| - 1\big)\,|c|.$$

Für den Ausdruck in der Klammer folgt

$$(1 + (n-1)\varepsilon)^2 |c| - 1 = (1 + (n-1)\varepsilon)^2 (2 + \varepsilon) - 1$$

$$\geq 1 + 4(n-1)\varepsilon \geq 1 + n\varepsilon.$$

(c) Wegen (b) können wir $|c| \leq 2$ annehmen. Sei $|z_n| > 2$, also $|z_n| = 2 + \varepsilon$ mit $\varepsilon > 0$. Durch vollständige Induktion über k zeigen wir

$$|z_{n+k}| \geq 2 + 4^k \varepsilon, \quad k \geq 0.$$

Für $k = 0$ ist das richtig. Unter der Voraussetzung, dass diese Abschätzung für k richtig ist, folgt

$$|z_{n+k+1}| \geq |z_{n+k}|^2 - |c| \overset{IV}{\geq} (2 + 4^k \varepsilon)^2 - |c|$$

$$\geq 4 + 4 \cdot 4^k \varepsilon - |c| \geq 2 + 4^{k+1} \varepsilon.$$

□

Die „Antenne", die das Apfelmännchen am Kopf trägt, reicht bis $c = -2$. In diesem Punkt gilt $z_0 = 0$, $z_1 = -2$ und alle weiteren z_n sind 2. In Aufgabe 10.4 wird gezeigt, dass das ganze reelle Intervall $[-2, 1/4]$ Teil von M ist. Gleichzeitig zeigt dieses Intervall, dass die angegebenen Schranken in (a) und (b) nicht zu verbessern sind.

Teil (c) des Satzes schließt aus, dass nur ein Teil der Folge unbeschränkt ist und ein anderer Teil beschränkt bleibt. Für die numerische Bestimmung der Mandelbrotmenge ist er fundamental, weil man damit sicher ausschließen kann, wann ein Punkt nicht zur Menge gehört. Die Umkehrung ist natürlich problematisch: Wenn eine Folge nach hunderten Iterationen die „Schallmauer" 2 nicht überschritten hat, bleibt nichts anderes, als das zugehörige c der Menge M zuzuschlagen. Da man in der Praxis bei irgendeinem n abbrechen muss, sieht die Mandelbrotmenge für jedes gewählte n ein wenig anders aus.

Man kann zeigen, dass im Inneren der „dicken" Teile des Apfelmännchens die Folgenglieder gegen einen k-periodischen Punkt konvergieren. Dieses k bleibt dort auch konstant und ist in Abbildung 10.4 rechts zu sehen. Man vermutet, dass im Inneren des Apfelmännchens immer Konvergenz gegen einen periodischen Punkt vorliegt, bisher konnte das allerdings nicht bewiesen werden. Am Rande des Apfelmännchens liegt bis auf abzählbar viele c chaotisches Verhalten vor.

Man bezeichnet das Apfelmännchen als Fraktal, weil es selbstähnlich ist. Auf Wikipedia ist ein Film zu sehen, in der ein Zoom so eingestellt ist, dass nach sehr starker Vergrößerung wieder ein Apfelmännchen erscheint. Im Gegensatz zur Cantor-Menge sind die nach Vergrößerung entstehenden Strukturen ähnlich, aber nicht gleich.

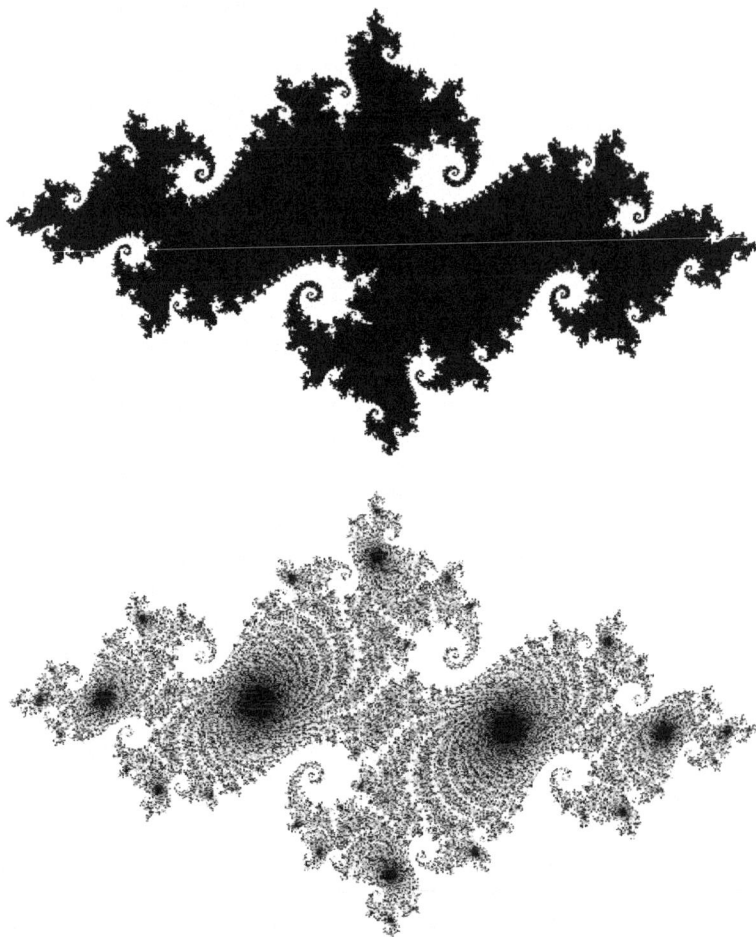

Abb. 10.5: *Ausgefüllte Julia-Mengen für* $c = -0,742 + 0,1i$ *(oben) und* $c = -0,743 + 0,1i$ *(unten)*

Mit der Iteration

$$z_{n+1} = z_n^2 + c, \quad c \in \mathbb{C}, \tag{10.4}$$

ist die historisch gesehen ältere Frage verbunden, für welche Startwerte z_0 die Folge (z_n) in $\mathbb{C}$ beschränkt bleibt. Da diese Startwerte auch von $c \in \mathbb{C}$ abhängen, fassen wir sie zur Menge

$$P_c = \{z_0 \in \mathbb{C} : z_0 \to z_0^2 + c \to (z_0^2 + c)^2 + c \to \cdots \text{ bleibt beschränkt}\}$$

zusammen. Der Rand J_c von P_c wird nach ihrem Entdecker Gaston Maurice Julia (1893-1978) *Julia-Menge* genannt. Vor allem in numerisch orientierten Arbeiten wird

P_c an Stelle von J_c als Julia-Menge bezeichnet, weil P_c sich in manchen Fällen gut approximieren lässt. Wir bezeichnen P_c als *ausgefüllte Julia-Menge*.

Starten wir die Julia-Iteration (10.4) mit einem genügend großen Wert, so wird der Summand z_0^2 den Summanden c dominieren und die Folge wird zügig bestimmt gegen unendlich divergieren. Wir sagen daher, dass der Punkt ∞ asymptotisch stabil ist und nennen die Menge der Startwerte, für die bestimmte Divergenz gegen unendlich vorliegt, das *Einzugsgebiet* des Punktes ∞. Nach obiger Überlegung enthält das Einzugsgebiet die Menge der z_0 mit $|z_0| > K$ für genügend großes K. Damit ist auch gezeigt, dass die Julia-Mengen beschränkt sind. Wir unterscheiden zwei Fälle:

1. Es gibt zusätzlich zum Punkt ∞ noch mindestens einen anderen asymptotisch stabilen periodischen Punkt. In diesem Fall trennt die Julia-Menge die Einzugsgebiete der stabilen Punkte. Sie sieht daher optisch wie eine Kurve aus und man kann zeigen, dass sie zusammenhängend ist. Ferner kann man beweisen, dass dieser Fall genau dann vorliegt, wenn c in der Mandelbrotmenge M liegt.

2. Der Punkt ∞ ist einziger asymptotisch stabiler Punkt. In diesem Fall besteht die Julia-Menge aus der Menge der periodischen Punkte der Iteration (10.4) sowie der Punkte mit chaotischem Verhalten, eine Menge, die eine ähnlich staubförmige Struktur wie die Cantor-Menge aufweist.

Beispiel 10.1 Für $c = 0$ gilt $z_1 = z_0^2$, $z_2 = z_1^2 = z_0^4$, also $z_k = z_0^{2^k}$. Daher

$$z_k \to 0 \iff |z_0| < 1, \quad z_k \to \infty \iff |z_0| > 1.$$

Damit ist $P_0 = \{z \in \mathbb{C} : |z| \leq 1\}$ und $J_0 = \{z \in \mathbb{C} : |z| = 1\}$. Dies ist genau der oben dargelegte erste Fall einer *zusammenhängenden* Julia-Menge: Je zwei Punkte von J_0 lassen sich durch eine Kurve verbinden, die innerhalb der Menge liegt. Die Julia-Menge trennt die Einzugsgebiete der beiden asymptotisch stabilen Punkte 0 und ∞, was zur Folge hat, dass $f(z) = z^2$ die Menge J_0 auf sich selber abbildet. Die Punkte z_k mit $|z_k| = 1$ und $\arg z_k = 2\pi/k$ (für das Argument arg siehe Seite 228) sind periodische Punkte von f oder werden irgendwann auf einen periodischen Punkt abgebildet, denn beim komplexen Quadrieren verdoppelt sich der Winkel (siehe (10.13)). Für $k = 2$ ist $z_2 = -1$ und $z_{2,n} = 1$ für alle $n \in \mathbb{N}$. Für $k = 3$ ergibt sich für die Winkel $\frac{1}{3} \to \frac{2}{3} \to \frac{4}{3} \equiv 1/3$, der Punkt z_3 ist also 2-periodisch.

Wir hatten gesagt, dass $c \in M$ oder $c \notin M$ darüber entscheidet, ob die Julia-Menge zusammenhängend ist oder eine staubförmige Struktur besitzt. Somit ändert sich die Gestalt der Julia-Mengen abrupt, wenn man sich in Randnähe der Mandelbrotmenge befindet. Die Julia-Menge für $c = -0{,}742 + 0{,}1i \in M$ in Abbildung 10.5 oben ist zusammenhängend, die Menge für $c = -0{,}743 + 0{,}1i \notin M$ in Abbildung 10.5 unten ist dagegen staubförmig. Für ihre Darstellung wurden 3000 Iterationen in $z_{n+1} = z_n^2 + c$ durchgeführt. Startwerte mit $|z_{3000}| \leq 50$ werden schwarz eingezeichnet, die Grautöne geben an, wie viele Iterationen nötig sind, um die Grenze 50 zu überschreiten. Wir bekommen dadurch einen Eindruck, wo die Julia-Menge sitzt, aber keine echte Darstellung von ihr. Es gilt nämlich das Gleiche, was bereits bei der Visualisierung der logistischen Iteration gesagt wurde: Selbst wenn man zufällig mit dem Startwert auf einen Punkt

der Julia-Menge trifft, kommt man durch Rundungsfehler in den bestimmt divergenten
Bereich. Dadurch wird die Visualisierung immer heller, je länger man iteriert.

Die logistische Iteration $x_{n+1} = rx_n(1 - x_n)$ und die Julia-Iteration $z_{n+1} = z_n^2 + c$
sind Beispiele für das Entstehen des *deterministischen Chaos*. Obwohl ein strenges deterministisches Gesetz vorliegt, das die Iterierten für alle n befolgen müssen, können
sie sich völlig irregulär und vom praktischen Standpunkt her unberechenbar verhalten.
Denn kleine Änderungen im Startwert können nicht nur zu großen Abweichungen in der
Zukunft führen, sondern die Struktur des zukünftigen Verhaltens komplett verändern.
Damit ist ein alter Menschheitstraum ad absurdum geführt worden, der im 19. Jahrhundert seine Blütezeit hatte: Gegeben ein mir in allen Einzelheiten bekannter Zustand
eines Systems und ein deterministisches Gesetz, dem das System gehorcht, so können
die Folgezustände für alle Zeiten bestimmt werden. Wohlgemerkt, wir reden hier nicht
davon, dass deterministische Gesetze möglicherweise gar nicht existieren. Selbst wenn,
könnten wir sie nur ehrfürchtig bestaunen, aber für praktische Zwecke nur wenig damit
anfangen, sofern sie vom Typ der hier betrachteten Iterationen sind. Diese sind nichtli-
near, weil sie den quadratischen Term x_n^2 bzw. z_n^2 enthalten, und sie sind empfindlich gegenüber Störungen. Auch wenn die deterministischen Modelle, die man zum Beispiel für
die Wettervorhersage hat, im Vergleich zu den hier behandelten Iterationsvorschriften
mathematisch komplizierter sind, es handelt sich um partielle Differentialgleichungen, so
findet man dort ganz ähnliche quadratische Nichtlinearitäten und die gleiche Empfind-
lichkeit gegenüber Störungen. Der Vergleich mit dem Wetter passt überhaupt gut zu den
hier betrachteten Systemen, die sich ja manchmal gutartig, manchmal unvorhersehbar
verhalten, je nach Parameterwahl. Der Wirbelsturm und eine stabile Hochdruckzone,
bei der die Zukunft auch ohne Unterstützung durch einen Rechner für eine Woche sicher
vorhergesagt werden kann, sind beides Wetter.

Ähnliche Überlegungen gelten für den philosophischen Determinismus, der behauptet,
dass unsere Entscheidungen von Anfang an vorherbestimmt sind, eine Hypothese, die
neuerdings von der Hirnforschung gestützt wird. Abgesehen davon, dass kein Mensch
daran glaubt, sofern es die eigene Person betrifft, bliebe der Mensch das gleiche teilweise
chaotische System, das er immer gewesen ist.

10.4   Hilfsmittel aus der reellen Analysis

Konvergenz von Zahlenfolgen

Mit $B_r(a)$ bezeichnen wir das offene Intervall $(a - r, a + r)$, also die Punktmenge

$$B_r(a) = \{x \in \mathbb{R} : a - r < x < a + r\}.$$

Für reelle Zahlen a_n, $n \in \mathbb{N}$, heißt $(a_1, a_2, a_3, \ldots)$ (reelle) *Zahlenfolge* und wir schreiben
dafür kürzer $(a_n)_{n \in \mathbb{N}}$ oder noch kürzer (a_n). Eher als die konkreten Werte der a_n
interessiert uns das Verhalten der Folge für große n. Die Folge heißt *beschränkt*, wenn
es eine Zahl M gibt mit $|a_n| \leq M$ für alle $n \in \mathbb{N}$. Ein Punkt $a \in \mathbb{R}$ heißt *Grenzwert*
oder *Limes* von (a_n), wenn für alle $\varepsilon > 0$ in $B_\varepsilon(a)$ alle bis auf endlich viele Folgenglieder
liegen. In diesem Fall heißt die Folge *konvergent* gegen a und wir schreiben

$$\lim_{n \to \infty} a_n = a \quad \text{oder} \quad a_n \to a \quad \text{für } n \to \infty.$$

Zum Beispiel ist die Folge $a_n = \frac{1}{n}$ konvergent gegen 0, denn es liegen immer nur endlich viele Folgenglieder außerhalb der Menge $B_\varepsilon(0)$, gleichgültig wie klein $\varepsilon > 0$ gewählt wird.

Wenn nur endlich viele Folgenglieder außerhalb von $B_\varepsilon(a)$ liegen, bedeutet das gleichzeitig, dass sich ab einem bestimmten Index alle Folgenglieder innerhalb von $B_\varepsilon(a)$ befinden müssen. Wir bekommen daher ein zur Konvergenz äquivalentes Kriterium: Eine Folge ist genau dann konvergent gegen a, wenn es zu jedem $\varepsilon > 0$ ein $N \in \mathbb{N}$ gibt mit

$$|a_n - a| < \varepsilon \quad \text{für alle } n \geq N.$$

Eine konvergente Folge ist beschränkt. Bei einer konvergenten Folge liegen ja alle bis auf endlich viele Folgenglieder in $B_1(a)$. Die endlich vielen Ausreißer bilden eine endliche Menge und endliche Mengen sind immer beschränkt.

Die Begriffe Grenzwert und Beschränktheit hängen nicht von endlichen Abschnitten der Folge ab. Lassen wir endlich viele Folgenglieder weg oder fügen endlich viele Folgenglieder hinzu, so ändert das nichts an ihrem Grenzwert oder an ihrer Beschränktheit.

Satz 10.2 *Seien* $(a_n), (b_n)$ *Folgen mit* $\lim_{n \to \infty} a_n = a$ *und* $\lim_{n \to \infty} b_n = b$. *Dann sind auch die Folgen* $(a_n + b_n)$, $(a_n \cdot b_n)$ *und, falls* $b_n, b \neq 0$, *auch* (a_n/b_n) *konvergent und es gilt*

$$a_n + b_n \;\to\; a + b, \quad a_n b_n \;\to\; ab, \quad \frac{a_n}{b_n} \;\to\; \frac{a}{b} \quad \text{für } n \to \infty.$$

Beweis: Sei $\varepsilon > 0$ vorgegeben. Nach Definition der Konvergenz gibt es $N_1 \in \mathbb{N}$ mit $|a_n - a| < \varepsilon$ für alle $n \geq N_1$ und $N_2 \in \mathbb{N}$ mit $|b_n - b| < \varepsilon$ für alle $n \geq N_2$. Für $n \geq \max\{N_1, N_2\}$ sind dann beide Ungleichungen erfüllt. Für diese n folgt aus der Dreiecksungleichung $|c + d| \leq |c| + |d|$

$$|a_n + b_n - (a + b)| \leq |a_n - a| + |b_n - b| < 2\varepsilon.$$

Damit liegen in jeder Kugel $B_{2\varepsilon}(a + b)$ alle bis auf endlich viele Folgenglieder, also $\lim_{n \to \infty}(a_n + b_n) = a + b$.

Da eine konvergente Folge beschränkt ist, gilt $|b_n| \leq M$. Aus der Dreiecksungleichung folgt für $n \geq \max\{N_1, N_2\}$

$$|a_n b_n - ab| = |a_n b_n - a b_n + a b_n - ab| \leq |a_n b_n - a b_n| + |a b_n - ab|$$

$$\leq M|a_n - a| + |a|\,|b_n - b| < (M + |a|)\varepsilon,$$

was $\lim_{n \to \infty} a_n b_n = ab$ impliziert.

Für die Konvergenz des Quotienten genügt es, $\dfrac{1}{b_n} \to \dfrac{1}{b}$ nachzuweisen. Die Aussage folgt dann aus der Konvergenz des Produkts. Zu $\varepsilon = |b|/2$ gibt es ein N_3, so dass für alle $n \geq N_3$

$$|b_n| = |b - b + b_n| \geq |b| - |b - b_n| > |b| - |b|/2 = |b|/2$$

Für $n \geq \max\{N_1, N_2, N_3\}$ ist daher

$$\left| \frac{1}{b_n} - \frac{1}{b} \right| = \left| \frac{b - b_n}{b_n b} \right| \leq \frac{2}{|b|^2} |b_n - b|,$$

also $\lim\limits_{n \to \infty} \dfrac{1}{b_n} = \dfrac{1}{b}$. $\square$

Beispiel 10.2 Den Grenzwert der Folge

$$a_n = \frac{2n^3 + 2n^2 + n}{n^3 + 1} = \frac{2 + \frac{2}{n} + \frac{1}{n^2}}{1 + \frac{1}{n^3}}$$

können wir leicht mit diesem Satz bestimmen, weil Zähler und Nenner gegen 2 bzw. 1 konvergieren, also $a_n \to 2$.

Für die geometrische Folge $a_n = q^n$ für $q \in \mathbb{R}$ gilt

$$q^n \to 0 \ \text{ falls } |q| < 1, \quad |q|^n \ \text{ ist unbeschränkt für } |q| > 1. \tag{10.5}$$

Ist nämlich $|q| = 1 + x$ mit $x > 0$, so folgt aus der Bernoulli-Ungleichung (siehe Seite 5)

$$|q|^n \geq 1 + nx.$$

Ist dagegen $|q| < 1$, so ist $|q^{-1}| > 1$, $|q|^{-1} = 1 + x$, und aufgrund der letzten Abschätzung $|q|^{-n} \geq 1 + nx$, also $|q|^n \leq 1/(1 + nx) \to 0$.

Unendliche Reihen

Ein altes Problem der Analysis ist es, einer Reihe $\sum_{n=1}^{\infty} a_n$ mit reellen Zahlen a_n einen „Wert" zuzuordnen. Ein typisches Beispiel ist die unendliche Reihe $1 - 1 + 1 - 1 + \ldots$, die der Theologe Giordano Bruno als Modell für die Erschaffung der Welt aus dem Nichts angesehen hat: Wir erhalten $(1-1) + (1-1) + \ldots = 0$, aber auch $1 - (1-1) - (1-1) - \ldots = 1$. Diese Konfusion hat sich erledigt, weil wir der Reihe die *Folge der Partialsummen* zuordnen

$$s_n = \sum_{i=1}^{n} a_i.$$

Konvergiert die Folge $(s_n)_{n \in \mathbb{N}}$ gegen s, so nennen wir die Reihe *konvergent* mit Grenzwert s und schreiben $s = \sum_{i=1}^{\infty} a_i$.

Die *geometrische Summenformel* lautet für $q \neq 1$

$$\sum_{i=0}^{n} q^i = \frac{1 - q^{n+1}}{1 - q}.$$

Man beweist sie, in dem man den „Teleskopeffekt" beachtet,

$$\sum_{i=0}^{n} q^i (1 - q) = \sum_{i=0}^{n} q^i - \sum_{i=0}^{n} q^{i+1} = 1 - q^{n+1}.$$

Fundamental ist die *geometrische Reihe* $\sum_{i=0}^{\infty} q^i$, für deren Partialsummen $(s_n)_{n\in\mathbb{N}_0}$ nach der geometrischen Summenformel

$$s_n = \sum_{i=0}^{n} q^i = \frac{1 - q^{n+1}}{1 - q}, \quad q \neq 1,$$

gilt. Daher folgt aus (10.5)

$$\sum_{n=0}^{\infty} q^n = \frac{1}{1 - q} \quad \text{für } |q| < 1. \tag{10.6}$$

Stetige Funktionen

Sei $I \subset \mathbb{R}$ ein Intervall. Eine Abbildung $f : I \to \mathbb{R}$ heißt (reelle) *Funktion*. f heißt *stetig* in $\xi \in I$, wenn für jede Folge (x_n) mit $x_n \in I$ und $x_n \to \xi$ gilt $f(x_n) \to f(\xi)$. f heißt *stetig* in I, wenn f in jedem Punkt von I stetig ist. Stetige Funktionen sind daher die konvergenzerhaltenden Funktionen. Anschaulich, aber mathematisch nicht ganz korrekt, ist eine Funktion stetig, wenn man ihren Graphen in einem Zug, ohne abzusetzen, zeichnen kann.

Für einfache Funktionen folgt ihre Stetigkeit direkt aus den Rechenregeln für konvergente Zahlenfolgen in Satz 10.2. Ein Polynom

$$f(x) = a_n x^n + a^{n-1} x^{n-1} + \ldots + a_1 x + a_0$$

setzt sich aus Potenzen von x, Multiplikationen mit einer Zahl und einer Summe zusammen. Ist $x_n \to \xi$, so auch $x_n^k \to \xi^k$, $a x_n^k \to a \xi^k$, und für die Summe solcher Terme klappt alles nach Satz 10.2 genauso. Damit ist jedes Polynom stetig.

Eine Anwendung des Konzepts der Stetigkeit sind rekursiv definierte Folgen der Form

$$x_{n+1} = f(x_n), \quad \text{für } n \geq 0, \quad x_0 \in I \text{ vorgegeben}, \tag{10.7}$$

wobei vorausgesetzt wird, dass die x_n immer im Definitionsbereich von f verbleiben. Ist f stetig und die Folge (x_n) konvergent gegen x', so konvergiert die linke Seite von (10.7) aufgrund dieser Voraussetzung gegen x', und die rechte Seite wegen der Stetigkeit von f gegen $f(x')$. Die möglichen Grenzwerte solcher Folgen sind daher immer Fixpunkte von f, also $f(x') = x'$.

Satz 10.3 *Sei f in $\xi \in I$ stetig. Dann gibt es zu jedem $\varepsilon > 0$ ein $\delta > 0$ mit*

$$|f(x) - f(\xi)| < \varepsilon \quad \text{für alle } \xi - \delta < x < \xi + \delta.$$

Beweis: Angenommen, wir können für ein $\varepsilon > 0$ kein solches $\delta > 0$ finden. Dann können wir es auch nicht in der Form $\delta = 1/n$ finden. Zu jedem $n \in \mathbb{N}$ gibt es daher ein x_n mit

$$|f(x_n) - f(\xi)| \geq \varepsilon \quad \text{und} \quad \xi - \frac{1}{n} < x_n < \xi + \frac{1}{n}.$$

Damit gilt $x_n \to \xi$, aber $(f(x_n))$ konvergiert nicht gegen $f(\xi)$. Widerspruch zur Stetigkeit von f in ξ! $\square$

Differenzierbare Funktionen

Für eine Funktion f, die bis auf einen Punkt $\xi \in I$ auf dem Intervall I definiert ist, setzen wir

$$\lim_{x \to \xi} f(x) = a \quad \Leftrightarrow$$

Für alle Folgen (x_n) mit $x_n \neq \xi$ und $x_n \to \xi$ gilt $f(x_n) \to a$. $\qquad$ (10.8)

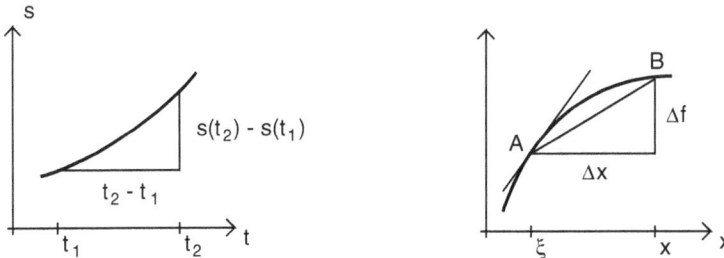

Abb. 10.6: *Zur Definition der Ableitung*

Beispiel 10.3 Die geradlinige Bewegung eines Massepunktes wird beschrieben durch eine Funktion $s(t)$, wobei t die Zeit und $s(t)$ den zurückgelegten Weg des Massepunktes bezeichnet. Sind t_1, t_2 zwei Zeitpunkte, so ist $s(t_2) - s(t_1)$ der im Zeitraum $t_2 - t_1$ zurückgelegte Weg und damit

$$\frac{s(t_2) - s(t_1)}{t_2 - t_1}$$

die Durchschnittsgeschwindigkeit im Zeitraum (t_1, t_2) (siehe Abbildung 10.6 links).

Für eine Funktion f heißt

$$m = \frac{\Delta f}{\Delta x} = \frac{f(x) - f(\xi)}{x - \xi}$$

Differenzenquotient. Er gibt die *Steigung m* der Sekante durch die Punkte A und B an (siehe Abbildung 10.6 rechts). Wandert x nach links zum Punkt ξ, so läuft B nach A und die Sekante geht in die Tangente im Punkt A über.

Sei f in einer Umgebung von $\xi \in \mathbb{R}$ definiert. f heißt in ξ *differenzierbar*, wenn der Grenzwert

$$f'(\xi) = \frac{df(\xi)}{dx} = \lim_{x \to \xi} \frac{f(x) - f(\xi)}{x - \xi} = \lim_{h \to 0} \frac{f(\xi + h) - f(\xi)}{h}$$

im Sinne von (10.8) existiert. $f'(\xi)$ heißt *Ableitung* von f in ξ. Geometrisch gibt $f'(\xi)$ die Steigung der Tangenten im Punkt $(\xi, f(\xi))$ an.

Führen wir den Grenzübergang $t_2 \to t_1$ im Beispiel 10.3 durch, so erhalten wir die Interpretation der Ableitung als *Momentangeschwindigkeit* eines sich bewegenden Körpers.

Beispiel 10.4 Für $f(x) = ax + b$ erhalten wir

$$f'(\xi) = \lim_{h \to 0} \frac{a(\xi + h) + b - (a\xi + b)}{h} = a.$$

Differenzierbare Funktionen sind stetig. Für $x_n \to \xi$ gilt nämlich

$$\frac{f(x_n) - f(\xi)}{x_n - \xi} \to f'(\xi) \quad \Rightarrow \quad f(x_n) - f(\xi) \to 0.$$

Satz 10.4 *Sind die Funktionen f, g in ξ differenzierbar, so sind für $\alpha, \beta \in \mathbb{R}$ auch die Funktionen $\alpha f + \beta g$ sowie fg und, falls $g(\xi) \neq 0$, f/g in ξ differenzierbar. Für diese Ableitungen gilt*

$$(\alpha f + \beta g)'(\xi) = \alpha f'(\xi) + \beta g'(\xi), \qquad (Linearität),$$

$$(fg)'(\xi) = f'(\xi)g(\xi) + f(\xi)g'(\xi) \qquad (Produktregel),$$

$$\left(\frac{f}{g}\right)'(\xi) = \frac{f'(\xi)g(\xi) - f(\xi)g'(\xi)}{g^2(\xi)} \qquad (Quotientenregel).$$

Beweis: Die Linearität der Ableitung folgt direkt aus der Definition des Differenzenquotienten,

$$(\alpha f + \beta g)'(\xi) = \lim_{h \to 0} \frac{\big(\alpha f(\xi + h) + \beta g(\xi + h)\big) - \big(f(\xi) + g(\xi)\big)}{h}$$

$$= \lim_{h \to 0} \alpha \frac{f(\xi + h) - f(\xi}{h} + \lim_{h \to 0} \beta \frac{g(\xi + h) - (g(\xi}{h}$$

$$= \alpha f'(\xi) + \beta g'(\xi).$$

Die Produktregel beweist man durch eine einfache Umformung des Differenzenquotienten,

$$\frac{f(\xi + h)g(\xi + h) - f(\xi)g(\xi)}{h} =$$

$$= \frac{f(\xi + h)g(\xi + h) - f(\xi + h)g(\xi) + f(\xi + h)g(\xi) - f(\xi)g(\xi)}{h}$$

$$= f(\xi + h)\frac{g(\xi + h) - g(\xi)}{h} + g(\xi)\frac{f(\xi + h) - f(\xi)}{h}.$$

Da f in ξ stetig ist, folgt die Behauptung durch Grenzübergang.

Die Quotientenregel zeigen wir nur für $f = 1$, der allgemeine Fall folgt dann aus der Produktregel. Es gilt

$$\frac{1}{h}\left(\frac{1}{g(\xi + h)} - \frac{1}{g(\xi)}\right) = \frac{1}{h}\frac{-g(\xi + h) + g(\xi)}{g(\xi + h)g(\xi)} = -\frac{1}{g(\xi + h)} \cdot \frac{1}{h}\frac{g(\xi + h) - g(\xi)}{g(\xi)}.$$

Wegen der Stetigkeit von g in ξ können wir auch hier den Grenzübergang $h \to 0$ durchführen und erhalten die Behauptung. $\square$

Als Anwendung dieses Satzes zeigen wir $(x^n)' = nx^{n-1}$ für $n \in \mathbb{N}_0$ durch vollständige Induktion. Für $n = 0$ folgt $1' = 0$ aus der Definition der Differenzierbarkeit. Ebenso bestimmt man wie in Beispiel 10.4 $x' = 1$. Als Induktionsannahme dürfen wir $(x^n)' = nx^{n-1}$ verwenden. Aus der Produktregel folgt dann

$$(x^{n+1})' = (x \cdot x^n)' = 1 \cdot x^n + x \cdot nx^{n-1} = (n+1)x^n.$$

Damit ist jedes Polynom überall differenzierbar mit

$$p'(x) = (a_n x^n + \ldots + a_1 x + a_0)' = na_n x^{n-1} + \ldots + a_1.$$

Satz 10.5 (Mittelwertsatz der Differentialrechnung)
f sei im Intervall $[a,b]$ stetig und in (a,b) differenzierbar.
Dann gibt es ein $\xi \in (a,b)$ mit

$$\frac{f(b) - f(a)}{b - a} = f'(\xi).$$

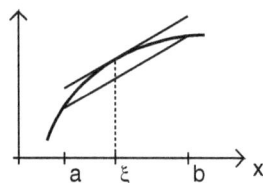

Beweis: In diesem Fall besagt die Skizze rechts mehr als tausend Worte. In der behaupteten Gleichung steht links die Steigung der Sekante durch die Punkte $(a, f(a))$ und $(b, f(b))$. Es wird behauptet, dass man diese Steigung auch in einer Tangentensteigung in einem Punkt ξ wiederfinden kann, was in der Tat der Fall ist. $\square$

Mit dem Mittelwertsatz haben wir ein wichtiges Hilfsmittel zur Untersuchung von Iterationen wie in (10.7).

Satz 10.6 *Sei $f : I \to I$ auf dem Intervall differenzierbar mit stetiger Ableitung f' und sei x' ein Fixpunkt von f. Dann gilt:*

(a) Ist $|f'(x')| < 1$, so ist der Fixpunkt x' lokal anziehend für die Folge (x_n) in (10.7).

(b) Ist $|f'(x')| > 1$, so ist x' lokal abstoßend in folgendem Sinn: Es gibt ein $\varepsilon > 0$ und ein $q > 1$, so dass für alle Startwerte $x_0 \in B_\varepsilon(x')$, $x_0 \neq x'$, in (10.7) gilt

$$|x_n - x'| \geq q^n |x_0 - x'| \quad \text{solange } x_{n-1} \in B_\varepsilon(x'). \tag{10.9}$$

Damit werden die Folgen für alle Startwerte $x_0 \neq x'$ aus $B_\varepsilon(x')$ herausgetragen.

Beweis: Die fundamentale Identität für Fixpunkte $f(x') = x'$ folgt direkt aus dem Mittelwertsatz

$$f(x) - x' = f(x) - f(x') = f'(\xi)\,(x - x'), \tag{10.10}$$

wobei ξ zwischen den Punkten x und x' liegt. $|f'(\xi)| < 1$ oder > 1 entscheidet darüber, ob $x_{n+1} = f(x_n)$ von x' angezogen oder abgestoßen wird. Dies wollen wir im Folgenden präziser fassen.

(a) Sei $|f'(x')| \leq 1 - \eta$ für ein $\eta > 0$. Da f' stetig ist, gibt es nach Satz 10.3 ein $\delta > 0$, so dass $|f'(x)| \leq 1 - \eta/2 =: p < 1$ für alle $x \in B_\delta(x')$. Für $x \in B_\delta(x')$ liegt auch das ξ in (10.10) in $B_\delta(x')$. Aus (10.10) folgt daher

$$|f(x) - x'| = |f'(\xi)| \, |x - x'| \leq p|x - x'|. \tag{10.11}$$

Mit x in $B_\delta(x')$ ist damit auch $f(x)$ in $B_\delta(x')$ und für die Folge $x_{n+1} = f(x_n)$ erhalten wir mit (10.11)
$$|x_n - x'| \leq p|x_{n-1} - x'| \leq \ldots \leq p^n|x_0 - x'|$$
und damit $x_n \to x'$.

(b) Aus $|f'(x')| \geq 1 + \eta$ für ein $\eta > 0$ schließen wir wie in (a), dass $|f'(x)| \geq 1 + \eta/2 =: q > 1$ für alle $x \in B_\delta(x')$. Für dies x folgt aus (10.10)

$$|f(x) - x'| = |f'(\xi)| \, |x - x'| \geq q|x - x'|.$$

Solange wir in $x_{n+1} = f(x_n)$ garantieren können, dass x_n sich in $B_\delta(x')$ befindet, können wie die letzte Abschätzung auf $x = x_n$ anwenden und erhalten (10.9). $\square$

Beispiel 10.5 $f(x) = rx(1-x)$ besitzt für $r > 1$ den Fixpunkt $x' = 1 - 1/r$, der nach Abbildung 10.2 bis zum ersten Verzweigungspunkt stabil zu sein scheint. Mit $f'(x) = r(1 - 2x)$ folgt

$$f'(x') = -r + 2 \quad \Rightarrow \quad |f'(x')| \begin{cases} < 1 \text{ für } 1 < r < 3 \\ \\ > 1 \text{ für } 3 < r \leq 4 \end{cases}.$$

Der Fixpunkt x' verliert seine Stabilität für $r = 3$. Aus dem Beweis von Satz 10.9 folgt, dass die Größe von $|f'(x')|$ ein Maß dafür ist, wie schnell der Fixpunkt lokal anziehend oder abstoßend ist. In der Nähe von $r = 3$ ist $|f'(x')|$ wegen der Stetigkeit der Ableitung ungefähr 1, das Anziehen oder Abstoßen erfolgt entsprechend langsam. Da diese Überlegung auch für $f^2(x) = f(f(x))$ gilt, werden dadurch die grauen Flecke erklärt, die wir in den Abbildungen 10.2 und 10.3 in Umgebung der Verzweigungspunkte sehen können.

Verliert ein Fixpunkt x' seine Stabilität in $r = r'$, so ist (r', x'), wie wir gleich sehen werden, zwingend ein Verzweigungspunkt. Weil es jetzt auch auf die Abhängigkeit von der Variablen r ankommt, schreiben wir $f(r, x)$ statt $f(x)$ und bezeichnen mit $f_x(r, x)$ die Ableitung nach x. Nur um besser argumentieren zu können, vereinfachen wir ein wenig und nehmen an, dass $f(r, 0) = 0$ und der Fixpunkt $x' = 0$ für $r < 0$ stabil ($|f_x(r, 0)| < 1$) ist und für $r > 0$ instabil ($|f_x(r, 0)| > 1$). Die Funktion f und die Ableitung f_x seien stetig in (r, x).

Im ersten Fall, der bei der logistischen Gleichung nicht vorkommt, ist $f_x(r, 0) < 1$ für $r < 0$ und $f_x(r, 0) > 1$ für $r > 0$, siehe Abbildung 10.7 links. Wegen der Stetigkeit von f_x können wir Satz 10.3 anwenden, so dass die Bedingung $f_x(r, 0) < 1$ auch $f_x(r, x) < 1$ zur Folge hat, wenn $r < 0$ und $|x|$ genügend klein ist. Wir bekommen wie in der Abbildung zwei Bereiche, in denen das Vorzeichen von $f_x(r, 0) - 1$ konstant ist. Wir betrachten gemäß Abbildung 10.7 links Teilstrecken von $r = r_0$ bzw. $r = r_1$, die beide

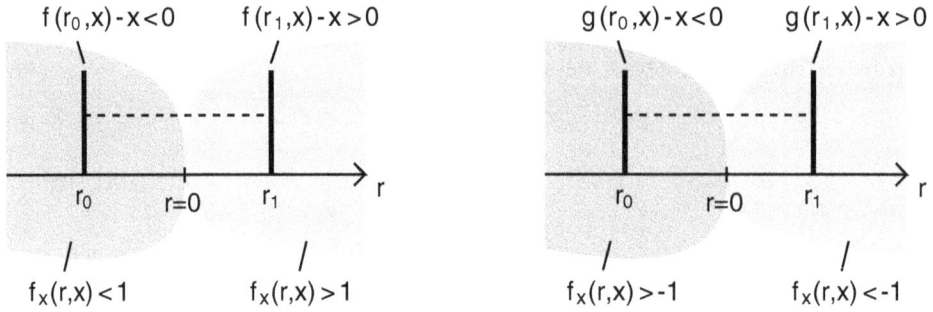

Abb. 10.7: *Verzweigung von der Nulllösung*

ganz im dunkel- bzw. hellgrauen Bereich liegen sollen. Wir wenden (10.10) für $x' = 0$ und $f(r, 0) = 0$ an,

$$f(r, x) - 0 = f_x(r, \xi)(x - 0) \quad \Rightarrow \quad f(r, x) - f_x(r, \xi)\, x = 0, \qquad (10.12)$$

Im dunkelgrauen Bereich gilt $f_x(r, \xi) < 1$, womit $f(r_0, x) - x$ ein negatives Vorzeichen besitzt. Entsprechend gilt im hellgrauen Bereich $f_x(r_0, \xi) > 1$ und $f(r_1, x) - x$ hat ein positives Vorzeichen. Mit der stetigen Funktion $\phi(r) = f(r, x) - x$ laufen wir entlang der gestrichelten Linie und müssen, da das Vorzeichen entlang dieser Linie wechselt, eine Nullstelle von $\phi(r)$ und damit einen Fixpunkt von f finden. Dieses Argument schlägt durch für jedes x auf der dick eingezeichneten Linie.

Der zweite Fall, in dem die Stabilität verloren geht, weil f_x den Punkt -1 unterschreitet, ist in Abbildung 10.7 rechts zu sehen. Wegen $f(r, 0) = 0$ und $f_x(r, x) \approx -1$ gilt $f(r, x) \approx -x$. Ob wir uns im stabilen oder instabilen Bereich befinden, für kleine $|x_n|$ wechselt $x_{n+1} = f(r, x_n)$ das Vorzeichen. Außerhalb von $x = 0$ können wir daher keine Fixpunkte von $f(r, x)$ erwarten. Wir setzen in (10.12) $f(r, x)$ statt x ein,

$$f(r, f(r, x)) = f_x(r, \xi)\, f(r, x).$$

Auf die rechte Seite wenden wir erneut (10.12) an und erhalten

$$f(r, f(r, x)) = f_x(r, \xi)\, f(r, x) = f_x(r, \xi) f_x(r, \xi')x.$$

Für kleine $|x|$ sind nun die Ableitungen $f_x(r, \xi)$ und $f_x(r, \xi')$ beide kleiner als -1 oder beide größer als -1, je nach dem Bereich, in dem wir uns befinden. Daher können wir für die Funktion $g(r, x) = f(r, f(r, x))$ genauso argumentieren wie im ersten Fall für die Funktion $f(r, x)$. Damit zweigen wie bei der logistischen Iteration doppeltperiodische Punkte ab.

Für die ganzen Argumente haben wir nur verwendet, dass sowohl $f(r, x)$ als auch $f_x(r, x)$ stetig sind. Damit konnte gezeigt werden, dass „irgendetwas" abzweigt, aber nicht, ob es sich dabei tatsächlich um eine Linie handelt. Dazu müsste die Funktion $\phi(r) = g(r, x) - x$ auf der gestrichelten Linie in Abbildung 10.7 auf Monotonie untersucht werden, was durch die Überprüfung der Ableitung von $f(r, x)$ nach r geschehen kann. Damit wären wir endgültig bei der Analysis mehrerer Veränderlicher angekommen, was über den Rahmen dieses Buches hinausgeht.

10.5   Komplexe Zahlen

Sei

$$\mathbb{R}^2 = \{(x,y) : x,y \in \mathbb{R}\}.$$

$\mathbb{R}^2$ können wir als Punkte in der Ebene oder als Vektoren mit Komponenten x und y auffassen. Für $(x,y),(x',y') \in \mathbb{R}^2$ definieren wir die Summe durch

$$(x,y) + (x',y') = (x+x', y+y').$$

Dies ist die übliche Addition zweier ebener Vektoren: Wir verschieben (x',y') so, dass sein Fußpunkt auf dem Endpunkt von (x,y) steht, der Endpunkt des so verschobenen Vektors zeigt dann auf den Endpunkt der Summe (siehe Abbildung 10.8 links).

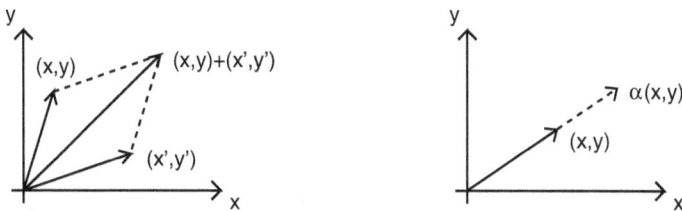

Abb. 10.8: *Summe und Skalarprodukt von Vektoren*

Für $\alpha \in \mathbb{R}$ und $(x,y) \in \mathbb{R}$ ist die *Skalarmultiplikation* definiert durch

$$\alpha\,(x,y) = (\alpha x, \alpha y).$$

Für $\alpha \geq 0$ ist der Ergebnisvektor die Verlängerung oder Verkürzung um das α-fache (siehe Abbildung 10.8 rechts). Bei $\alpha < 0$ kehrt sich zusätzlich die Orientierung um.

Nach dem Satz des Pythagoras ist die Länge eines Vektors (x,y)

$$|(x,y)| = \sqrt{x^2 + y^2}.$$

Bis hierin haben wir nur die üblichen Operationen für Vektoren definiert, was in anderen Raumdimensionen genauso geht. Die Vektoren bilden mit der Addition und dem Vektor $(0,0)$ eine abelsche Gruppe, die Inverse von (x,y) ist $(-x,-y)$. Mit Hilfe der Multiplikation

$$(x,y) \cdot (x',y') = (xx' - yy', xy' + yx')$$

kann man, wie wir gleich sehen werden, auf den ebenen Vektoren einen Körper definieren (siehe Abschnitt 3.4). Diese etwas geheimnisvolle Definition ist diesem Ziel geschuldet: Im Wesentlichen gibt es nur diese eine Möglichkeit, aus den Vektoren einen Körper zu machen und sie funktioniert nur im ebenen Fall. Das Element $(1,0)$ ist neutral bezüglich dieser Multiplikation und die Inverse von $(x,y) \neq (0,0)$ ist

$$(x,y)^{-1} = \left(\frac{x}{x^2 + y^2}, \frac{-y}{x^2 + y^2} \right)$$

wegen

$$(x,y) \cdot (x,y)^{-1} = (x,y)\left(\frac{x}{x^2+y^2}, \frac{-y}{x^2+y^2}\right)$$

$$= \left(\frac{x^2}{x^2+y^2} - \frac{-y^2}{x^2+y^2}, \frac{-xy}{x^2+y^2} + \frac{xy}{x^2+y^2}\right)$$

$$= (1,0).$$

Da die übrigen Körperaxiome sich leicht nachrechnen lassen, ist der $\mathbb{R}^2$ zusammen mit den so definierten Operationen ein Körper, den wir den *Körper der komplexen Zahlen* nennen und mit $\mathbb{C}$ bezeichnen.

Wir können die Elemente von $\mathbb{C}$ der Form $(x,0)$ mit der reellen Zahl x identifizieren, denn es gilt

$$(x,0) + (y,0) = (x+y,0)$$

$$(x,0) \cdot (y,0) = (xy - 0 \cdot 0, x \cdot 0 + y \cdot 0) = (xy,0).$$

Die komplexe Zahl $i = (0,1)$ heißt *imaginäre Einheit*. Es gilt

$$i^2 = (0,1) \cdot (0,1) = (0 \cdot 0 - 1 \cdot 1, 0 \cdot 1 + 0 \cdot 1) = (-1,0) = -1.$$

Statt $z = (x,y)$ schreiben wir $z = x + iy$ und können unter Beachtung von $i^2 = -1$ „normal" rechnen ($z' = x' + iy'$)

$$z + z' = (x + iy) + (x' + iy') = (x + x') + i(y + y'),$$

$$z \cdot z' = (x + iy) \cdot (x' + iy') = xx' - yy' + i(xy' + yx').$$

Der Leser sollte sich davor hüten, die imaginäre Einheit zu verrätseln, weil sich das Wort imaginär so rätselhaft anhört. Nach wie vor sind die komplexen Zahlen die ebenen Vektoren, auf denen eine Multiplikation definiert ist, die sie zu einem Körper machen. Und die ebenen Vektoren sind genauso wenig imaginär wie alles andere in der Mathematik auch.

Für $z = x + iy$ setzen wir ferner

$$\overline{z} = x - iy \qquad \text{komplexe Konjugation von } z,$$

$$|z| = \sqrt{x^2 + y^2} \quad \text{Absolutbetrag von } z,$$

wobei $|z|$ mit der zuvor definierten Länge $|(x,y)|$ des Vektors (x,y) übereinstimmt. Die komplexe Konjugation bedeutet geometrisch die Spiegelung des Vektors an der x-Achse.

Ferner definieren wir *Real-* und *Imaginärteil* einer komplexen Zahl $z = x + iy$ durch

$$\text{Re}\, z = x, \quad \text{Im}\, z = y.$$

Kommen wir nun zu den Rechenregeln für komplexe Zahlen:

Satz 10.7 *Für komplexe Zahlen z, z' gilt:*

(a) $z^{-1} = \dfrac{\overline{z}}{|z|^2}$ *für* $z \neq 0$.

(b) $|z|^2 = z\overline{z}$.

(c) $(\overline{z \pm z'}) = (\overline{z} \pm \overline{z'})$, $\quad \overline{zz'} = \overline{z}\,\overline{z'}$, $\quad \overline{\left(\dfrac{z}{z'}\right)} = \dfrac{\overline{z}}{\overline{z'}}$ *für* $z' \neq 0$.

(d) $|\overline{z}| = |z|$, $\quad |zz'| = |z|\,|z'|$, $\quad \left|\dfrac{z}{z'}\right| = \dfrac{|z|}{|z'|}$.

(e) $\operatorname{Re} z = \dfrac{1}{2}(z + \overline{z})$, $\quad \operatorname{Im} z = \dfrac{1}{2i}(z - \overline{z})$.

(f) $|\operatorname{Re} z| \leq |z|$, $\quad |\operatorname{Im} z| \leq |z|$.

(g) $|z + z'| \leq |z| + |z'|$, $\quad \big|\,|z| - |z'|\,\big| \leq |z - z'|$.

Beweis: Die Beweise folgen aus den Definitionen, es muss allerdings nachgerechnet werden. (b) folgt aus

$$z\overline{z} = (x + iy)(x - iy) = x^2 + y^2 = |z|^2$$

und daraus bekommen wir (a) durch Erweiterung des Bruchs

$$\frac{1}{z} = \frac{1 \cdot \overline{z}}{z \cdot \overline{z}} = \frac{\overline{z}}{|z|^2}.$$

Der erste Teil von (c) und (d) folgt direkt aus der Definition der komplexen Konjugation. Die Produktregel in (c) erhalten wir aus

$$\overline{zz'} = \overline{(x + iy)(x' + iy')} = \overline{xx' - yy' + i(yx' + xy')}$$

$$= (x - iy)(x' - iy') = \overline{z}\,\overline{z'}.$$

Mit (b) folgt die Produktregel in (d)

$$|zz'|^2 = zz'\overline{zz'} = z\overline{z}z'\overline{z'}.$$

Genauer brauchen wir uns nur noch die Dreiecksungleichung (g) anzuschauen, die wir mit (b)-(f) beweisen

$$|z + z'|^2 = (z + z')(\overline{z} + \overline{z'}) = z\overline{z} + z'\overline{z'} + z\overline{z'} + z'\overline{z}$$

$$= |z|^2 + |z'|^2 + 2\operatorname{Re} z\overline{z'} \leq |z|^2 + |z'|^2 + 2|z\overline{z'}|$$

$$= |z|^2 + |z'|^2 + 2|z|\,|z'| = (|z| + |z'|)^2.$$

Für die zweite Ungleichung in (g), *inverse Dreiecksungleichung* genannt, verwenden wir die erste

$$|z| = |z - z' + z'| \leq |z - z'| + |z'|.$$

Das umgekehrte Vorzeichen bekommt man, wenn man hier die Rollen von z und z' vertauscht. $\square$

Zu jedem reellen Vektor (x, y) mit $x^2 + y^2 = 1$ gibt es genau ein $\phi \in [0, 2\pi)$ mit

$$x = \cos\phi, \quad y = \sin\phi.$$

ϕ ist dabei der im Gegenuhrzeigersinn gemessene Winkel zwischen der positiven reellen Achse und dem Strahl vom Nullpunkt zum Punkt (x, y). Aus diesem Grund können wir eine komplexe Zahl $z = x + iy$ mit $z \neq 0$ eindeutig in der Form

$$z = r(\cos\phi + i\sin\phi) \quad \text{mit } 0 \leq \phi < 2\pi, \quad r = |z| > 0,$$

schreiben. r ist der von uns bereits definierte Absolutbetrag und $\phi = \arg z$ heißt *Argument* von z.

Für das Produkt der beiden Zahlen $z = r(\cos\phi + i\sin\phi)$ und $z' = s(\cos\psi + i\sin\psi)$ ergibt sich wegen der Additionstheoreme für Sinus und Kosinus

$$z \cdot z' = rs(\cos\phi\cos\psi - \sin\phi\sin\psi + i(\sin\phi\cos\psi + \cos\phi\sin\psi)) \qquad (10.13)$$

$$= rs(\cos(\phi + \psi) + i\sin(\phi + \psi)).$$

Der Ortsvektor zz' besitzt demnach die Länge $|zz'|$ und zeigt in Richtung $\phi + \psi$. Beim Produkt zweier komplexer Zahlen werden die Beträge multipliziert und die Argumente addiert.

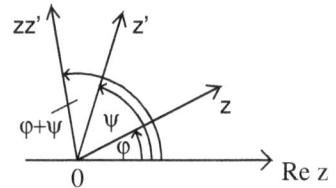

Beispiel 10.6 Für $z = 1 + i$ gilt $|z| = \sqrt{2}$ und damit

$$1 + i = \sqrt{2}\left(\cos\frac{\pi}{4} + i\sin\frac{\pi}{4}\right), \quad (1+i)^2 = 2\left(\cos\frac{\pi}{2} + i\sin\frac{\pi}{2}\right) = 2(0 + i \cdot 1) = 2i.$$

Analog zur Notation im Reellen definieren wir den Kreis um $\xi \in \mathbb{C}$ mit Radius ε durch

$$B_\varepsilon(\xi) = \{z \in \mathbb{C} : |z - \xi| < \varepsilon\} \subset \mathbb{C}.$$

Eine Folge (z_n), $z_n \in \mathbb{C}$, *konvergiert gegen* $\xi \in \mathbb{C}$, wenn in jedem $B_\varepsilon(\xi)$, $\varepsilon > 0$, alle bis auf endlich viele Folgenglieder liegen. Wie im Reellen ist hierzu äquivalent, dass für jedes $\varepsilon > 0$ ab einem Index N alle Folgenglieder in $B_\varepsilon(\xi)$ liegen.

Satz 10.8 *Mit $z_n = x_n + iy_n$ und $\xi = a + ib$ gilt $z_n \to \xi$ genau dann, wenn $x_n \to a$ und $y_n \to b$ in $\mathbb{R}$.*

Beweis: Mit Satz 10.7 (f),(g) gilt für jede komplexe Zahl $z = x + iy$

$$|x|, |y| \leq |z| \leq |x| + |y|. \qquad (10.14)$$

$z_n \to \xi$ ist äquivalent dazu, dass es zu jedem $\varepsilon > 0$ ein $N \in \mathbb{N}$ gibt mit

$$|z_n - \xi| < \varepsilon \quad \text{für alle } n \geq N.$$

Mit (10.14) folgt daraus auch $|x_n - a|, |y_n - b| < \varepsilon$ und damit $x_n \to a$ und $y_n \to b$.

Gilt umgekehrt $x_n \to a$ und $y_n \to b$, so gibt es zu $\varepsilon > 0$ Zahlen $N_1, N_2 \in \mathbb{N}$ mit $|x_n - a| < \varepsilon$ für alle $n \geq N_1$ und $|y_n - b| < \varepsilon$ für alle $n \geq N_2$. Für $n \geq \max\{N_1, N_2\}$ folgt damit aus (10.14)

$$|z_n - \xi| < 2\varepsilon,$$

was $z_n \to \xi$ impliziert. $\square$

Völlig analog zum Reellen definiert man stetige Funktionen im Komplexen. Sei $D \subset \mathbb{C}$, $f : D \to \mathbb{C}$ sei eine Abbildung. f heißt *stetig* in $\xi \in D$, wenn für alle Folgen (z_n) mit $z_n \in D$ und $z_n \to \xi$ gilt $f(z_n) \to \xi$. f heißt *stetig in D*, wenn f in jedem Punkt von D stetig ist.

Da Satz 10.2 sinngemäß auch für komplexe Zahlenfolgen gilt, sind komplexe Polynome

$$p(z) = a_n z^n + a_{n-1} z_{n-1} + \ldots a_1 z + a_0, \quad a_i \in \mathbb{C},$$

auf ganz $\mathbb{C}$ stetig. Damit sind die Iterationsvorschriften für Mandelbrot- und Julia-Mengen von der Form

$$z_{n+1} = f(z_n) \quad \text{für } n \geq 0, \quad z_0 \in \mathbb{C} \text{ vorgegeben,}$$

mit stetigem f. Auch hier können wir im Fall der Konvergenz $z_n \to z'$ in der Iterationsvorschrift auf beiden Seiten zum Grenzwert übergehen und bekommen $z' = f(z')$. Die möglichen Grenzwerte sind also wieder Fixpunkte von f. Nähert sich die Folge einem k-periodischen Punkt an, so ist dieser Fixpunkt von f^k.

10.6 Aufgaben

10.1 (2) Man zeige, dass die Iterierten der logistischen Gleichung für $r = 2$, also

$$x_{n+1} = 2x_n(1 - x_n) \quad \text{für } n \geq 0, \quad x_0 \in [0, 1],$$

sich geschlossen darstellen lassen durch

$$x_n = \frac{1}{2} - \frac{1}{2}(1 - 2x_0)^{(2^n)} \quad \text{für } n \geq 0.$$

10.2 (1) Zeigen Sie, dass die Mandelbrotmenge symmetrisch bezüglich der reellen Achse ist.

Bemerkung: Man kann dies auch aus der reellen Darstellung (10.3) beweisen, indem man die Iterationen für $\begin{pmatrix} c_x \\ c_y \end{pmatrix}$ mit denen für $\begin{pmatrix} c_x \\ -c_y \end{pmatrix}$ vergleicht.

10.3 (3) Zeigen Sie, dass die Folge $x_{n+1} = x_n^2 + c$, $x_0 = 0$, für reelles $c > 1/4$ unbeschränkt ist (vgl. Satz 10.1(a)).

Hinweis: Am einfachsten weist man nach, dass für ein $\varepsilon > 0$ gilt $x_{n+1} \geq x_n + \varepsilon$.

10.4 (3) Zeigen Sie, dass die Folge $x_{n+1} = x_n^2 + c$, $x_0 = 0$, für reelles $-2 \leq c \leq 1/4$ beschränkt ist (vgl. Satz 10.1(a)).

11 Literaturhinweise und Lösung der Aufgaben

11.1 Weiterführende Literatur

Kapitel 1: Zur weiteren Vertiefung der Schulmathematik bestens geeignet ist das zu Recht hochgelobte Standardwerk „Was ist Mathematik?" [14]. Das Monumentalwerk [1] ist mehr den Anwendungen der Mathematik verpflichtet als [14]. Die Fibonacci-Zahlen werden im sehr lesenswerten Buch von Huberta Lausch [45] umfassend dargestellt.

Kapitel 2: Eher theoretische Bücher zur Graphentheorie sind [17] und [66], während in [35] und [18] die Algorithmen im Vordergrund stehen. Der Greedy-Algorithmus und das damit zusammenhängende Konzept der Matroide wird in [44] ausführlich dargestellt.

Kapitel 3: Einen Überblick über die Zahlentheorie des 19. Jahrhundert gibt das bereits im Text erwähnte berühmte Werk von Gauß [23]. Moderne Darstellungen von Algebra und Zahlentheorie findet man in [24], [54] und [12]. Populärwissenschaftliche Einführungen in die Geschichte der Kryptographie geben [59] und [6].

Kapitel 4: Eine ausführliche Darstellung der in Wettbewerbsaufgaben verwendeten Methoden mit sehr vielen Beispielaufgaben findet man im Buch von Arthur Engel [20], das vor allem für Löser zu empfehlen ist, die auch auf internationalem Parkett bestehen möchten. Gut hat mir auch [3] gefallen, weil es von starken Lösern geschrieben ist, die den Leser an ihren Gedankengängen teilnehmen lassen. Neben dem Buch von Arthur Engel habe ich auch Beispielaufgaben aus dem Buch von Lozansky und Rousseau [46] verwendet.

Kapitel 5: Die meisten Beispiele in Abschnitt 5.1 habe ich dem flott und unterhaltsam geschriebenen Buch von Walter Krämer [42] entnommen. Eine umfassende Darstellung der Paradoxien aus Wahrscheinlichkeitsrechnung und Statistik findet sich im Buch von Gabor Székely [62].

Die Glücksspiele aus Abschnitt 5.3 werden in zahlreichen Büchern behandelt, wobei es Überschneidungen mit den beiden nächsten Kapiteln gibt. Jörg Bewersdorff [7] stellt die Mathematik der Gesellschafts- und Kasinospiele auf unterhaltsame, aber dennoch mathematisch strenge Weise dar, so dass ich dieses Buch als adäquate Fortsetzung des in den Kapiteln 5-7 bereitgestellten Stoffs ansehe. Ein ähnliches Spektrum hat „Fun and Games" [9], wobei der Titel etwas irreführend ist, denn es geht mehr um Mathematik als um Fun – für beinharte Mathematiker ist andererseits beides das gleiche. Leicht zu lesen ist das Buch von John Haigh [28], das stärker als die beiden gerade angeführten Bücher auf Glücksspiele fokussiert ist. Wer sich für Black Jack interessiert, kommt nach wie vor nicht an dem preisgünstigen Weltbestseller von Edward O. Thorp [64] vorbei.

Neben seinem Zählsystem beschreibt Thorp anschaulich die Sitten und Gebräuche in den US-amerikanischen Spielkasinos Ende der fünfziger Jahre.

Eine Theorie der Kongruenz-Zufallsgeneratoren findet sich in [39]. Denjenigen Lesern, die sich für Algorithmik und Informatik interessieren, kann ich die anderen Bücher aus der Reihe „The Art of Computer Programming" von Donald E. Knuth nur empfehlen.

Die Theorie der stochastischen Prozesse, die der Preisbestimmung von Derivaten zu Grunde liegt, hat ihre Tiefen und ihre Tücken. Weiterführende Bücher zu diesem Thema wie [33], [34] und [57] sind daher nicht unbedingt leicht zu lesen.

Kapitel 6: In etwas unsystematischer Weise wird die kombinatorische Spieltheorie in [4] dargestellt. Mit seinen vielen farbigen Zeichnungen wirkt es wie ein Kinderbuch, wovon man sich allerdings nicht täuschen lassen sollte. Mir gefällt das Buch von John Horton Conway [13] besser, in dem stärker auf den Bezug der kombinatorischen Spieltheorie zu Zahlen und Mengen eingegangen wird. Der Tagungsband [50] enthält einen Artikel von Noam D. Elkies über die Darstellbarkeit spieltheoretischer Grundpositionen im Schach, aus dem ich eine Studie entnommen habe.

Kapitel 7: Der Klassiker der modernen Spieltheorie ist das Buch von Guiellermo Owen [51], das möglicherweise im englischen Original leichter zu bekommen ist. Wie die an Spieltheoretikern wie John Nash und Reinhart Selten gegangenen Wirtschaftsnobelpreise beweisen, kommt der Spieltheorie in den Wirtschaftswissenschaften eine große Bedeutung zu. Von den zahlreichen von Wirtschaftswissenschaftlern geschriebenen Büchern gefällt mir [5] besonders gut, weil es relativ leicht lesbar und dennoch mathematisch streng ist. Die evolutionäre Spieltheorie wird in diesem Buch ebenfalls behandelt, die Standard-Referenz zu diesem Thema ist das Buch von John Maynard Smith [47]. Das in Abschnitt 7.2 beschriebene Kooperationsspiel wird im Buch des Politologen Robert Axelrod [2] zu einer Theorie der Kooperation ausgebaut.

Kapitel 8: Die 28 Grundtypen der Escher-Parkettierungen habe ich dem Buch von Heinrich Heesch und Otto Kienzle [29] entnommen, das man höchstens noch antiquarisch bekommen kann. Eine ausführliche Dokumentation von Eschers Skizzenbüchern und seiner Klassifikation der Parkette findet man in Doris Schattschneiders Buch [53], das zumindest im amerikanischen Handel noch erhältlich ist. Eine preisgünstige Ausgabe von Eschers Werken ist [21]. [8] gibt eine ausführliche Darstellung der regulären Parkettierungen, die man erhält, wenn man im zugehörigen Laves-Netz auch geradlinige Kanten zulässt. Ferner werden zahlreiche Anwendungen von Parkettierungen in Industrie, Design und Kunst besprochen. [38] setzt den Schwerpunkt in der Kristallographie. In [63] findet der Leser neben der Darstellung von Symmetrien und Parketten viele Anwendungen in der Physik. Eine Brücke zwischen Schulgeometrie und abstrakter Geometrie schlägt das schöne Buch von Coxeter [15], während [36] die Geometrie abstrakt und axiomatisch aufbaut.

Kapitel 9: Gute einführende Bücher in die mathematische Logik einschließlich Berechenbarkeit sind [65] und [19]. Bei der Darstellung der Turing-Maschinen bin ich dem Buch von Hans Hermes [30] gefolgt. Über die $\mathcal{P} = \mathcal{NP}$-Problematik kann man sich in Büchern über Komplexitätstheorie wie zum Beispiel [52] und [68] weiter informieren.

Kapitel 10: Wohl kaum ein Teilgebiet der Mathematik hat es zu einer derartigen Popularität gebracht wie Chaos und Fraktale, was aber ausschließlich den schönen Bildern zu verdanken ist. Zum tieferen Eindringen ist gerade dieses Thema weniger geeignet, zum einen sind enorme Vorkenntnisse vonnöten, zum anderen erweist sich das ganze Gebiet als ziemlich schwierig. Wenn der Leser auch nur über geringste Programmierkenntnisse verfügt, kann er durch schnell geschriebene Programme selber auf Entdeckungsreise durch das Reich der Fraktale gehen, wobei ihm die numerisch orientierten Bücher [41] und [61] Hilfestellung und neue Anregungen geben.

Obwohl die kurz gefassten Abschnitte über reelle Analysis und komplexe Zahlen bereits etwas über den normalen Schulstoff hinausgehen, kann selbst damit noch nicht viel bewiesen werden. Um hier Fortschritte zu machen, braucht man eine richtige Analysis-Ausbildung wie sie die Bücher von Harro Häuser [27], Günter Köhler [40] oder Wolfgang Walter [67] bereitstellen.

11.2   Lösung der Aufgaben

1.1 Manche dieser Sätze können nur wirksam von dazu Bevollmächtigten ausgesprochen werden wie „Hiermit taufe ich Dich auf den Namen Gerda", „Hiermit erkläre ich Euch für Mann und Frau", „Hiermit erklären wir Tomanien den Krieg", „Hiermit verurteile ich Sie zu lebenslanger Haft", „Sie sind entlassen". Dem privaten Bereich bleiben Sätze wie „Hiermit verabschiede ich mich" oder „Ich wette, dass es morgen regnet" vorbehalten.

1.2 a) Bei Seneca [56] heißt es umgekehrt „Non vitae, sed scholae discimus".

b) Der Spruch wird allgemein so interpretiert, dass nur in einem gesunden Körper auch ein gesunder Geist steckt oder, etwas schwächer, dass körperliche und geistige Fitness zusammengehören. Tatsächlich heißt es bei Juvenal, Satiren 10, 356: Orandum est, ut sit mens sana in corpore sano, auf deutsch: Beten sollte man darum, dass in einem gesunden Körper ein gesunder Geist sei. Demnach vermisst Juvenal eher den gesunden Geist als den gesunden Körper.

c) In der Bibel, Ex 21, 23-25 findet man genauer: „... so sollst du geben Leben für Leben, Auge für Auge, Zahn für Zahn, Hand für Hand, Fuß für Fuß, Brandmal für Brandmal, Wunde für Wunde, Strieme für Strieme." Die Standard-Übersetzung „Auge um Auge, Zahn um Zahn" verstärkt noch den Eindruck, dass das Zitat als Anweisung an das Opfer aufgefasst werden soll, dem Täter Gleiches mit Gleichem heimzuzahlen. Doch wird eingangs deutlich gesagt, „du sollst geben", also das Opfer oder die Hinterbliebenen für das erlittene Unrecht entschädigen. Hintergrund ist das Bestreben aller Kulturvölker, die Blutrache zu verhindern, indem das Unrecht sofort wiedergutgemacht wird.

1.3 Zunächst hat es den Anschein, dass Superspiel ein normales Spiel ist, weil der Anziehende ein normales Spiel nennt, das anschließend gespielt wird. In diesem Fall darf der Anziehende auch Superspiel wählen. Der zweite Spieler, der im genannten normalen Spiel den Anzug hat, benennt dann wiederum ein normales Spiel. Auf diese Weise können sich die beiden Spieler den Ball gegenseitig zuwerfen und immer Superspiel wählen, womit Superspiel kein normales Spiel wäre. Eine interessante Antinomie, deren Selbstbezüglichkeit auf den Entscheidungen zweier Spieler beruht.

1.4 Diese und ähnliche Fragen werden seit Jahrhunderten von Theologen diskutiert. Das Rätsel suggeriert, dass Macht auch ins Negative gewendet werden kann. Tatsächlich ist aber jemand, der einen dicken Brocken schaffen oder heben kann, mächtiger als jemand, dem dies nur mit Murmeln gelingt. Daher: Gott kann Steine beliebiger Schwere erschaffen und sie anschließend auch heben. Etwas logisch Unmögliches kann ein Allmächtiger allerdings nicht tun. Das Antinomie gelingt daher nur, wenn man entgegen dem Sprachgebrauch Macht dadurch definiert, das man gewisse Dinge tun oder nicht tun kann. In diesem Fall ist bereits die Macht (und nicht nur die Allmacht) ein in sich widersprüchlicher Begriff.

1.5 Die Induktionsverankerung ist unproblematisch, für $n = 1$ erhalten wir $1 = 1$. Sei die Behauptung für n richtig. Dann

$$1^2 + 2^2 + 3^2 + \ldots + n^2 + (n+1)^2$$

$$= (1^2 + 2^2 + 3^2 + \ldots + n^2) + (n+1)^2$$

$$= \frac{1}{6}n(n+1)(2n+1) + (n+1)^2 = \frac{1}{6}\big(n(n+1)(2n+1) + 6(n+1)^2\big)$$

$$= \frac{1}{6}(n+1)\big(n(2n+1) + 6(n+1)\big) = \frac{1}{6}(n+1)(n+2)(2(n+1)+1).$$

1.6 Für $n = 0$ ist $n^3 - n = 0$, also durch 3 teilbar. Sei also für beliebiges n die Zahl $n^3 - n$ durch 3 teilbar. Dann ist auch

$$(n+1)^3 - (n+1) = n^3 + 3n^2 + 3n + 1 - n - 1 = (n^3 - n) + 3(n^2 + n)$$

durch 3 teilbar.

1.7 Für $n = 1$ erhalten wir $1 + x_1 \geq 1 + x_1$. Unter der Voraussetzung, dass die Ungleichung für n richtig ist, gilt wegen $x_{n+1} \geq 0$

$$(1 + x_1)(1 + x_2) \cdots (1 + x_n)(1 + x_{n+1})$$

$$\geq (1 + x_1 + x_2 + \ldots + x_n)(1 + x_{n+1})$$

$$\geq 1 + x_1 + x_2 + \ldots + x_n + x_{n+1}.$$

1.8 Damit der Induktionsbeweis funktioniert, formulieren wir hier die Behauptung (A_n) etwas anders, nämlich: $x^m + x^{-m}$ ist ganzzahlig für $m = n$ und $m = n - 1$. Für $n = 1$ ist dies richtig: $m = 1$ ist vorausgesetzt und $m = 0$ ist immer richtig. Seien also $x^n + x^{-n}$ und $x^{n-1} + x^{-n+1}$ ganzzahlig (=Induktionsvoraussetzung). Dann gilt:

$$(x^n + x^{-n})(x + x^{-1}) = x^{n+1} + x^{n-1} + x^{-n+1} + x^{-n-1}$$

$$= (x^{n+1} + x^{-n-1}) + (x^{n-1} + x^{-n+1}).$$

Damit ist auch $x^{n+1} + x^{-n-1}$ ganzzahlig.

1.9 $n = 1$ liefert $1 - 1/2 = 1/2$, ist also richtig. Es gilt

$$\sum_{k=1}^{2(n+1)} \frac{(-1)^{k+1}}{k} = \sum_{k=1}^{2n} \frac{(-1)^{k+1}}{k} + \frac{(-1)^{2n+2}}{2n+1} + \frac{(-1)^{2n+3}}{2n+2}.$$

Unter Verwendung der Induktionsvoraussetzung für n folgt weiter

$$\sum_{k=1}^{2(n+1)} \frac{(-1)^{k+1}}{k} = \sum_{k=n+1}^{2n} \frac{1}{k} + \frac{1}{2n+1} - \frac{1}{2n+2}$$

$$= \sum_{k=n+2}^{2(n+2)} \frac{1}{k} + \frac{1}{n+1} - \frac{1}{2n+1} - \frac{1}{2n+2} + \frac{1}{2n+1} - \frac{1}{2n+2}$$

$$= \sum_{k=n+2}^{2(n+2)} \frac{1}{k}.$$

1.10 Wir beweisen die Behauptung durch Induktion über die Zahl der Autos n. Im Fall $n = 1$ ist $t_1 = 1$ und das Auto kann den Kreis einmal umrunden. Damit ist der Induktionsbeweis erfolgreich verankert.

Für den Induktionsschritt gibt uns eine kleine Vorüberlegung den entscheidenden Hinweis. Es muss immer ein Auto geben, das bis zum nächsten Auto kommt. Denn andernfalls wäre die Gesamtsumme an Benzin kleiner als 1. Diesem Auto kann man das Benzin des nächsten Autos dann auch gleich mitgeben.

Um aus dieser Vorüberlegung einen vollständigen Beweis zu machen, nehmen wir an, dass die Behauptung für n Autos richtig ist, dass es also bei n Autos immer eines gibt, das eine Umrundung schafft, wenn es das Benzin der anderen Autos mitnimmt. Seien nun $n + 1$ Autos vorgegeben. Dann gibt es ein Auto, das mit seinem Benzin das nächste Auto erreicht. Sagen wir, dieses habe die Nummer n und das erreichbare Auto habe die Nummer $n + 1$. Wir geben nun das Benzin des Autos $n + 1$ dem Auto n und lassen das Auto $n + 1$ fort. Dann haben wir eine Situation mit n Autos und Benzin

$$\hat{t}_i = t_i \text{ für } i = 1, \ldots, n-1, \quad \hat{t}_n = t_n + t_{n+1}.$$

Die Summe des Benzins ist dann nach wie vor 1. Nach Induktionsvoraussetzung schafft eines der vorhandenen n Autos eine Umrundung. Diesem Auto gelingt die Umrundung auch, wenn wir die Ausgangssituation mit $n + 1$ Autos wiederherstellen.

1.11 Die Behauptung ist natürlich richtig für zwei oder drei Städte. Als Induktionsvoraussetzung können wir annehmen, dass sie für n Städte richtig ist. Bei n Städten gibt es demnach eine Stadt H, die von Städten vom Typ D direkt erreicht wird. Ferner gibt es eventuell noch Städte vom Typ I, die einen Weg zu einer Stadt vom Typ D besitzen, und damit H über eine Zwischenstation erreichen. Zu diesen n Städten fügen wir noch eine weitere Stadt P hinzu. Es gibt dann zwei Fälle:

(1) Es gibt einen Weg von P nach H oder zu einer Stadt vom Typ D. In diesem Fall kann H auch von P aus direkt oder über eine Stadt vom Typ D erreicht werden.

(2) Von H und von jeder Stadt vom Typ D gibt es einen Weg nach P. Dann kann P von allen Städten direkt oder über eine Stadt vom Typ D erreicht werden.

1.12 Die Behauptungen lassen sich für $n = 1, 2$ leicht überprüfen.

a) $F_1^2 + F_2^2 + \ldots + F_n^2 + F_{n+1}^2 = F_n F_{n+1} + F_{n+1}^2 = F_{n+1}(F_n + F_{n+1}) = F_{n+1} F_{n+2}$.

b) $F_1 + F_2 + \ldots + F_n + F_{n+1} = F_{n+2} - 1 + F_{n+1} = F_{n+3} - 1$.

c) $F_1 + F_3 + \ldots + F_{2n+1} + F_{2n+3} = F_{2n+2} + F_{2n+3} = F_{2n+4} = F_{2(n+1)+2}$,

$1 + F_2 + F_4 + \ldots + F_{2n} + F_{2n+2} = F_{2n+1} + F_{2n+2} = F_{2(n+1)+1}$.

1.13 Wegen $a_2 = 1^2$, $a_3 = 2^2$, $a_4 = 3^2$, $a_5 = 5^2$ liegt die Vermutung nahe, dass $a_n = F_n^2$. Als Induktionsvoraussetzung, die mit den obigen Einzelwerten genügend verankert ist, nehmen wir $a_{n-k} = F_{n-k}^2$ für $k = 1, 2, 3$, insbesondere auch $F_{n-1} = F_{n-2} + F_{n-3}$ und $F_{n-3} = F_{n-1} - F_{n-2}$. Damit

$$a_n = 2(F_{n-1}^2 + F_{n-2}^2) - F_{n-3}^2$$

$$= 2F_{n-1}^2 + 2F_{n-2}^2 - (F_{n-1} - F_{n-2})^2$$

$$= F_{n-1}^2 + 2F_{n-1}F_{n-2} + F_{n-2}^2 = (F_{n-1} + F_{n-2})^2 = F_n^2.$$

1.14 Sei a_n die Zahl dieser Folgen, die als letzte Ziffer eine 0 besitzen und b_n die Zahl der Folgen mit letzter Ziffer 1. Wir dürfen an eine Folge, die mit 0 endet, keine weitere 0 anhängen, daher

$$a_{n+1} = b_n, \quad b_{n+1} = b_n + a_n,$$

also $b_{n+1} = b_n + b_{n-1}$. Wegen $b_0 = 0$ und $b_1 = 1$ folgt $b_n = F_n$ sowie $a_n + b_n = b_{n-1} + b_n = F_{n+1}$.

1.15 Sei a_n die Zahl der Überdeckungen mit einem $(1,2)$-Dominostein in der letzten Spalte des Rechtecks und b_n die Zahl mit zwei übereinander liegenden Steinen in den letzten beiden Spalten. Einer beliebigen Überdeckung von $(n, 2)$ können wir einen $(1,2)$-Stein anhängen, also

$$a_{n+1} = a_n + b_n.$$

Die Elemente mit zwei übereinander liegenden Steinen in den beiden letzten Spalten von $(n+1, 2)$ können nur aus der ersten Gruppe entstehen, indem man den letzten Stein in $(n, 2)$ entfernt und durch zwei übereinander liegende ersetzt, also $b_{n+1} = a_n$. Daher $a_{n+1} = a_n + a_{n-1}$, $a_0 = 0$, $a_1 = 1$, also $a_n = F_n$. Für die Gesamtzahl der Überdeckungen gilt daher

$$a_n + b_n = F_n + F_{n-1} = F_{n+1}.$$

1.16 Wir beweisen dies durch Induktion über r. Für $r = 0$ gilt $\binom{n}{0} = \binom{n+1}{0}$. Sei die Behauptung für r erfüllt. Dann

$$\binom{n}{0} + \ldots + \binom{n+r}{r} + \binom{n+r+1}{r+1} = \binom{n+r+1}{r} + \binom{n+r+1}{r+1}$$

$$= \binom{n+r+2}{r+1}.$$

Man kann diese Formel auch ohne Rechnung beweisen. Die rechte Seite liefert die Zahl der r-elementigen Teilmengen einer $n+r+1$-elementigen Menge. $\binom{n+r}{r}$ sind die r-elementigen Teilmengen ohne das Element 1, $\binom{n+r}{r-1}$ die r-elementigen Teilmengen mit 1, aber ohne 2, $\binom{n+r-1}{r-1}$ die r-elementigen Teilmengen mit 1, 2, aber ohne 3 usw.

1.17 Ist $A = \{1, 2, 3\}$, so erhalten wir für die Anzahl der Paare

$$Y = A \rightarrow 8, \quad Y = \{1, 2\} \rightarrow 4, \quad Y = \{1\} \rightarrow 2, \quad Y = \emptyset \rightarrow 1.$$

Für die Gesamtzahl der Paare gilt daher

$$8 + 3 \cdot 4 + 3 \cdot 2 + 1 = 27.$$

Die Hypothese für die Gesamtzahl der Paare ist daher 3^n. Für $n = 0$ ist dies richtig, denn $(X, Y) - (\emptyset, \emptyset)$ ist das einzige Paar. Für $A_n = \{1, \ldots, n\}$ sei die Zahl der Paare 3^n. Für $A_{n+1} = \{1, \ldots, n, n+1\}$ teilen wir die Paare (X, Y) in drei Gruppen:

$$\text{I:} \quad n+1 \notin Y \quad (\text{also auch } n+1 \notin X)$$

$$\text{II:} \quad n+1 \in X \quad (\text{also auch } n+1 \in Y)$$

$$\text{III:} \quad n+1 \in Y, \quad n+1 \notin X.$$

Klar, Gruppe I besteht aus 3^n Elementen nach Induktionsvoraussetzung. In Gruppe II können wir das Element $n+1$ weglassen und erhalten ein Element der Gruppe I. Umgekehrt können wir einem Paar (X, Y) das Element $n+1$ in X und Y hinzufügen und wir erhalten ein Element aus Gruppe II. Damit hat Gruppe II genauso viele Elemente wie Gruppe I, also 3^n. In Gruppe III können wir aus Y das Element $n+1$ herausnehmen und wir erhalten ein Element aus Gruppe I. Mit dem gleichen Schluss wie bei Gruppe II folgt, dass auch Gruppe III aus 3^n Elementen besteht. Die Gesamtzahl der Paare (X, Y) mit $X \subset Y \subset A_{n+1}$ ist daher 3^{n+1}.

1.18 Wir können einen Punkt (m, n) für $m, n > 0$ von links oder von unten erreichen. Damit gilt die Rekursion

$$k(m, n) = k(m - 1, n) + k(m, n - 1) \quad \text{für } m, n > 0$$

mit den Anfangsbedingungen $k(m, 0) = k(0, n) = 1$. Durch vollständige Induktion folgt dann leicht, dass

$$k(m, n) = \binom{m + n}{m} = \binom{m + n}{n} = \frac{(m + n)!}{m!\, n!}.$$

Eine elegantere Lösung erhält man, wenn die durchlaufenen Strecken von 1 bis $m + n$ nummeriert werden. Die waagerecht ausgerichteten Strecken definieren dann eine m-elementige Teilmenge der Menge $\{1, \ldots, m+n\}$ und umgekehrt liefert jede m-elementige Teilmenge einen anderen Weg.

1.19 Es gibt nur endlich viele Teilmengen von $\mathbb{N}$ mit n als größtem Element. Wir beginnen mit der leeren Menge, die wir mit der Nummer 1 versehen, dann folgt die Menge $\{1\}$, dann die Teilmengen mit 2 als größtem Element und so fort.

2.1 Wir zeigen dies durch vollständige Induktion über die Kanten von G. Hat G keine Kanten, so ist die Behauptung jedenfalls richtig. Sei im Graphen G die Behauptung erfüllt. Wir fügen eine Kante hinzu und erhöhen dadurch den Grad der beiden beteiligen Ecken um 1. Damit bleibt die Zahl der Ecken mit ungeradem Grad gerade.

2.2 a) Die Summe der Zahlen $1, 2, 3, 4, 5, 6$ ist 21. Jede Kante wird zweimal gezählt, damit muss die Summe der in die Ecke einlaufenden Kanten $42/4$ betragen, was unmöglich ist.

b) In diesem Fall muss die Summe der in die Ecke einlaufenden Kanten $44/4 = 11$ betragen. Die Kanten mit Gewichten 5 und 7 sowie 4 und 7 dürfen nicht benachbart sein, denn im letzten Fall bliebe für die dritte einlaufende Kante nichts mehr übrig. Das ist aber aufgrund der Struktur dieses Graphen nicht möglich.

2.3 a) Die kreisfreien zusammenhängenden Graphen können induktiv aufgebaut werden. Man startet mit einem Knoten. Ist G kreisfrei und zusammenhängend, so kann man einen neuen Knoten hinzufügen und ihn durch eine Kante mit einem alten Knoten verbinden. Es ist nicht erlaubt, nur einen neuen Knoten hinzuzufügen (nicht mehr zusammenhängend) oder zwei alte Knoten durch eine neue Kante zu verbinden (nicht mehr kreisfrei). Durch Induktion über den so beschriebenen Aufbau des Graphen folgt, dass die Zahl der Kanten $n - 1$ beträgt.

b) Offenbar ist ein Kreis ein zweifach zusammenhängender Graph mit minimaler Kantenzahl.

2.4 Die Abbildung 11.1 sagt zwar alles, man bekommt die Gestalt des gesuchten Polyeders auch aus der Eulerschen Polyederformel. Die Zahl der fünfeckigen Flächen sei f_5 die Zahl der sechseckigen sei f_6, die Zahl aller Flächen auf dem Fußball ist dann

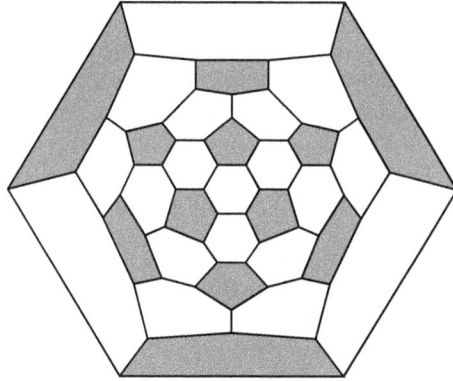

Abb. 11.1: *Der Fußball*

$$f = f_5 + f_6.$$

Jedes Fünfeck hat 5 Kanten, jedes Sechseck 6. Jede Kante besitzt zwei Nachbarflächen, also ist die Gesamtzahl der Kanten

$$k = \frac{5f_5 + 6f_6}{2}. \tag{11.1}$$

An jeder Ecke treffen drei Flächen zusammen, also beträgt die Gesamtzahl der Ecken

$$e = \frac{5f_5 + 6f_6}{3}. \tag{11.2}$$

Wir setzen diese Größen in die Eulersche Polyederformel ein und erhalten

$$\frac{5f_5 + 6f_6}{3} - \frac{5f_5 + 6f_6}{2} + f_5 + f_6 = 2,$$

also

$$\frac{10f_5 - 15f_5 + 6f_5}{6} + \frac{12f_6 - 18f_6 + 6f_6}{6} = 2.$$

Es gilt demnach $f_5 = 12$. Nach Aufgabenstellung liegen an den Fünfecken alle Punkte, daher $e = 5f_5 = 60$. Aus (11.2) folgt dann $f_6 = 20$ und aus (11.1) oder der Eulerschen Polyederformel $k = 90$.

2.5 Die Zahl der möglichen Verbindungen zwischen den 20 Städten ist $\binom{20}{2} = 190$,

bei 172 Flugverbindungen fehlen also 18. Gehen von einer Stadt A $19 - k$, $k = 0, \ldots, 18$, Verbindungen ab, so müssen in jeder durch diese Verbindungen erreichbaren Städte eine Verbindung fehlen, wenn man eine beliebige Stadt nach einmaligem Umsteigen nicht erreichen kann. Damit fehlen insgesamt $k + (19 - k) = 19$ Verbindungen, was einen Widerspruch ergibt.

2.6 Da der Autofahrer beliebig lange fahren darf und die Anzahl der verschiedenen Möglichkeiten, eine Stadt zu durchfahren auf sechs begrenzt ist, gibt es eine Stadt C, durch die der Fahrer beliebig oft hindurchfährt. Insbesondere erreicht er die Stadt zweimal in gleicher Weise, von B nach C nach D. Dann muss der Fahrer aber zwischen der ersten Durchfahrt B → C → D und der zweiten Durchfahrt B → C → D inzwischen wieder die Ausgangsstadt A durchfahren haben, da durch die Folge von drei Städten die folgenden wie auch die vorhergehenden Städte eindeutig bestimmt sind.

2.7 a) Angenommen, die Kante mit dem kleinsten Gewicht ist nicht im minimalen spannenden Baum enthalten. Sie wird dem Baum hinzugefügt. Der daraus resultierende Graph besitzt nun einen Kreis, der die hinzugefügte minimale Kante und eine andere Kante, welche die beiden Mengen verbindet, enthält. Da die zugefügte Kante das kleinere Gewicht hat, kann sie die andere Kante ersetzen und man erhält einen Baum mit geringerer Gewichtung.

b) Wenn ein spannender Baum eine solche Kante enthalten würde, so entfernt man diese und ersetzt sie durch die Kante des Kreises, die im spannenden Baum nicht enthalten ist.

2.8 Man beginnt mit einem Knoten, färbt ihn rot und seine Nachbarknoten schwarz. Zudem werden die Nachbarknoten markiert. Von nun an durchläuft man alle markierten Knoten. Dort entfernt man die Markierung, färbt seine ungefärbten Nachbarknoten mit der entgegengesetzten Farbe und markiert diese. Trifft man dabei auf bereits mit der falschen Farbe gefärbten Knoten, so bricht man ab, weil der Graph nicht bipartit ist. Gibt es keine markierten Knoten mehr, so färbt man einen beliebigen ungefärbten Knoten und beginnt das Verfahren von Neuem.

2.9 Man schaue sich den Beweis von Satz 2.5 an.

2.10 Es gibt keinen roten K_3: Angenommen, es gibt drei Knoten $i < j < k$, die durch rote Kanten verbunden sind. Aus $j - i \equiv 1 \mod 3$ und $k - j \equiv 1 \mod 3$ folgt durch Addition $k - i \equiv 2 \mod 3$, womit $\{i,k\}$ nicht rot ein kann.

Es gibt keinen grünen K_l: Aus $j - i \equiv 2 \mod 3$ und $k - j \equiv 2 \mod 3$ folgt $k - i \equiv 1 \mod 3$. Wählt man eine l-elementige Knotenmenge, um einen grünen K_l zu erhalten, so dürfen nur zwei Knotennummern den Abstand 2 haben, alle andern müssen mindestens den Abstand 3 besitzen. Bei $3l - 4$ Knoten kommt man damit nicht auf l.

2.11 Nach Aufgabe 2.10 ist $R(3,4) \geq 9$. Wegen $R(2,4) = 4$ und $R(3,3) = 6$ folgt aus Aufgabe 2.9, dass $R(3,4) < 4 + 6$, zusammen also $R(3,4) = 9$.

3.1 Schreiben wir die Voraussetzung in der Form $a + 4b \equiv 0 \mod 13$, so können wir die linke Seite mit einer beliebigen ganzen Zahl multiplizieren und ein Vielfaches von $13a$ und $13b$ addieren. Wir setzen daher

$$13ka + 13lb + m(a + 4b) \stackrel{!}{=} 10a + b$$

an, was auf die Gleichungen

$$13k + m = 10, \quad 13l + 4m = 1,$$

führt. Wir haben zwar zwei Gleichungen für drei Unbekannte, doch müssen diese Unbekannte ganze Zahlen sein. Elimination von m liefert

$$52k - 13l = 39$$

mit der einfachsten Lösung $k = l = 1$. Für m bekommen wir -3.

3.2 Die fünf Zahlen haben bei der Teilung durch 3 die möglichen Reste $0, 1$ oder 2. Kommt ein Rest mindestens dreimal vor, so ist die Summe von drei dieser Zahlen durch drei teilbar. Andernfalls gibt es zu jedem Rest eine Zahl mit diesem Rest. Die Summe dieser Zahlen ist auch wieder durch 3 teilbar.

3.3 Es gilt $77 \cdot 13 = 1001$. Damit ist eine Zahl genau dann durch 13 teilbar, wenn ihre 3-Springsumme durch 13 teilbar ist.

3.4 Mit $a_1 = 1007$ gilt die Rekursion

$$a_{n+1} = (a_n - 7) \cdot 10 + 17 = 10a_n - 70 + 17 = 10a_n - 53, \quad n \geq 1.$$

Wegen $1007 = 19 \cdot 53$ sind daher alle a_n durch 53 teilbar.

3.5 Die gesuchte dreielementige Gruppe ist

$\circ$	0	1	2
0	0	1	2
1	1	2	0
2	2	0	1

Aufgrund der Neutralität der Null stehen erste Zeile und erste Spalte fest. Die übrigen vier Elemente müssen mit den bereits festgelegten ein lateinisches Quadrat bilden und dafür gibt es nur die angegebene Möglichkeit.

3.6 a) $G = \{e, x\}$ mit $ex = xe = x$ und $xx = e$ ist eine solche Gruppe.

b) Die ist für die Gruppe aus Aufgabe 3.5 erfüllt.

3.7 Für $x = y$ bekommen wir $xx^{-1} = e \in U$. Für $x = e$ und y beliebig folgt aus der Bedingung $ey^{-1} = y^{-1} \in U$. Damit sind alle Kriterien einer Untergruppe erfüllt. Umgekehrt gilt natürlich in jeder Untergruppe $xy^{-1} \in U$.

3.8 Angenommen, $m = jk$ mit $2 \leq j, k \leq m - 1$. Dann kommen die Zahlen j und k als Faktoren in $(m-1)!$ vor, also $jk \mid (m-1)!$, was ausschließt, dass $m = jk$ ein Teiler von $(m-1)! + 1$ ist.

3.9 Man nehme die in Abschnitt 3.5 angegebene Häufigkeitsverteilung der Buchstaben zur Hilfe.

4.1 Für nichtpositive a sind alle Summanden nichtnegativ und die Ungleichung daher richtig. Für $a \geq 1$ gilt $a^6 \geq a^5$ und $a^2 \geq a$. Für $0 < a \leq 1$ ist dagegen $a^4 \geq a^5$ und eben $1 \geq a$.

4.2 Wir setzen $x_1 = a + 1/a$, $x_2 = b + 1/b$ sowie $y_1 = y_2 = 1$. Mit $a + b = 1$ folgt

$$(x, y)^2 = \left(a + \frac{1}{a} + b + \frac{1}{b}\right)^2 = \left(a + b + \frac{b + a}{ab}\right)^2 = \left(1 + \frac{1}{ab}\right)^2.$$

Die Cauchy-Ungleichung liefert

$$\left(a + \frac{1}{a}\right)^2 + \left(b + \frac{1}{b}\right)^2 \geq \frac{1}{2}\left(1 + \frac{1}{ab}\right)^2.$$

Wegen $a + b = 1$ wird $1/(ab)$ minimal für $a = b = 1/2$ und die rechte Seite lässt sich mit $25/2$ nach unten abschätzen.

4.3 Man rechnet die im Hinweis angegebene Ungleichung einfach aus und eliminiert die quadratischen Terme, die auf beiden Seiten der Ungleichung stehen,

$$-x_1 y_1 - x_2 y_2 \leq -x_1 y_2 - x_2 y_1$$

$$\Leftrightarrow \quad (x_1 - x_2)(y_2 - y_1) \leq 0.$$

Die letzte Ungleichung ist aufgrund der Voraussetzung an die vier Zahlen richtig.

Wir vertauschen in der rechten Seite der behaupteten Ungleichung $z_i = y_1$ mit z_1 und vergrößern die rechte Seite dabei nicht. Das Verfahren wird mit $y_2, y_3, \ldots$ wiederholt, wonach die behauptete Ungleichung dasteht.

4.4 Für festes $b > 0$ ist zu zeigen

$$f(a) = \frac{1}{p}a^p + \frac{1}{q}b^q - ab \geq 0.$$

Es gilt $f(0) > 0$ und $f(a) \to \infty$ wegen $p > 1$. Wir brauchen also nur zu untersuchen, welche Funktionswerte die Nullstellen von f' besitzen, weil sich nur dort die möglichen Minima von f befinden können. Es gilt

$$f'(a) = a^{p-1} - b \overset{!}{=} 0 \Leftrightarrow a = b^{1/(p-1)}.$$

Wir setzen diesen Wert in f ein und beachten dabei $q = p/(p-1) = 1 + 1/(p-1)$

$$f(b^{1/(p-1)}) = \frac{1}{p}b^{p/(p-1)} + \frac{1}{q}b^q - b^{1+1/(p-1)} = (\frac{1}{p} + \frac{1}{q})b^q - b^q = 0.$$

4.5 Eine ungerade Zahl lässt sich immer in der Form $4n \pm 1$ darstellen. Daher

$$(4n \pm 1)^2 = 16n^2 \pm 8n + 1.$$

4.6 Die Folge der Endziffern von 3^n ist die periodische Folge $3, 9, 7, 1$. Der Übertrag in die Zehner ist 0 bei $1 \to 3$ und $3 \to 9$ sowie 2 bei $9 \to 7$ und $7 \to 1$. Mit diesen Informationen ist der Beweis durch Induktion schnell geführt: Induktionsanfang ist $n = 0$ mit 0 Zehnern. Sei die Anzahl der Zehner für 3^n geradzahlig. Dann wird in 3^{n+1} die Anzahl der Zehner von 3^n mit 3 multipliziert und der geradzahlige Übertrag addiert. Damit ist die Anzahl der Zehner in 3^{n+1} ebenfalls geradzahlig.

4.7 Für $n > 1$ folgt $x = p - 1 = 2 \cdot 3 \cdot y - 1$, also $x \equiv 2 \mod 3$. Das ist aber für keine Quadratzahl der Fall.

4.8 Es gilt $10(3a + 2b) - 3(10a + b) = 17b$.

4.9 a) Ist (x, y) eine Lösung, so folgt $x^2 = 2 \mod 3$. Für alle Zahlen x gilt aber $x^2 \equiv 0, 1 \mod 3$. Damit hat die Gleichung keine Lösung.

b) Am besten vereinfacht man die Gleichung, indem man ausnutzt, dass y durch 2 teilbar sein muss, also $y = 2y'$,

$$4xy' + 3 \cdot 4y'^2 = 24 \;\Rightarrow\; xy' + 3y'^2 = 6 \;\Rightarrow\; x + 3y' = \frac{6}{y'}.$$

Da die linke Seite ganzzahlig ist, muss auch die rechte ganzzahlig sein, also $y' = \pm 1, \pm 2, \pm 3, \pm 6$, was zu den Werten $x = \pm 3, \mp 3, \mp 7, \mp 17$ führt.

4.10 a) Aus $2^3 \equiv 1 \mod 7$ folgt $(2^3)^m = 2^{3m} \equiv 1 \mod 7$. Genauso erhält man $2^{3m+1} \equiv 2 \mod 7$ und $2^{3m+2} \equiv 4 \mod 7$. Genau die durch 3 teilbaren natürlichen Zahlen n haben die gesuchte Eigenschaft.

b) Dies folgt aus den Kongruenzen in a), die die Möglichkeit $2^n \equiv -1 \equiv 6 \mod 7$ ausschließen.

4.11 a) Ist $x_1 x_2$ eine Quadratzahl, so sind alle Exponenten in der Primfaktorzerlegung von $x_1 x_2$ geradzahlig. Dies erlaubt die Darstellung

$$x_1 = kp^2, \quad x_2 = kq^2,$$

mit natürlichen Zahlen k, p, q und p, q teilerfremd. Ist $a_2 = lg_2$, so folgt

$$kp^2 + kq^2 = 2lkpq.$$

Division dieser Gleichung durch p bzw. q zeigt, dass sowohl $\frac{p}{q}$ als auch $\frac{q}{p}$ ganzzahlig sind. Daher ist $p = q$ und $x_1 = x_2$.

b) Wir setzen $x_1 = (n-1)^n$ und $x_2 = x_3 = \ldots = x_n = 1$. Dann ist

$$\frac{a_n}{g_n} = \frac{(n-1) + (n-1)^n}{n \sqrt[n]{(n-1)^n}} = \frac{1 + (n-1)^{n-1}}{n}$$

für gerades n eine natürliche Zahl, denn allgemein gilt für ungerades m die Formel

$$a^m + b^m = (a + b)(a^{m-1} - a^{m-2}b + \ldots + b^{m-1}).$$

4.12 Es muss $x, y > p$ gelten. Aus dem Ansatz $x = p + q$ und $y = p + r$ folgt

$$p(p + r) + p(p + q) = (p + q)(p + r),$$

also

$$p^2 = qr.$$

Daher gibt es für (q, r) immer die drei Paare $(1, p^2)$, $(p^2, 1)$ und (p, p). Ist p zusammengesetzt, gibt es offenbar mehr als diese drei.

4.13 Da die rechte Seite geradzahlig ist, ist auch die linke geradzahlig. Das ist nur dann möglich, wenn auf der linken Seite eine oder alle Zahlen geradzahlig sind. Beginnen wir mit dem ersten Fall und nehmen wir an, dass nur x geradzahlig ist. Mit $x = 2x_1$, $y = 2y_1 + 1$, $z = 2z_1 + 1$ folgt

$$4x_1^2 + 4y_1^2 + 4y_1 + 4z_1^2 + 4z_1 + 2 = 4x_1 yz.$$

Da die rechte Seite durch 4 teilbar ist, die linke aber nicht, ergibt dies einen Widerspruch.

Seien also alle drei Zahlen gerade, $x = 2x_1$, $y = 2y_1$, $z = 2z_1$. Nach Einsetzen in die Gleichung und Teilen durch 4 bekommen wir

$$x_1^2 + y_1^2 + z_1^2 = 4x_1 y_1 z_1.$$

Wie zuvor schließen wir hieraus, dass alle Zahlen durch 2 teilbar sind. Für $x_1 = 2x_2$ usw. bekommen wir die Gleichung $x_2^2 + y_2^2 + z_2^2 = 8x_2 y_2 z_2$. Fahren wir auf diese Weise fort, so müssen alle Zahlen durch 2^k für beliebiges k teilbar sein, was nur für $x = y = z = 0$ möglich ist.

4.14 Wir lösen das Problem durch Bijektion. Sei $\{a_1, a_2, \ldots, a_k\}$ ein solche Teilmenge mit $a_1 < a_2 < \ldots < a_k$. Wir ordnen dieser Teilmenge eine k-elementige Teilmenge von A_{n-k+1} zu durch

$$b_i = a_i - i + 1, \quad i = 1, 2, \ldots, k.$$

Ist umgekehrt $b_1, b_2, \ldots, b_k$ eine Teilmenge von A_{n-k+1}, so können wir durch diese Vorschrift genau eine Teilmenge von A_n mit nichtaufeinanderfolgenden Zahlen bestimmen. Die gesuchte Kardinalität ist daher die Zahl der k-elementigen Teilmengen von A_{n-k+1}

oder $\begin{pmatrix} n - k + 1 \\ k \end{pmatrix}$.

4.15 Seien a_n, b_n, c_n die Zahl dieser Folgen der Länge n, die auf 1,2,3 enden. Aus Symmetriegründen ist b_n und c_n auch die Zahl der Folgen, die auf 4 bzw. 5 enden. Die Gesamtzahl g_n aller solchen Folgen bestimmt sich daher mit $g_n = 2a_n + 2b_n + c_n$. Eine Folge mit 1 am Ende kann nur entstehen, wenn das vorletzte Folgenglied eine 2 ist. Mit dieser Überlegung kommt man auf die Rekursionen

$$a_n = b_{n-1}, \quad b_n = a_{n-1} + c_{n-1}, \quad c_n = 2b_{n-1}, \tag{11.3}$$

daher

$$b_n = 3b_{n-2} \text{ für } n \geq 3, \quad b_1 = 1, \ b_2 = 2,$$

mit Lösung

$$b_{2n} = 2 \cdot 3^{n-1}, \ b_{2n+1} = 3 \cdot 3^{n-1} \text{ für } n \geq 1.$$

Mit (11.3) folgt hieraus

$$a_{2n+1} = 2 \cdot 3^{n-1}, \quad c_{2n+1} = 4 \cdot 3^{n-1},$$

also

$$g_{2n+1} = (2 \cdot 2 + 2 \cdot 4 + 2) \cdot 3^{n-1} = 14 \cdot 3^{n-1}.$$

Auf die gleiche Weise bekommt man $g_{2n} = 8 \cdot 3^{n-1}$.

4.16 Im Beweis von Satz 1.9 hatten wir bereits folgendes Prinzip erläutert: Ist $A \subset \mathbb{N}$, so setze $a = (a_1, a_2, \ldots)$ mit

$$a_i = \begin{cases} 1 & \text{falls } i \in A \\ 0 & \text{falls } i \notin A \end{cases}.$$

Dies ist eine bijektive Abbildung zwischen der Potenzmenge $\mathcal{P}(\mathbb{N})$ und den Folgen in $\{0,1\}$. Hier können wir diese Idee übernehmen und ordnen jedem Paar (A, B) eine n-Folge in $\{0, 1, 2\}$ zu durch

$$a_i = \begin{cases} 1 & \text{falls } i \in A \\ 2 & \text{falls } i \in B \\ 0 & \text{sonst} \end{cases}.$$

Es gibt 3^n solcher Folgen, davon sind 2^n Folgen in $\{0,1\}$ (=B leer) und 2^n Folgen in $\{0,2\}$ (=A leer). In den beiden letzten Fällen wurde die Nullfolge zweimal gezählt. Daher ist die gesuchte Zahl $3^n - 2 \cdot 2^n + 1$.

4.17 Zwei hintereinanderstehende Ziffern bestimmen die nächste Ziffer. Die Folge wiederholt sich also, wenn sich zwei hintereinanderstehende Ziffern wiederholen. Dafür gibt es zunächst 100 Möglichkeiten. Da es zur Ziffernfolge $0, 0$ nicht kommen kann, ist die maximale Periodenlänge 99.

4.18 Die maximale Kantenzahl einer Fläche sei n. Dann gibt es also mindestens $n + 1$ Flächen, von denen zwei die gleiche Kantenzahl haben müssen.

4.19 Im Gegenbeispiel nimmt man an jedem Tag eine Pille, am 16. Tag nimmt man 19.

Um zu zeigen, dass $k = 11$ immer vorkommt, betrachten wir die Folge p_i der nach dem i-ten Tag insgesamt eingenommenen Pillen,

$$0 < p_1 < p_2 < \ldots < p_{30} = 48.$$

Nun addieren wir 11 auf diese Folge

$$0 < p_1 + 11 < p_2 + 11 < \ldots < p_{30} + 11 = 59.$$

Insgesamt stehen hier 60 Zahlen, nämlich p_i und $p_i + 11$, die Werte von 1 bis 59 besitzen können. Es müssen also zwei dieser Zahlen gleich sein. Da die Zahlen in jeder Gruppe verschieden sind, muss es ein i und ein j geben mit $p_i = p_j + 11$, also $p_i - p_j = 11$.

4.20 Unter den $n + 1$ Zahlen gibt es zwei aufeinanderfolgende. Diese sind teilerfremd.

4.21 Statt der Zeichen $+$ und $-$ schreiben wir $+1$ und -1. Die Invariante ist dann das Produkt dieser Zahlen.

4.22 Die drei Pucks mögen in der Form A,B,C vorliegen, wenn man im Gegenuhrzeigersinn am Dreieck entlang geht. Gleichgültig, welcher Puck im nächsten Schritt bewegt wird, entsteht ein Dreieck der Form A,C,B. Im übernächsten Schritt erhält man das alte

Dreieck wieder zurück. Damit ist die *Orientierung* des Dreiecks die Invariante, die sich in jedem Zug ändert. 1001 ist ungerade, so dass man nach 1001 Schritten ein Dreieck der Orientierung A,C,B bekommt.

4.23 In jedem Schritt nimmt der Umfang des infizierten Gebiets ab oder bleibt gleich, denn wenn eine Zelle durch $k = 2, 3, 4$ Nachbarn infiziert wird, ändert sich der Umfang des infizierten Gebiets um $0, -2, -4$. Der Umfang des infizierten Gebiets zu Anfang ist höchstens $9 \cdot 4 = 36$, der Umfang des gesamten Schachbretts ist 40. Daher kann das gesamte Brett nicht infiziert werden.

4.24 Wir ändern eine Zahl in der Matrix von -1 nach $+1$. Dann wird der Wert der Produkte in der zugehörigen Zeile und Spalte um jeweils ± 2 geändert, die Gesamtveränderung ist daher -4, 0 oder 4. Am Ende entsteht eine 25×25-Matrix aus lauter Einsen mit Wert 50. Es können daher nur Werte entstehen, die beim Teilen durch 4 den Rest 2 hinterlassen.

4.25 a) Wir betrachten die beiden Personen mit minimalem Abstand. Diese schießen sich gegenseitig tot. Es gibt nun zwei Fälle: Die beiden Personen werden zusätzlich von mindestens einer anderen Kugel getroffen. In diesem Fall ziehen die beiden Personen insgesamt mindestens drei Kugeln auf sich. Daher muss mindestens eine Person überleben. Im zweiten Fall werden die beiden Personen von niemandem sonst getroffen. Dann können wir sie aus dem Spiel entfernen, weil sie das Schießverhalten der anderen Personen nicht beeinflussen. Wir können die gleiche Argumentation auf die verbleibenden $2n - 1$ Personen ausdehnen (=Rekursion). Entweder es trifft irgendwann der erste Fall zu oder wir haben am Ende nur noch 3 Personen vor uns, von denen eine überlebt.

b) Wird A von den Personen B und C getroffen, so ist $\angle BAC$ größer als $\pi/6$. Daher kann eine Person nur von höchstens 5 Kugeln getroffen werden.

c) Wenn sich die Schusslinien AA' und BB' kreuzen, so bilden $ABA'B'$ ein Viereck mit den Diagonalen als Schusslinien. Es können aber nicht beide Diagonalen kleiner als alle vier Seiten sein.

d) Auch dieser Aufgabenteil folgt leicht aus dem Extremalprinzip. Wir nehmen an, die Schusslinien enthalten einen geschlossenen Polygonzug. Es gibt eine minimale Seite dieses Polygons. Die Personen auf den Eckpunkten dieser Seite haben sich gegenseitig erschossen oder sie haben jemand anderen erschossen, der nicht zum Polygonzug gehört. Beides schließt einen geschlossenen Polygonzug aus.

4.26 Sei S ein Spieler, der die meisten Spiele gewonnen hat. Wenn es einen Spieler T gibt, der nicht auf der Liste von S steht, so hat T gegen alle Spieler gewonnenen, gegen die auch S gewonnen hat, zusätzlich aber auch gegen S. Daher hat T mehr Spiele gewonnen als S. Widerspruch!

4.27 Man färbt das Schachbrett wie üblich in 25 weiße und 24 schwarze Felder. Da der Weihnachtsmann bei seinem Gang von Haus zu Haus jedes Mal die Farbe wechselt, kann er nicht auf sein Ausgangsfeld zurückkommen.

4.28 Man färbt die Felder wie in Abbildung 11.2 angegeben. Dann belegt eine quadratische Fliese immer ein schwarzes Feld, eine 1×4-Fliese dagegen zwei schwarze Felder

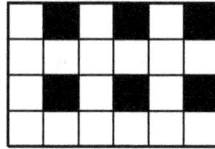

Abb. 11.2: *Zu Aufgabe 4.28*

oder gar keines. Der Austausch einer Fliese durch eine Fliese der anderen Sorte ist daher nicht möglich.

4.29 Wir färben das Schachbrett mit vier Farben auf folgende Weise:

1	2	3	0	1	2	3	0	1	2
0	1	2	3	0	1	2	3	0	1
3	0	1	2	3	0	1	2	3	0
2	3	0	1	2	3	0	1	2	3
1	2	3	0	1	2	3	0	1	2
0	1	2	3	0	1	2	3	0	1
3	0	1	2	3	0	1	2	3	0
2	3	0	1	2	3	0	1	2	3
1	2	3	0	1	2	3	0	1	2
0	1	2	3	0	1	2	3	0	1

Jeder 1×4-Tetromino überdeckt jede Zahl genau einmal. Damit würden 25 Tetrominos jede Zahl genau 25 mal überdecken. Es gibt aber 26 Einser auf dem Schachbrett.

4.30 Hier genügt eine normale Schwarz-Weiß-Färbung wie bei einem Schachbrett. Vier der fünf Tetrominos überdecken je zwei weiße und zwei schwarze Felder. Einer überdeckt dagegen ein Feld von der einen und drei Felder von der anderen Farbe.

4.31 a) Nur zu, einfach loslegen, es wird schon gelingen.

b) Der Springer wechselt bei jedem Zug die Feldfarbe und kann daher eine geschlossene Tour nur vollenden, wenn es gleich viele weiße wie schwarze Felder gibt.

5.1 Die Wahrscheinlichkeit, eine weiße Kugel zu ziehen, ist $m/(m + n)$. Die gesuchte Wahrscheinlichkeit p ist die Summe der Wahrscheinlichkeiten, zuerst eine weiße und anschließend eine schwarze zu ziehen oder umgekehrt, also

$$p = \frac{m}{m+n} \cdot \frac{n}{m+n-1} + \frac{n}{m+n} \cdot \frac{m}{m+n-1} = \frac{2mn}{(m+n)(m+n-1)}.$$

Die Bedingung $p = 1/2$ ist damit äquivalent zu

$$4mn = (m+n)(m+n-1) \quad \Leftrightarrow \quad (m-n)^2 = m+n.$$

Wir geben die Lösungen nur für $m > n$ an. Für eine natürliche Zahl $k > 1$ soll dann gelten $m + n = k^2$ und $m - n = k$ mit den Lösungen

$$n = \frac{k^2 - k}{2}, \quad m = \frac{k^2 + k}{2}.$$

Diese Lösungen sind für alle $k > 1$ ganzzahlig.

5.2 Bleibt der Kandidat bei seiner Wahl, so bekommt er mit Wahrscheinlichkeit 1/3 das Auto. Hat er mit Wahrscheinlichkeit 2/3 eine Ziege erwischt, so trifft er mit dieser Wahrscheinlichkeit auf das Auto, wenn er wechselt. Der Wechsel verbessert die Chancen des Kandidaten um 100%.

Tatsächlich ist es in der Wahrscheinlichkeitsrechnung manchmal schwierig, eine Zusatzinformation richtig zu bewerten. Auf den ersten Blick scheint die Information über den Sitz einer Ziege nichts zu bringen („Ich weiß doch, dass es noch eine Ziege gibt"). Wie Franz Kafka es so schön sagte, ist die Logik unerbittlich, und unerbittlich schlägt sie auch hier zu. Vor einigen Jahren ist dieses Rätsel durch die Printmedien gegangen und führte zu erbosten Leserbriefen („Wenn Sie meiner (Anmerkung des Autors: falschen) Meinung nicht zustimmen, bestelle ich Ihre Zeitschrift ab!"). Dem Leser sei empfohlen, das Problem auf einer Party zum besten zu geben. Die obige Lösung wird in der Regel von vielen Menschen bezweifelt. Statt diese zu überzeugen, was sowieso zwecklos wäre[15], sollte der Leser einem Bezweifler ein kleines Spiel in Miniaturformat vorschlagen: Ein Dritter würfelt den Sitz des Autos aus und zeigt eine Ziege, nachdem der Bezweifler auf eine Kiste gezeigt hat. Der Leser wechselt, der Bezweifler darf seiner Überzeugung freien Lauf lassen und bei seiner Wahl bleiben. Der Sieger bekommt 5 Euro vom Verlierer. Dies einige 100 Mal gespielt...

5.3 Da die Geburten von Jungen und Mädchen unabhängig voneinander sind, ist die Antwort nein. Wir stellen uns einfach vor den Kreißsaal und führen über die geborenen Jungen und Mädchen Buch.

5.4 Sei die Wahrscheinlichkeit für das Ereignis „Kopf" p, für das Ereignis „Zahl" sei sie $1 - p$. Beim zweimaligen Werfen haben die Ereignisse „KZ" und „ZK" die gleiche Wahrscheinlichkeit $p(1 - p)$. Man wirft daher zweimal hintereinander und ignoriert die Ausgänge „KK" und „ZZ".

5.5 Seien p_i die Wahrscheinlichkeiten, dass Richter i sich nicht irrt, also $p_1 = p_2 = 0,95$, $p_3 = p_4 = 0,9$ und $p_5 = 0,8$. Kein Fehlurteil kommt zu Stande, wenn sich 0 bis 2 Richter irren. Kein Richter irrt sich mit Wahrscheinlichkeit $a = p_1 \ldots p_5 = 0,5848\ldots$. Um die anderen Möglichkeiten zügig zu berechnen, setzen wir

$$s_i = \frac{1 - p_i}{p_i}, \quad s_1 = s_2 = 0,0526\ldots, \quad s_3 = s_4 = 0.1111\ldots, \quad s_5 = 0,25.$$

Damit erhalten wir für die Wahrscheinlichkeit p, dass sich 0 bis 2 Richter irren

$$p = a\Big(1 + \sum_{i=1}^{5} s_i + \sum_{i,j=1,\, i \neq j}^{5} s_i s_j\Big) = 0,9929\ldots,$$

was zu einem Fehlurteil mit Wahrscheinlichkeit $1 - 0,9929\ldots$ führt, das sind rund $0,7\%$ der Fälle.

Schließt sich Richter 5 der Meinung von Richter 1 an, so bleiben $p_1, \ldots, p_4$ wie zuvor. Die Wahrscheinlichkeit, dass sich kein Richter irrt, ist dann $a = p_1 \ldots p_4 = 0,7310\ldots$. $s_1, \ldots, s_4$ seien die gleichen Zahlen wie zuvor. Dann gilt für die Wahrscheinlichkeit, dass sich 0 bis 2 Richter irren,

$$p = a\Big(1 + \sum_{i=1}^{4} s_i + s_2 s_3 + s_2 s_4 + s_3 s_4\Big) = 0,9879\ldots,$$

was einer Irrtumswahrscheinlichkeit von etwa $1,2\%$ entspricht.

5.6 Auf den natürlichen Zahlen kann man keine gleichverteilte Wahrscheinlichkeit finden. Wäre $p(i) > 0$, so $\sum_i p(i) > 1$, bei $p(i) = 0$ käme man auf $\sum_i p(i) = 0$. In einer realen Situation würde man sich nach Öffnen eines Umschlags fragen, wie viel man dem Geldgeber zutraut und davon seine Entscheidung abhängig machen. Im Kopf sind die Wahrscheinlichkeiten daher nicht gleichverteilt.

5.7 a) Man nehme

$$A: 9,5,1, \quad B: 8,4,3, \quad C: 7,6,2.$$

A schlägt B, B schlägt C und C schlägt A jeweils mit Wahrscheinlichkeit $5/9$.

b) Statt Zeiten vergeben wir Punkte für die Qualität der einzelnen Pferde. A hat mit Wahrscheinlichkeit $0,6$ die Qualität 3 und mit Wahrscheinlichkeit $0,4$ die Qualität 1. B hat immer die Qualität 2, C mit $0,6$ die Qualität 0 und mit $0,4$ die Qualität 4. A schlägt B und C mit Wahrscheinlichkeit $0,6$, B schlägt C mit gleicher Wahrscheinlichkeit und C gewinnt das Rennen aller drei Pferde mit Wahrscheinlichkeit $0,4$.

Wenn die Pferde Politiker wären und die Wahrscheinlichkeiten Anteile der Bevölkerung darstellen, die Sympathie für den Politiker in Höhe der zugehörigen Qualitätspunkte empfinden, so macht dieses Beispiel besonders deutlich, dass es keine objektive Wahl zwischen diesen Politikern geben kann.

5.8 Da bei jedem Setzen im Roulette statistisch gesehen ein Anteil an die Bank geht, muss man insgesamt möglichst wenig setzen. Daher ist alles auf einmal die richtige Strategie.

Um ein überschaubares Beispiel vor Augen zu haben, gehen wir von 2 Geldeinheiten aus und wollen daraus 4 machen. Die Bank zahle auf eine einfache Chance den doppelten Einsatz mit Wahrscheinlichkeit $0,4$ aus. Setzen wir alles auf einmal, so haben wir die gewünschten 4 mit Wahrscheinlichkeit $0,4$ bekommen. Setzen wir jeweils nur eine Einheit, erhalten wir folgendes Schema:

4 mit $p = 0,16$

$\nearrow$

3 mit $p = 0,4$

$\nearrow$ $\searrow$

2   2 mit $p = 0,24 \cdot 2 \sim 0.5$

$\searrow$ $\nearrow$

1 mit $p = 0,6$

$\searrow$

0 mit $p = 0,36$

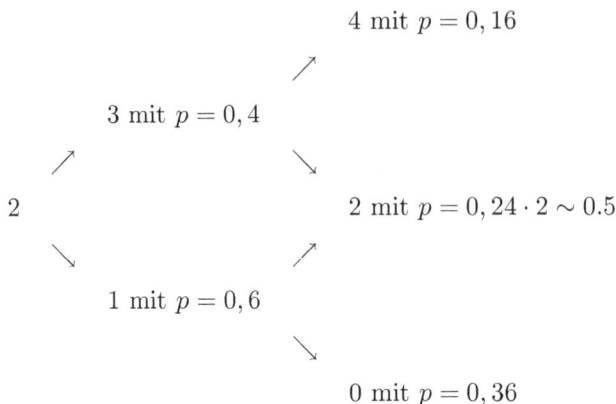

Wir können rechts mit 2 Geldeinheiten fortfahren und erhalten im nächsten Schritt 4 Geldeinheiten mit Wahrscheinlichkeit ungefähr $0,5 \cdot 0,16$. Setzen wir dies unendlich fort, so bekommen wir 4 mit einer Gesamtwahrscheinlichkeit von rund $0,32$ im Gegensatz zu $0,4$ bei einmaligem Setzen.

5.9 Der Budenbesitzer gewinnt mit Wahrscheinlichkeit 2/3, weil man in zwei Drittel der Fälle eine Karte mit gleicher Unter- und Oberseite zieht.

5.10 a) Für $x_0 = 0$ ist $x_i = (ib) \mod p$, insbesondere auch $x_p = 0$. Wäre $x_i = 0$ für $0 < i < p$, so $ib = kp$ für eine natürliche Zahl k. p kommt aber in den Primfaktorzerlegungen von i und b nicht vor, was $ib = kp$ widerlegt. Die Zahlen x_i müssen für $0 < i < p$ verschieden sein, weil sonst eine Periode entstehen würde, in der der Wert 0 nicht vorkommt. Damit ist es auch gleichgültig, mit welchem x_0 gestartet wird.

b) Für $x_{i+1} = (2x_i + 1) \mod 3$ entsteht für $x_0 = 2$ eine konstante Folge.

5.11 Schneiden wir die Einheitskugel mit der Ebene $x = c$, so entsteht ein Kreis mit Radius $r = \sqrt{1 - c^2}$. Mit dem Flächeninhalt $r^2\pi$ des Kreises vom Radius r erhalten wir aus dem Prinzip von Cavalieri

$$\int_{-1}^{1} F(c)\, dc = \pi \int_{-1}^{1} (1 - c^2)\, dc = \pi\Big(2 - \frac{2}{3}\Big) = \frac{4}{3}\pi.$$

6.1 Man teilt das Schachbrett in eine obere und eine untere Hälfte und spiegelt diese Hälften. Zu jedem Feld gehört das gespiegelte Feld als korrespondierendes Feld. Läufer auf korrespondierenden Feldern greifen sich nicht an.

6.2 Man verwende die korrespondierenden Felder aus Abbildung 11.3.

6.3 Wir zeigen

$$\{\uparrow \mid 0\} + * = 0.$$

Zieht Weiß in $\uparrow = \{0 \mid *\}$, spielt Schwarz dort in den $*$ und hinterlässt $* + * = 0$. Zieht Weiß im zweiten Spiel in die 0, so zieht Schwarz im ersten Spiel in die 0. Beginnt Schwarz im zweiten Spiel, so muss Weiß in den $\uparrow$ ziehen, Schwarz spielt in den $*$ und

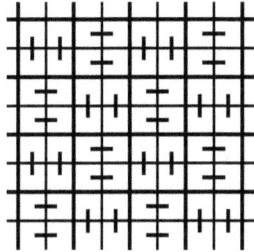

Abb. 11.3: *Zu Aufgabe 6.2*

verliert. Wenn Schwarz in das erste Spiel zieht, verliert er offenbar auch. Die anderen Behauptungen analysiert man auf die gleiche Weise.

6.4 In a) kann jede Partei einmal setzen, daher $\{0\,|\,0\} = *$.

In b) dominiert für Weiß die Zugmöglichkeit in die Ecke, wonach Schwarz nicht mehr ziehen kann. Schwarz kann einmal ziehen und hinterlässt das Spiel 1, daher $\{0\,|\,1\} = 1/2$.

In c) kann jede Partei einmal ziehen und anschließend noch einmal, also $\{1\,|\,-1\} = \pm 1$.

In d) kann Weiß in die 1 ziehen, Schwarz in die Null, also $\{1\,|\,0\}$. Diesen Wert hatten wir bisher noch nicht. Er lässt sich im Bauernschach ebenfalls darstellen mit weißen Bauern auf 3,4 und einem schwarzen Bauern auf 6. Die Struktur dieses Wertes ist ähnlich wie ± 1, beide Spieler sind scharf darauf, hier als erster zu ziehen.

In e) dominiert für Weiß der Zug in die 1, Schwarz kann nur in die 1 ziehen, daher $\{1, 1\}$. Das sieht neu aus, es gilt aber $\{1\,|\,1\} = 1 + *$, was man wie immer dadurch nachweist, das in $\{1\,|\,1\} - 1 + *$ der nachziehende Spieler gewinnt.

In f) zieht Weiß natürlich in die 2, Schwarz kann nur in $\{-1\,|\,0\} = -1/2$ ziehen, also ist das Ergebnis $\{2\,|\,-1/2\}$, was neu ist.

6.5 a) $0 < nt_y$ ist klar: Weiß im Anzug spielt in die 0. Wo auch immer Schwarz spielt, antwortet Weiß im gleichen Spiel mit dem Zug in die 0.

Sei nun $0 \le x < y$. Es ist zu zeigen, dass

$$\{0\,|\,\{0\,|\,-x\}\} + n\{\{y\,|\,0\}\,|\,0\} > 0.$$

Weiß im Anzug spielt in $\{y\,|\,0\}$. Schwarz muss in diesem Spiel antworten, weil Weiß sonst anschließend zu y spielt, was Schwarz wegen $x < y$ nicht kompensieren kann. Auf diese Weise arbeitet Weiß die n Spiele auf der rechten Seite ab und spielt zum Schluss im ersten Spiel in die 0. Zieht Schwarz im Anzug in das erste Spiel, so antwortet Weiß wieder mit einem Zug in einem der n Spiele. Genau wie vorher muss Schwarz dort antworten, zum Schluss zieht Weiß im ersten Spiel in die Null. Zieht Schwarz in eines der n Spiele, spielt Weiß wie als Anziehender.

b) Linien c, d: Da c4 für Weiß verliert, kann er nur mit cd4 in die 0 spielen. Schwarz am Zuge spielt dc3 und hinterlässt $\{0\,|\,-1\}$, das ist gerade tiny-one.

Linien f, g: Weiß spielt mit gf6 in den $*$. Schwarz am Zuge darf, wie in der Aufgaben-stellung erläutert, nicht f5 spielen, also bleibt ihm nur fg5 mit Ergebnis 0. Der Wert der f,g-Linien ist daher $\{*\,|\,0\} = \downarrow$.

Die Position besitzt demnach den Gesamtwert $t_1 + \downarrow$, was nach Aufgabenteil a) kleiner 0 ist. Schwarz gewinnt daher bei weißem und bei schwarzem Anzug. Natürlich beurteilt jeder Schachspieler diese Position auch ohne Kenntnis der kombinatorischen Spieltheorie korrekt, aber nur wir wissen: Der schwarze Vorsprung ist infinitesimal und sein Sieg daher denkbar knapp.

6.6 Es gilt
$$g(n) = \text{mex}\,\{g(n-a), g(n-b)\} \quad \text{für } n \geq \max\{a, b\}.$$
Ist b ein ungeradzahliges Vielfaches von a, so nutzt diese Option den Spielern nichts, weil sie damit die Zugpflicht nicht auf den anderen abwälzen können. Die Periodenlänge ist in diesem Fall $2a$ mit $g(n) \in \{0,1\}$. In allen anderen Fällen ist die Periodenlänge $a + b$ mit $g(n) \in \{0,1,2\}$.

6.7 Es gilt $g(1,1) = 0$ und $g(m,1) = 0$, falls m ungerade ist und $g(m,1) = 1$ für gerades m. Der Fall $g(1,n)$ ist dazu völlig analog. Für $m, n > 1$ gilt die Rekursion
$$g(m,n) = \text{mex}\,\{g(m-1,n), g(m,n-1), g(m-1,n-1)\}$$
mit
$$g(m,n) = \begin{cases} 0 & \text{falls } m, n \text{ beide ungerade sind} \\ 2 & \text{falls } m, n \text{ beide gerade sind} \\ 1 & \text{sonst} \end{cases}$$

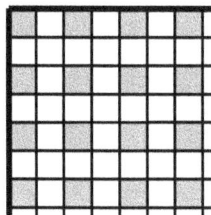

Abb. 11.4: *Zu Aufgabe 6.7*

In Abbildung 11.4 sind die Felder mit verschwindendem Grundy-Wert grau gefärbt. Steht man mit seinen König auf einem weißen Feld, so gibt es einen eindeutig bestimmten Gewinnzug auf ein graues Feld.

7.1 Ist 1 die reine Gleichgewichtsstrategie für Spieler I, so ist bei der gemischten Strategie y für Spieler II die Auszahlung (wie immer aus Sicht von Spieler I)
$$A = a_{11}y_1 + a_{12}y_2 + \ldots + a_{1n}y_n.$$
Sei j_0 ein Index, in dem a_{1j} minimal ist. Dann ist die Auszahlung für die reine Strategie j_0 von Spieler II gerade a_{1j_0}, was durch keine gemischte Strategie von Spieler II zu

verbessern ist.

7.2 a) In der Endposition seien alle Felder von roten und blauen Steinen besetzt. Wir stellen uns vor, dass die roten Steine ihr Feld vollständig ausfüllen, so dass benachbarte rote Steine eine einheitliche rote Fläche bilden. Wir betrachten den Teil der roten Fläche, der vom unteren Randstück ausgeht, zusammen mit dem unteren Randstück selbst. Der Rand dieser Teilfläche, sofern er nicht selber Teil des Brettrandes ist, ist vollständig von blauen Steinen umgeben. Entweder reicht diese Teilfläche bis zum gegenüberliegenden Rand oder es gibt eine Kette von blauen Steinen, die den linken und den rechten Rand miteinander verbindet.

Möglicherweise hat der Leser auch den Originalbeweis von Gale [22] gefunden, der auch in [9] aufgeführt ist. Der hier angegebene Beweis ist aber deutlich einfacher als der von Gale.

b) ist ähnlich langatmig wie Teil a), wenn man es ganz korrekt machen will. Klar ist jedenfalls, dass bei der Struktur dieses Spiels der anziehende Spieler im Vorteil sein muss.

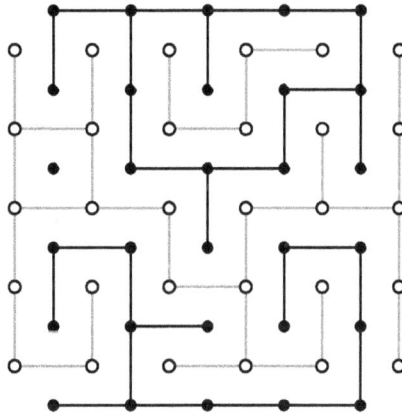

Abb. 11.5: Zu Aufgabe 7.3a)

7.3 a) Wir nehmen von der Endposition einer Partie Bridgit an, dass alle miteinander verbindbaren Punkte auch tatsächlich verbunden sind. Insbesondere sollen auch die Punkte an den Betrrändern miteinander verbunden sein, in die ja während der laufenden Partie niemand spielt. Wir betrachten die schwarzen Strecken am unteren Brettrand mit den davon ausgehenden Kantenzügen. Kommt man damit nicht bis zum oberen Brettrand, so gibt es oberhalb dieser Kanten einen Weg aus weißen Kanten, der die linke mit der rechten Brettkante verbindet (siehe Abbildung 11.5).

c) Man spiele wie in Abbildung 11.6 eine schwarze Strecke nach links unten. Wenn Weiß sinnloserweise eine Strecke auf den rechten oder linken Rand setzt, so ziehe man beliebig. Setzt Weiß eine andere Strecke, so berührt diese eine gestrichelte Linie. Schwarz antwortet mit der schwarzen Strecke, die die gleiche Linie am anderen Ende berührt.

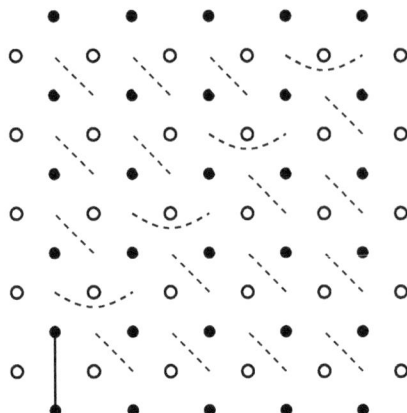

Abb. 11.6: *Zu Aufgabe 7.3c)*

7.4 a) Ein Rundenturnier ist ein Mehrpersonenspiel und schreit förmlich nach Kooperation, wenn das Auszahlungsschema zwischen den Plätzen nicht genügend differen-
ziert. In der Fußballbundesliga sind die oberen Plätze wirtschaftlich interessant, die
Abstiegsplätze verheerend und bei den Mittelplätzen ist der Tabellenplatz gleichgültig.
Deshalb ist es rational, wenn eine Mannschaft auf einem Mittelplatz ihr Spiel an einen
gut- oder schlechtplazierten Verein verkauft. Nach dem Eklat in der Saison 1970/71, in
der mindestens 18 für den Abstieg bedeutsame Spiele unter Beteiligung von 10 Vereinen
verkauft wurden, scheint sich die Situation in der Bundesliga gebessert zu haben.

Das schönste Beispiel für Kooperation im Fußball ist aber die „Schande von Gijon",
bei der im letzten Vorrundenspiel Deutschland-Österreich der WM 1982 in Spanien
ein 1:0 das Wunschergebnis für beide Gegner war, weil damit sowohl Deutschland als
auch Österreich die Zwischenrunde erreichten. Nach 11 Spielminuten schoss Deutschland
dieses Tor und von da an ... Jedenfalls war das ganze deutsche Volk einschließlich der
Bild-Zeitung empört über das müde Gekicke von Minute 12 bis Minute 90, womit klar
erwiesen ist, dass spieltheoretisches Verständnis nur wenigen gegeben ist.

b) Mit der Dreipunktewertung können sich zwei gleich starke Vereine darauf verständi-
gen, ihr Auswärtsspiel gegen den anderen Verein zu verlieren, was beiden Vereinen 3
Punkte aus zwei Spielen einbringt. Eine solche Kooperation kann auch ohne Absprache
stattfinden, man kann ja im Auswärtsspiel nur eine B-Elf aufstellen. Ähnliches wurde
auch im erwähnten Spiel Deutschland-Österreich geltend gemacht. Man habe gar nicht
miteinander gesprochen, man habe nur gewusst, dass ein 1:0 für beide Mannschaften
reicht. Für die Spieltheorie, in der es ja nur Kooperation oder keine Kooperation gibt,
stellen solche Einlassungen ein großes Problem dar.

8.1 Sei $R \neq P, Q$ ein Punkt auf der Geraden g mit $P, Q \in g$. Das Bild $K(R)$ unter
der Kongruenzabbildung K muss von P den Abstand RP und von Q den Abstand RQ

besitzen. Damit liegt $K(R)$ auf zwei Kreisen, die sich nur im Punkt R berühren, also $K(R) = R$.

8.2 Wie in Abbildung 11.7 konstruiert man die Mittelsenkrechte g über dem Vektor u und verschiebt sie in den Nullpunkt, was die Gerade h ergibt. An h trägt man den Winkel $\alpha/2$ ab und erhält so den Halbstrahl r. Der gesuchte Fixpunkt P ist der Schnittpunkt von r und g. P wird durch die Drehung um $-u$ verschoben und anschließend durch die Translation wieder auf sich selber abgebildet.

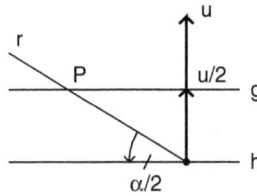

Abb. 11.7: Zur Aufgabe 8.2

8.3 Mit dem Hinweis folgen die Darstellungen

$$D_{\alpha,P}x = D_\alpha(x - P) + P, \quad D_{\beta,Q}x = D_\beta(x - Q) + Q,$$

und damit

$$D_{\alpha,P}D_{\beta,Q}x = D_\alpha\big(D_\beta(x - Q) + Q - P\big) + P$$

$$= D_\alpha D_\beta(x - Q) + D_\alpha(Q - P) + P$$

$$= D_\alpha D_\beta(x - Q) + Q + D_\alpha(Q - P) + P - Q$$

$$= T_{P-Q-D_\alpha(P-Q)}D_{\alpha+\beta,Q}x.$$

8.4 Seien $D_P, D_{P'}$ Drehungen um die Punkte P, P' mit Winkel α. Dann ist $D_{P'}D_P^{-1}$ nach Aufgabe 8.3 eine Translation, die das Drehzentrum P auf $D_{P'}(P)$ abbildet.

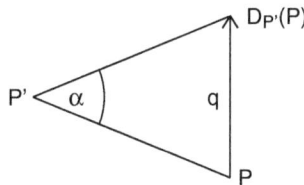

Abb. 11.8: Zur Aufgabe 8.4

Wie in Abbildung 11.8 sei q der Vektor der auf diese Weise erzeugten Translation. Da q eine Dreiecksseite ist, lässt sich die Länge von q durch die Summe der Längen der beiden anderen Seiten des Dreiecks abschätzen, also $|q| \le 2|PP'|$ und mit $|v| \le |q|$ folgt die Behauptung.

8.5 Mit $D_{n,P}$ bezeichnen wir die n-zählige Drehung um den Punkt P. Gäbe es ein vierzähliges Drehzentrum P und ein dreizähliges Drehzentrum Q, so wäre $D_{3,Q}D_{4,P}^{-1}$ eine Drehung mit Drehwinkel von $2\pi/12$. Demnach gäbe es ein zwölfzähliges Drehzentrum, das aufgrund der kristallographischen Restriktion, Satz 8.1, nicht vorkommen kann. Genauso verhält sich dies für die Verkettung $D_{6,Q'}D_{4,P}^{-1}$, die ebenfalls ein zwölfzähliges Drehzentrum zur Folge hat.

9.1 Für die Buchstaben a, b, c gilt

$$(ab)c = abab \circ c = ababcababc, \quad a(bc) = a \circ bcbc = abcbcabcbc,$$

womit das Assoziativgesetz verletzt ist.

9.2 Am einfachsten löscht man das eingegebene Wort und schreibt zwei Kopien links daneben. Im ersten Schritt druckt man ein Leerzeichen, geht eins nach links, druckt eine 1, geht zwei nach links und druckt wieder eine 1. Nun geht man wieder zum Eingabewort zurück, löscht die erste 1, geht eins nach links, druckt eine Eins. Dann geht man ganz nach links und setzt vor das linke Wort eine 1. So löscht man Zeichen für Zeichen das Eingabewort und ergänzt die beiden neu entstandenen Wörter von rechts beziehungsweise von links.

9.3 Da der Kopf die Zeichen 1 oder $*$ liest und wir n aktive Zustände haben, benötigen wir $2n$ Befehle. In jedem Befehl geben wir einen der $n + 1$ Folgezustände an, einen der beiden möglichen Druckbefehle sowie einen von drei möglichen Befehle zur Bewegung des Kopfes. Insgesamt stehen damit $6(n+1)$ Möglichkeiten zur Verfügung. Es gibt daher $(6(n + 1))^{2n}$ verschiedene Turing-Tafeln.

9.4 Die Lösung ist bei aktiven Zuständen 1,2,3 mit Anfangszustand 1

Zustand\Kopf	1	$*$
1	(3,1,L)	(2,1,R)
2	(2,1,R)	(1,1,L)
3	$(z_1,1,R)$	(2,1,L)

Diese Maschine druckt in 13 Schritten 6 Einsen.

10.1 Für $n = 0$ ist die Behauptung richtig. Unter der Annahme, dass sie für n richtig ist, bekommen wir

$$x_{n+1} = 2x_n - 2x_n^2$$

$$= 1 - (1 - 2x_0)^{(2^n)} - \frac{1}{2} + (1 - 2x_0)^{(2^n)} - \frac{1}{2}(1 - 2x_0)^{(2^{n+1})}$$

$$= \frac{1}{2} - \frac{1}{2}(1 - 2x_0)^{(2^{n+1})}.$$

10.2 Ist $z_{n+1} = z_n^2 + c$, so $\bar{z}_{n+1} = \bar{z}_n^2 + \bar{c}$. Gehört zu c die Folge (z_n), so gehört zu $\bar{c}$ die Folge $(\bar{z}_n)$.

10.3 Sei $c = 1/4 + \varepsilon$ mit $\varepsilon > 0$. Wir zeigen $x_{n+1} \geq x_n + \varepsilon$, was äquivalent ist zu

$$x_n^2 + \frac{1}{4} + \varepsilon \geq x_n + \varepsilon \quad \Leftrightarrow \quad \left(x_n - \frac{1}{2}\right)^2 \geq 0.$$

10.4 Die c mit $0 \leq c \leq 1/4$ sind nach Satz 10.1(a) in der Mandelbrotmenge enthalten. Sei also $-2 \leq c < 0$. Wir zeigen $|x_n| \leq -c$ durch vollständige Induktion über n. Für x_0 ist das richtig. Unter der Voraussetzung $|x_n| \leq -c$ folgt

$$x_{n+1} = x_n^2 + c \leq c^2 + c \overset{!}{\leq} -c.$$

Wir können die letzte Ungleichung durch das negative c teilen. Sie ist demnach für $c < 0$ äquivalent zu $c + 1 \geq -1$, was unserer Voraussetzung an c entspricht. Damit ist $x_{n+1} \leq -c$ gezeigt. Die Ungleichung für $-x_{n+1}$ folgt einfach aus

$$-x_{n+1} = -x_n^2 - c \leq -c.$$

Literaturverzeichnis

[1] Arens, T. e.a.: *Mathematik*, Spektrum Akademischer Verlag, (2008).

[2] Axelrod, R.: *Die Evolution der Kooperation*, Oldenbourg Wissenschaftsverlag, 7. Auflage, (2009).

[3] Bamler, R. - Reischer, Ch. et al.: *Ein-Blick in die Mathematik*, Aulis Verlag Deubner, Köln, (2005).

[4] Berlekamp, E. R. - Conway, J. H. - Guy, R. K.: *Gewinnen Bd.I: Von der Pike auf*, Vieweg Verlag, Wiesbaden, (1985).

[5] Berninghaus, S.K. - Ehrhart, K.-M. - Güth, W.: *Strategische Spiele*, Springer Verlag, Berlin, 2. Auflage, (2006).

[6] Beutelspacher, A.: *Kryptologie*, Vieweg Verlag, Braunschweig/Wiesbaden, (2002).

[7] Bewersdorff, J.: *Glück, Logik und Bluff*, Vieweg Verlag, Wiesbaden, (1998).

[8] Bigalke H.-G. - Wippermann, H: *Reguläre Parkettierungen*, BI-Wissenschafts-Verlag, Mannheim, (1994).

[9] Binmore, K.: *Fun and Games*, D.C. Heath and Company, (1992).

[10] Bischoff, E,: *Mystik und Magie der Zahlen*, Matrixverlag, Wiesbaden, 3. Auflage, (1997).

[11] Bouton, C. L.: *Nim, a game with a complete mathematical theory*, Annals of Mathematics, 2, S. 35-39, (1901).

[12] Bundschuh, P.: *Einführung in die Zahlentheorie*, Springer Verlag, Berlin, 5. Auflage, (2002).

[13] Conway, J.H.: *Über Zahlen und Spiele*, Vieweg Verlagsgesellschaft, Wiesbaden, (1983).

[14] Courant, R. - Robbins, H.: *Was ist Mathematik?*, Springer Verlag, Berlin, 5. Auflage, (2000).

[15] Coxeter, H.S.M.: *Unvergängliche Geometrie*, Birkhäuser Verlag, Basel (1963).

[16] Dawson, T.R.: *Caissas Wild Roses*, Croyden, (1935).

[17] Diestel, R.: *Graphentheorie*, Springer Verlag, Berlin, 3. Auflage, (2005).

[18] Domschke, W. - Drexl, A.: *Einführung in Operations Research*, Springer Verlag, Berlin, 7. Auflage, (2007).

[19] Ebbinghaus, H.-D. - Flum, J. - Thomas, W.: *Einführung in die mathematische Logik*, Spektrum Akademischer Verlag, 5. Auflage, (2007).

[20] Engel, A.: *Problem Solving Strategies*, Springer Verlag, Berlin, (1997).

[21] Escher, M.C.: *Grafik und Zeichnungen*, Moos Verlag, München, (1971).

[22] Gale, D.: *The game Hex and the Brouwer fixed-point theorem*, American Mathematical Monthly, 86, S. 298-301, (1973).

[23] Gauß, K.F.: *Disquisitiones Arithmeticae, Untersuchungen über höhere Arithmetik*, hrg. v. H. Maser, Julius Springer, Berlin 1889, Faksimile-Reprint Verlag Kessel, (2009).

[24] Gerritzen, L.: *Grundbegriffe der Algebra*, Vieweg Verlag, Braunschweig/Wiesbaden, (1994).

[25] Goodstein, R.: *On the restricted ordinal theorem*, Journal of Symbolic Logic, 9, S. 33-41, (1944).

[26] Grundy, P. M.: *Mathematics and games*, Eureka, 27, S. 9-11 (1940).

[27] Heuser, H: *Lehrbuch der Analysis. Teil 1*, Vieweg+Teubner, Wiesbaden, 17. Auflage, (2009).

[28] Haigh, J.: *Taking Chances*, Oxford University Press, Oxford, (2000).

[29] Heesch, H - Kienzle, O.: *Flächenschluß*, Springer Verlag, Berlin, (1963).

[30] Hermes, H.: *Aufzählbarkeit, Entscheidbarkeit, Berechenbarkeit*, Springer Verlag, Berlin, 3. Auflage, (1978).

[31] Hilbert, D.: *Grundlagen der Geometrie*, Leipzig (1899).

[32] Hofstadter, D. R.: *Gödel, Escher, Bach. Ein Endloses Geflochtenes Band*, Klett-Cotta Verlag, 18. Auflage, (2008).

[33] Hull J.C.: *Optionen, Futures und andere Derivate*, Pearson Studium, München 6. Auflage, (2006).

[34] Irle, A.: *Finanzmathematik: Dic Bewertung von Derivaten*, Vieweg+Teubner Verlag, Wiesbaden, 2. Auflage, (2003).

[35] Jungnickel, D.: *Graphen, Netzwerke und Algorithmen*, Spektrum Akademischer Verlag, 3. Auflage, (1994).

[36] Karzel, H. - Sörensen, K. - Windelberg, D.: *Einführung in die Geometrie*, UTB 184, Ullstein Verlag, Berlin, (1973).

[37] Kirby, L. - Paris, J.: *Accessible independence results for Peano arithemtic*, Bulletin of the London Math. Soc., 14, S. 285-293, (1982).

[38] Klemm, M.: *Symmetrien von Ornamenten und Kristallen*, Springer Verlag, Berlin, (1982).

[39] Knuth, D.E.: *The Art of Computer Programming, Volume 2: Seminumerical Algorithms*, Addison-Wesley Verlag, Reading, Massachusetts, Third Edition, (1997).

[40] Köhler, G.: *Analysis*, Heldermann-Verlag, Berlin, (2006).

[41] Korsch, H.J. - Jod, H.-J.: *Chaos, A Program Collection for the PC*, Springer Verlag, Berlin, 3. Auflage, (2007).

[42] Krämer, W.: *Denkste!*, Piper Verlag, München, 5. Auflage, (2003).

[43] Lasker, Em. : *Brettspiele der Völker*, August Scherl Verlag, Berlin, (1931).

[44] Lau, D.: *Algebra und Diskrete Mathematik I*, Springer Verlag, Berlin, (2004).

[45] Lausch, H.: *Fibonacci und die Folge(n)*, Oldenbourg Wissenschaftsverlag, München, (2009).

[46] Lozansky, E. - Rousseau, E.: *Winning Solutions*, Springer Verlag, Berlin, (1969).

[47] Maynard Smith, J.: *Evolution and the Theory of Games*, Cambridge University Press, (1982).

[48] Montaigne, M. de: *Essais*, Reclam Verlag, Stuttgart, (1969).

[49] Nasar, S.: *Genie und Wahnsinn. Das Leben des genialen Mathematikers John Nash*, Piper Verlag, München, 9. Auflage, (2005).

[50] Nowakowski, R. J. (ed.): *Games of no chance*, First paperback edition, Cambridge University Press, (1998).

[51] Owen, G.: *Spieltheorie*, Springer, Berlin, (1971).

[52] Reischuk, R.: *Komplexitätstheorie - Band I: Grundlagen: Maschinenmodelle, Zeit- und Platzkomplexität, Nichtdeterminismus*, Teubner Verlag, Stuttgart/Leipzig, 2. Auflage, (1999).

[53] Schattschneider, D.: *Visions of Symmetry*, Cordon Art B.V., (1990).

[54] Schlette, A. - Weidig, I.: *Grundbegriffe der Algebra*, Klett Verlag, Stuttgart, (1978).

[55] Seneca: *Philosophische Schriften (übersetzt und mit Anmerkungen von Otto Apelt)*, Matrix Verlag, Wiesbaden, (2004).

[56] Seneca: *Epistulae morales Exempla 12*, Vandenhoeck & Ruprecht Verlag, Göttingen, (2001).

[57] Seydel, R.: *Einführung in die numerische Berechnung von Finanz-Derivaten*, Springer Verlag, Berlin, (2000).

[58] Singh, S.: *Fermats letzter Satz*, Deutscher Taschenbuch Verlag, München, (2000).

[59] Singh, S. - Fritz, K.: *Geheime Botschaften. Die Kunst der Verschlüsselung von der Antike bis in die Zeiten des Internet*, Deutscher Taschenbuch Verlag, München, (2001).

[60] Sprague, R.: *Über mathematische Kampfspiele*, Tohoku Mathematical Journal, 41, S. 438-444, (1940).

[61] Steeb, W.-H. - Stoop, R.: *Berechenbares Chaos in dynamischen Systemen*, Birkhäuser Verlag (2006).

[62] Székely, G.: *Paradoxa*, Verlag Harri Deutsch, Frankfurt a.M., (1990).

[63] Tarassow, L.: *Symmetrie, Symmetrie!*, Spektrum Akademischer Verlag, (1999).

[64] Thorp, E.O.: *Beat the Dealer: A Winning Strategy for the Game of Twenty-One*, Vintage, New York, Revised edition, (1966).

[65] Tuschik,H.-P. - Wolter, H.: *Mathematische Logik, kurzgefaßt: Grundlagen, Modelltheorie, Entscheidbarkeit, Mengenlehre*, Spektrum Akademischer Verlag, 2. Auflage, (2002).

[66] Wagner, K.: *Graphentheorie*, Bibliographisches Institut, Mannheim, (1970).

[67] Walter, W.: *Analysis 1*, Springer Verlag, Berlin, 7. Auflage (2009).

[68] Wegener, I.: *Komplexitätstheorie, Grenzen der Effizienz von Algorithmen*, Springer Verlag, Berlin, (2003).

Index